普通高等教育"十一五"国家级规划教材

高等学校测绘工程系列教材

空间大地测量学

Space Geodesy

李征航　魏二虎　王正涛　彭碧波　编著

武汉大学出版社

图书在版编目(CIP)数据

空间大地测量学/李征航,魏二虎,王正涛,彭碧波编著．—武汉:武汉大学出版社,2010.3(2023.2 重印)
高等学校测绘工程系列教材
普通高等教育"十一五"国家级规划教材
ISBN 978-7-307-07574-0

Ⅰ.空… Ⅱ.①李… ②魏… ③王… ④彭… Ⅲ.大地测量—高等学校—教材 Ⅳ.P22

中国版本图书馆 CIP 数据核字(2010)第 006654 号

责任编辑:任　翔　　　责任校对:刘　欣　　　版式设计:支　笛

出版发行:武汉大学出版社　　(430072　武昌　珞珈山)
（电子邮箱:cbs22@whu.edu.cn　网址:www.wdp.com.cn）
印刷:武汉邮科印务有限公司
开本:787×1092　1/16　印张:19.75　字数:487 千字
版次:2010 年 3 月第 1 版　　2023 年 2 月第 4 次印刷
ISBN 978-7-307-07574-0/P·167　　　　定价:30.00 元

版权所有,不得翻印;凡购买我社的图书,如有质量问题,请与当地图书销售部门联系调换。

前　言

空间大地测量学是整个大地测量学中最为活跃、发展最为迅速的一个分支。利用空间大地测量方法所求得的点位精度、地球定向参数(极移、日长变化等)的精度以及地球重力场模型的分辨率和精度都比以前有了极大的提高，有的提高幅度达几个数量级，而且还具有测站间无需保持通视，可同时精确确定三维坐标等优点，从而导致大地测量学经历了一场划时代的革命性的变革。目前，空间大地测量已成为建立和维持国际天球参考框架、国际地球参考框架以及测定它们之间的转换参数、确定地球重力场的主要方法，已成为研究地壳形变和各种地球动力学现象、监测地质灾害的主要手段之一，从而使大地测量处于各种地球科学分支学科的交汇处，成为推动地球科学发展的一个前沿学科，加强了大地测量学在地球科学中的战略地位。

本教材可同时供本科生和研究生使用，任课教师可根据具体情况(如各校的培养目标、教学大纲、学时数及课程的衔接情况等)从中选取合适的部分使用。全书共分8章，第1章介绍了传统大地测量的局限性以及空间大地测量产生的必要性和可能性。第2章介绍了一些常用的时间系统，如世界时、历书时、原子时和协调世界时以及将来可能使用的精度更高的脉冲星时，对原子钟的工作原理、特性、现状和发展趋势也作了简要介绍。本章还对空间大地测量中经常涉及的地球动力学时TDT(地球时TT)、太阳系质心动力学时TDB、地心坐标时TCG和质心坐标时TCB以及它们之间的转换关系作了介绍。第3章在介绍岁差、章动、极移等现象的基础上，对空间大地测量中经常涉及的天球坐标系(CRS)和地球坐标系(TRS)以及相应的参考框架进行了较为全面的阐述，并对GCRS和ITRS之间的坐标转换方法作了介绍和说明。第4章和第5章分别介绍了甚长基线干涉测量(VLBI)以及激光测卫(SLR)和激光测月(LLR)的基本原理、数学模型、发展现状和趋势，以及它们在建立和维持全球和区域性的坐标框架、确定地球定向参数、地球重力场的低阶项及万有引力常数与地球质量的乘积等方面的应用状况。第6章和第7章则对利用卫星测高、卫星跟踪卫星、卫星梯度测量和卫星轨道摄动等卫星重力学方法来反演地球重力场的基本原理、数学模型、观测数据的精化以及当前进行的CHAMP、GRACE、GOCE计划作了较全面的阐述。此外还对上述方法在大地测量、地球物理、海洋学研究、地震研究和预报、大气探测和研究等方面的应用状况作了简要介绍。第8章简要介绍了子午卫星系统、全球定位系统和DORIS系统等卫星导航定位定轨系统的原理、特点、现状、发展趋势以及应用状况；还对正在研究中的脉冲星导航技术作了简要介绍。

本书第1、2、3、8章由李征航教授编写，第4章由魏二虎教授编写，第5章由中国科学院测量与地球物理研究所的彭碧波研究员和魏二虎教授共同完成，第6、7章由王正涛副教授编写，最后由李征航教授负责统稿。

由于学科的迅速发展，目前同类教材已无法满足教学需要，考虑到空间大地测量在地学研究中的重要作用，本科教学和研究生教学中都亟需有一本比较完整的能反映学科最新发展状况的教材,因此,我们于2005年底提出了编写出版本教材的申请和计划,并被列为国家"十一五"规划教材。由于教材涉及天文学和地学两大领域,在编写过程中,我们尽量联合各方力量,希望本教材能反映学科的最新进展,但受各种因素的限制,未必如愿,在此真诚希望广大读者批评指正,以便再版时修改补充。

笔 者
2009年9月

目　录

第1章　绪　论 ··· 1
1.1　传统大地测量的局限性 ·· 1
1.1.1　定位时要求测站间保持通视 ·· 1
1.1.2　无法同时精确测定点的三维坐标 ··· 2
1.1.3　观测受气象条件的限制 ··· 2
1.1.4　难以避免某些系统误差的影响 ·· 2
1.1.5　难以建立地心坐标系 ·· 2
1.2　空间大地测量的产生 ·· 3
1.2.1　时代对大地测量提出的新要求 ·· 3
1.2.2　空间大地测量产生的可能性 ··· 4
1.3　空间大地测量的定义、任务及几种主要技术 ·· 5
1.3.1　什么是空间大地测量 ·· 5
1.3.2　空间大地测量的主要任务 ·· 5
1.3.3　几种主要的空间大地测量技术 ·· 7

第2章　时间系统 ··· 13
2.1　相关的预备知识 ··· 13
2.1.1　有关时间的一些基本概念 ··· 13
2.1.2　天球的基本概念 ··· 14
2.1.3　时钟的主要技术指标 ··· 15
2.2　恒星时和太阳时 ··· 16
2.2.1　恒星时(Sidereal Time,ST) ·· 16
2.2.2　太阳时(Solar Time,ST) ··· 17
2.3　历书时(Ephemeris Time,ET) ·· 19
2.4　原子时(Atomic Time,AT) ·· 20
2.5　原子钟 ·· 25
2.5.1　发展历史 ·· 25
2.5.2　原子钟的基本工作原理 ·· 25
2.5.3　原子钟的分类 ·· 26
2.5.4　原子钟的发展现状及趋势 ··· 27
2.6　脉冲星时 ··· 29
2.6.1　脉冲星 ·· 29
2.6.2　脉冲星时 ·· 29

1

  2.7 相对论框架下的时间系统 ·· 31
  2.8 时间传递 ·· 37
    2.8.1 短波无线电时号 ·· 37
    2.8.2 长波无线电时号 ·· 38
    2.8.3 电视比对 ·· 39
    2.8.4 搬运钟法 ·· 39
    2.8.5 利用卫星进行时间比对 ··· 40
    2.8.6 电话和计算机授时 ·· 41
    2.8.7 网络时间戳服务(Time Stamp) ··································· 41
  2.9 空间大地测量中用到的一些长时间计时方法 ······························· 41
    2.9.1 历法(Calendar) ·· 41
    2.9.2 儒略日与简化儒略日 ·· 43

第3章 坐标系统 ··· 46
  3.1 岁差 ·· 46
    3.1.1 赤道岁差 ·· 46
    3.1.2 黄道岁差 ·· 47
    3.1.3 总岁差和岁差模型 ·· 48
    3.1.4 岁差改正 ·· 49
  3.2 章动 ·· 52
    3.2.1 章动的基本概念 ·· 52
    3.2.2 黄经章动和交角章动 ·· 54
  3.3 极移 ·· 62
    3.3.1 极移的发现 ·· 62
    3.3.2 平均纬度、平均极和极坐标 ······································ 62
    3.3.3 极移的测定 ·· 63
    3.3.4 极移的成分 ·· 66
  3.4 天球坐标系 ··· 67
    3.4.1 基本概念 ·· 67
    3.4.2 瞬时天球赤道坐标系 ·· 68
    3.4.3 平天球赤道坐标系 ·· 68
    3.4.4 协议天球坐标系 ·· 68
    3.4.5 国际天球参考框架(International Celestial Reference Frame,ICRF) ··· 69
  3.5 站心天球坐标系 ··· 71
    3.5.1 归心改正 ·· 71
    3.5.2 坐标转换 ·· 72
  3.6 地球坐标系 ··· 76
    3.6.1 参心坐标系和地心坐标系 ·· 76
    3.6.2 地球坐标系的两种常用形式 ······································ 77
    3.6.3 协议地球坐标(参考)系和协议地球坐标(参考)框架 ······ 78

3.6.4	国际地球参考系和国际地球参考框架	79
3.6.5	1984年世界大地坐标系	83
3.6.6	2000中国大地坐标系	84

3.7 国际地球参考系与地心天球参考系间的坐标转换 85
- 3.7.1 前言 85
- 3.7.2 天球中间极和无旋转原点 86
- 3.7.3 基于无旋转原点NRO的坐标转换新方法 89
- 3.7.4 基于春分点的经典坐标转换方法 98
- 3.7.5 计算软件及计算步骤 100

第4章 VLBI原理及应用 104

4.1 射电天文学的诞生 104
- 4.1.1 大气窗口 104
- 4.1.2 射电天文学的诞生 105

4.2 射电干涉测量技术 106
- 4.2.1 联线干涉测量技术 107
- 4.2.2 甚长基线干涉测量技术(VLBI) 108
- 4.2.3 空间甚长基线干涉测量技术(SVLBI) 108
- 4.2.4 实时VLBI(Real-time VLBI) 111

4.3 VLBI系统组成 111
- 4.3.1 天线系统 112
- 4.3.2 接收机 114
- 4.3.3 数据记录终端 115
- 4.3.4 氢原子钟和时间同步 116
- 4.3.5 VLBI相关处理系统 117

4.4 VLBI测量原理及实施过程 118
- 4.4.1 VLBI测量原理 118
- 4.4.2 观测准备和实施 121
- 4.4.3 VLBI数据处理的基本过程 125

4.5 数学物理模型 126
- 4.5.1 时间延迟和延迟率计算模型 126
- 4.5.2 台站坐标和延迟观测量改正模型 131
- 4.5.3 延迟和延迟率相对于参数的偏导数 144
- 4.5.4 卡尔曼滤波在VLBI参数解算中的应用 152

4.6 VLBI技术的应用 154

第5章 激光测卫和激光测月 160

5.1 引言 160
- 5.1.1 激光测距原理 160
- 5.1.2 激光测距系统 161

  5.1.3 激光测距定轨原理 ··· 163
 5.2 激光测卫 ··· 165
  5.2.1 激光测卫中的观测模型及其偏导数计算 ··· 167
  5.2.2 激光测卫中的动力学模型及其偏导数计算 ··· 171
  5.2.3 运动方程的积分 ··· 175
  5.2.4 动力学偏导数 ··· 175
  5.2.5 人卫激光测距技术的应用 ··· 178
 5.3 激光测月 ··· 182
  5.3.1 激光测月简介 ··· 182
  5.3.2 激光测月观测方程 ··· 183
  5.3.3 与月球相关的改正 ··· 183
  5.3.4 激光测月技术的应用 ··· 184

第6章 卫星测高 ··· 187
 6.1 引言 ··· 187
 6.2 卫星测高基本原理 ··· 188
 6.3 卫星测高误差分析 ··· 189
  6.3.1 卫星轨道误差 ··· 190
  6.3.2 环境误差 ··· 191
  6.3.3 仪器误差 ··· 193
  6.3.4 卫星测高误差改正公式 ··· 193
 6.4 测高卫星与数据预处理 ··· 194
  6.4.1 GEOSAT ··· 194
  6.4.2 ERS1/2 ··· 196
  6.4.3 Topex/Poseiden ··· 198
  6.4.4 GFO ··· 199
  6.4.5 JASON-1 ··· 199
  6.4.6 ENVISAT-1 ··· 200
  6.4.7 ICESat ··· 202
 6.5 卫星测高数据的基准统一与平差 ··· 203
  6.5.1 测高数据的基准统一 ··· 203
  6.5.2 测高数据的平差方法 ··· 205
 6.6 卫星测高技术的应用 ··· 208
  6.6.1 大地测量学 ··· 208
  6.6.2 地球物理学 ··· 215
  6.6.3 海洋学 ··· 216
  6.6.4 全球环境变化与监测 ··· 216
 6.7 卫星测高技术的最新发展 ··· 217
  6.7.1 卫星测高后续计划 ··· 217
  6.7.2 卫星测高概念计划 ··· 219

  6.7.3 卫星测高波形重构技术 ·········· 222

第7章 重力卫星测量 ·········· 227
7.1 引言 ·········· 227
7.2 卫星重力测量原理 ·········· 228
  7.2.1 卫星轨道摄动 ·········· 231
  7.2.2 卫星能量守恒 ·········· 234
  7.2.3 卫星重力梯度 ·········· 244
7.3 重力卫星与观测数据精化技术 ·········· 249
  7.3.1 CHAMP ·········· 250
  7.3.2 GRACE ·········· 254
  7.3.3 GOCE ·········· 257
  7.3.4 卫星重力观测数据处理方法 ·········· 259
7.4 卫星重力测量的应用 ·········· 262
  7.4.1 大地测量学 ·········· 262
  7.4.2 地震学 ·········· 264
  7.4.3 海洋学 ·········· 264
  7.4.4 地球物理学 ·········· 265

第8章 卫星导航定位及脉冲星导航定位 ·········· 271
8.1 多普勒测量与子午卫星系统 ·········· 271
  8.1.1 多普勒效应 ·········· 271
  8.1.2 多普勒测量原理 ·········· 273
  8.1.3 多普勒定位 ·········· 274
  8.1.4 子午卫星系统 ·········· 277
  8.1.5 现状与应用 ·········· 280
  8.1.6 子午卫星系统的局限性 ·········· 280
8.2 DORIS系统及其应用 ·········· 282
  8.2.1 前言 ·········· 282
  8.2.2 DORIS的地面跟踪网 ·········· 283
  8.2.3 利用DORIS系统进行卫星定轨 ·········· 284
  8.2.4 DORIS在空间大地测量方面的应用 ·········· 285
  8.2.5 大气探测及研究 ·········· 287
  8.2.6 结论与展望 ·········· 287
8.3 以GPS为代表的第二代卫星导航定位系统 ·········· 288
  8.3.1 二代系统与一代系统间的主要差别 ·········· 288
  8.3.2 第二代卫星导航定位系统的现状 ·········· 290
  8.3.3 国际GNSS服务IGS ·········· 296
8.4 脉冲星导航定位 ·········· 297
  8.4.1 前言 ·········· 297

8.4.2 必要的准备工作 …………………………………………………… 298
8.4.3 脉冲星导航的基本原理 ……………………………………………… 300
8.4.4 主要的误差改正项及观测方程 ……………………………………… 301
8.4.5 整周模糊度的确定 …………………………………………………… 303

第 1 章　绪　　论

半个世纪以来,大地测量学经历了一场划时代的革命性的变革,克服了传统的经典大地测量学的时空局限,进入了以空间大地测量为主的现代大地测量的新阶段。空间大地测量所求得的点位精度、地球定向参数(极移、日长变化等)的精度、地球重力场模型的精度和分辨率比以前都有了极大的提高(有的甚至达好几个数量级)。空间大地测量已成为建立和维持地球参考框架、测定地球定向参数、研究地壳形变与各种地球动力学现象、监测地质灾害的主要手段之一,并渗透到人类的生产、生活、科研和各种经济活动中,从而使大地测量处于地球科学多种分支学科的交汇边缘,成为推动地球科学发展的前沿学科之一,加强了大地测量学在地球科学中的战略地位。

1.1 传统大地测量的局限性

1.1.1 定位时要求测站间保持通视

用传统大地测量技术来布设平面控制网时,需要从一个控制点上用经纬仪(测距仪)对相邻的控制点进行方向观测(距离观测)。观测时,要求观测仪器与照准目标间保持通视。上述基本要求会引发如下的一系列问题:

(1)需要花费大量的人力物力来修建觇标

由于受到地球曲率的影响以及地形、建筑物、树木等障碍物的影响,在很多场合只有建造觇标才能保持通视。在平原地区,当边长为 25km 时,即使中间无任何障碍物,在两端也需分别建造 20m 高的觇标方能保持通视。造标是一项费时、费力、费钱的工作,还需占用土地,此外还有维护保养等问题。

(2)边长受限制

由于测站间需保持通视,因而在传统大地测量中边长会受到限制,一般的边长都会被控制在 25~30km 以内。在我国的天文大地网中,最长的一条边是横跨渤海湾的一个大地四边形中的一条对角线,其边长也只有 113km。边长受限制会产生下列问题:

①大陆与大陆之间、大陆与远距离的海岛之间无法进行联测,从而在全球形成了上百个独立的大地坐标系,但却无法建立起全球统一的坐标系。有的国家在国内不得不采用多个坐标系。

②由于无法进行大陆间的联测,因此数百年来,大地测量学家只能利用相当有限的一个局部区域中的大地测量资料来推求地球的形状和大小,这就使得所推算出来的地球椭球与实际情况之间存在较大的差异,使此项工作进展缓慢。

③由于边长受限制,因此布设首级控制网时,推进速度也很缓慢,无法在短时间内建立起统一的坐标框架。

(3) 迁站困难

为了保持通视，在山区布网时，就不得不把控制点选在山头上，交通不便，迁站时费时费力，从而大大增加了作业的难度，降低了作业效率。

1.1.2 无法同时精确测定点的三维坐标

采用传统的经典大地测量方法进行定位时，点的平面位置是以椭球面作为基准面通过三角测量、导线测量、插网、插点等方法求得的；而点的高程则是以大地水准面或似大地水准面作为基准面通过水准测量的方法而求得的。水准测量路线通常是沿着道路、河流等来布设的，水准点上并没有精确的平面坐标，通常仅在地形图上标注出。而平面控制点则通常位于山头上，难以进行水准测量，其高程大多是采用三角高程测量方法来测定的，精度不高。经典大地测量的定位方法不仅增加了工作量，而且也导致控制点通常不具备精确的三维坐标。此外，由于经典大地测量难以提供精确的大地水准面差距 N 或高程异常 ζ，从而也导致平面控制和高程控制的成果难以通过转换而精确地归算至同一个基准面上。

1.1.3 观测受气象条件的限制

用传统的经典大地测量方法进行定位时，观测工作并不是全天候都能进行，在大雾、大雪、大风中，观测都难以正常进行。这不仅会极大地影响作业效率，给制定作业计划带来许多不确定因素，而且还可能使该项技术在防汛抗洪、地质灾害监测（如滑坡、泥石流等）的关键时刻失去应有的作用。

1.1.4 难以避免某些系统误差的影响

地球是一个赤道上微微隆起的椭球，长半轴 a 与短半轴 b 之差约为 21.4km。从整体上讲，地球引力是从两极逐渐向赤道减小的，所以大气密度也是从两极逐渐向赤道地区减小的，于是沿平行圈布设的三角锁和导线等沿东西向进行方向观测时，由于视线北侧的大气密度总体上讲总是比视线南侧的大气密度大，所以视线将产生弯曲，我们将这种现象称为地球旁折光。此外，沿海岸线布设的三角锁和导线、沿大沙漠和戈壁滩边缘布设的三角锁和导线也会由于两侧的地貌和植被等条件的迥然不同而使大气分布状态产生明显的差异而最终产生地区性的旁折光。分析我国的天文大地网资料后不难发现，这些地方的拉普拉斯方位角的闭合差都会出现系统偏差。利用传统的经典大地测量技术进行定位时，将无法克服这些系统误差的影响，即使采用日、夜对称观测的措施也无法解决上述问题。系统误差的存在将极大地损害定位精度，并使测量平差中所估计的精度过于乐观，与实际精度不符。

1.1.5 难以建立地心坐标系

由于占地球总面积约 70% 的海洋上无法用经典的大地测量方法来布设大地控制网，而仅占地球表面约 30% 的大陆又被海洋分隔，难以进行大地联测，所以在进行椭球定位时，我们实际上只能根据很有限的区域内的大地测量资料在该区域的（似）大地水准面与椭球面吻合得最好的条件下来确定地球的形状、大小，并进行椭球定位。这种不是在保证全球（似）大地水准面和椭球面最为吻合的条件下进行的椭球定位一般无法使参考椭球体的中心与地球质心重合，两者之差可达数十米至数百米。

重力测量也是确定大地水准面、建立地球重力场模型的一种重要方法。地面重力测量虽然可以达到很高的精度,但由于自然条件和地理条件的限制,陆地上的重力测量资料仍存在不少空白区(如原始森林、大沙漠、大戈壁滩、交通极其困难的山区等)。此外,由于政治军事方面的原因,不少国家对重力测量资料是加以保密的,从而使资料的数量和范围都受到限制。

海洋重力测量和航空重力测量的观测值由于受到许多干扰力的影响(如观测平台的水平加速度和垂直加速度、旋转等),其精度较差。此外,由于作业量太大,所需费用庞大,所以其资料的数量和范围实际上也很有限。

上述问题依靠传统的经典大地测量本身是无法解决的。

1.2 空间大地测量的产生

1.2.1 时代对大地测量提出的新要求

20世纪50年代,随着生产力的迅猛发展、科学技术水平的不断提高,有不少部门和领域对大地测量学提出了一些新的要求,大地测量又面临着巨大的挑战和新的发展机遇。

1. 要求提供更精确的地心坐标

此前,国民经济建设的各个部门,如水利、交通、地质、矿山以及城市规划建设等部门和军事部门、科研机构等主要关心的是在一个国家或地区内点与点之间的相对关系,参心坐标并不影响这些部门的使用。20世纪50年代,随着空间技术和远程武器的出现和发展,情况就有了很大的变化。我们知道,当人造卫星和弹道导弹入轨自由飞行后,其轨道为一椭圆(或椭圆中的一个弧段),该椭圆轨道的一个焦点位于地球质心上。只有把坐标系的原点移至地心上,使其与椭圆的焦点重合后,我们才能在该坐标系中依据椭圆的几何特性导得一系列计算公式,进行轨道计算。所以,利用卫星跟踪站上的观测值来定轨时,所给定的跟踪站坐标必须是地心坐标。反之,利用卫星导航定位技术所测得的用户坐标自然也属地心坐标。如前所述,用传统的经典大地测量方法来进行弧度测量和椭球定位后,所得到的参考椭球的中心与地心之间通常都会有数十米至数百米的差距,难以满足空间技术的需要。据报道,射程为10 000km的导弹,如发射点的坐标有100m的误差,则落点会有1~2km的误差,所以发射点的坐标也需采用地心坐标而不能直接采用参心坐标。

2. 要求提供全球统一的坐标系

20世纪50年代以前,人们主要关心的是在一个国家或地区内点的精确位置及其相互关系,这些问题可以在一个局部坐标系中加以解决。只有远距离的航空、航海项目才会涉及不同坐标系间存在的差异问题,但由于这些应用项目对精度的要求不高,驾驶人员有足够的时间来予以纠正,所以对建立统一坐标系的要求并不迫切。20世纪50年代后,情况就有了很大的变化,一些长距离高精度的应用项目纷纷出现,迫切要求建立全球统一的坐标系。例如,为了准确确定卫星轨道,要求在全球布设许多卫星跟踪站,这些跟踪站的坐标必须属同一坐标系,其观测资料才能进行统一处理。发射远程弹道导弹时,发射点和弹着点的坐标应属同一坐标系。测定板块运动时,也应该在统一的坐标系中进行。随着信息时代的到来,人与人之间的联系和交往也越来越密切,地球将变得"越来越小",在全球范围内建立统一坐标系的要求也越来越迫切。

3.要求在长距离上进行高精度的测量

研究全球性的地质构造运动、建立和维持全球的参考框架等工作都需要在长距离上进行高精度的测量。以监测板块运动、监测海平面上升等应用为例,其边长可达数千公里,所需的精度至少应达到厘米级(相对精度为 10^{-8} 级),希望能达到毫米级(相对精度为 10^{-9} 级)。而传统的经典大地测量的精度为 $10^{-5} \sim 10^{-6}$ 级,边长通常也只能达到数十公里,肯定是无法满足要求的。

4.要求提供精确的(似)大地水准面差距

随着 GNSS 等空间定位技术逐步取代传统的经典大地测量技术成为布设全球性或区域性的大地控制网的主要手段,人们对高精度、高分辨率的大地水准面差距 N 或高程异常 ζ 的要求越来越迫切。因为 GNSS、VLBI、SLR 等空间大地测量技术都是采用几何方法来定位的,与大地水准面这一重力等位面之间并无直接联系,因而只能求得点的大地高,而无法求得点的正常高或正高。为了把大地高转换为正常高或正高就需要知道精确的、高分辨率的大地水准面差距 N 或高程异常 ζ 值。

5.要求高精度、高分辨率的地球重力场模型

随着空间技术和远程武器的发展,用户对卫星的定轨精度及轨道预报精度也提出了越来越高的要求。精密定轨和轨道预报(尤其是低轨卫星)需要高精度、高分辨率的地球重力场模型来予以支持。

6.要求出现一种全天候、更为快捷、精确、简便的全新的大地测量方法

长期以来,大地测量的方法、技术和测量仪器虽然也在不断地改进和完善,如用游标和测微器来提高读数精度,用电磁波测距的方法来提高测距的作业效率,用全站仪将方向观测和距离观测的功能集成于一身等,但这些改进措施都没有突破"地面测量"这一老的作业模式,因而也无法从根本上解决大地测量所面临的固有问题。如由于受到地球曲率的影响,"地面测量"无法解决边长受限制的问题;由于信号全程都是在稠密的大气层中传播,因而方向测量和距离测量的精度就将受到大气折射和大气延迟改正的精度限制,如果不能在大气改正精度方面取得突破,那么大地测量的精度也只能被限制在目前大约为 10^{-6} 左右的精度水平上,难以进一步提高。因而大地测量界本身也期望能突破"地面测量"的老的作业模式的限制,能出现一种全天候、更为快捷、精确、简便的全新的大地测量方法和技术。

1.2.2 空间大地测量产生的可能性

20 世纪中叶,生产力和科学技术水平的提高、相关科学的迅猛发展为空间大地测量的诞生奠定了基础。具体表现在下列几个方面:

(1)空间技术的产生和发展使得我们有可能按照不同的需要来设计、制造、发射各种具有不同功能的位于不同轨道上的大地测量卫星(如配备了后向反射棱镜的各种激光测距卫星、海洋测高卫星、导航卫星等),至今为止,其数量已达几百个。我们不但能精确地测定这些卫星的轨道,而且能准确地进行轨道预报,并能对这些卫星的运行姿态和整个工作状态进行监测和控制,从而为空间大地测量的诞生奠定基础。

(2)众所周知,在卫星精密定轨、导航定位、确定地球重力场模型等工作中,需要对海量的测量资料进行极其复杂的数学计算。计算机技术的发展为快速解决上述问题提供了可能。此外,计算机技术的发展还为测量卫星的自动检测、自动控制等工作创造了条件,也为 VLBI、SLR、GNSS 等仪器设备的自动检核和管理,以及实现自动化的数据采集与海量观测数据的记录、存储和取用提供了可能性。

（3）现代电子技术的快速发展，特别是超大规模集成电路技术的迅猛发展，使得由成千上万个电子元器件组成的复杂的电子产品有可能浓缩于一块小小的芯片上，从而能制造出体积小、重量轻、能耗低、价格便宜、质量可靠、运算速度快的信号接收机和卫星上的各种组件，为空间大地测量走向实用化创造了条件。

（4）多路多址技术、编码技术、扩频技术、加密技术、解码技术以及滤波技术等现代化的通信技术为卫星信号的传输和处理奠定了基础；大气科学的发展则为卫星轨道的确定（大气阻力摄动）以及卫星信号的传播延迟改正（电离层延迟改正，对流层延迟改正）提供了必要的基础；天文学、大地测量学、导航学等学科的发展也为空间大地测量的诞生作了理论和方法上的准备，并通过长期的观测资料为空间大地测量提供了必要的初始的参数（极移、日长变化等）和地球重力场模型、跟踪站的坐标等，而空间大地测量的诞生和发展又反过来促进了上述学科的发展。

总之，20世纪中叶，随着生产力和科学技术的发展，各个学科和不同领域都对大地测量学提出了新的要求。这些要求是传统的经典大地测量无法满足的。巨大的社会需求对空间大地测量学的诞生起到了重要的推动作用。而空间技术、计算机技术、电子技术和通信技术等现代科学技术的发展又为空间大地测量的诞生创造了条件。于是，空间大地测量便应运而生，并得到了迅速的发展。

1.3 空间大地测量的定义、任务及几种主要技术

1.3.1 什么是空间大地测量

利用自然天体或人造天体来精确测定点的位置，确定地球的形状、大小、外部重力场，以及它们随时间的变化状况的一整套理论和方法称为空间大地测量学。在这里，自然天体和人造天体既可以作为观测目标（如甚长基线干涉测量中的河外类星体以及激光测距中的激光卫星），也可作为观测平台在上面设置仪器进行对地观测（如卫星测高法中的卫星）。上面所说的"点的位置"，通常是指地面上一些离散的特殊点的位置（如地面控制点、变形监测点等）以及火箭、卫星等飞行器的位置。而测定全球性的或区域性的地表形状、制成地形图或地面数字模型则属于航天遥感的范畴。前者的定位精度较高，如厘米级精度（静态定位），后者的定位精度较低（如10米级的精度）。但随着 INSAR 技术、星载激光扫描技术的发展，两者间的差异也变得较为模糊。

从上面的讨论可以看出，空间大地测量包含两个要素：一是必须利用空间的自然天体或人造天体所发出的信号来进行观测或将它们作为观测目标；二是所做的工作必须属于大地测量的范畴，如精确测定点的坐标及其变化率；确定地球重力场及其变化；确定地球的运动（如岁差、章动、极移、自转不均匀等）和相关参数（a、e、GM 等）。如果只利用人造地球卫星来完成上述工作，则称为卫星大地测量。卫星大地测量是空间大地测量的一个重要分支。

1.3.2 空间大地测量的主要任务

空间大地测量要解决的问题和承担的具体任务很多，但归纳起来大体上可分为两类：一类是建立和维持各种坐标框架，另一类是确定地球重力场。

1.建立和维持各种类型的坐标框架

空间大地测量的一项主要任务是建立和维持各种类型的坐标系统和相应的参考框架。我们知道,坐标系统是由一系列的规定、协议等从理论上来加以定义的。这些定义要依靠某些单位通过长期的观测和数据处理后采用一定的形式来加以实现,坐标系统的具体实现称为参考(坐标)框架。这些坐标系统和参考框架既可以是全球性的,也可以是区域性的或局部性的;既包含地球参考框架,也包含天球参考框架。为了实现地球坐标系统和天球坐标系统之间的坐标转换,还必须精确确定地球定向参数。

1) 建立和维持地球参考框架

(1) 建立和维持全球性的地球参考框架

建立和维持全球统一的地球参考框架是空间大地测量的主要任务之一。目前,在大地测量和地球动力学等领域中,被广泛使用的、精度最高、全球性的地球参考框架是国际地球参考框架ITRF。该框架是由国际地球自转和参考系服务IERS利用VLBI、SLR、GPS、DORIS等空间大地测量资料以及并址站上的联测资料经统一处理后来建立和维持的。随着观测精度的提高、观测资料的累积及数据处理方法的改进,ITRF也在不断改善和精化。到目前为止,IERS已先后给出了11个不同版本的ITRF框架,它们是$ITRF_{88}$、$ITRF_{89}$、$ITRF_{90}$、$ITRF_{91}$、$ITRF_{92}$、$ITRF_{93}$、$ITRF_{94}$、$ITRF_{96}$、$ITRF_{97}$、$ITRF_{2000}$和$ITRF_{2005}$。此前,ITRF框架是用组成该框架的各测站的三维坐标以及它们的年变化率的形式来具体实现的。但从$ITRF_{2005}$开始,框架则是用VLBI、SLR、GPS、DORIS等空间大地测量技术所给出的测站坐标及地球定向参数的时间序列经统一处理后来予以实现的。除ITRF外,WGS-84也是一种被广泛采用的全球性的地球参考框架,但主要用于导航领域。多年来,WGS-84经多次改进和精化后,现在与ITRF之间的差异已很微小。

(2) 建立和维持区域性的地球参考框架

由于传统大地测量的局限性,目前,建立和维持区域性的地球参考框架的任务主要是由空间大地测量来承担的。在一个大国或洲的范围内来建立和维持地球参考框架时,可考虑综合利用多种空间大地测量技术来实现,在缺乏长时期的高精度的VLBI、SLR等空间大地测量资料的情况下,也可仅用GNSS资料来予以实现。在更小的区域中来建立和维持地球参考框架(布设大地控制网),则主要依靠GNSS技术来实现。当然在特殊情况下,也不排除用传统大地测量的方法来予以实现的可能性。

2) 建立和维持国际天球参考框架

建立和维持国际天球参考框架是空间大地测量的又一重要任务。目前,国际天球参考框架ICRF是由IERS利用VLBI技术所测定的河外射电源的方向来实现和维持的。由于这些射电源离我们十分遥远(如几十万光年),所以虽然这些天体也可能在快速运动,但我们所看到的这些射电源的方向却是固定不变的。根据坐标原点的不同,国际天球参考框架ICRF可分为BCRF和GCRF。前者的坐标原点在太阳系质心,该框架主要用于研究行星的绕日公转运动;后者的坐标原点在地球质心,主要用于研究卫星围绕地球的运动。

3) 测定地球定向参数

由于下列原因:第一,河外射电源等天体在空间的位置(方向)通常是用ICRS中的坐标系来表示的;第二,地球坐标系将随着地球自转而不断旋转,所以它不是一个惯性坐标系,牛顿运动定律在这种非惯性坐标系中是不适用的,所以卫星定轨的工作(运动方程的建立和求解)需在GCRS中进行;而空间大地测量的最终目的又是为了确定地面测站等在地球坐标系中的位置以及在地球坐标系中建立地球重力场模型,因而需要在地心天球坐标系 GCRS 和国际地球坐标系 ITRS 之间进行精确的坐标转换。要进行坐标转换就需要知道转换参数,于是精确测定 ITRS 和 GCRS 间的转换参数也成为空间大地测量的一项重要任务。

GCRS 和 ITRS 的坐标原点重合,均位于地球质心,且两个坐标系中的尺度也是一致的,所以这里所说的坐标转换参数实际上就是指两个坐标系之间的旋转参数。从理论上讲,只需要提供三个独立的旋转参数就能实现这两个坐标系之间的坐标转换。但是 GCRS 和 ITRS 中坐标轴的指向都是通过"协议"的方式人为规定下来的,它们本身并无明确的物理含义,因而也无法利用空间大地测量的手段来测定这两个坐标系中相应的坐标轴之间的夹角,只能引入中间过渡坐标系后才能实现 ITRS 和 GCRS 之间的坐标转换。中间过渡坐标系可以有多种不同的选择方法。其中经典的也是最容易理解的方法是:首先通过极移改正把 ITRS 转换为观测历元的瞬时(真)地球坐标系,然后绕 Z 轴旋转 GAST 角,把瞬时地球坐标系转换为观测历元的瞬时天球坐标系,最后进行岁差、章动改正,把瞬时天球坐标系转换为 GCRS。

在这些参数中,极移值 (X_p, Y_p) 反映了地球自转轴在地球本体内的运动状态;格林尼治真恒星时 GAST 为观测历元天球坐标系与地球坐标系中 X 轴之间的夹角,是一个反映地球自转的参数;岁差和章动则反映了地球自转轴在 GCRS 中的运动状况。上述参数统称为地球定向参数,利用这些参数就能实现 ITRS 和 GCRS 之间的坐标转换。在上述参数中,岁差和章动参数的变化规律最强,可以用长时期的空间大地测量资料和一定的地球模型来建立较为精确的岁差、章动模型,如目前正在使用的 IAU 2000 岁差/章动模型。利用这些模型可以较为精确地预报出岁差和章动值,其精度为 ±0.2mas 左右。上述误差主要是由于在岁差、章动模型中尚未包含目前还难以准确确定的自由核章动(FCN)而引起的。利用 VLBI 精确测定的岁差、章动值与模型预报值之差称为天极偏差。天极偏差由 IERS 实际测定并予以公布。进行高精度的事后处理的用户可据此对模型预报值(初始值、先验值)进行改正;精度要求较低的用户也可直接采用岁差、章动模型的预报值。与岁差、章动不同,极移和地球自转的预报则要困难得多,因而精确的 (X_p, Y_p)、(UT1−UTC)等参数值目前只能利用空间大地测量技术来实际测定并事后予以公布。

2. 测定地球重力场

高分辨率、高精度的地球重力场模型对于军事部门、航空航天部门以及大地测量、地球动力学等地学研究部门具有十分重要的意义。由于传统大地测量的局限性,在 20 世纪 50 年代前,测定地球重力场的工作进展缓慢。空间大地测量的诞生从根本上改变了这种状况。各种卫星重力技术的出现,如根据卫星的轨道摄动来反演地球重力场;利用卫星测高技术来实际测定海洋地区的大地水准面,反演海洋地区的重力场;利用高-低模式和低-低模式的卫星跟踪卫星以及卫星重力梯度测量技术来反演地球重力场,不但使我们有可能建立起高分辨率、高精度的地球重力场模型,而且还能精确地测定地球重力场的变化(时变重力场),从而把测定地球重力场的工作推向了一个全新的高度。

1.3.3 几种主要的空间大地测量技术

1. 甚长基线干涉测量(VLBI)

两台配备了高精度原子钟、相距遥远的射电望远镜 A 和 B,同时对来自某一射电源的信号进行观测,利用干涉测量的方法对两台分别记录的信号进行相关处理,以求得信号到达

A,B 两站的时延 τ 以及时延的变率 $\dfrac{\mathrm{d}\tau}{\mathrm{d}t}$,进而精确确定基线向量 $\overrightarrow{AB}$,以及从射电望远镜至射电源的方向的一整套理论、方法和技术称为甚长基线干涉测量。这种空间大地测量方法的主要用途如下：

(1) VLBI 可以以厘米级甚至毫米级的精度来测定相距几千公里的两个测站间的基线向量,其相对精度可达 $10^{-8} \sim 10^{-9}$,因而可用于建立和维持全球性的或区域性的地球参考框架,也可用于测定板块运动和地壳形变等地球动力学现象。

(2) VLBI 能以优于 1mas 的精度来测定各射电源的方向,而且这些射电源离我们十分遥远(如数十万光年),因而其方向可以认为固定不变,从而成为建立和维持国际天球参考框架 ICRF 的首选方法。天文学家则利用这种方法以毫角秒的精度来研究射电源内部的精细结构。当然,利用安置在卫星上的光学望远镜从大气层外对恒星进行光学观测,也能在光学谱段内建立起国际天球参考框架,但精度较低,加之在数年内难以准确测定恒星的自行,因而其精度还将随着时间的增加而逐渐降低。

(3) 与 SLR、GNSS、DORIS 等卫星大地测量技术不同,VLBI 可以直接把天球坐标系和地球坐标系联系起来,所以利用这种方法不仅可以精确测定极移 (X_p, Y_p) 和地球自转 UT1 等参数(这三个参数可合起来称为地球自转参数),而且还能测定岁差和章动。

(4) 与 SLR 一起为 ITRF 提供精确的尺度。

2. 激光测卫(SLR)

利用安置在地面测站上的激光测距仪对配备有后向反射棱镜的卫星进行距离测量,根据激光脉冲测距信号往返传播的时间来测定从地面测站至卫星的距离的方法和技术称为激光测卫。此外,美国在阿波罗登月计划中先后三次由宇航员在不同地点安放了 3 个后向反射棱镜阵列,前苏联则通过无人飞船在另两处安置了 2 个反射棱镜阵列。通过大功率的激光测距仪对这些棱镜进行激光测距的工作则称为激光测月(LLR)。新一代激光测距仪的测距精度已达厘米级至毫米级,每秒钟能进行 100 次距离测量,实现了单光子接收技术,有的测距仪在白天也可进行观测。SLR 的主要用途如下：

(1) 用 SLR 技术可精确测定地面测站的地心坐标,在建立地心坐标系的工作中发挥了决定性的作用。SLR 也是建立和维持地球参考框架、测定板块运动和地壳形变的一种重要方法。

(2) 用 SLR 技术可精确测定各地面站至卫星的精确距离,进而确定卫星的轨道,是一种重要的定轨技术。

(3) 利用 SLR 技术测定的卫星轨道及轨道摄动,可测定 GM 值等大地测量常数,可精确测定地球质心的位置及其变化,还可精确测定地球重力场中的中、低阶项。

(4) 与 VLBI 一起为地球参考框架提供高精度的尺度基准。

除此之外,LLR 还可精确测定激光反射棱镜的月面坐标,为月球表面测量提供精确的控制点,测定月球的自由天平动和月球潮汐位系数;编制精确的月球星表。

3. GPS(GNSS)

GPS 是美国研制组建的一种全球性的卫星导航定位系统。与之相类似的还有俄罗斯的 GLONASS 和欧洲、中国正在研制的组建的 Galileo 和 COMPASS。这些全球性的卫星导航定位系统合称 GNSS,但目前在空间大地测量中真正起作用的主要还是 GPS。采用载波相位测量以及相应的数据处理技术后,即可精确测定从卫星至测站的距离,精度可达毫米级至厘米级。除导航外，GPS在空间大地测量方面还具有下列用途：

（1）建立和维持全球性的或区域性的地球参考框架

由于进行GPS测量的仪器设备具有体积小、重量轻、耗能低、价格便宜、易于迁站等特点，精度也大体与VLBI、SLR相当，完全能满足要求。与VLBI、SLR技术相比，在建立局部性的地球参考框架等方面具有突出优势，已成为在较小区域中布设大地控制网的主要手段。在建立和维持全球性的地球参考框架方面，也具有地面测站数量多、地理分布好等优点。GPS也可用于测定板块运动和地壳形变。

（2）卫星定轨

近年来，已有越来越多的低轨卫星（海洋测高卫星、气象卫星、重力测量卫星、遥感卫星等）配备了GPS接收机，通过GPS测量采用几何方法或各种综合性的定轨方法来精确测定其轨道。用高轨卫星跟踪低轨卫星的定轨方法不但可以大大减轻地面卫星跟踪系统的繁重的工作压力，而且可以较好地解决地面系统跟踪观测时轨道不连续的问题。

（3）测定地球自转参数

利用GPS还可以精确测定极移和(UT1-UTC)等地球自转参数。目前，IGS测定极移的精度可达±0.05mas，测定UT1的精度可达0.02ms。

除此之外，GPS还被广泛用于高精度授时和时间比对，测定电离层中的总电子含量TEC，开展GPS气象学研究，提供对流层中的各种气象参数，特别是水汽含量。

4. DORIS

DORIS是法国研制组建的采用多普勒测量的方法来进行卫星定轨和定位的综合系统。与子午卫星系统相反，在地面跟踪站上安装信号发射机，而卫星上则安装信号接收机。目前，DORIS系统已在全球较均匀地布设了70多个地面站。该系统的主要功能是为低轨卫星提供了一种独立的高精度定轨方法。此外，在空间大地测量方面也有多种用途。现分别介绍如下：

（1）卫星定轨

DORIS系统为低轨卫星提供了一种独立的、全新的定轨方法。用这种系统所确定的卫星轨道的径向误差为±3cm。与SLR、GPS等方法进行联合定轨时，径向误差为1~2cm（由于该系统主要用于卫星测高，故对径向误差特别关注）。在星载DORIS接收机中安装DIODE软件后，卫星就具有实时定轨的功能，可拓宽其应用领域。实时定轨的预定精度指标为：径向误差为±30cm，三维点位误差为±1.0m。实测精度已优于上述指标。

（2）建立和维持地球参考框架

如果我们不是像定轨时那样把地面站坐标当作已知值固定下来，而是把地面站坐标也当作待定参数，采用自由网平差的方式把它们也估计出来，就能确定地面站的坐标。显然，利用这种方法来确定站坐标时，其精度与卫星数量有关。目前，配备有DORIS接收机的正在工作的卫星共有5个，在这种情况下，站坐标的测定精度可优于15mm，从而使DORIS也成为一种建立和维持地球参考框架的独立方法。当然，利用这种方法也能测定板块运动和地壳形变。

（3）测定地球自转参数

利用DORS来测定极移时，在卫星数较多的情况下，所测定的极移值的精度可达亚毫角秒的水平，为测定地球自转参数提供了一种独立的资料来源。

5. 利用卫星轨道摄动反演地球重力场

人造地球卫星受地球形状摄动、大气阻力、太阳光压力、日、月引力等摄动力的影响,其轨道会产生摄动。若用摄影观测、激光测距、多普勒测量等方法来精确测定卫星轨道并进而求得轨道摄动量后,就能反演出地球重力场。由于某一卫星轨道一般只对地球重力场中的某些部分敏感,而对另一些部分则不很敏感,因此用此方法来反演地球重力场时,往往需要对具有不同轨道的多个卫星进行观测和分析后,才能获得完整的地球重力场模型。此外,采用此方法所恢复的地球重力场的分辨率(最小波长)大体与卫星的高度相当,因此,采用这种方法只能反演出地球重力场中的中、低阶项(如24~36阶次的地球重力场模型)。这些模型的分辨率和精度虽然都不够好,但在早期的卫星定轨、预报方面也曾发挥过重要作用。采用这种方法也促进了对其他各种摄动因素的深入研究,有助于提高定轨精度。

6. 卫星测高

卫星测高是20世纪70年代出现的一种卫星重力学方法。其基本工作原理是用测高卫星上配备的微波(激光)测高雷达来测定至海平面的垂直距离,并利用SLR、GPS、DORIS等方法来精确确定该卫星的轨道,从而求得平均海面的形状,经潮汐、洋流、海面地形等改正后,获得海洋地区的大地水准面,并反求出地球重力场。目前,卫星测高可达厘米级的精度,海洋地区重力场的分辨率可达5~10km,与SLR、地面重力测量资料联合解算后,可求得180~360阶的全球重力场模型,如EGM96模型。相应的大地水准面的精度为分米级至亚米级。卫星测高资料还可用于海洋学研究,如测定海面地形、海洋环流、研究海底的岩石圈构造、绘制海底地形图等。

如果说利用卫星摄动来反演地球重力场是第一代卫星重力技术,那么卫星测高则可以称为第二代卫星重力技术,利用这种技术所建立的地球重力场模型,在分辨率和精度上都有了明显的提高。

7. 卫星跟踪卫星

卫星跟踪卫星一般可采用两种不同的模式:高-低模式和低-低模式。下面分别加以介绍。

1) 高轨卫星跟踪低轨卫星模式

利用地面卫星定轨网来测定低轨卫星的轨道时,存在两个问题:第一,由于地理和政治方面的原因,在全球均匀布设地面定轨网是难以做到的,因此也无法实现对低轨卫星的轨道弧段进行连续的跟踪观测;第二,全球数十个地面站每隔1~2h就需对低轨卫星进行一次观测,工作负荷很大,随着需要观测的低轨卫星数量的增多,地面网将不堪重负。而重力测量卫星、测高卫星、气象卫星、遥感卫星等由于工作性质和特点的原因,一般轨道都较低。

如果在低轨卫星上配备一台GNSS接收机,将高轨道的GNSS卫星作为动态已知点,那么我们就能方便地利用载波相位观测值或伪距观测值来确定低轨卫星的轨道。由于GNSS卫星数量多,分布也较为均匀,所以能连续测定低轨卫星的轨道,定轨精度也很不错。用载波相位观测值定轨一般能达到厘米级的精度,用伪距观测值定轨一般也能达到米级的定轨精度,用户可根据需要自行选用。

利用上述方法精确测定低轨道的重力卫星的轨道后,在已用加速度计和现有模型精确分离出其他摄动因素的情况下,就能根据单卫星能量守恒定律来精确地计算地球重力场模型。CHAMP卫星就是采用这种模式来反演地球重力场的成功范例。由CHAMP卫星恢复的地球重力场模型的分辨率和精度均优于用地面跟踪资料求得的重力场模型。

2)低轨卫星跟踪低轨卫星模式

两个相距不太远的在低轨道上飞行的卫星分别用高精度的微波测距系统来精确确定两个卫星之间的距离和距离变化率,同时利用高轨道的 GNSS 卫星导航定位系统来精确确定自己的轨道,并根据上述资料求得两卫星处的瞬时的引力位差,进而求得地球重力场的方法和技术,称为卫星重力学中的低轨卫星跟踪低轨卫星技术。由美国航空航天局 NASA 和德国空间飞行中心 DLR 联合研制的 GRACE 卫星项目就是采用上述工作模式来测定地球重力场的典型例子。两颗 GRACE 卫星间的距离为 220km±50km,初期的高度为 500km,以后逐渐降为 300km 左右。卫星上均安装了新型的 BJ GPS 接收机,利用 GPS 观测值来确定各自的卫星轨道,定轨精度为 4cm 左右。利用安装在卫星质心处的 Super STAR 加速度计来精确测定作用在卫星上的非保守力(如大气阻力、光压力等),以便能将它们分离出去,以精确确定地球重力场。每个卫星上都安装了 K 波段干涉系统,以便以极高的精度来测定两个卫星间的距离变化率。这是整个计划成功的关键,因为位差是根据速度差导得的。此外,在卫星上还安装了星敏感器,以便利用恒星来进行卫星的姿态控制。

用 GRACE 所导得的地球重力场的精度比用 CHAMP 卫星导得的重力场的精度要高一个数量级。对应的大地水准面中波长为 5 000km 的长波项的预期精度为 0.01mm,波长为 500~5 000km 间的中波项的预期精度为 0.1~0.01mm。用 GRACE 资料还能求得时变重力场,这种重力场的变化能反映出海洋的非潮汐变化以及地表层中水含量的分布变化。

8.卫星重力梯度测量

卫星重力梯度测量是利用安置在卫星上的差分加速度计来测定重力加速度在 X、Y、Z 三个方向上的加速度分量之差来求得重力加速度分量在三个方向上的梯度,即重力位的二阶偏导数,进而来推求地球重力场的一种卫星重力学方法。2009 年 3 月发射的 GOCE 卫星就是采用这种方法工作的一颗重力卫星。卫星上安装了一台 GPS/GLONASS 接收机以及激光后向反射棱镜,以便用 GNSS 和 SLR 的方法来进行精密定轨,卫星上还安装了恒星敏感器和姿态控制系统来进行卫星的姿态控制,以及一台静电重力梯度仪 EGG 来测定在三个相互垂直方向上的重力分量的梯度,这是关系到计划成败的关键性部件。

GOCE 计划的主要目的是提供最新的具有高空间分辨率和高精度的全球重力场和全球大地水准面的模型,预计球谐函数的阶次数可大于或等于 200,空间分辨率将达到 80~200km。这一新的地球重力场模型可以对陆地重力测量和航空重力测量提供强有力的支持。

CHAMP、GRACE、GOCE 是第三代卫星重力技术中的三个子系统,功能互补,这三个计划的实施对于建立高空间分辨率、高精度的地球重力场模型将产生巨大的推动作用。

在上面介绍的八种空间大地测量技术中,前四项技术主要用于建立和维持各种坐标系,以及测定地球定向参数。其中部分技术还可用于导航、时间传递、大气研究(电离层、对流层)、测定地球重力场。后四种技术主要用于测定地球重力场,部分技术还可用于海洋学研究和大气研究等。

参 考 文 献

[1] 国家自然科学基金委员会.自然科学发展战略调研报告:大地测量学[M].北京:科学出版社,1994.

[2] 胡明城,鲁福.现代大地测量学[M].北京:测绘出版社,1994.

[3] China National Committee for International Union of Goedesy and Geophysics. National Report on Geodesy for XVIIIth General Assembly of IUGG,1993.

[4] 李征航,徐德宝,董艳英,等.空间大地测量理论基础[M].武汉:武汉测绘科技大学出版社,1998.

第2章 时间系统

2.1 相关的预备知识

2.1.1 有关时间的一些基本概念

人类社会和自然界中的一切事物都是在一定的时间和空间中生存、发展和消亡的。时间和空间是物质存在的基本形式。时间是基本的物理量之一，它反映了物质运动的顺序性和连续性。人们在进行科学研究、生产活动以及日常生活中都离不开时间。在空间大地测量中，时间也是一个非常重要的物理量。例如，

- GPS 卫星以 3.9km/s 左右的速度围绕地球高速运动。当我们要求观测瞬间的卫星位置误差小于或等于 1cm 时，所给出的观测时刻的误差应小于或等于 2.6×10^{-6}s。
- 用测距码进行伪距观测时，我们是通过观测卫星信号的传播时间来确定卫星至接收机间的距离的，若要求该距离的误差小于或等于 0.1m，则信号传播时间的测量误差应小于或等于 3×10^{-10}s。

时间包含了两种概念：时间间隔和时刻。时间间隔是指事物运动处于两个（瞬间）状态之间所经历的时间过程，它描述了事物运动在时间上的连续状况；而时刻是指发生某一现象的时间。在空间定位技术中，我们通常把观测时刻称为"历元"。显然，所谓的时刻实际上是一种特殊的（与某一个约定的起点时刻之间的）时间间隔，而时间间隔是指某一事件发生的始末时刻之差。所以，时间间隔测量也称为相对时间测量，时刻测量则被称为绝对时间测量。

时间系统规定了时间测量的标准，包括时刻的参考基准和时间间隔的尺度基准。时间系统框架通过守时、授时和时间频率测量比对技术在某一区域或全球范围内来实现和维持统一的时间系统。

1. 时间基准

时间测量需要有一个标准的公共尺度，称为时间基准或时间频率基准。一般来说，任何一个观测到的周期性运动，如果能满足下列条件，都可作为时间基准：

（1）该运动是连续的、周期性的；
（2）运动周期必须稳定；
（3）运动周期必须具有复现性，即要求在任何时间和地点都可以通过观测和试验来复现这种周期运动。

自然界中具有上述特性的运动很多，如早期的燃香、沙漏、游丝摆轮的摆动、石英晶体的振荡、原子谐波振荡等。迄今为止，实际应用的较为精确的时间基准主要有以下三种：

（1）地球自转，它是建立世界时的时间基准，其稳定度为 1×10^{-8}（UT2）；

(2)行星绕太阳的公转运动,它是建立历书时的时间基准,其稳定度为1×10^{-10};

(3)电子、原子的谐波振荡,它是建立原子时的时间基准,其稳定度为1×10^{-14}。

时间的基本单位是国际单位制秒,大于1s的时间单位,如分(min)、小时(h)、日等,以及小于1s的时间单位,如毫秒(ms)、微秒(μs)、纳秒(ns)等均可以从秒派生出来。

2.守时系统

守时系统(钟)被用来建立和维持时间频率基准,确定任一时刻的时间。守时系统还可以通过时间频率测量和比对技术来评价和维持该系统的不同时钟的稳定度和准确度,并据此给予不同的权重,以便用多台钟来共同建立和维持时间系统的框架。

3.授时

授时系统可通过电话、网络、无线电、电视、专用长波和短波电台和卫星等设施向用户传递准确的时间信息和频率信息。不同的方法具有不同的传递精度,其方便程度也不相同,以便满足不同用户的不同需要。

目前,国际上有许多单位和机构在测定和维持各种时间系统,并通过各种方式将有关的时间和频率信息播发给用户,这些工作称为时间服务。较为著名的有国际计量局(BIPM)的时间部(提供国际原子时和协调世界时)、美国海军天文台(提供GPS时),我国国内的时间服务是由国家授时中心(NTSC)提供的。

2.1.2 天球的基本概念

天球是为了研究天体视位置和视运动而引进的一个假想的天球,其定义为以任一点为球心、以无穷大为半径所作的球体。当球心为地心时,叫地心天球;当球心取日心时,叫日心天球;球心为测站时,称为站心天球。在天文学中,通常把天球投影到天球面,并用球面坐标来表示天体的位置。现将天球上一些重要的面、线和点介绍如下(如图2-1所示)。

(1)天轴和天极

过天球中心并平行于地球自转轴的直线称为天轴,天轴与天球的交点称为天极,其中,P_N称为北天极,P_S称为南天极。

(2)天球赤道面及天球赤道

通过天球中心 M 作一个与天轴垂直的平面,该平面称为天球赤道面。天球赤道面与天球的交线称为天球赤道。天球赤道是天球上的一个大圆。

(3)天顶和天底

过测站点的铅垂线向上方延伸与天球的交点称为该点的(天文)天顶,向下方延伸与天球的交点称为该点的(天文)天底。

(4)天球子午面与子午圈

通过天轴及某点的天顶所做的平面称为天球子午面,天球子午面与天球的交线称为天球子午圈,它也是一个大圆,其中包含天顶的半个大圆称为上子午圈,包含天底的半个大圆称为下子午圈。

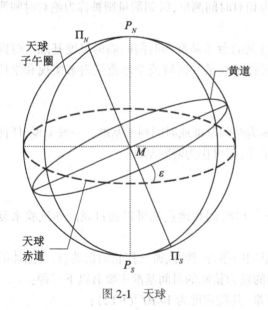

图2-1 天球

(5) 时圈

通过天轴的平面与天球相交而形成的半个大圆称为时圈。

(6) 黄道

地球绕日公转的轨道平面与天球的交线称为黄道。从地球上对太阳进行观测时，太阳就在黄道上进行视运动。黄道平面和赤道平面之间的夹角称为黄赤交角，其值为 23.5°左右。

(7) 黄极

过天球中心作垂直于黄道平面的垂线，该垂线与天球的交点称为黄极。靠近北天极的称为北黄极，靠近南天极的称为南黄极。

(8) 春分点

黄道和赤道的交点称为春分点和秋分点。其中，太阳从天球南半球穿过赤道进入北天球的交点称为春分点(每年的 3 月 21 日左右)，反之，太阳从天球北半球穿过赤道进入南天球的交点称为秋分点(每年的 9 月 23 日左右)。

春分点、北天极以及天球赤道等是建立天球坐标系中重要的基准点和基准面。

2.1.3 时钟的主要技术指标

时钟是一种重要的守时工具。利用时钟可以连续地向用户提供任一时刻所对应的时间 t_i。由于任何一台时钟都存在误差，所以需要通过定期或不定期地与标准时间进行比对，求出比对时刻的钟差，经过数学处理(如简单的线性内插)后估计出 t_i 时的钟差来加以改正，以便获得较为准确的时间。

评价时钟性能的主要技术指标为频率准确度、频率漂移和频率稳定度。

1. 频率准确度

一般而言，时钟是由频率标准(频标)、计数器、显示和输出装置等部件所组成的。其中，频标通常用具有稳定周期的振荡器来担任(如晶体振荡器)，计数器则用来记录振荡的次数。然后，再经分频后形成高精度的秒脉冲信号输出。所谓频率准确度是指振荡器所产生的实际振荡频率 f 与其理论值(标准值) f_0 之间的相对偏差，即 $a = \dfrac{f - f_0}{f_0}$，频率稳定度与时间之间具有下列关系式：$a = \dfrac{\mathrm{d}f}{f_0} = -\dfrac{\mathrm{d}T}{T}$，即 $\mathrm{d}T = -aT$。这就表明频率准确度是反映钟速是否正确的一个技术指标。

2. 频率漂移率(频漂)

频率准确度在单位时间内的变化量称为频率漂移率，简称频漂。据单位时间的取值的不同，频漂有日频漂率、周频漂率、月频漂率、年频漂率之分。计算频漂的基本公式为：

$$b = \frac{\sum_{i=1}^{N}(f_i - \bar{f})(t_i - \bar{t})}{f_0 \sum_{i=1}^{N}(t_i - \bar{t})^2} \tag{2-1}$$

式中，t_i 为第 i 个采样时刻(单位可以取秒、时、日等)；f_i 为第 i 个采样时刻测得的频率值；f_0 为标称频率值(理论值)；N 为采样总数；$\bar{t} = \dfrac{1}{N}\sum_{i=1}^{N} t_i$ 为平均采样时刻；$\bar{f} = \dfrac{1}{N}\sum_{i=1}^{N} f_i$ 为平均频率。

频漂反映了钟速的变化率,也称老化率。

3.频率稳定度

频率稳定度反映频标在一定的时间间隔内所输出的平均频率的随机变化程度。在时域测量中,频率稳定度是用采样时间内平均相对频偏 $\bar{y}_k$ 的阿伦方差的平方根 σ_y 来表示的：

$$\sigma_y(\tau) = \sqrt{\left\langle \frac{(\bar{y}_{k+1} - \bar{y}_k)^2}{2} \right\rangle} = \frac{1}{f_0} \sqrt{\left\langle \frac{(\bar{f}_{k+1} - \bar{f}_k)}{2} \right\rangle} \tag{2-2}$$

式中,$\langle \cdot \rangle$ 表示无穷多个采样的统计平均值；$\bar{y}_k$ 为时间间隔 $(t_k, t_{k+\tau})$ 内的平均相对频率,即

$$\bar{y}_k = \frac{1}{\tau} \int_{t_k}^{t_k+\tau} \left[\frac{\bar{f}_k - f_0}{f_0} \right] dt = \frac{1}{f_0} \left[\frac{1}{\tau} \int_{t_k}^{t_k+\tau} f(t) dt - f_0 \right]$$

令 $\bar{f}_k = \frac{1}{\tau} \int_{t_k}^{t_k+\tau} f(t) dt$,则

$$\bar{y}_k = \frac{\bar{f}_k - f_0}{f_0}, \bar{y}_{k+1} = \frac{\bar{f}_{k+1} - f_0}{f_0} \tag{2-3}$$

当测量次数有限时,频率稳定度用下式估计：

$$\hat{\sigma}_y = \frac{1}{f_0} \sqrt{\frac{\sum_{i=1}^{m} (\bar{f}_{k+1} - \bar{f}_k)}{2(m-1)}} \tag{2-4}$$

式中,m 为采样次数,一般应大于或等于 100 次。

频率的随机变化是由频标内部的各种噪声的影响而产生的。各类噪声对频率随机变化的影响程度和影响方式是不同的。因此,采样时间不同,所获得的频率稳定度也不同。在给出频率稳定度时,必须同时给出采样时间,如日稳定度为 10^{-13} 等。频率稳定度是反映时钟质量的最主要的技术指标。频率准确度和频漂反映了钟的系统误差,其数值即使较大,也可以通过与标准时间进行比对予以确定并加以改正。而频率稳定度则反映了钟的随机误差,我们只能从数理统计的角度来估计其大小,而无法进行改正。

2.2 恒星时和太阳时

地球自转是一种连续性的周期性运动。早期由于受观测精度和计时工具的限制,人们认为这种自转是均匀的,所以被选作时间基准。有人将以地球自转作为时间基准的时间系统称为世界时系统。但上述名称容易和格林尼治的平太阳时(世界时)混淆,故未加沿用。恒星时和太阳时都是以地球自转作为时间基准的,其主要差异在于量测自转时所选取的参考点不同。

2.2.1 恒星时(Sidereal Time, ST)

恒星时是以春分点作为参考点的。春分点连续两次经过地方上子午圈的时间间隔为一恒星日。以恒星日为基础均匀分割而获得恒星时系统中的"小时"、"分"和"秒"。恒星时在数值上等于春分点相对于本地子午圈的时角。由于恒星时是以春分点通过本地上子午圈为起点,所以它是一种地方时。

由于章动的影响,真天极将围绕平天极作周期性运动,故春分点有真春分点和平春分点

之分。相应的恒星时也有真恒星时和平恒星时之分。真恒星时也即真春分点的地方时角,记为 LAST,平恒星时也即平春分点的地方时角,记为 LMST,两者之差即为真春分点和平春分点之差,故有:

$$\text{LAST} - \text{LMST} = \Delta\psi \cdot \cos\varepsilon \tag{2-5}$$

式中,$\Delta\psi$ 为黄经章动;ε 为黄赤交角,其具体的计算公式随后将作详细介绍。

地方恒星时中有两个较为特殊的例子:格林尼治真恒星时(也即真春分点的格林尼治时角 GAST)和格林尼治平恒星时(即平春分点的格林尼治时角 GMST)。这两者与 LAST 和 LMST 之间的关系如下:

$$\text{LAST} - \text{GAST} = \text{LMST} - \text{GMST} = \lambda \tag{2-6}$$

式中,λ 为天文经度。

恒星时是以地球自转为基础,并与地球自转角度相对应的时间系统,在天文学中已被广泛应用。

2.2.2 太阳时(Solar Time,ST)

1. 真太阳时

真太阳时是以太阳中心作为参考点,太阳连续两次通过某地的上子午圈的时间间隔称为一个真太阳日。以其为基础均匀分割后得到真太阳时系统中的"小时"、"分"和"秒"。因此,真太阳时是以地球自转为基础、以太阳中心作为参考点而建立起来的一个时间系统。真太阳时在数值上等于太阳中心相对于本地子午圈的时角。然而,由于地球围绕太阳的公转轨道为一椭圆,据开普勒行星运动三定律知,其运动角速度是不相同的,在近日点处,运动角速度最大;远日点处,运动角速度最小。再加上地球公转位于黄道平面,而时角是在赤道平面量度这一因素,故真太阳时的长度是不相同的。也就是说,真太阳时不具备作为一个时间系统的基本条件。如图 2-2 所示。

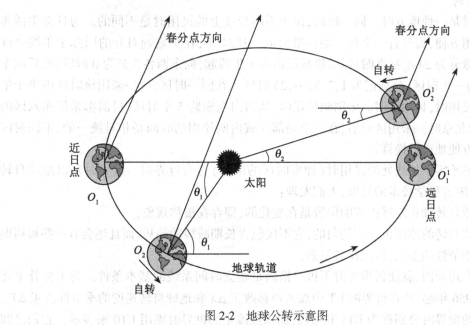

图 2-2 地球公转示意图

2. 平太阳时

在日常生活中，人们已经习惯用太阳来确定时间，安排工作和休息。为了弥补真太阳时不均匀的缺陷，人们便设想用一个假太阳来代替真太阳。这个假太阳也和真太阳一样在做周年视运动，但有两点不同：第一，其周年视运动轨迹位于赤道平面而不是黄道平面；第二，它在赤道上的运动角速度是恒定的，等于真太阳的平均角速度。我们称这个假太阳为平太阳。以地球自转为基础，以上述的平太阳中心作为参考点而建立起来的时间系统称为平太阳时。即这个假想的平太阳连续两次通过某地上子午圈的时间间隔叫做一个平太阳日。以其为基础均匀分割后可获得平太阳时系统中的"小时"、"分"和"秒"。平太阳在数值上就等于平太阳的时角。

当平太阳位于某地上子午圈时，时角为 0^h，称为平正午。当太阳位于某地下子午圈时，时角为 12^h，称为平子夜。由于平太阳是一个假想的看不见的东西，所以可以通过直接观测真太阳，然后再根据真太阳和平太阳之间的关系将真太阳时化为平太阳时，但精度不高。也可以通过观测恒星，然后化算为平太阳时。真太阳时 $t_\odot$ 与平太阳时 m 之差称为 η，即

$$\eta = t_\odot - m \tag{2-7}$$

η 值可以从天文年历中查取。一年中，其数值在 -14^m24^s 至 $+16^m21^s$ 间变化。

3. 民用时

平太阳时虽然已克服了真太阳时的缺陷，但使用起来不太方便。因为平太阳时是从平正午开始起算的，在同一个白天中，若上午为 10 月 17 日，下午便为 10 月 18 日，使用起来很不方便。1925 年，天文学家们决定将起始点从平正午移至平子夜，并称这样的平太阳时为民用时。任一时刻的民用时 m_c 与平太阳时 m 存在下列关系：

$$m_c = m + 12^h \tag{2-8}$$

现在已将太阳时和民用时合二为一，直接把平太阳的时角加 12h 称为平太阳时。

4. 世界时

民用时是一种地方时。同一瞬间，位于不同经线上的民用时是不同的。为日常生活和工作中使用方便，需要有一个统一的标准时间。1884 年，在华盛顿召开的国际子午线会议决定将全球分为 24 个标准时区，从格林尼治零子午线起，向东西各 7.5° 为 0 时区，然后向东每隔 15° 为一个时区，分别记为 1，2，3，…，23 时区。在同一时区，统一采用该时区中央子午线的地方民用时，称为区时。中国幅员辽阔，从西向东横跨 5 个时区，目前都采用东八区的区时，称为北京时。采用区时后，在一个局部区域内所使用的时间是相对统一的，不同时区间也可以方便地进行换算。

格林尼治零子午线处的民用时（即零时区的区时）称为世界时。世界时是以地球自转为基础的，随着科学技术的发展，人们发现：

① 地球自转轴在地球内部的位置是在变化的，即存在极移现象；

② 地球自转的速度也是不均匀的，它不仅包含长期减缓的趋势，而且还会有一些短周期的变化和季节性的变化，情况比较复杂。

由于上述原因，就使得世界时不再严格满足建立时间系统的基本条件。为了弥补上述缺陷，从 1956 年起，便在世界时 UT 中加入极移改正 $\Delta\lambda$ 和地球自转速度的季节性改正 ΔT_s，由此得到的世界时分别称为 UT1 和 UT2，而未经改正的世界时则用 UT0 来表示。它们之间存在下列关系：

$$UT1 = UT0 + \Delta\lambda$$
$$UT2 = UT1 + \Delta T_s \qquad (2\text{-}9)$$

其中,极移改正 $\Delta\lambda$ 的计算公式为:

$$\Delta\lambda = \frac{1}{15}(X_p\sin\lambda - Y_p\cos\lambda)\tan\varphi \qquad (2\text{-}10)$$

式中,λ、φ 分别为天文经度和天文纬度。

地球自转的季节性改正 ΔT_s 为:

$$\Delta T_s = 0.022\sin 2\pi t - 0.012\cos 2\pi t - 0.006\sin 4\pi t + 0.007\cos 4\pi t \qquad (2\text{-}11)$$

式中,t 以贝塞尔年为单位,$t = (MJD(t) - 51\,544.03)/365.242\,2$,$MJD(t)$ 为儒略日。

式(2-11)是从1962年起国际上采用的经验公式。显然,在 UT2 中含有地球自转速度的长期的变化项和不规则的变化项,所以它仍不是一个严格的均匀的时间系统。由于世界时与太阳时保持密切的联系,因而在天文学和人们的日常生活中被广泛采用。但是这种时间系统在很多高科技、高精度的应用领域无法使用。

平太阳时和恒星时的时间间隔之间存在下列转换关系:

$$24^h(\text{平恒星时}) = 24^h(1-v)(\text{平太阳时}) = 23^h 56^m 04^s.090\,53(\text{平太阳时})$$
$$24^h(\text{平太阳时}) = 24^h(1+\mu)(\text{平恒星时}) = 23^h 3^m 56^s.555\,37(\text{平恒星时}) \qquad (2\text{-}12)$$

其中,$1 - v = 0.997\,269\,566\,329\,084$,$1 + \mu = 1.002\,737\,909\,350\,975$。

2.3 历书时(Ephemeris Time, ET)

历书时是一种以牛顿天体力学定律来确定的均匀时间,并称为牛顿时。由于 UT2 中含有地球自转速度变慢的长期性的影响和不规则变化的影响,因而不是一种十分均匀的时间系统。而行星绕日(严格说是太阳系的质心)公转的周期则要稳定得多,所以国际天文学会 IAU 决定,从1960年开始,采用历书时来取代世界时作为描述天体运动,编制天体历书中所采用的时间系统。历书时的秒长定义为1980年1月0.5日所对应的回归年长度的 1/31 556 925.974 7(地球绕日公转时,两次通过春分点的时间间隔为1回归年,1回归年 = 365.242 2 平太阳日)。历书时的起点定义如下:以1900年初太阳的平黄经为 $279°41'48.04''$ 的瞬间,即1900年1月0日世界时 12^h 作为历书时1900年1月0日 12^h。

将观测得到的天体位置与用历书时计算得到的天体历表比较,就能内插出观测瞬间的历书时。由于观测月球的精度要比观测太阳中心的精度高,而且月球在天球上的视运动速度比太阳的视运动速度要快13倍多,所以实际上历书时是通过对月球的观测得到的。将观测到的月球位置与高精度的月球历书相比较,就能反推出观测瞬间的历书时。20世纪50年代以来,科学家们先后对布朗的月球星历作了三次修改。对应于这三个版本的月球星历所求得的历书时分别称为 ET1、ET2、ET3。

历书时是太阳质心坐标系中的一种均匀时间尺度,它是牛顿运动方程中的独立变量,是太阳、月球、行星星表中的时间引数。这种以太阳系内的天体公转为基准的时间系统无论是在理论上还是实践上都存在一些问题,如:

(1)太阳、月球、行星历表中的位置与一些天文常数有关。每当这些天文常数进行了修改,就会导致历书时不连续;

(2)由于月球的视面积很大,边缘又很不规则,很难精确找准其中心的位置,所以求得的历书时比理论精度要差得多；

（3）要经过较长时间的观测和数据处理才能得到准确的时间；

（4）由于星表本身的误差，同一瞬间观测月球与观测行星得出的历书时 ET 可能不相同。

所以，1967年，国际计量会议决定用原子时的秒长作为时间计量的基本单位。1976年，国际天文协会又决定从1984年起在计算天体位置、编制星历时用力学时取代历书时。

2.4 原子时（Atomic Time, AT）

1. 原子时的定义

随着生产力的发展和科学技术水平的提高，人们对时间准确度和稳定度的要求不断提高，以地球自转为基准的恒星时和平太阳时、以行星和月球公转为基准的历书时已难以满足要求。从20世纪50年代起，人们便一直致力于建立以物质内部原子运动为基础的原子时。

1）秒长

当原子中的能级产生跃迁时，会发射或吸收电磁波。这种电磁波的频率非常稳定，而且上述现象又很容易复现，所以是一种很好的时间基准。1967年10月，第十三届国际计量大会通过如下定义：位于海平面上的铯133（Cs133）原子基态两个超精细能级间在零磁场中跃迁辐射振荡9 192 631 770周所持续的时间为1个原子时秒。

2）起点

为了使原子时能够与世界时相衔接，规定原子时起算历元1958年1月1日0^h的值与UT2相同，即原子时在起始时刻与UT2重合。但事后发现，上述目标并未达到，该瞬间两者间实际相差0.003 9s，即

$$(AT - UT2)_{1958.0} = -0.003\ 9s \tag{2-13}$$

2. 国际原子时（Temps Atomigue International, TAI）

原子时是由原子钟来确定和维持的，但由于电子元器件及外部运行环境的差异，同一瞬间每台原子钟所给出的时间并不严格相同。为了避免混乱，有必要建立一种更为可靠、更为均匀、能被世界各国所共同接受的统一的时间系统——国际原子时 TAI。TAI 是1971年由国际时间局建立的。目前，国际原子时是由国际计量局（Bureau International des Poids et Mesures, BIPM）依据全球58个时间实验室（截至2006年12月）中大约240台自由运转的原子钟所给出的数据，采用 ALGOS 算法得到自由原子时 EAL，再经时间频率基准钟进行频率修正后求得。每个时间实验室每月都要把 UTC(k)-clock(k,i) 的值发给 BIPM。其中，UTC(k) 为该实验室所维持的区域性的协调世界时，k 是该实验室的编号，i 为各原子钟的代码。它反映了实验室内各台原子钟与该实验室统一给出的区域性协调世界时之间的差异，是表征原子钟性能的一项重要指标。EAL 则是所有原子钟的加权平均值。BIPM 就是根据这些数据通过特定算法得到高稳定度、高准确度的"纸面"的时间尺度 TAI 的。

3. 协调世界时（Universal Time Coordinated, UTC）

稳定性和复现性都很好的原子时能满足高精确度时间间隔测量的要求，因此被很多部门所采用。但有不少领域如天文导航、大地天文学等又与地球自转有密切关系，离不开世界时。由于原子时是一种均匀的时间系统，而地球自转则存在不断变慢的长期趋势，这就意味着世界时的秒长将变得越来越长，所以原子时和世界时之间的差异将越来越明显，估计到

21世纪末,两者之差将达到2min左右。为同时兼顾上述用户的要求,国际无线电科学协会于20世纪60年代建立了协调世界时UTC。协调世界时的秒长严格等于原子时的秒长,而协调世界时与世界时UT间的时刻差规定需要保持在0.9s以内,否则将采取闰秒的方式进行调整。增加1s称为正闰秒,减少1s称为负闰秒。闰秒一般发生在6月30日及12月31日。闰秒的具体时间由国际计量局在2个月前通知各国的时间服务机构。

为了解决频繁跳秒(目前约每年一次)而导致UTC经常性的中断(不连续),有人建议:

(1)改变UTC与UT2之差的限值,如将0.9s提高为4.9s,以大大减少跳秒的次数。但这样做必然会对相关部门造成负面影响,还需对影响的程度作认真的分析研究。

(2)重新定义原子时的秒长。原子时的秒长是根据1900.0历书时的秒长来定义的。与当前世界时的秒长已有明显的差异。若按当前世界时的秒长来重新定义原子时的秒长,虽可减少UTC的跳秒次数,但也会使一系列的物理常数和天文常数随之发生变化,引起很多不便;况且这种方法也不是一种一劳永逸的方法,过一段时间后还需要再定义秒长,因此需对得失进行综合分析比较后才能决定是否可行。毕竟UTC的跳秒并不是理论上的大问题,只是在具体操作时有些不便而已。在使用UTC时,必须注意跳秒问题。

从1979年12月起,UTC已取代世界时作为无线电通信中的标准时间。目前,许多国家均已采用UTC,并按UTC时间来发播时号。需要使用世界时的用户可根据UTC和(UT1-UTC)值来间接获得UT1。表2-1是国际地球自转服务IERS的地球定向快速服务/预报组的公报A中第20卷第35期所给出的从2007年8月24日至8月30日间的地球自转参数。为使读者熟悉其原来的形式,未做翻译。

表2-1　　　　　　　　　　　IERS所给出的地球自转参数

```
************************************************************************
*                                                                      *
*                          IERS   BULLETIN-A                           *
*                                                                      *
*             Rapid Service/Prediction of Earth Orientation            *
*                                                                      *
************************************************************************
30 August 2007                                              Vol.XX No.035
```

GENERAL INFORMATION:
    To receive this information electronically, contact:
        ser7@ maia.usno.navy.mil or use <http://maia.usno.navy.mil/>
    MJD = Julian Date − 2 400 000.5 days
    UT2−UT1 = 0.022 sin(2 ∗ pi ∗ T) − 0.012 cos(2 ∗ pi ∗ T)
                − 0.006 sin(4 ∗ pi ∗ T) + 0.007 cos(4 ∗ pi ∗ T)
    Where pi = 3.141 592 65…and T is the date in Besselian years.
    TT = TAI + 32.184 seconds
    DUT1 = (UT1−UTC) transmitted with time signals
        = −0.2 seconds beginning 14 June 2007 at 0000 UTC
    Beginning 1 January 2006:
        TAI−UTC(BIPM) = 33.000 000 seconds

The contributed observations used in the preparation of this Bulletin are available at <http://maia.usno.navy.mil/bulla-data.html>. The contributed analysis results are based on data from Very Long Baseline Interferometry (VLBI),Satellite Laser Ranging (SLR),the Global Positioning System (GPS) Satellites,Lunar Laser Ranging (SLR),and Meteorological predictions of variations in Atmospheric Angular Momentum (AAM).

COMBINED EARTH ORENTATION PARAMETERS:
IERS Rapid Service

MJD	x "	error "	y "	error "	UT1-UTC s	error s
7 8 24 543 36	.206 60	.000 09	.277 35	.000 09	-.162 636	.000 013
7 8 25 543 37	.204 70	.000 09	.274 98	.000 10	-.162 186	.000 012
7 8 26 543 38	.202 98	.000 09	.272 57	.000 10	-.161 904	.000 015
7 8 27 543 39	.201 79	.000 09	.270 40	.000 10	-.161 906	.000 013
7 8 28 543 40	.200 91	.000 09	.268 60	.000 10	-.162 235	.000 013
7 8 29 543 41	.200 07	.000 09	.267 01	.000 09	-.162 853	.000 048
7 8 30 543 42	.199 41	.000 09	.265 48	.000 10	-.163 724	.000 057

4. GPS 时

GPS 时是全球定位系统 GPS 使用的一种时间系统。它是由 GPS 的地面站和 GPS 卫星中的原子钟建立和维持的一种原子时。其起点为 1980 年 1 月 6 日 $0^h00^m00^s$。在起始时刻，GPS 时与 UTC 对齐，这两种时间系统所给出的时间是相同的。由于 UTC 存在跳秒，因而经过一段时间后，这两种时间系统中就会相差 n 个整秒，n 是这段时间内 UTC 的积累跳秒数，将随时间的变化而变化。由于在 GPS 时的起始时刻 1980 年 1 月 6 日，UTC 与国际原子时 TAI 已相差 19s，故 GPS 时与国际原子时之间总会有 19s 的差异，即 TAI - GPST = 19s。从理论上讲，TAI 和 GPST 都是原子时，且都不跳秒，因而这两种时间系统之间应严格相差 19s 整。但 TAI(UTC) 是由 BIPM 在全球的约 240 台原子钟来共同维持的时间系统，而 GPST 是由全球定位系统中的数十台原子钟来维持的一种局部性的原子时，这两种时间系统之间除了相差若干整秒外，还会有微小的差异 C_0，即 TAI - GPST = $19^s + C_0$；UTC - GPST = n 整秒 + C_0。由于 GPS 已被广泛应用于时间比对，用户通过上述关系即可获得高精度的 UTC 或 TAI 时间。国际上有专门单位在测定并公布 C_0 值。

5. GLONASS 时

与 GPS 时相类似，俄罗斯（前苏联）的 GLONASS 为满足导航和定位的需要也建立了自己的时间系统，我们将其称为 GLONASS 时。该系统采用的是莫斯科时（第三时区区时），与 UTC 间有 3h 的偏差。GLONASS 时也存在跳秒，且与 UTC 保持一致。同样由于 GLONASS 时是由该系统自己建立的原子时，故它与由国际计量局 BIPM 建立和维持的 UTC 之间（除时差外）还会存在细微的差别 C_1。它们之间有下列关系：UTC + 3^h = GLONASS + C_1。用户可据此将 GLONASS 时化算为 UTC，也可以将其与 GPS 时建立联系关系式。同样，C_1 值也有专门机构加以测定并予以公布。

全球的时间中心和时间实验室都可用自己的原子钟来建立和维持一个"局部"UTC。它们都将自己的成果提交国际计量局 BIPM，由 BIPM 经统一处理后形成全球统一的、国际公认的 UTC。为加以区分，由各时间中心和时间实验室单独建立和维持的 UTC 后面需要加上一个括号，注明机构名称。如由美国海军天文台 USNO 所建立的和维持的 UTC 记为 UTC(USNO)。而由 BIPM 建立和维持的全球统一的 UTC 则无需括号说明。由各机构自行建立的"局部" UTC 与全球统一的国际公认的 UTC 之间存在细微的差异[UTC-UTC(××××)]。这些差异通常要在事后经信号比对、数据处理并播发后才能获知。滞后时间通常为两星期左右。上述机构如果将自己维持的 UTC(××××)与 GPS 时进行了比对，求得两者之间的差异[UTC(××××)-GPST]，再加上[UTC-UTC(××××)]后，即可求得 UTC 与 GPS 时之差。表2-2 是从 CIRCULAR T235 中摘录的 C_0 和 C_1 的值。其中，C_0 值是根据 BIPM 维持的 UTC 与巴黎天文台所维持的 UTC(op)之差[UTC-UTC(××××)]以及由巴黎天文台所求得的[UTC(op)-GPST]而求得的。GPS 时是据该台所接收的 GPS 信号，并加上信号传播时间改正(据精密星历和站坐标求得)、精确的卫星钟差改正和电离层改正后求得的。C_0 的数值一般可保持在 10ns 以内，C_0 本身的测定精度一般为 2ns 左右。C_1 值是根据 UTC 与 AOS 所维持的 UTC(AOS)之差[UTC-UTC(AOS)]以及在 AOS(Astrogeodynamic Observatory Borowiec)所接收到的 GLONASS 资料所求得的[UTC(AOS)-GLONASST]而求得的。C_1 的绝对值目前一般为数百 ns，C_1 本身的测定精度一般为 20ns 左右。同样，为了使读者熟悉从网上下载的原文件格式，对表2-2 也未做翻译。表中的 N_0 和 N_1 分别为测定 C_0 和 C_1 时所用的观测值数量，C_0 和 C_1 值皆为每天 UTC 0^h 的数值，观测时刻的值可以内插求得。

表 2-2　　　　　　　　UTC(TAI)与 GPS 时、GLONASS 时之差

http://tycho.usno.navy.mil/latestcircT
CIRCULART 235　　　　　　　　　　　　　　　　　　　ISSN 1143-1393
2007 AUGUST 14,08h UT
　　　　　　　　BUREAU INTERNATIONAL DES POIDS ET MESURES
　　ORGANISATION INTERGOUVERNEMENTALE DE LA CONVENTION DU METRE
PAVILLON DE BRETEUIL F-92312 SEVRES CEDEX　TEL.+33 1 45 07 70 70　FAX.+33 1 45 34 20 21
tai@bipm.org
5-Relation of UTC and TAI with GPS time and GLONASS time.

[UTC-GPS time]　　　=-14s+C_0, [TAI-GPS time]　　=19s+C_0, global uncertainty is of order 10 ns.
[UTC-GLONASS time]=　0s+C_1, [TAI-GLONASS time]=　33s+C_1, global uncertainty is of order hundreds ns.
The C_0 values provide a realization of GPS time, as obtained using the values [UTC-UTC(op)] and the GPS data taken at the Paris Observatory, corrected for IGS precise orbits, clocks and ionosphere maps The C_1 values provide a realization of GLONASS time, as obtained using the values [UTC-UTC(AOS)] and the GLONASS data taken at the Astrogeodynamical Observatory Borowiec (AOS) N_0 and N_1 are the numbers of measurements, when N_0 or N_1 is 0, the corresponding values of C_0 or C_1 are interpolated
The standard deviations S0 and S1 characterize the dispersion of individual measurements. The actual uncertainty of user's access to GPS and GLONASS times may differ from these values.

续表

Date2007	0h UTC	MJD	C_0/ns	N_0	C_1/ns	N_1
	JUN 28	54 279	-5.2	47	-825.9	76
	JUN 29	54 280	-5.6	45	-828.6	73
	JUN 30	54 281	-8.2	46	-836.3	71
	JUL 1	54 282	-7.8	44	-834.7	83
	JUL 2	54 283	-5.8	46	-819.1	78
	JUL 3	54 284	-3.4	45	-826.7	80
	JUL 4	54 285	-3.6	46	-838.8	72
	JUL 5	54 286	-3.7	46	-839.0	71
	JUL 6	54 287	-0.9	45	-837.9	79
	JUL 7	54 288	-2.4	46	-835.4	76
	JUL 8	57 289	-3.4	46	-830.1	83
	JUL 9	54 290	-1.9	46	-811.6	87
	JUL 10	54 291	-1.1	46	-800.3	78
	JUL 11	54 292	-0.9	46	-811.8	84
	JUL 12	54 293	-0.4	45	-838.1	89
	JUL 13	54 294	1.6	45	-837.2	82
	JUL 14	54 295	0.9	47	-815.0	69
	JUL 15	54 296	1.3	46	-778.0	73
	JUL 16	54 297	0.0	45	-745.0	56
	JUL 17	54 298	-0.9	45	-730.8	80
	JUL 18	54 299	-2.3	46	-721.2	71
	JUL 19	54 300	-1.2	45	-714.1	87
	JUL 20	54 301	-3.0	44	-707.7	78

美国海军天文台一直在密切关注并迅速测定自己所维持的UTC(USNO)与GPS时之差以及与GLONASS时之差。此外,BIPM还给出在过去90天中[UTC-UTC(USNO)]的平滑值以及外插(预报)未来的73天的插值,同时以表格和图形的形式给出。图2-3是其中的一

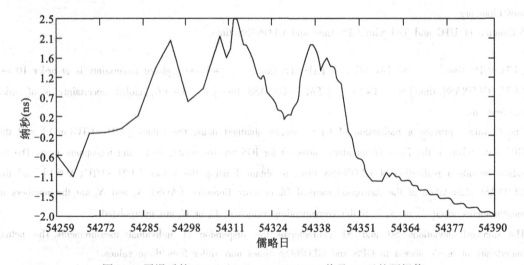

图2-3 平滑后的UTC(BIPM)-UTC(USNO)值及50天的预报值

部分图,横轴为以约化儒略日 MJD 表示的日期,纵轴为时间差(单位为 ns)。用这种方式可较快地获得(UTC-GPST)和 UTC-GLONASS,但精度稍差些。

2.5 原子钟

根据原子在能级跃迁时所产生或吸收的电磁波的固有而稳定的频率所制作的时钟称为原子钟,通常由原子频标、石英晶体振荡器及伺服电路等部件组成。原子钟是当代第一个基于量子力学原理制作而成的计量器具。

2.5.1 发展历史

1945 年,美国哥伦比亚大学的物理学家教授塞多·拉比(Sador Rabi)提出利用他在 20 世纪 30 年代所发明的原子磁共振技术可以制造高精度的时钟。1949 年,美国国家标准局 NBS(现称国家标准和技术研究所 NIST)生产了世界上第一台用氨分子作为振荡源的原子钟;1952 年,又研制出以铯原子作为振荡源的铯原子钟 NBS-1。1955 年,英国国家物理实验室 NPL 的路易斯·埃森博士和他的同事们研制出第一台长束(long-beam)铯原子钟。有人认为,这才是世界上第一台高精度的原子钟。英国皇家格林尼治天文台用它来维持时间。此后,NPL 又与美国海军天文台合作来测定在历书时 1 秒钟铯原子跃迁的振荡次数。这一合作的结果是精确确定了铯原子基态超精细结构跃迁时的频率为 9 192 631 770Hz。国际计量协会正是根据这一结果来定义国际制秒长的。与此同时,位于马萨诸塞州的 National Company 的 Jerrold Zachrias 开始研制世界上第一台商品化的铯原子钟,其频率精度优于 1×10^{-10},这台钟于 1956 年完成,到 1960 年,该公司共售出约 50 台原子钟,得到了广泛的应用。

最近几十年来,随着半导体激光技术、原子的激光冷却与囚禁技术、离子囚禁技术、相干布居囚禁理论、锁模飞秒脉冲技术(简称飞秒光梳)、原子的光晶格囚禁理论和技术、超稳窄线宽激光技术等新理论和新技术的应用(其中,原子的激光冷却与囚禁理论与技术、锁模飞秒脉冲激光技术分别是 1997 年和 2005 年诺贝尔奖涉及的研究内容),使原子钟处于飞速发展的阶段。原子钟的性能指标被不断刷新,精度平均每 10 年提高一个数量级。目前,精度最好的铯原子喷泉钟的准确度已达 $(4\sim5)\times10^{-16}$。近年来,光钟的发展速度则更为惊人。原子钟已成为国家战略资源,在相当大的程度上反映了一个国家的科学技术水平。

2.5.2 原子钟的基本工作原理

1. 铯原子钟的工作原理

如图 2-4 所示,铯原子经电炉加热后气化,经不均匀磁场 A 后被分离,具有合适能级的铯原子继续右行经过一个强微波场,其他能级的铯原子则被分离出去。该微波场是由晶体振荡器所产生的频率在 9 192 631 770Hz 左右的微波振荡信号所产生的,该晶体振荡器所产生的信号频率可在小范围内进行调整。若振荡信号的频率正好为 9 192 631 770Hz 时,其能量就能被铯原子吸收,使其产生跃迁。若不等于上述频率时,就不能使铯原子产生跃迁。从微波场出来后的铯原子经不均匀磁场 B 后,未发生跃迁的铯原子被分离出去,而发生跃迁后的铯原子则经热线电离器、质量分光计和电子倍增器(图中未画出)后到达探测器。探测器可输出一个信号,其强度与接收到的发生跃迁的铯原子数成正比。该信号可作为一个反馈信号送入晶体振荡器,以便对其产生的振荡信号的频率进行微调,使探测器所接收到的铯原子达到并保持最大。通过上述伺服装置就能使晶体振荡器保持正确的信号频率。将输出信号的频率除以9 192 631 770后就能形成正确的秒脉冲信号。

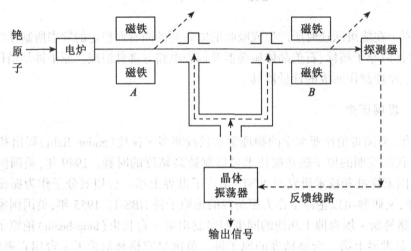

图2-4 铯原子钟工作原理图

2.铷原子钟和氢原子钟的工作原理

除铯原子钟外,目前实际使用的原子钟还有铷原子钟和氢原子钟。其中,铷原子钟的结构较为简单,体积小、重量轻,结构坚固结实。其基本工作原理如下:被加热成气态的铷原子Ru87被存储在原子共振腔中,由晶体振荡器产生的频率近似等于铷原子的跃迁频率(6 834 682 605Hz)的微波信号被射入共振腔,当射入的微波信号的频率正好等于铷原子的跃迁频率时,铷蒸汽对光的吸收率达到最大值,因此,只要在共振腔的一端安装一个灯,在另一端安装一个光敏二极管,就能根据二极管所接收到的光量来判断晶体振荡器的振荡频率是否等于铷原子的跃迁频率。光敏二极管根据接收到的光量产生一个反馈信号调整晶体振荡器的信号频率。通过上述伺服电路,就能保持晶体振荡器总是输出6 834 682 605Hz的微波信号。氢原子钟(也称氢梅塞钟)的精度好,但一般体积较大,重量较重。其基本工作原理如下:氢气分子在气体排放管中被分解为氢原子,这些氢原子通过一个磁选择器来进行选择,只允许高能级的氢原子进入共振腔。在共振腔中,具有较高能级的氢原子会自动回到低能级的基态中去,同时发射频率为1 420 405 757.68Hz的微波信号。当由晶体振荡器产生的微波信号射入时,若晶体振荡器信号正好等于氢原子的跃迁频率时,两个信号就能叠加,使叠加信号的强度最大,叠加信号的强度可以作为反馈信号,据此来调整晶体振荡器频率。

2.5.3 原子钟的分类

1.基准型原子钟

基准型原子钟是在实验室环境中运行的(对运行的外部条件有很高要求的)具有自我评价能力的最高精度的时间频率标准。自从1995年法国巴黎天文台(OP)的铯原子喷泉钟投入运行以来,目前在全球已有15台正在运行或正在研制的冷原子喷泉钟。其中,巴黎天文台(OP)、美国标准与技术研究院(NIST)、英国国家物理实验室(NPL)、德国物理技术研究院(PTB)和意大利国家电子研究所(IEN)的铯原子喷泉钟在建立和维持国际原子时 TAI 中起到了关键性作用。在这些基准钟中,巴黎天文台的三台喷泉钟和美国标准与技术研究院研制的喷泉钟的精度和日稳定度都已进入 10^{-16} 量级。

基准型的原子钟在建立和维持一个国家或地区的时间频率标准时具有极其重要的作用。这些钟是无法从国外购买的。中国计量科学研究院研制的铯原子喷泉钟在 2003 年鉴定时的准确度为 $8.5×10^{-15}$。经改进后,目前的精度已达到 $5.0×10^{-15}$。

2.应用型原子钟

1) 守时型原子钟

守时型原子钟是一种在实验室环境下运行的、能长期连续运行的稳定可靠的频标,用于时间记录和保持。守时钟主要是传统的小型磁选商品铯束频标和氢梅塞钟。我国的授时钟基本上均为从美国进口的小铯钟 HP 5071 A 和 Sigma Tau 公司的 MHM-2010 氢原子钟。

2) 星载原子钟

随着空间技术的发展,特别是卫星导航系统的发展,星载原子钟得到了广泛的应用。目前,星载原子钟的数量已达 400 多台。1997 年后,Block Ⅱ R GPS 卫星均已携带由 EG&G 公司生产的铷原子钟,其短期稳定度为 $3 × 10^{-12}/\sqrt{\tau}$,日稳定度为 $5×10^{-14}$,日漂移率为 $5×10^{-14}$,重量为 5.5kg,功耗为 39W。GPS 卫星上的铯原子钟的短期稳定度为 $5 × 10^{-12}/\sqrt{\tau}$,日稳定度为 $3×10^{-14}$,日漂移率可忽略不计,重量为 13kg,功耗为 30W。

Galileo 卫星上的星载铷原子钟是由 TEMAX 公司提供的。其短期稳定度为 $5 × 10^{-12}/\sqrt{\tau}$,日稳定度为 $5×10^{-14}$,日漂移率为 $1×10^{-13}$,重为 2.3kg,功耗为 20W。考虑到铷原子钟的中长期稳定度较差,Galileo 卫星上还准备使用 TEMAX 公司的小型氢原子钟,其短期稳定度为 $1 × 10^{-12}/\sqrt{\tau}$,日稳定度为 $1.5×10^{-14}$,日漂移率为 $1×10^{-14}$,重 15kg,功耗 60W。一般来说,铷原子钟在体积、重量、功耗、造价、寿命等方面均有优势,短期稳定度也比铯原子钟好,但存在长期频率漂移。氢原子钟的短期稳定度和长期稳定度都较好,但体积大、重量重、结构复杂。

2.5.4 原子钟的发展现状及趋势

1.铯原子喷泉钟

如图 2-5 所示,喷泉钟和一般铯原子钟的工作原理大体相同,其主要差别在于:

- 用六束激光来冷却原子的温度,减缓铯原子的运动速度;
- 调整上下两束激光的工作频率,使铯原子形成喷泉状的原子云,上升后在重力作用下再缓缓下降;
- 用一个激光探测器来判断铯原子在晶体振荡器所产生的微波信号作用下是否产生了跃迁。跃迁后的铯原子在该激光照射下会产生荧光,并以此作为反馈信号。

由于原子运动速度减缓可减少多普勒效应和碰撞效应,铯原子下落的速度缓慢,可大大增加观测和量度的时间,故可提高精度至 $10^{-15} \sim 10^{-16}$ 级。

2.离子阱原子钟

目前,科学家正尝试用钇来制作离子阱原子钟。这种钟和一般原子钟的差别在于:

- 将一个离子因禁在直径仅为 60nm 的电磁泡中,再用几个电极就能将其囚禁好几天;
- 用激光冷却器中的激光照射使离子冷却至 -273℃,以减缓离子的运动速度,并避免和其他原子发生碰撞。

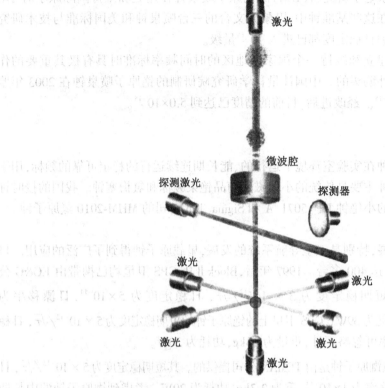

图 2-5　铯原子喷泉钟工作示意图

用一束蓝激光照射离子,使离子中的一个电子从低能级轨道跃迁至高能级轨道上去,相应的跃迁频率在很长时间内能保持稳定。离子阱原子钟的精度可比一般原子钟的精度提高 2 个数量级,其稳定度预计可达到 10^{-15} 以上。

3. 光钟

原子跃迁时,可发射或吸收频率十分稳定的微波信号或光信号。以前的原子钟都选用波长为厘米级或分米级的微波信号来作为稳定的频率源。由于光信号的频率要比目前所用的原子钟跃迁时所发出的微波信号的频率大 5 个数量级,因而,若能以这些频率十分稳定的单色光信号来作为原子钟的频率标准形成所谓的光钟,则其精度有望大幅度提高,这在以前是难以做到的。因为光钟需要捕获离子,并让它们长期保持静止,以便获得精确的读数;同时还需要用一种装置来精确量测高频振荡频率。

目前,美国 NIST、英国 NPL、法国 NMB、德国 PTB 等机构采用单粒子囚禁技术和激光冷却技术,分别用汞离子 H_g^+、钇离子 Y_b^+、锶离子 S_r^+ 和铟离子 L_n^+ 实现了光频标。目前,NIST 的 H_g^+ 光钟的准确度为 1.4×10^{-15},尚未超过冷原子喷泉钟的精度。

近 6~7 年来,由于原子冷却技术(尤其是光晶格原子冷却囚禁技术)的飞速发展,基于这种技术而实现的光频标纷纷出现。近年来,各发达国家如美国、日本、法国、德国等相继开展了锶 S_r 冷原子光频标的研究。2007 年,巴黎天文台和美国的 JILA 的锶光钟的准确度也达到了 $(2~3) \times 10^{-15}$。虽然目前的精度仍比不上高精度的铯原子喷泉钟,但改进的空间还很大,预计其稳定度会比喷泉钟要好。

1999 年,德国(MQI)和美国(NIST)利用锁模飞秒($1fs = 10^{-6} ns$)脉冲激光技术得到了宽频谱等间隔的梳状标准频率信号,用简单装置实现光频和微波的直接连接。这是一台可用微波信号或光频信号的宽谱频率综合器,联合实验表明,其频率传递精度可达 10^{-19} 量级。

2.6 脉冲星时

2.6.1 脉冲星

脉冲星是一种快速自转的中子星。恒星演化到晚期,内部的能量几乎消耗已尽,辐射压剧烈减小,无法提供正常的热压力,从而导致星体坍塌。原子中的电子被压缩到原子核中与质子生成中子,这种星称为中子星。中子星的体积很小,其直径一般只有 10~20km,是宇宙中最小的恒星,但质量却和太阳等恒星相仿。整个中子星是由紧紧挨在一起的原子核所组成,其中心密度可达 10^{15} g/cm³,表面温度可达 1 亿度,中心温度则高达 600 亿度,中心压力可达 10^{28} 个大气压,磁场强度达 10^{8} T 以上。在这种难以想象的极端物理条件下,星体将产生极强的电磁波,包括微波、红外线、可见光、紫外线及 X 射线、γ 射线等,其平均辐射能量为太阳的 100 万倍。这些带电粒子将从中子星的两个磁极喷射而出,形成一个方向性很强的辐射束,其张角一般仅为数度。中子星的自转轴与磁轴一般并不一致,随着中子星的自转,这些辐射束也将在空间旋转,如果辐射束正好扫过地球,那么地球上的观测者就能周期性地观测到这些"脉冲信号",这就是我们将这些快速旋转的中子星称为脉冲星的原因(见图 2-6)。反之,如果这些电磁波辐射束没有扫过地球,虽然这些中子星在宇宙中客观存在,但我们却无法发现它们。

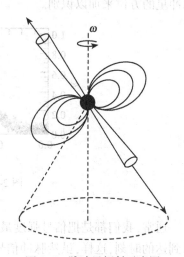

图 2-6 脉冲星辐射示意图

由于中子星在坍塌的过程中体积骤然变小,根据角动量守恒定律,它们的自转角速度将迅速增加,其自转周期从数毫秒至数秒不等,其中自转周期小于 20ms 的脉冲星被称为毫秒脉冲星。毫秒脉冲星的自转周期非常稳定,大部分毫秒脉冲星的自转周期变化率小于 10^{-14} s/s,某些毫秒脉冲星的自转周期变化率可小于 10^{-20} s/s。这些脉冲星可成为自然界中最好的时钟。

专家们认为,从理论上讲,辐射流量大于 0.3mJy 的脉冲星数量大约有 20 万~50 万个左右。若其中有 20%的脉冲星辐射束可扫过地球,那么地球上就能观测到 4 万~10 万个脉冲星。而当前已发现的脉冲星只有 2 千个左右,其中约有 20%为毫秒脉冲星。当前,世界各国正在利用射电望远镜和 X 射线探测器等设备大力搜寻新的脉冲星。

2.6.2 脉冲星时

脉冲星只是自然界中一种具有非常稳定的自转周期的天体。要利用它们的自转周期作为时间基准进而来建立一种可供实用的高精度的时间系统,还有许多基础性的工作要做。

1. 继续寻找脉冲星

1967 年,英国天文学家休伊什(Hewish)和他指导的博士研究生贝尔(Bell)用射电望远镜首次发现了射电脉冲星 PSR 1919+21。其中，PSR 表示脉冲星(Pulsar)，1919 表示其赤经为 19^h19^m，+21 表示其赤纬为北纬 21°。1982 年首次发现了毫秒脉冲星 PSR B 1937+21，此后又相继发现脉冲星近 2 000 颗，其中毫秒脉冲星约占 20%，X 射线脉冲星约 140 颗。今后还需在全天球范围内继续搜寻脉冲星，以便能从中找出自转周期特别稳定、信号强度大的毫秒脉冲星来构建脉冲星时。

2. 广泛开展长期的高精度的 TOA 计时测量

在全球范围内广泛开展长期的高精度的脉冲星信号到达时间(Time of Arrival，TOA)测量是建立脉冲星时的基础。如前所述，从脉冲星中发射出来的电磁波信号在空间呈圆锥形，该圆锥形的信号束扫过地面测站时会持续一段时间，在这段时间内，信号强度也会随时间而变化(见图 2-7)。图 2-7 中，横轴为相位，以周为单位，纵轴为信号的相对强度(最强的信号强度记为 1)。这种表示在一个周期内信号强度随时间而变化的曲线称为脉冲轮廓线。每个脉冲星的脉冲轮廓互不相同，故脉冲轮廓就成为脉冲星的"身份识别证"。空间飞行器利用脉冲星进行导航时，就是根据脉冲轮廓来识别脉冲星的。当然，在地面观测时，还可依据脉冲星的方位来加以识别。

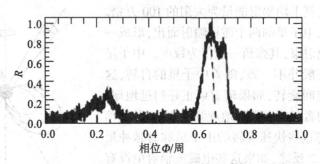

图 2-7 PSR B 1855+09 的脉冲轮廓

通常，我们都是把信号强度最大的瞬间(图 2-7 中的虚线所对应的时刻)作为脉冲星信号到达的时刻，这样，虽然脉冲信号会持续一段时间(如图 2-7 中的 PSR B 1855+09 星的脉冲就持续了 0.2 周)，但仍可以较精确地测定 TOA。

目前，测定脉冲信号到达时间的技术已较为成熟，最好的测定精度已达 ±70ns。国际上有许多射电望远镜都在常规性地进行 TOA 计时测量，对选定的多个脉冲星信号(从几个到 20 多个)进行长期的测量。其中有一些中、小射电望远镜已停止其他工作转为专门进行脉冲星计时测量。

只有在广泛开展高精度的长时间的 TOA 测量的基础上，我们才有可能精确测定各个脉冲星的自转周期以及它们的变化率，进而建立各脉冲星的钟模型：

$$\phi_i = \phi_0 + f(t - t_0) + \frac{df}{dt}\frac{(t - t_0)^2}{2!} + \frac{d^2f}{dt^2}\frac{(t - t_0)^3}{3!} + \cdots \quad (2\text{-}14)$$

从而为建立脉冲星时奠定基础。

3. 制定统一规定，协调各国工作，为建立统一的脉冲星时创造条件

要建立国际公认的全球统一的脉冲星时，还需要建立一个国际机构，制定统一的规定，组织协调各国的工作，统一进行数据处理，提供时间服务。目前，国际计量局 BIPM 和美国海军天文台 USNO 正在开展这一工作。预计在未来 5 年内，利用全球的脉冲星计时观测阵

列的资料,有望建立一个由 10 个左右的脉冲星所组成的综合脉冲星时间基准,为提高原子时的精度和行星历表的精度以及引力波的探测研究等创造良好的条件。

目前的脉冲星计时观测资料表明,某些脉冲星一年以上的长期稳定度已可优于 10^{-15},利用多个脉冲星的观测资料采用合适的算法所求得的综合脉冲星时可检核原子钟的长期稳定度。由于受 TOA 测定精度的限制,目前,脉冲星时的短期稳定度还不如原子时。国际上正在实施的 SKA 计划(建造有效接收面积大于等于 $1km^2$ 的射电望远镜)的目的之一就是搜寻更多的脉冲星并进行计时测量。将来的 SKA 可以观测几百颗毫秒脉冲星,能为建立脉冲星时创造很好的条件。

我国也开展了脉冲星观测和理论研究工作。1992 年,北京天文台成功研制了脉冲星单通道观测系统,首次开展了脉冲星观测工作。1996 年,乌鲁木齐天文台用口径为 25m 的射电望远镜观测脉冲星,对数十颗脉冲星的自转周期、周期跃变、脉冲轮廓、频谱特征等进行了测定和研究。同时,国家授时中心也开展了相关的理论研究和分析工作。目前,我国正在贵州山区建造口径为 500m 的射电望远镜(FAST),这种射电望远镜具有口径大、频谱宽、灵敏度高等优点,天区覆盖可达 70%,建成后,必将大大增强我国巡天观测脉冲星的能力。脉冲星的计时观测精度有望提高到 ±30ns。

2.7 相对论框架下的时间系统

在 1984 年前,在天体位置的计算和天文历表的编制中统一采用历书时 ET。ET 除了具有在 2.5 节中所讲的那些缺点外,还存在一个根本性的问题,即它是建立在牛顿力学的基础之上的。牛顿力学认为,时间 t 是与空间的位置与能量无关的一个独立变量,它既可作为行星绕日运行的运动方程中的自变量,也可作为卫星绕地球运行的运动方程中的自变量。随着观测技术和计时精度的不断改善,这种经典理论与观测结果之间的矛盾就开始显现。人们日益认识到,高精度的观测必须有高精度的理论模型与之相适应,越来越认识到在相对论框架中研究时间的精确计量的必要性。为此,1976 年,第 16 届 IAU 大会作出决议,正式在天文学领域中引进了相对论时间尺度,给出了地球动力学时 TDT 和太阳系质心动力学时 TDB 的具体定义(虽然这两个名称是在 1979 年的第 17 届 IAU 大会上才确定的)。在 1991 年召开的第 21 届 IAU 大会上,又决定将地球动力学时 TDT 改称为地球时 TT,并引入了地心坐标时 TCG 和太阳系质心坐标时 TCB。本节将介绍这些时间系统的定义、用途及相互间的关系。

1. 相对论框架下几种时间系统的定义

(1) 地球动力学时(Temps Dynamigue Terrestre, TDT)

地球动力学时是用于解算围绕地球质心旋转的天体(如人造卫星)的运动方程,编算其星历时所用的一种时间系统。地球动力学时是建立在国际原子时 TAI 的基础上的,其秒长与国际原子时的秒长相等。地球动力学时 TDT 与国际原子时 TAI 间有下列关系:

$$TDT = TAI + 32.184s \tag{2-15}$$

上述关系式是因为在起始时刻 1977 年 1 月 1 日 0^hTDT 与历书时 ET 相等,而此时 ET 与 TAI 已相差 32.184s。采用式(2-15)后,可保证 TAI 推得的 TDT 与 ET 保持相互衔接,使求得的卫星星历保持连续。需要说明的是,某一时间系统建立和规定使用的时间与该时间系统的起点有时并不一致。这种情况经常会发生,如儒略日这种连续计时方法是 1583 年提出来的,但其点却在公元前 4713 年 1 月 1 日 12^h。在第 16 届 IAU 大会的决议中,还将 TDT 的单位从秒改为天文学中的时间单位"日",并定义 TDT 的 1 日 = 86 400 秒(SI)。这种变化并无实质性的意义,只是为了便于天文学计算而已。1991 年,第 21 届 IAU 大会又决定将 TDT 改称为地球时(Terrestrial Time,TT),似乎是为了避开动力学(Dynamical)这个容易引起争议的名词。

目前,计算卫星位置、编制卫星星历时所用的时间都采用地球时 TT。TT 可以被看成是一种在大地水准面上实现的与 SI 秒相一致的理想化的原子时。

(2)太阳系质心动力学时(Temps Dynamigue Barycentrigue,TDB)

太阳系质心动力学时有时也被简称为质心动力学时。这是一种用以解算坐标原点位于太阳系质心的运动方程(如行星运动方程)并编制其星表时所用的时间系统。

自从引入 TDT 和 TDB 以后,就不断有人提出异议,如:

• 对动力学(Dynamical)一词应如何解释;

• IAU 规定了 TDB 与 TDT(TT)间只存在微小的周期性变化。但当考虑的时间段较短时,周期项和长期项之间难以严格区分,周期项相当于长期项;

• 为了去掉 TDB 与 TDT 间的长期项,就需要人为地在地心系与太阳质心坐标系之间引入一个尺度比。这样,某些天文常数就将取决于坐标系。

此外,也会使某些概念变得含混不清。因而 1991 年,在第 21 届 IAU 大会上又决定引入地心坐标时 TCG 和太阳系质心坐标时 TCB。

(3)地心坐标时(Temps Coordinate Geocentrigue,TCG)

地心坐标时是原点位于地心的天球坐标系中所使用的第四维坐标-时间坐标。它是把 TDT 从大地水准面上通过相对论转换到地心时的类时变量。

(4)质心坐标时(Temps Coordinate Barycentrigue,TCB)

质心坐标时 TCB 是太阳系质心天球坐标系中的第四维坐标。它是用于计算行星绕日运动方程中的时间变量,也是编制行星星表时的独立变量。

2.上述各种时间系统间的转换关系

我们通常把直接由标准钟所确定的时间称为原时。原时是可以用精确的计时工具直接来量测的,如平太阳时、历书时、原子时等。把在相对论框架下所导得的时间称为类时或坐标时,如 TDB、TCG、TCB 等。坐标时不能直接由测量来实现,而需根据由时空度规则所给出的数学关系式通过计算来间接求得。而时空度规则可以通过爱因斯坦场方程而获得。由于测量专业的学生在这方面所具有的基础知识不够,因而普遍反映这部分内容难以理解和掌握。为此,本教材将尝试用一种学生较容易接受但也可能不够严谨的方法来加以介绍。

(1)TT 与 TCG 间的转换关系

TT 采用的是国际原子时 TAI 的秒长。即把位于大地水准面上的铯 133 原子基态两个超精细能级在零磁场中跃迁时所产生的电磁波振荡 9 192 631 770 周所持续的时间定义为一秒。显然,TT 是在标准的原子钟受到下列相对论效应影响的情况下来定义的。

• 在大地水准面上的地球引力位而产生的广义相对论效应 δt_1;

• 在地球上的太阳及其他行星的引力位而产生的广义相对论效应 δt_2;

• 由于地球绕日公转的运动速度 V_e 而产生的狭义相对论效应 δt_3。

下面我们来着重讨论一下 δt_1 的问题。我们知道,国际原子时的秒长是在大地水准面上定义的。从理论上讲,位于不同高程处的地面用户所受到地球引力位与大地水准面上的地球引力位是有差异的,从而会导致这两处所产生的广义相对论效应 δt 也不相同,但这种差异一般可忽略不计。如高程为 640m 处的用户所受到的 δt_1 会与大地水准面上的 δt 有 1/10 000 的差异。而 δt_1 本身是 10^{-10} 的微小量，因而上述高程量对 TAI 的影响是 10^{-14} 量级。也就是说，一般来讲，TAI 适用于全球所有的地面用户。当然，个别精度要求极高、高程很大的特殊用户也可以考虑加以改正，但 TAI 系统是可以建立在大地水准面上的。

而地心坐标时 TCG 是用于讨论绕地球运行的卫星等天体的运动规律、编制相应的星历的一种时间系统。卫星离地面的高度可达数千至数万千米，由地球引力而产生的广义相对论效应必须根据每个卫星的具体情况分别加以考虑，而不能统一采用大地水准面上的数值 δt_1。所以为方便起见，规定在地心坐标时 TCG 中是不含 δt_1 的。由于在地球附近的卫星仍然会受到太阳和其他行星的引力位的作用，也会随着地球一起绕日公转，且卫星高度与日地距相比可忽略不计，故可以认为 TCG 中仍含有 δt_2 和 δt_3 项。从上面的讨论可知，TCG 和 TT 的差异仅在于是否含 δt_1 项。将广义相对论效应的公式代入后，可导得 TCG 与 TT 间的关系式如下：

$$\text{TCG} - \text{TT} = \frac{W_0}{c^2}\Delta t = L_G \cdot \Delta t \tag{2-16}$$

将 $W_0 = 62\ 636\ 856.0 \text{m}^2/\text{s}^2$，$c = 299\ 792\ 458 \text{m/s}$ 代入后，可求得 $L_G = 6.969\ 290\ 134 \times 10^{-10}$，$\Delta t = t_i - t_0$，其中 t_i 为任一时刻，t_0 为起始时刻 1977 年 1 月 1 日 0^h，用儒略日表示为 JD = 2 443 144.5，用简化的儒略日表示则为 MJD = 43 144.0。规定在起始时刻，TCG = TT。于是，式(2-16)可写为：

$$\text{TCG} - \text{TT} = L_G(\text{MJD} - 43\ 144.0) \times 86\ 400\text{s} \tag{2-17}$$

算例：求 2007 年 9 月 4 日 0^h 时 TCG 与 TT 间的差值。

首先，求得 2007 年 9 月 4 日 0^h 时的儒略日 JD = 2 454 347.5，该时刻的简化儒略日为 MJD = 54 347.0，$\Delta t = 54\ 347.0 - 43\ 144.0 = 11\ 203.0$ 日，代入式(2-17)后可得：

$$\text{TCG} - \text{TT} = 6.969\ 290\ 134 \times 10^{-10} \times 11\ 203.0 \times 86\ 400\text{s} = 0.674\ 6\text{s} \tag{2-18}$$

即从 1977 年 1 月 1 日 0^h 开始至 2007 年 9 月 4 日 0^h 的 30 多年时间内，TCG 与 TT 间的时间差累积达 0.674 6s。

(2) TCB 和 TCG 间的转换关系

如前所述，TCG 中虽然已不含由于地球在大地水准面上的引力位 W_0 所造成的广义相对论效应 δt_1 的影响，但仍含有由于太阳和其他行星在地球处的引力位所产生的广义相对论效应 δt_2 以及由于地球绕日公转的运动速度 V_e 而产生的狭义相对论效应 δt_3 的影响。TCB 是用于讨论行星绕日公转的运动规律、编制行星星历时所用的一种时间系统。在该时间系统中不应含有 δt_2 和 δt_3 项，这就是这两种坐标时之间的差别。下面我们来进行具体的讨论。

太阳和其他行星在地球处的引力位 U_0 所产生的广义相对论效应 δt_2 为：

$$\frac{\delta t_2}{\Delta t} = \frac{U_0}{c^2} \tag{2-19}$$

U_0 中最主要的是太阳的引力位，因而 U_0 可近似地表示为 $U_0 \approx -\frac{GM_0}{r}$，其中，$G$ 为万有引力常数，M_0 为太阳的质量，$GM_0 = 1.327\ 124\ 38 \times 10^{20} \text{m}^3/\text{s}^2$，$r$ 为日地间的距离，其平均值为 $1.495\ 978\ 92 \times 10^8$ km。

地球绕日公转的速度 V_e 所产生的狭义相对论效应 δt_3 可表示为：

$$\frac{\delta t_3}{\Delta t} = \frac{V_e^2}{2c^2} \tag{2-20}$$

由于地球是在一个椭圆形轨道上运行($e=0.016\ 722$),故日地距 r 和地球公转速度 V_e 都是时间的函数,都将随着时间的变化而变化。为此,我们将仿照参照文献[29]中3.3节对相对论效应的处理方法,将第二部分和第三部分之和人为地分成两部分。第一部分为常数部分,即假设地球的公转轨道是一个半径为 a 的圆轨道,此时,太阳和其他行星的引力位所造成的广义相对论效应及地球公转速度所造成的狭义相对论效应均为常数;第二部分为周期项,即真实轨道与假设的圆轨道之间的差异所造成的影响。为此,我们将式(2-19)和式(2-20)相加,顾及二体问题中的公式:

$$\begin{cases} r = a(1 - e\cos E) \\ \dfrac{V_e^2}{2} = \dfrac{U_0}{r} - \dfrac{U_0}{2a} \end{cases} \tag{2-21}$$

经推导后可得到:

$$\frac{\delta t_2 + \delta t_3}{\Delta t} = \frac{U_0}{c^2} + \frac{V_e^2}{2c^2} = \frac{3}{2}\frac{U_0}{ac^2} + \frac{2\sqrt{aU_0}}{\Delta t \cdot c^2} e\sin E \tag{2-22}$$

式中,等号右边第一项 $\dfrac{3}{2}\dfrac{U_0}{ac^2}$ 为常数项,记为 L_C。将具体数值代入后可得 $L_C = 1.480\ 826\ 867\ 41 \times 10^{-8}$,于是有:

$$\delta t_2 + \delta t_3 = L_C \cdot \Delta t + \frac{2}{c^2}\sqrt{aU_0}\, e\sin E \tag{2-23}$$

式中,$L_C \cdot \Delta t$ 为长期项,其数值将随时间间隔 $\Delta t = t_i - t_0$ 的增加而成比例地增加。等号右边第二项为周期项,其周期为一年。为方便起见,将该项记为 P。由于周期项 P 是以偏近点角 E 作为自变量的,使用不便,因而要设法用平近点角 M 来表示。为此,将开普勒方程 $E = M + e\sin E$ 代入后可得:

$$P = \frac{2}{c^2}\sqrt{aU_0}\, e\sin E = \frac{2}{c^2}\sqrt{aU_0}\, e\sin(M + e\sin E) = \frac{2}{c^2}\sqrt{aU_0}\, e(\sin M + e\cos M \sin E)$$

$$= \frac{2}{c^2}\sqrt{aU_0}\left(e\sin M + \frac{e^2}{2}\sin 2M\right) \tag{2-24}$$

将 a、U_0、c、e 等具体数值代入后可得:

$$P = 0.001\ 658^s \cdot \sin M + 0.000\ 014^s \sin 2M \tag{2-25}$$

但上述公式是用太阳和其他行星在地心处的引力位以及地心处的公转速度而导得的,而不是地面上的原子钟所受到的相对论效应的值。它们之间还存在下列差异:

$$\frac{V_e}{c^2}(X - X_0) \tag{2-26}$$

式中,V_e 为太阳系质心坐标系中地心的公转速度矢量;X_0 为地心在太阳系质心坐标系中的位置矢量;X 为地面钟在太阳系质心坐标系中的位置矢量。顾及式(2-24)、式(2-25)和式(2-26)后可得:

$$\text{TCB} - \text{TCG} = L_C(\text{MJD} - 43\ 144.0) \times 86\ 400^s + 0^s.001\ 68 \times \sin M + 0^s.000\ 014 \times \sin 2M$$

$$+ \frac{V_e}{c^2}(X - X_0)\cdots \tag{2-27}$$

式中,第一项为长期项,将随着时间间隔 Δt = MJD − 43 144.0 的增加而成正比例地增加。在 2007 年 9 月 4 日 0^h(MJD = 54 347.0)时,该项已达 14.333 5s;第二项为与时间有关的周期项,最大值可达 0.001 658s;第三项是与原子钟的空间位置有关的周期项,最大值仅为 2.1μs。

(3) TT 与 TDB 之间的转换关系

我们知道,TDB 也是一种用于计算行星绕日公转运动的运动方程、编制相应的行星星历的时间系统。在这种时间系统中,也不应含由于地球引力位(在大地水准面处)而产生的广义相对论效应 δt_1 和由于太阳和其他行星的引力位(在地球处)而产生的广义相对论效应 δt_2 以及由于地球的公转速度 V_e 而产生的狭义相对论效应 δt_3。然而,IAU 在引入动力学时 TDT(TT)和 TDB 时,为了不让这两种时间系统出现很大的差异,规定这两种时间系统间不存在长期变化项而只允许存在周期项。也就是说,TT 和 TDB 之间是不允许存在系统性的时间尺度比的,而只允许在不同时刻 TDT(TT)与 TDB 间存在微小的周期性的差异,但在一个周期内,这两种时间系统的"平均钟速"是相同的。因此,在讨论 TDT(TT)和 TDB 间的关系式时,我们可以仿照上述过程,先将 TT → TCG,然后将 TCG → TCB,最后把长期项去掉,只留下周期项。

从式(2-16)可以看出,TT 与 TCG 间的时间尺度是不相同的,两者间有下列关系式:

$$TT - TT_0 = (1 - L_G)(TCG - TCG_0) \tag{2-28}$$

式中,TT_0 为 TT 的起始时刻;TCG_0 为 TCG 的起始时刻,规定在起始时刻,这两者相等,即 $TT_0 = TCG_0$。从式(2-27)可以看出,TCG 与 TCB 间的时间尺度也是不相同的,类似地,式(2-27)可写为:

$$TCG - TCG_0 = (TCB - TCB_0)(1 - L_C) + P_0 + \frac{V_e(X - X_0)}{c^2} \tag{2-29}$$

将式(2-28)代入式(2-29)后可得:

$$\begin{aligned}
TT - TT_0 &= (1 - L_G)(1 - L_C)(TCB - TCB_0) + P_0 + \frac{V_e(X - X_0)}{c^2} \\
&= (1 - L_G - L_C + L_G L_C)(TCB - TCB_0) + P_0 + \frac{V_e(X - X_0)}{c^2} \\
&= (1 - L_B)(TCB - TCB_0) + P_0 + \frac{V_e(X - X_0)}{c^2} \cdots
\end{aligned} \tag{2-30}$$

式中,$L_B = L_G + L_C - L_G L_C = 1.550\ 519\ 767\ 72 \times 10^{-8}$。

式(2-30)也可以表示为:

$$TCB - TT = L_B(MJD - 43\ 144.0) \times 86\ 400^s + 0^s.001\ 658\sin M + 0^s.000\ 014\sin 2M + \frac{V_e(X - X_0)}{c^2} \tag{2-31}$$

式中,等号右边第一项 $L_B(MJD - 43\ 144.0) \times 86\ 400^s$ 为长期项,该项将随着时间差 Δt = MJD − 43 144.0 的增加而成比例增加;随后的项皆为周期项。由于 TT 与 TDB 间不允许出现长期项,而只允许存在周期项,故 TT 与 TDB 间有下列关系式:

$$TDB - TT = 0^s.001\ 658\sin M + 0^s.000\ 014\sin 2M + \frac{V_e(X - X_0)}{c^2} \tag{2-32}$$

由于 TDB 中已按 IAU 的规定去掉了长期项,而光速 c 为常数,因而 TT 与 TDB 间的时间尺度比 L_B 只能隐含到长度中去。也就是说,在 TT 和 TDB 中的单位长度是不一样的,两者之间有下列关系式:

$$L_{TDB} = \frac{L_{TT}}{1-L_B} \tag{2-33}$$

在相对论框架下,各种时间系统间的关系可以归纳总结为图 2-8 和图 2-9。

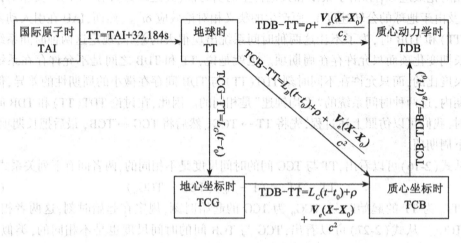

图 2-8　各种时间系统间的转换关系

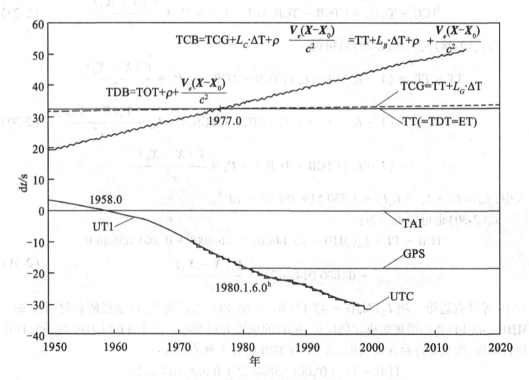

图 2-9　各种时间系统的示意图

图 2-9 中,TAI、GPS、TT、TCG 皆为直线;TCB、TDB 为波浪形曲线,内含周期项;UT1 为一条曲线;UTC 为一条阶梯形的折线,不跳秒时,皆平行于 TAI,与 TAI 间有整秒的差异。本图摘自参考文献[30]。

2.8 时间传递

每台钟都是有误差的,具有不同的频率准确度和漂移率,因而同一瞬间由不同的钟所给出的时间是各不相同的。时间传递无论是对于时间系统的建立和维持,还是对于时间系统的实际应用都具有重要作用。如为了建立和维持国际原子时 TAI,就需要把分布在世界各国的时间中心和时间实验室中的两百多台原子钟所确定的时间通过高精度的时间传递技术统一送往国际计量局 BIPM,由他们采用特定的算法进行数据处理后来生成 TAI。同样,由 BIPM 建立和维持的 UTC 或由各时间中心建立和维持的局部地区的 UTC(××××)也需要通过适当的时间传递方法传递给不同的用户使用,使用户在所需的精度范围内与标准时间保持同步。时间传递的方法和手段很多,不同方法的传递精度、方便程度、所需付出的代价及应用的范围各不相同。下面对一些常用的时间传递方法加以介绍。

2.8.1 短波无线电时号

利用短波无线电信号来进行时间传递和时间比对是一种最为常用的方法。短波无线电信号的频率一般为 3~30MHz,其相应的波长为 100~10m。用户用无线电接收机接收短波无线电时号并与本地钟进行时间比对后,即可求得本地钟的钟差。具体的比对方法有耳目法、停表法、电子计数器法和时号示波器法等。用户可根据精度要求选用合适的比对方法。前两种方法比较简单,但精度较差,后两种方法精度较好,但需配备电子计数器或示波器。若经时间比对后测得的本地钟的秒信号与接收到的秒信号间的时间差为 e,则本地钟的钟差 u 可用下式计算:

$$u = e + \tau_D - (\tau_S + \tau_R + \tau_T) = e + \tau_D - \tau_P \tag{2-34}$$

式中,τ_D 为时号超前发射的时间,是一个已知的规定值;τ_P 为无线电信号的传播时间,由信号在无线电发射机中的时间延迟 τ_T、信号在无线电接收机中的时间延迟 τ_R 及信号在空间的传播时间 τ_S 三部分组成。其中,τ_T 和 τ_R 可通过实际检测获得;τ_S 可用下式计算:

$$\tau_S = \frac{D}{V} \tag{2-35}$$

式中,D 为信号发射天线与信号接收天线间的距离;V 为信号的传播速度。

根据传播距离的不同,D 可分别按下列方法来计算:

(1)传播距离在 1 000~2 000km 之间

此时,可将地球视为圆球,用球面公式来解算两地之间的球面距离 D_0:

$$D_0 = R\arccos[\sin\varphi_A\sin\varphi_B + \cos\varphi_A\cos\varphi_B\cos(\lambda_A - \lambda_B)] \tag{2-36}$$

式中,R 为地球半径;(λ_A, φ_A) 为发射机的地理经纬度;(λ_B, φ_B) 为接收机的地理经纬度;V 为无线电信号在大气层中的传播速度,其经验值为 28.5 万 km/s。

(2)距离大于 2 000km

若信号接收天线与发射天线间的距离大于 2 000km,则应按椭球面上的大地线长度公式来计算距离 D:

$$D = D_0 + 2D_0\sin^2\phi_1\cos^2\phi_2\frac{3r-1}{2c}$$
$$-2D_0\cos^2\phi_1\sin^2\phi_2\frac{3r+1}{2s}\quad(2\text{-}37)$$

式中,

$$s = \sin^2\phi_2\cos^2\lambda_1 + \cos^2\phi_1\sin^2\lambda_1 = \sin\frac{D_0}{2\alpha}$$

$$c = \cos^2\phi_2\cos^2\lambda_1 + \sin^2\phi_1\sin^2\lambda_1 = \cos^2\frac{D_0}{2\alpha}$$

$$r = \sqrt{s\cdot c}\frac{D_0}{2\alpha}, \phi_1 = \frac{\phi_A+\phi_B}{2}, \phi_2 = \frac{\phi_A-\phi_B}{2}$$

$$\lambda_1 = \frac{\lambda_A-\lambda_B}{2}; \alpha = 1/298.257$$

(2-38)

(3)距离小于1 000km

当收发两地的距离小于1 000km时,可认为时间信号是经电离层一次反射后来进行传播的。此时,$D=2L$,

$$L = \sqrt{l^2+(h'+h_0)^2}\quad(2\text{-}39)$$

式中,$l = R\sin\left(\frac{a}{2}\right); h_0 = R\left(1-\cos\frac{a}{2}\right); V_0 = 299\ 800\text{km/s}$,为真空中的速度;$h' = 275\text{km}$,为电离层的平均高度。

上述各符号的含义见图2-10。

实际上,电离层的高度是会有变化的,与太阳黑子数 N 的关系尤为密切。

利用短波无线电信号来传递时间,具有设备简单、使用方便、覆盖面大等优点,但精度受电离层变化、路径传输时延误差等因素的影响,只能达到±1ms左右,无法满足高精度用户的需要。用户应尽可能避开日出和日落的时间收录短波时号。在电离层扰动期间,则应尽可能接收载波频率较高的时号。我国的国家授时中心 NTSC 也在发波短波信号 BPM。发射台位于山西省蒲城,发射频率为 2.5MHz、5.0MHz、10MHz、15MHz,交替在全天发播。此外,台北的短波时号 BSF 则在世界时 $1^h \sim 9^h$ 发播。上海天文台的 XSG 现在也改由 NTSC 来负责发播任务。在每天世界时 3^h 和 9^h 前后发播几分钟,主要为海上用户服务。

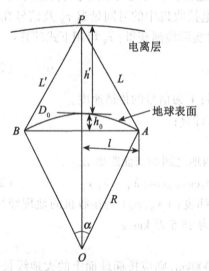

图2-10 距离在1 000km内时短波时号的传播

2.8.2 长波无线电时号

工作在低频段的长波无线电时号主要以地面波的形式传播,具有衰减小、传输稳定的优点,但传播距离较短。经多次比对后,其精度可达 1μs 或更好。如果将长波发射台组成一个台链,则可进行地基无线电导航。其中最有代表性的是罗兰 C 系统。罗兰 C 系统的导航台链通常是由一个主台和两个以上的副台组成。主台和副台均按事先规定的时延依次用同一频率发射信号。流动用户只需用接收机测定这些信号到达的时间差后,即可根据发射台的已知站坐标用距离差交会(双曲交会)的方法来测定自己的位置,精度一般可达 0.2~0.5 海里。站坐标已知的用户则只需接收一个台站的长波信号后即可确定自己的钟差。

20 世纪 70 年代初,国家授时中心 NTSC(原中国科学院陕西天文台)在蒲城建立了长波台。80 年代后期,我国又先后在南海、东海等沿海地区建立了长波导航台链,既可用于导航,也可以承担长波授时服务。我国的长波无线电时号 BPL 在北京时间 $13^h30^m \sim 21^h30^m$ 间播发,频率为 100kHz。

低频率时码是国际电信联盟(ITU)推荐的一种技术,可同时以模拟和数字两种模式来提供标准时间和频率信号。国家授时中心 NTSC 于 1997 年建立低频时码发射台并试发信号,工作频率为 68.5kHz。目前,蒲城的低频时码的发播时间为 $8^h \sim 12^h$ 以及 $22^h \sim 24^h$。此后,NTSC 又在河南商丘建立了低频时码连续发射台,从 2007 年年底开始播发信号。

2.8.3 电视比对

利用电视信号来进行时间比对时,可采用有源比对和无源比对两种方法。采用有源比对法时,需由时间服务机构在电视信号的空白段插入时间信号编码。用户接收信号并经译码和比对后,即可确定本地钟的钟差。无源比对则是直接采用电视信号中的某一行同步脉冲来进行时间比对的。由于该行信号是直接由电视台提供,精度较差,故时间服务部门还需对该行信号进行监测,求得其误差改正数并提供给用户进行修正。我国选用第 6 行的同步脉冲来进行时间比对。经多次取平均后,无源比对的精度可达 $1\mu s$。利用这种方法时,用户还需配备选器器,以便从电视信号中提取所需的信号。20 世纪 80 年代,NTSC 和中国计量科学研究院共同制定了有源电视比对的法规。在电视垂直消隐期间的空行中插入时频信号,并在中央 1、2、4 套节目中发播。用户可采用下列方法来进行时间比对。

(1)独立定时法。用户据自己的位置和地球同步通信卫星的位置算出时号传播的时延,并进行改正。该法受卫星位置误差的影响,授时精度约为 0.1ms。

(2)共视法。用户在 UTC 时间 0^h 或 12^h 进行卫星电视时刻比对后,再根据"时间频率公报"上提供的数据进行改正,精度为 $0.1\mu s$。

2.8.4 搬运钟法

将便携式原子钟搬运至 A 地与钟 A 进行比对,然后再将其搬运至 B 地与钟 B 进行比对,从而求出 A、B 两台钟之间的相对钟差的方法称为搬运钟法。在本方法中,搬运钟起到了一个时间传递的作用。采用本方法进行时间比对时,其精度在很大程度上取决于在两次比对间搬运钟本身的钟误差。为尽量减少这项误差,应采取下列措施:一是尽可能缩短两次比对间的时间间隔,因而搬运工作一般均用飞机来完成,故本方法也称为飞行钟比对法。二是在搬运工作中便携式原子钟应处于较好的外界环境中。三是采用往返测的方法对搬运钟本身的误差进行改正。其具体做法如下:搬运钟于时刻 $(t_A)_{往}$ 与本地钟 A 进行第一次比对,测得钟 A 相对于搬运钟的钟差 $(u_A)_{往}$;然后将搬运钟运至 B,在时刻 t_B 与本地钟 B 进行时间比对,测得钟 B 相对于搬运钟的钟差 u_B;最后再将搬运钟运回 A 在 $(t_A)_{返}$ 时刻与本地钟进行第二次比对,测得钟 A 相对于搬运钟的钟差 $(u_A)_{返}$。据此即可求得搬运钟在 $(t_A)_{往}$ 与

$(t_A)_{返}$ 间的平均钟速 $\dfrac{\Delta u}{\Delta t} = \dfrac{(u_A)_{返} - (u_A)_{往}}{(t_A)_{返} - (t_A)_{往}}$，这样在求 A、B 两台钟的相对钟差时，即可顾及由于搬运钟本身的钟速而产生的误差项 $\dfrac{\Delta u}{\Delta t}\left[((t_B) - (t_A)_{往})\right]$。当然，上述方法只有在 A、B 台本地钟均为高质量的原子钟 $(u_A)_{返} - (u_A)_{往}$ 主要是由于便携式原子钟的误差而引起的情况下才适用。此外，在高精度的时间比对中，还应考虑搬运过程中钟的相对论效应：

$$\Delta u = \left(\dfrac{gh}{c^2} - \dfrac{V^2}{2c^2}\right)t \tag{2-40}$$

式中，g 为重力加速度；h 为飞行高度；v 为飞行速度；c 为真空中的光速。

搬运钟方法的精度取决于搬运钟本身的质量，搬运过程中外界环境的优劣及两次比对间的时间间隔等多种因素，但一般而言，其精度可达数十纳秒，在经典时间比对方法中精度最好。但这种方法工作量大，费时耗钱，一般仅用于高精度原子钟间的时间比对。

2.8.5 利用卫星进行时间比对

自 20 世纪中叶以来，利用卫星进行长距离高精度的时间比对技术迅速发展，得到了广泛的应用，成为一个重要的卫星应用领域。利用卫星进行时间比对可分下列两种方法。

1. 卫星中继法

采用卫星中继法进行时间比对时，卫星上无需配备原子钟，只转发来自地面站的时间信号。其工作方式又有单向式和双向式之分。

单向中继法是通过电视直播卫星来传递时间信号的。其原理与电视无源比对法相同。由于受到用户和卫星的坐标误差、大气传播误差及中继时间延迟等因素的影响，故精度不是很高，一般为 ±20μs 左右。

采用双向中继法时，A、B 两站都通过卫星独立地向对方发射时间信号。两站均把本地钟的秒信号作为计数器的开门信号，把接收到的来自于对方的经卫星转发的信号作为计数器的关门信号，分别测得时间差 e_A 和 e_B。由于双方所受到的时间传播延迟误差的大小相同、符号相反，故用户和卫星的坐标误差、大气延迟误差（对流层延迟、电离层延迟等）以及卫星中继时延等误差均可消去而不会影响最终的结果，故时间比对精度可大幅提高，一般可优于 10ns。

2. 利用卫星导航定位系统进行精密授时和时间比对

把精确的时间信息传递给用户称为授时。20 世纪 50 年代后，各种卫星导航定位系统相继建立，如子午卫星系统 Transit、全球定位系统 GPS、全球导航卫星系统 GLONASS 等。精密授时和时间比对已成为卫星导航定位系统的一个重要的应用领域。从严格意义上讲，各卫星导航定位系统都有自己的时间系统。位于站坐标已知的固定点上的用户只需对一颗导航卫星进行观测后即可获得精确的时间信息。流动用户对四颗或四颗以上的导航卫星进行观测后，也能采用单点定位的模式在确定自己的三维坐标的同时来精确测定卫星钟的改正数，获得精确的时间。上述方法是一种单向观测的方法，授时精度受各种误差的影响。以 GPS 为例，在无 SA 的情况下，授时精度一般只能达到 10~40ns 左右。

若采用共视法，即 A、B 两站同时对相同的导航卫星进行同步观测，并通过相对定位的模式来确定这两台接收机钟的相对钟差时，由于卫星星历误差和卫星钟差可得以消除，大气传播误差也能大幅削弱，因而精度可大幅提高。以 GPS 为例，采用共视法进行时间比对时，其精度可达几个 ns 或更好。

利用卫星导航定位系统进行精密授时和时间比对具有覆盖面大、精度高、简单方便等优点,得到了广泛的应用。

除了采用微波信号来进行精密授时和时间比对外,还可采用波长要短得多的光脉冲信号来进行精密授时和时间比对,这就是所谓的激光测卫法。采用激光脉冲信号时,可免受电离层延迟的影响。用光学棱镜来反射信号时,其"应答时间"远比无线电信号应答的时间短促,而且十分稳定,故精度可大幅提高。目前,用激光测卫的方法来进行星钟检测的精度可达±100ps,进行远距离时间比对的精度可达±20ps,比其他方法的精度要高 1~2 个数量级。但激光测卫一般受气象条件的限制,不是一种全天候的时间比对技术,通常只能作为微波方法的一种检校技术或用于特殊场合。

2.8.6　电话和计算机授时

NTSC 通过专用电话时码服务、计算机加调制解调器的方式和语言授时服务等不同方式来满足中低精度用户的需要。

采用电话时码服务(029—83890342)时,用户只需通过 NTSC 的电话时码接收机即可自行获得标准的北京时的显示和输出。这种服务方式工作可靠,成本低廉,可满足中等精度的用户的需求,为地震台网、水文监测、电力、通信、交通管理等行业提供服务,精度优于 1ms。

计算机加调制解调器方式可提供自动的计算机时间服务,电信号码为 029—83894117。用户计算机通过调制解调器与电话线连接后,在指定网站(NTSC 时间科普网络 http://www.time.ac.cn/serve/down.htm)中下载专用拨号授时软件 NTSC Time,安装后即可拨打 NTSC 的服务专线,同步校正用户计算机的时钟,精度优于 0.1s。2004 年,NTSC 又开通了标准时间语言报时服务。采用音频脉冲"嘟"声作为秒信号提示音,用户可方便地进行对时。该项服务只需支付通信费即可,无其他费用。

2.8.7　网络时间戳服务(Time Stamp)

这是一种数字化的邮戳,由公正的第三方提供的为电子文件和电子交易所作的时间证明,以表明该文件或交易于某一时刻已存在,为用户提供可靠的时间确认和验证服务。在数字签名、电子商务/政务、数字产品的专利和版权等方面有广泛的应用。详情可参阅 NTSC 的主页面(http://www.NTSC.ac.cn)。

2.9　空间大地测量中用到的一些长时间计时方法

空间大地测量中还会碰到一些计量长时间间隔的时间单位,如年、月、日等。它们有的与历法有关,有的则是天文学中的一些术语。虽然从严格意义上讲,这些内容已不属于时间系统的范围,但由于经常用到,因而也一并作一介绍。

2.9.1　历法(Calendar)

历法是规定年、月、日的长度以及它们之间的关系,制定时间序列的一套法则。由于地球绕日公转周期和月球绕地球公转的周期均不为整天数,而历法中规定的年和月的长度则只能为整天数,所以需要有一套合适的方法来加以编排。目前,各国使用的历法主要有阳历、阴阳历和阴历三种。

1. 阳历(Solar Calendar)

阳历亦称公历,是以太阳的周年视运动为依据而制定的。太阳中心连续两次通过春分点所经历的时间间隔为一个回归年,其长度为:

$$1 \text{ 回归年} = 365.242\,189\,68 - 0.000\,006\,16 \times t(日) \tag{2-41}$$

其中,t 为从 J2000.0 起算的儒略世纪数,即

$$t = \frac{JD - 2\,451\,545.0}{36\,525} \tag{2-42}$$

2009 年 1 月 1 日所对应的回归年长度为 365.242 189 13(日)。

1) 儒略历

儒略历是古罗马皇帝儒略·恺撒在公元前 46 年所指定的一种阳历。该立法规定一年分为 12 个月,其中 1、3、5、7、8、10、12 月为大月,每月 31 日;4、6、9、11 月为小月,每月 30 日;2 月在平年为 28 日,闰年为 29 日。凡年份能被 4 整除的定为闰年,不能被 4 整除的年份为平年。按照上述规定,平年长度为 365 日,闰年为 366 日,其平均长为 365.25 日。一个儒略世纪则为 36 525 日。在天文学和空间大地测量中,在计算一些变化非常缓慢的参数时,经常会采用儒略世纪作为单位。如求回归年的长度时,式(2-41)中就是以儒略世纪为单位的。

2) 格里历

格里历也称公历,现被世界各国广泛采用。为了使每年的平均长度尽可能与回归年的长度一致,1582 年,罗马教皇格里高利对儒略历中设置闰年的规定做了修改,规定对世纪年而言,只有能被 400 整除的世纪年才算闰年。这样,1700 年、1800 年、1900 年等年份虽然能被 4 整除,但由于是世纪年且不能被 400 整除,因而也均不是闰年,而 2000 年则为闰年。这样,公历中每 400 年就要比儒略世纪中的 400 年少 3 天。即儒略历中 400 年有 365.25×400=146 100 日,而公历的 400 年中则只有 146 097 日。平均每年的长度为 365.242 5 日,与回归年的长度十分接近。

2. 阴历(Lunar Calendar)

阴历是根据月相的变化周期(朔望月)制定的一种历法。该历法规定单月为 30 日,双月为 29 日,每月平均为 29.5 日,与朔望月的长度 29.530 59…日很接近。以新月始见为月首,12 个月为一年,共 354 日。而 12 个朔望月的长度为 354.367 08…日,比阴历年多出 0.367 08 日。30 年要多出 11.012 4 日。故阴历每 30 年要设置 11 个闰年,规定第 2、5、7、10、13、16、18、21、24、29 年的 12 月底各加上一天,共 355 日。伊斯兰国家所使用的回历就是一种阴历。

3. 阴阳历(Luni-solar Calendar)

阴阳历是一种兼顾阳历和阴历特点的历法,阴阳历中的年以回归年为依据,而月则按朔望月为依据。阴阳历中的月仍采用大月为 30 日,小月为 29 日,平均每月为 29.5 日。为了使得阴阳历中年的平均长度接近回归年的长度,该历法规定每 19 年中有 7 个为闰年。闰年中增加一个月,称为闰月。我国长期使用阴阳历,1912 年后又采用阳历,但阴阳历也未被废止,同时在民间被使用,称为农历。

2.9.2 儒略日与简化儒略日

1. 儒略日（Julian Day, JD）

儒略日是一种不涉及年、月等概念的长期连续的记日法，在天文学、空间大地测量和卫星导航定位中经常使用。这种方法是由 Scaliger 于 1583 年提出的，为纪念他的父亲儒略而命名为儒略日。计算跨越多年的两个时刻间的间隔时，采用这种方法将显得特别方便。儒略日的起点为公元前 4713 年 1 月 1 日 12^h（世界时平正午），然后逐日累加。我国天文年历中有本年度内公历×月×日与儒略日的对照表，供用户查取。此外，用户也可用下列公式来进行计算。

(1) 据公历的年（Y）月（M）日（D）来计算对应的儒略日 JD

公式 1：

$$JD = 1\,721\,013.5 + 367 \times Y - \text{int}\left\{\frac{7}{4}\left[Y + \text{int}\left(\frac{M+9}{12}\right)\right]\right\} \\ + D + \frac{h}{24} + \text{int}\left(\frac{275 \times 10}{9}\right) \tag{2-43}$$

式中，常数 1 721 013.5 为公历 1 年 1 月 1 日 0^h 的儒略日；Y、M、D 分别为公历的年、月、日数；h 为世界时的小时数；int 为取整符号。

例 1：求 2007 年 10 月 26 日 9^h30^m 所对应的儒略日。

$$JD = 1\,721\,013.5 + 367 \times 2007 - \text{int}\left\{\frac{7}{4}\left[2007 + \text{int}\left(\frac{19}{12}\right)\right]\right\} \\ + 26 + \frac{9.5}{24} + \text{int}\left(\frac{275 \times 10}{9}\right) \\ = 1\,721\,013.5 + 736\,569.351\,4 + 26 + 0.396 + 305 \\ = 2\,454\,399.896$$

公式 2：

$$JD = \text{int}(365.25 \times y) + \text{int}[30.600\,1 \times (m+1)] \\ + D + \frac{h}{24} + 1\,720\,981.5 \tag{2-44}$$

当月份 $M > 2$ 时，有 $y = Y$，$m = M$；

$M \leqslant 2$ 时，有 $y = Y - 1$，$m = M + 12$。

仍采用上述例子，有：

$$JD = \text{int}(365.25 \times 2007) + \text{int}[30.600\,1 \times 11] \\ + 26 + \frac{9.5}{24} + 1\,720\,981.5 \\ = 733\,056 + 336 + 26 + 0.396 + 1\,720\,981.5 \\ = 2\,454\,399.896$$

(2) 据儒略日反求公历年、月、日

$$a = \text{int}(JD + 0.5) \\ b = a + 1537 \\ c = \text{int}\left[\frac{b - 122.1}{365.25}\right] \tag{2-45a}$$

$$d = \text{int}(365.25 \times c)$$
$$e = \text{int}\left(\frac{b-d}{30.600}\right)$$
$$D = b - d - \text{int}(30.6001 \times e) + \text{FRAC}(JD + 0.5)$$
$$M = e - 1 - 12 \times \text{int}\left(\frac{e}{24}\right)$$
$$Y = c - 4715 - \text{int}\left(\frac{7+M}{10}\right)$$
(2-45b)

例2：求 JD = 2 454 399.896 所对应的公历年、月、日。

a = 2 454 400

b = 2 455 937

c = 6 723

d = 2 455 575

e = 11

D = 2 455 937 - 2 455 575 - 336 + 0.396 = 26.396 日(26日9ʰ30ᵐ)

M = 10 月

Y = 6 723 - 4 715 - 1 = 2007 年

式(2-45)中的符号表示取该数值中的小数部分。

IAU 决定，从 1984 年起，在计算岁差、章动、编制天体星历时，都采用 J2000.0（即儒略日 2 451 545.0）作为标准历元。任一时刻 t 离标准历元的时间间隔即为 JD(t) - 2 451 545.0（日）。

2. 简化儒略日(Modified Julian Day, MJD)

儒略日的计时起点距今已超过 67 个世纪，当前的时间用儒略日表示时数值已很大，使用不便。为此，1973 年，IAU 又采用了一种更为简便的连续计时法——简化儒略日。它与儒略日之间的关系为：

$$MJD = JD - 2\,400\,000.5 \tag{2-46}$$

MJD 是采用 1858 年 11 月 17 日平子夜作为计时起点的一种连续计时法。表示近来的时间时用 MJD 较为方便。

3. 年积日

年积日是在一年中使用的连续计时法。每年的 1 月 1 日计为第一日，2 月 1 日为第 32 日，依此类推。平年的 12 月 31 日为第 365 日，闰年的 12 月 31 日为第 366 日。用它可方便地求出一年内两个时刻 t_1 和 t_2 间的时间间隔。公历中的×月×日与对应的年积日之间的相互转换可通过查表或编制一个小程序来实现。

参 考 文 献

[1] 数学辞海编委会.数学辞海(第五卷)[M].北京:中国科学技术出版社;南京:东南大学出版社;太原:山西教育出版社,2002.

[2] 海洋测绘词典编委会.海洋测绘词典[M].北京:测绘出版社,1999.

[3] 中国天文学会.2007~2008 天文学学科发展报告[M].北京:中国科学技术出版社,2008.

[4] 刘林.航天器轨道理论[M].北京:国防工业出版社,2000.

[5] 宁津生,等.现代大地测量理论与技术[M].武汉:武汉大学出版社,2006.
[6] 李征航,等.空间大地测量理论基础[M].武汉:武汉测绘科技大学出版社,1998.
[7] 吴守贤,漆贯荣,边玉敬.时间测量[M].北京:测绘出版社,1983.
[8] 仇九子.原子钟[J].现代物理知识,2002(2).
[9] 胡锦伦,李树洲,李大志.国际原子时进展中的原子钟[J].宇航计测技术,2002(5).
[10] 刘铁新,翟造成.卫星导航定位与空间原子钟[J].全球定位系统,2002(2).
[11] 翟造成.应用原子钟的空间系统与空间原子钟的新发展[J].空间电子技术,2007(3).
[12] 管仲成,狄青叶,于洪喜.空间用原子频率标准[J].空间电子技术,1999(4).
[13] 刘金铭,翟造成.现代计时学概论[M].上海:上海科技大学文献出版社,1980.
[14] 张礼,等.近代物理学进展[M].北京:清华大学出版社,1997.
[15] 翟造成.原子时频技术进展[J].世界科技研究与发展,2006(3).
[16] 漆贯荣.关于时间尺度[J].陕西天文台台刊,1998(1).
[17] 张捍卫,马国强,杜兰.广义相对论框架中有关时间的定义与应用[J].测绘学院学报,2004(3).
[18] 黄天依,许邦信,等.相对论框架里的时间尺度[J].天文学进展,1989(1).
[19] 韩春好.相对论框架中的时间计量[J].天文学进展,2002(2).
[20] 韩春好.相对论参考系的基本概念及常用时空坐标系间的转换[J].测绘学院学报,1994(3).
[21] 张捍卫,王志军,杜兰.完整后牛顿近似下原时与坐标时的转换[J].测绘学院学报,2004(2).
[22] Taylar J H. Millisecond Palsars:Nature's Most Stable Clocks[C]. IEEE, Las Vegas, Nevada, 1991.
[23] Sheikh S I,Pines D J, et al.The Use of X-ray Pulsar for Spacecraft Navigation[C].The 14th AAS/AIAA Space Flight Mechanics Conference, AAS 04-109,2004.
[24] 杨廷高,等.脉冲星在空间飞行器定位中的应用[J].天文学进展,2007(3).
[25] 帅平,等.X射线脉冲星导航原理[J].导航学报,2007(6).
[26] 熊凯,等.基于脉冲星的空间飞行器自主导航技术研究[J].航天控制,2007(4).
[27] 帅平,陈绍龙,吴一凡,等.X射线脉冲星导航技术研究进展[J].空间科学学报,2007(2).
[28] 费保俊,孙维瑾,等.X射线脉冲星自主导航的基本测量原理[J].装甲兵工程学院学报,2006(3).
[29] 李征航,黄劲松.GPS测量与数据处理[M].武汉:武汉大学出版社,2005.
[30] Montenbruck O, Gill E. Satellite Orbits—Models, Methods, and Applications[M]. New York:Springer-Verlag Berlin Heidelberg, 2001.

第3章 坐 标 系 统

空间是物质存在的基本形式。任何事物都是在一定的空间中存在和消亡的。物体在空间的位置、运动速度和运动轨迹等都需要在一定的坐标系中来加以描述。坐标系统是由一系列的原则规定从理论上来加以定义的,其具体的实现则称为参考框架。需要说明的是,当我们讨论的重点不是放在"理论上规定还是具体实现"这一点上时,对这两者有时并不严格加以区分。本章主要介绍用以表示自然天体或人造天体在空间的方向或位置的天球坐标系,以及用以表示地面站或运动物体在地球上的位置和运动速度的地球坐标系。由于地心天球坐标系 GCRS 可视为是一个惯性坐标系,故卫星轨道计算常在这一坐标系中进行。但空间定位技术最终又是要利用人造天体或自然天体来确定地面站或运动物体在地球上的位置的,因而本章还将介绍地心天球坐标系 GCRS 与国际地球坐标系 ITRS 间的转换关系。此外,为了讲清天球坐标系和地球坐标系中轴的指向的变化状况,还需要首先对岁差、章动、极移以及地球自转不均匀(日长变化)等概念作一介绍。

3.1 岁 差

岁差,更精确地讲是春分点岁差,是由于赤道平面和黄道平面的运动而引起的。其中由于赤道运动而引起的岁差称为赤道岁差;由于黄道运动而产生的岁差称为黄道岁差。赤道岁差原来一直被称作日、月岁差,而黄道岁差则一直被称为行星岁差。随着观测精度的不断提高,行星的万有引力对地球赤道隆起部分的力矩而导致的赤道面的进动必须顾及而不能像以前那样忽略不计,于是沿用了一百多年的术语"日、月岁差"和"行星岁差"就显得不够准确,容易引起误解,因而第 26 届 IAU 大会决定采用 Fukushima 的建议,将日、月岁差和行星岁差改称为赤道岁差和黄道岁差。

3.1.1 赤道岁差

由于太阳、月球以及行星对地球上赤道隆起部分的作用力矩而导致赤道平面的进动(或者说天极绕黄极在半径为 ε 的小圆上的顺时针方向旋转)称为赤道岁差。牛顿曾从几何上对赤道岁差的形成机制进行了解释。

图 3-1 中的椭球为地球椭球,O 为地球的质心。PP' 为过地球自转轴的一条直线,即天轴,qq' 表示地球赤道平面,KK' 为过黄极的直线,垂直于地球绕日公转的平面——黄道平面,A_1 和 A_2 为地球赤道隆起部分的重心,中间的部分为一圆球。这样,我们就人为地将地球分为三个部分。图 3-1 中的 M 表示月球(或太阳、行星),OR 为月球对地球球形部分的万有引力,A_1B_1 和 A_2B_2 分别为月球对两个赤道隆起部分的万有引力。将 A_1B_1 和 A_2B_2 分别进行分解,其中一个分力与 OR 方向平行,即图中的 A_1C_1 和 A_2C_2;另一个分力与 OR 方向垂直,即图中的 A_1G_1 和 A_2G_2。三个互相平行的力 OR、A_1C_1 和 A_2C_2 可直接相加,其和即

为月球对整个地球在地心至月心方向上的万有引力。而力偶 A_1G_1 和 A_2G_2 则会产生一个垂直于纸面的旋转力矩 OF，方向为垂直纸面向外。该旋转力矩与地球自转力矩 OP 可按平行四边形法则进行矢量相加。这就表明在太阳和月球行星对赤道隆起部分的万有引力的作用下，地球自转轴总是要垂直于纸面（即过天轴和黄极的平面）向外的方向运动。由于日、月行星的引力是连续的，因而北天极将在天球上围绕北黄极在半径为黄赤交角 ε（也即北天极和北黄极间的圆心角，其值约为 23°26′）的小圆上连续向西运动，其运动速度为 50.39″/年。由于天球赤道面始终是垂直于天轴的，所以当天轴从 OP 移动至 OP_1 时，天球赤道也将相应地从 QQ' 移动至 Q_1Q_1'，从而使平春分点的位置也相应地从 γ 西行至 γ_1，其移动速度也为 50.39″/年。

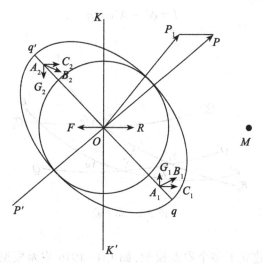

图 3-1　赤道岁差的几何解释

由于赤道岁差会使春分点在黄道上向西移动，其移动量（相对于参考历元 J2000.0 时的平春分点）可用下列公式计算：

$$\psi' = 5\,038.778\,44''T + 1.072\,59''T^2 - 0.001\,147''T^3 \tag{3-1}$$

式中，T 为参考历元 J2000.0（JD = 2 451 545.0）至观测历元 t 之间的儒略世纪数，即 $T = \dfrac{JD(t) - 2\,451\,545.0}{36\,525}$，JD 为观测时刻的儒略日。

3.1.2　黄道岁差

除了赤道岁差外，太阳系中的行星对地球和月球产生万有引力，还会影响地月系质心绕日公转的轨道平面，使黄道面产生变化，进而使春分点产生移动，我们将这种岁差称为黄道岁差。黄道岁差不仅会使春分点在天球赤道上每年约东移 0.1″，而且还会使黄赤交角 ε 也发生变化。由于黄道岁差而使春分点在天球赤道上的东移量 λ' 以及黄赤交角 ε 的计算公式如下：

$$\lambda' = 10.552\,6''T - 2.380\,64''T^2 - 0.001\,125''T^3 \tag{3-2}$$

$$\varepsilon = 23°26'21.448'' - 46.815''T - 0.000\,59''T^2 + 0.001\,813''T^3 \tag{3-3}$$

T 的含义同前。

3.1.3 总岁差和岁差模型

在赤道岁差和黄道岁差的共同作用下,春分点的运动状况如图 3-2 所示。图中,Q_0Q_0' 为参考时刻 t_0 时刻的平赤道,E_0E_0' 为 t_0 时刻的黄道,其交点 γ_0 为该时刻的平春分点。QQ' 为任一时刻 t 时的平赤道,EE' 为该时刻的黄道,其交点 γ 为 t 时刻的平春分点。由于日、月岁差,平赤道将从 Q_0Q_0' 移至 QQ',春分点 γ_0 也将相应地西移至 γ_1。由于行星岁差,黄道将从 E_0E_0' 移至 EE',从而使平春分点最终又将从 γ_1 东移至 γ,其中,$\gamma_0\gamma_1 = \psi'$,$\gamma_1\gamma = \lambda'$。从图中不难看出,由于赤道岁差和黄道岁差的综合作用,平春分点将从 γ_0 移至 γ,从而使天体的黄经发生变化,其变化量 l 为:

$$l = \psi' - \lambda'\cos\varepsilon \tag{3-4}$$

l 称为黄经总岁差。

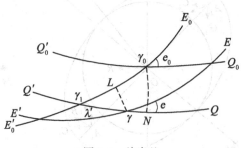

图 3-2 总岁差

迄今为止,已相继建立了多个岁差模型,如 IAU 1976 岁差模型(L77 模型)、IAU 2000 岁差模型、IAU 2006 岁差模型(P03 模型)以及由 Bretagnon 等人建立的 B03 模型和由 Fukushima 建立的 F03 模型等。

1. IAU 1976 岁差模型(L77 模型)

1976 岁差/1980 章动模型在 2003 年前曾在全球范围内被广泛使用,其计算公式如下:
黄经总岁差的计算公式为:

$$l = 5\,029.096\,6''T + 1.111\,61''T^2 - 0.000\,113''T^3 \tag{3-5}$$

交角岁差的计算公式为:

$$\varepsilon = 84\,381.448'' - 46.815\,0''T - 0.000\,59''T^2 + 0.001\,813''T^3 \tag{3-6}$$

从上面的公式可以看出,在岁差的影响下,平春分点每年将在黄道上向西移动 50.29″。北天极将绕北黄极在以 ε 为半径的"小圆"上每年西行 50.29″,约 25 800 年旋转一周。4 500 年前,天轴(地球自转轴)指向天龙 α 星,现在则指向北极星,12 000 年后,将指向织女星。由于行星岁差,黄赤交角 ε 将在 21°55′ ~ 28°18′ 之间变化,周期为 4 万年。现在正以 0.47″/年 的速率减少,因而严格地讲,北天极并不是在一个小圆上运动,因为 ε 是在变化的。太阳在黄道上作周年视运动时,连续两次通过平春分点所经历的时间称为 1 个回归年,其长度为 365.242 2 平太阳日。太阳作周年视运动时,连续两次通过黄道上某一固定点(如某一无自行的恒星)所经历的时间间隔称为 1 个恒星年,其长度为 365.256 4 平太阳日。这两种年的长度之差是由于平春分点每年西行 50.29″ 而引起的。一年为一岁,岁差之名即源于此。

L77 岁差模型存在下列缺点:

（1）用该模型求得的岁差值与实际观测结果之间符合得不够好,如与VLBI观测结果间在黄经岁差上存在-0.003″/年的差异,在黄赤交角上存在-0.000 25″/年的差异。由LLR观测和行星观测知,J2000.0的黄赤交角有0.04″的误差;黄道的Newcomb解与行星质量产生的行星岁差间有0.002″/世纪的差异。

（2）L77岁差模型与IAU 2000章动模型的精度不匹配,一个世纪后,岁差模型中的系数精度为0.1mas,而IAU 2000章动模型的精度却可达0.1μas,必须对岁差模型加以优化改进。

（3）IAU 1976岁差模型中只展开至T^3项,需加以扩展,而且黄道的定义也是旋转的。为此,IAU决定从2003年1月1日起用IAU 2000岁差模型来取代IAU 1976岁差模型。

2. IAU 2000岁差模型

IAU 2000岁差模型只是在IAU 1976岁差模型的基础上简单地对黄经岁差的速率和交角岁差的速率进行了改正。黄经岁差的速率改正$\delta\psi$和交角岁差的速率改正$\delta\varepsilon$的具体数值如下：

$$\delta\psi = (-0.299\ 65'' \pm 0.000\ 40'')/世纪$$
$$\delta\varepsilon = (-0.025\ 24'' \pm 0.000\ 10'')/世纪$$
(3-7)

IAU 2000岁差模型只是简单地对黄经岁差和交角岁差的速率进行了修正,使之与VLBI测得的岁差速率能较好地相符。也就是说,只是对上述的第一个缺点作了部分修正,因而自然不能令人满意。此后,Bretagnon、Capitaine、Fukushima以及Harada等人继续对此问题进行了深入研究,并在2003年前后相继建立了4个高精度的岁差模型,对黄道也重新进行了定义。IAU的岁差和分点工作组建议采用2003年Capitaine等人提出的P03岁差模型。2006年第26届IAU大会决定从2009年1月1日起采用该模型(也称IAU 2006岁差模型)来取代IAU 2000岁差模型。

3. IAU 2006岁差模型

IAU 2006岁差模型中的赤道岁差(日、月岁差)计算公式如下：

$$\begin{aligned}\psi_A &= 5\ 038.481\ 507''T - 1.079\ 006\ 9''T^2 - 0.001\ 140\ 45''T^3 \\ &\quad + 0.000\ 132\ 851''T^4 - 9.51'' \times 10^{-8} \cdot T^5 \\ \omega_A &= 84\ 381.406'' - 0.025\ 754''T + 0.051\ 262\ 3''T^2 - 7.725\ 03'' \times 10^{-3} \cdot T^3 \\ &\quad - 4.67'' \times 10^{-7} \cdot T^4 + 3.337'' \times 10^{-7} \cdot T^5\end{aligned}$$
(3-8)

IAU 2006岁差模型中的黄道岁差(行星岁差)计算公式如下：

$$\begin{aligned}P_A &= 4.199\ 094''T + 0.193\ 987\ 3''T^2 - 2.246\ 6'' \times 10^{-4} \cdot T^3 \\ &\quad - 9.12'' \times 10^{-7} \cdot T^4 + 1.20'' \times 10^{-8} \cdot T^5 \\ Q_A &= -46.811\ 015''T + 0.051\ 028\ 3''T^2 - 5.241\ 3'' \times 10^{-4} \cdot T^3 \\ &\quad - 6.46'' \times 10^{-7} \cdot T^4 + 1.72'' \times 10^{-8} \cdot T^5\end{aligned}$$
(3-9)

式中,T的单位为世纪(TDB)。上述模型中的系数在J2000.0时的精度为1μas,时间间隔为1 000年时($T = \pm 10$),系数的精度将降低至10μas。

3.1.4 岁差改正

如果我们用下列方法组成一个瞬时的天球坐标系,以天球中心作为原点,X轴指向瞬时的平春分点,Z轴指向瞬时的平北天极,Y轴垂直于X轴和Z轴形成一个右手垂直直角坐标系。由于岁差不同的瞬时天球坐标系的三个坐标轴的指向是不相同的,空间的某一固定目标,如无自行的某一恒星,在不同的瞬时天球坐标系中的坐标就各不相同,无法相互进行比较。为此,我们要选择一个固定的天球坐标系作为基准,将不同观测时刻 t_i 所测得的天球坐标都归算到该固定的天球坐标系中去进行相互比较,编制天体的星历。这一固定的天球坐标系被称为协议天球坐标系。目前,我们选用 J2000.0 时刻的平天球坐标系作为协议天球坐标系。图 3-3 中的 $O-\gamma_0 y_0 p_0$ 即为协议天球坐标系,其 X 轴指向 J2000.0 时的平春分点 γ_0,Z 轴指向 J2000.0 时的平北天极 P_0,Y 轴垂直于 X、Z 轴组成右手坐标系(为减少图中的线条,未绘出)。

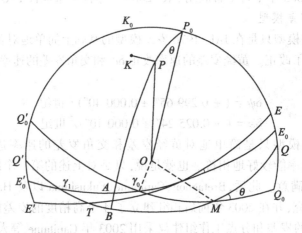

图 3-3 协议天球坐标系

欲将任一时刻 t_i 的观测值归算到协议天球坐标系中去时,可采用多种方法,最简单的方法是采用坐标系旋转的方法。从图中可以看出,要把 t_i 时刻的天球坐标系 $O-\gamma y p$ 转换到 t_0 时刻的协议天球坐标系 $O-\gamma_0 y_0 p_0$,只需进行三次坐标旋转即可。首先是绕 Z 轴旋转 ζ 角,使 X 轴从 γ 指向 B;其次是绕 Y 轴旋转 θ 角,使 Z 轴从 Op 转为 Op_0,X 轴从 B 转为指向 A;最后再绕 Z 轴旋转 η_0 角,使 X 轴从 A 指向 γ_0($\theta=\widehat{p_0 p}=\widehat{AB}$;$\zeta=\widehat{B\gamma}$;$\eta_0=\widehat{A\gamma_0}$)。于是有:

$$\begin{pmatrix} X \\ Y \\ Z \end{pmatrix}_{t_0} = R_Z(\eta_0) R_Y(-\theta) R_Z(\zeta) \begin{pmatrix} X \\ Y \\ Z \end{pmatrix}_{t_i}$$

$$= \begin{pmatrix} \cos\eta_0 & \sin\eta_0 & 0 \\ -\sin\eta_0 & \cos\eta_0 & 0 \\ 0 & 0 & 1 \end{pmatrix} \begin{pmatrix} \cos\theta & 0 & \sin\theta \\ 0 & 1 & 0 \\ -\sin\theta & 0 & \cos\theta \end{pmatrix} \begin{pmatrix} \cos\zeta & \sin\zeta & 0 \\ -\sin\zeta & \cos\zeta & 0 \\ 0 & 0 & 1 \end{pmatrix} \begin{pmatrix} X \\ Y \\ Z \end{pmatrix}_{t_i} \quad (3\text{-}10)$$

$$= \begin{pmatrix} p_{11} & p_{12} & p_{13} \\ p_{21} & p_{22} & p_{23} \\ p_{31} & p_{32} & p_{33} \end{pmatrix} \begin{pmatrix} X \\ Y \\ Z \end{pmatrix}_{t_i} = [p] \begin{pmatrix} X \\ Y \\ Z \end{pmatrix}_{t_i}$$

$[p]$ 称为岁差矩阵,它的 9 个元素分别为:

$$\begin{cases} p_{11} = \cos\eta_0\cos\theta\cos\zeta - \sin\eta_0\sin\zeta \\ p_{12} = \cos\eta_0\cos\theta\sin\zeta + \sin\eta_0\cos\zeta \\ p_{13} = \cos\eta_0\sin\theta \\ p_{21} = -\sin\eta_0\cos\theta\cos\zeta - \cos\eta_0\sin\zeta \\ p_{22} = -\sin\eta_0\cos\theta\sin\zeta + \cos\eta_0\cos\zeta \\ p_{23} = -\sin\eta_0\sin\theta \\ p_{31} = -\sin\theta\cos\zeta \\ p_{32} = -\sin\theta\sin\zeta \\ p_{33} = \cos\theta \end{cases} \quad (3\text{-}11)$$

反之，从协议天球坐标系转换至任意时刻 t_i 的天球坐标系时，有下列关系式：

$$\begin{pmatrix} X \\ Y \\ Z \end{pmatrix}_{t_i} = [p]^{-1} \begin{pmatrix} X \\ Y \\ Z \end{pmatrix}_{t_0} \quad (3\text{-}12)$$

$$[p]^{-1} = R_Z(-\zeta)R_Y(\theta)R_Z(-\eta_0) = \begin{pmatrix} p'_{11} & p'_{12} & p'_{13} \\ p'_{21} & p'_{22} & p'_{23} \\ p'_{31} & p'_{32} & p'_{33} \end{pmatrix} \quad (3\text{-}13)$$

其中，

$$\begin{cases} p'_{11} = \cos\eta_0\cos\theta\cos\zeta - \sin\eta_0\sin\zeta \\ p'_{12} = -\sin\eta_0\cos\theta\cos\zeta - \cos\eta_0\sin\zeta \\ p'_{13} = -\sin\theta\cos\zeta \\ p'_{21} = \cos\eta_0\cos\theta\sin\zeta + \sin\eta_0\cos\zeta \\ p'_{22} = -\sin\eta_0\cos\theta\sin\zeta + \cos\eta_0\cos\zeta \\ p'_{23} = -\sin\theta\sin\zeta \\ p'_{31} = \cos\eta_0\sin\theta \\ p'_{32} = -\sin\eta_0\sin\theta \\ p'_{33} = \cos\theta \end{cases} \quad (3\text{-}14)$$

在 IAU 1976 岁差模型中，上述三个旋转参数 η_0、θ 和 ζ 的计算公式如下：

$$\begin{cases} \eta_0 = 2\,306.218\,1''T + 0.301\,88''T^2 + 0.017\,998''T^3 \\ \zeta = 2\,306.218\,1''T + 1.094\,68''T^2 + 0.018\,203''T^3 \\ \theta = 2\,004.310\,9''T - 0.426\,65''T^2 + 0.041\,833''T^3 \end{cases} \quad (3\text{-}15)$$

在 IAU 2000 岁差模型中，三个旋转参数的计算公式如下：

$$\begin{cases} \eta_0 = 2.597\,617\,6'' + 2\,306.080\,950\,6''T + 0.301\,901\,5''T^2 \\ \qquad + 0.017\,966\,3''T^3 - 0.000\,032\,7''T^4 - 0.000\,000\,2''T^5 \\ \zeta = -2.597\,617\,6'' + 2\,306.080\,322\,6''T + 1.094\,779\,0''T^2 \\ \qquad + 0.018\,227\,3''T^3 + 0.000\,047\,0''T^4 - 0.000\,000\,3''T^5 \\ \theta = 2\,004.191\,747\,6''T - 0.426\,935\,3''T^2 - 0.041\,825\,1''T^3 \\ \qquad - 0.000\,060\,1''T^4 - 0.000\,000\,1''T^5 \end{cases} \quad (3\text{-}16)$$

此外,有人建议采用四次坐标旋转法来进行岁差改正,其公式为 $R_1(-\varepsilon_A) \cdot R_3(\psi_A) \cdot R_1(\omega_A) \cdot R_3(-\chi_A)$。推导过程不再介绍,有兴趣的读者可参阅相关参考资料。这四个旋转参数的计算公式如下:

$$\begin{cases} \psi_A = 5\,038.478\,75''T - 1.072\,59''T^2 - 0.001\,147''T^3 \\ \omega_A = 84\,381.448'' - 0.025\,24''T + 0.051\,27''T^2 - 0.007\,726''T^3 \\ \varepsilon_A = 84\,381.448'' - 46.840\,24''T - 0.000\,59''T^2 + 0.001\,813''T^3 \\ \chi_A = 10.552\,6''T - 2.380\,64''T^2 - 0.001\,125''T^3 \end{cases} \quad (3\text{-}17)$$

在最新的 IAU 2006 岁差模型中,三个旋转参数的计算公式如下:

$$\begin{cases} \eta_0 = 2.650\,545'' + 2\,306.083\,227''T + 0.298\,849\,9''T^2 + 0.018\,018\,28''T^3 \\ \qquad - 5.971'' \times 10^{-6}T^4 - 3.173'' \times 10^{-7}T^5 \\ \zeta = -2.650\,545'' + 2\,306.077\,181''T + 1.092\,734\,8''T^2 + 0.018\,268\,37''T^3 \\ \qquad + 2.859\,6'' \times 10^{-5}T^4 - 2.904'' \times 10^{-7}T^5 \\ \theta = 2\,004.191\,903''T - 0.429\,493\,4''T^2 - 0.0418\,226\,4''T^3 \\ \qquad - 7.089'' \times 10^{-6}T^4 - 1.274'' \times 10^{-7}T^5 \end{cases} \quad (3\text{-}18)$$

而采用四次旋转法时,所对应参数的计算公式如下:

$$\begin{cases} \psi_A = 5\,038.481\,507''T - 1.079\,006\,9''T^2 - 0.001\,146\,45''T^3 \\ \qquad + 0.000\,132\,851''T^4 - 9.51'' \times 10^{-8}T^5 \\ \omega_A = 84\,381.406\,000'' - 0.025\,754''T + 0.051\,266\,3''T^2 - 0.007\,725\,03''T^3 \\ \qquad - 4.67'' \times 10^{-7}T^4 - 3.337'' \times 10^{-7}T^5 \\ \varepsilon_A = 84\,381.406\,000'' - 46.836\,769''T - 0.000\,183\,1''T^2 + 0.002\,003\,40''T^3 \\ \qquad - 5.76'' \times 10^{-7}T^4 - 4.34'' \times 10^{-8}T^5 \\ \chi_A = 10.556\,403''T - 2.381\,429\,4''T^2 - 0.001\,211\,97''T^3 \\ \qquad + 0.000\,170\,663''T^4 - 5.60'' \times 10^{-8}T^5 \end{cases} \quad (3\text{-}19)$$

上述公式中的 T 均以世纪(百年)为单位,为离参考时刻 J2000.0 的儒略世纪数;公式中的时间从理论上讲应使用 TDB 时间,但实际中总是使用 TT 时间。因为这两种时间系统的最大的差异仅为 1.7ms,对岁差的影响仅为 $2.7'' \times 10^{-9}$(对 ψ_A 而言),对于目前所需的微秒精度($1'' \times 10^{-6}$)来讲,可略而不计。

3.2 章 动

3.2.1 章动的基本概念

如果由于日、月对地球隆起部分的万有引力而产生的旋转力矩 **OF** 是一个恒量,那么地轴 **OP** 将围绕 **OK** 轴在一个圆锥面上匀速旋转,也就是说,北天极 P 将围绕黄极 K 在半径为 ε(黄赤交角)的小圆上匀速地向西运动。但实际情况并非如此,因为月球和太阳相对于地球的位置在不断地变化(太阳、月球与地球赤道面之间的夹角以及它们离地球的距离都会发生变化)。此外,由于行星相对于地球的位置也在不断变化,从而导致黄道面产生周期性的变化。这一切都将使北天极、春分点、黄赤交角等在总岁差的基础上产生额外的周期性的微小摆动,我们将这种周期性的微小摆动称为章动。在上述各种因素中,最主要的因素是月球绕地球公转的白道平面与地球赤道平面之间的夹角会在 18°17′ ~ 28°35′ 之间以 18.6 年为周期而来回变化。产生这种变化的原因为:月球绕地球公转的过程中,不仅受到地球的万有引力,同时还会受到太阳和其他天体的万有引力。在这些摄动力的作用下,月球的公转平面——白道将产生进动。白道平面与黄道平面的交线会沿着黄道平面每年向顺时针方向(从黄极看)旋转 19°20.5′,约 18.6 年旋转一周。白道面和黄道面之间的夹角为 5°09′,由于白道面的运动,会使白赤交角在 23°26′ ± 5°09′ 的范围内变动,周期也为 18.6 年。见图 3-4。

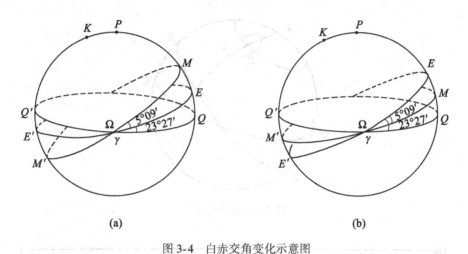

图 3-4 白赤交角变化示意图

在岁差和章动的综合作用下,真正的北天极将不再沿着图 3-5 中的小圆向西移动,而将沿着图中波浪形的曲线运动。

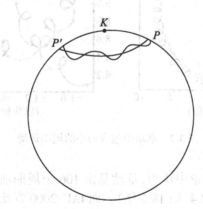

图 3-5 真天极的运动轨迹

为讨论问题方便,我们将实际上很复杂的天极运动分为两个部分:一部分为岁差运动,即暂不考虑旋转力矩复杂的周期性的运动而将其视为常量,此时,北天极将围绕北黄极在半径为 ε 的小圆上向西移动,其运动速度以及这种运动对天体坐标的影响均已在上一节中加以讨论并得以解决。我们将只考虑岁差运动时的天极称为平天极;与平天极对应的天球赤道称为平赤道;将平赤道与黄道的交点称为平春分点(指升交点)。第二部分则是真正的天极围绕平天极在一个椭圆上作周期运动。该椭圆的长半径约为 9.2″,短半径约为 6.9″,周期为 18.6 年。我们将该椭圆称为章动椭圆(见图 3-6)。实际上,除白赤交角变化这一主要因素外,还存在许许多多的因素,皆会使天极产生幅度和周期不等的周期性振动,例如,由于月球和地球的公转轨道皆为椭圆,故月地距和日地距也将随着时间的变化而变化,从而引起旋转力矩的周期性变化。所以真正的天极并不是在一个光滑的椭圆上绕平天极运动,其运动轨迹是一条十分复杂的曲线,其中又包含了许多小的周期性运动(见图 3-7)。因而严格地说,应将章动称为章动序列。

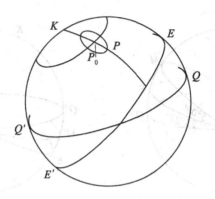

图 3-6 章动示意图

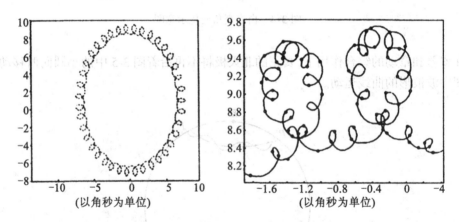

图 3-7 章动中包含的小的周期运动

在 1980 年 IAU 的章动理论中认为,章动是由 106 个周期项组成的,其振幅从 0.000 1″ 至 9.2″,周期从 4.7 天至 6 798.4 天(18.6 年)。而 IAU 2000 章动模型则是由日、月章动和行星章动两部分组成的,其中日、月章动是由 678 个不同幅度、不同周期的周期项组成的,而行星章动则是由 687 个不同幅度和不同周期的周期项组成的。

3.2.2 黄经章动和交角章动

在图 3-8 给出的天球中,K 为黄极,P_0 和 P 分别为平天极和真天极,γ_0 和 γ 分别为平春分点和真春分点。图中还给出了平天球赤道和真天球赤道、平黄赤交角和真黄赤交角。当真天极围绕平天极作周期性的运动时,真春分点相对于平春分点、真赤道相对于平赤道也都作相应的周期运动,黄赤交角也会产生周期性的变化。由于真天极绕平天极运动而引起春分点在黄道上的位移 $\overset{\frown}{\gamma_0\gamma}$ 称为黄经章动,用符号 $\Delta\psi$ 表示;所引起的黄赤交角的变化称为交角章动,用符号 $\Delta\varepsilon$ 表示, $\Delta\varepsilon = \varepsilon - \varepsilon_0$。

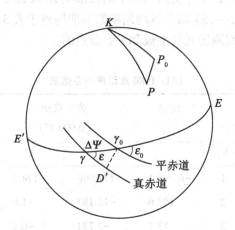

图 3-8　章动示意图

黄经章动 $\Delta\psi$ 和交角章动 $\Delta\varepsilon$ 的数值可用章动模型(章动理论)求得。随着人们对地球结构和特性的了解的不断深入,以及观测精度的提高和观测资料的累积,至今已建立了不少的章动模型,如 IAU 1980 年章动模型、IERS 1996 年章动模型、IAU 2000 年章动模型等。本节将对 IAU 1980 年章动模型和 IAU 2000 年章动模型作一介绍。

1. IAU 1980 年章动模型

IAU 1980 年章动模型可表述如下:

$$\Delta\psi = \sum_{i=1}^{106} (A_i + A'_i T)\sin f_i$$
$$\Delta\varepsilon = \sum_{i=1}^{106} (B_i + B'_i T)\cos f_i$$
(3-20a)

式中,

$$f_i = \sum_{j=1}^{5} N_j F_j = N_1 l + N_2 l' + N_3 F + N_4 D + N_5 \Omega \tag{3-20b}$$

$\begin{cases} F_1 = l = \text{月球的平近点角} \\ \quad = 134.963\,402\,51° + 1\,717\,915\,923.217\,8''T + 31.879\,2''T^2 + 0.051\,635''T^3 - 0.000\,244\,704''T^4 \\ F_2 = l' = \text{太阳的平近点角} \\ \quad = 357.052\,910\,918° + 129\,596\,581.048\,1''T - 0.553\,2''T^2 + 0.000\,136''T^3 - 0.000\,011\,49''T^4 \\ F_3 = F = L - \Omega = 93.272\,090\,62° + 1\,739\,527\,262.847\,4''T - 12.751\,2''T^2 - 0.001\,037''T^3 \\ \quad + 0.000\,004\,17''T^4 \\ F_4 = D = \text{日月间的平角距} \\ \quad = 297.850\,195\,47° + 1\,602\,961\,601.209\,0''T - 6.370\,6''T^2 + 0.006\,593''T^3 - 0.000\,031\,69''T^4 \\ F_5 = \Omega = \text{月球升交点的平黄经} \\ \quad = 125.044\,555\,01° - 6\,962\,890.266\,5''T + 7.472\,2''T^2 + 0.007\,702''T^3 - 0.000\,059\,69''T^4 \end{cases}$

(3-21)

式中，T 为距 J2000.0 的儒略世纪数，$T = \dfrac{\text{JD}(t) - 2\,451\,545.0}{36\,525}$；$L$ 是月球的平黄经。黄经章动中的振幅项 A_i 及其变化率 A_i'、交角章动中的振幅项 B_i 及其变化率 B_i'、计算幅角 f 时所用到的乘系数 $N_i(i = 1,2,\cdots,5)$ 以及各周期项的周期均列于表 3-1 中。利用式(3-20)所求得的 $\Delta\psi$ 和 $\Delta\varepsilon$ 是相对于观测历元的平极和平春分点的。

表 3-1　　　　　　　　　　IAU 1980 章动序列系数表

乘系数 N_i					周期 /天	黄经章动 (0.000 1″)		交角章动 (0.000 1″)	
N_1	N_2	N_3	N_4	N_5		A_i	A_i'	B_i	B_i'
0	0	0	0	1	−6 798.4	−171 996	−174.2	92 025	8.9
0	0	2	−2	2	182.6	−13 187	−1.6	5 736	−3.1
0	0	2	0	2	13.7	−2 774	−0.2	977	−0.5
0	0	0	0	2	−3 399.2	2 062	0.2	−895	0.5
0	−1	0	0	0	−365.3	−1 426	3.4	54	−0.1
1	0	0	0	0	27.6	712	0.1	−7	0.0
0	1	2	−2	2	121.7	−517	1.2	224	−0.6
0	0	2	0	1	13.6	−386	−0.4	200	0.0
1	0	2	0	2	9.1	−301	0.0	129	−0.1
0	−1	2	−2	2	365.2	217	−0.5	−95	0.3
−1	0	0	2	0	31.8	158	0.0	−1	0.0
0	0	2	−2	1	177.8	129	0.1	−70	0.0
−1	0	2	0	2	27.1	123	0.0	−53	0.0
1	0	0	0	1	27.7	63	0.1	−33	0.0
0	0	0	2	0	14.8	63	0.0	−2	0.0
−1	0	2	2	2	9.6	−59	0.0	26	0.0
−1	0	0	0	1	−27.4	−58	−0.1	32	0.0
1	0	2	0	1	9.1	−51	0.0	27	0.0
−2	0	0	2	0	−205.9	−48	0.0	1	0.0
−2	0	2	0	1	1 305.5	46	0.0	−24	0.0
0	0	2	2	2	7.1	−38	0.0	16	0.0
2	0	2	0	2	6.9	−31	0.0	13	0.0
2	0	0	0	0	13.8	29	0.0	−1	0.0
1	0	2	−2	2	23.9	29	0.0	−12	0.0
0	0	2	0	0	13.6	26	0.0	−1	0.0

续表

乘系数 N_i					周期 (/天)	黄经章动 (0.0001″)		交角章动 (0.0001″)	
N_1	N_2	N_3	N_4	N_5		A_i	A_i'	B_i	B_i'
0	0	2	-2	0	173.3	-22	0.0	0	0.0
-1	0	2	0	1	27.0	21	0.0	-10	0.0
0	2	0	0	0	182.6	17	-0.1	0	0.0
0	2	2	-2	2	91.3	-16	0.1	7	0.0
-1	0	0	2	1	32.0	16	0.0	-8	0.0
0	1	0	0	1	386.0	-15	0.0	9	0.0
1	0	0	-2	1	-31.7	-13	0.0	7	0.0
0	-1	0	0	1	-346.6	-12	0.0	6	0.0
2	0	-2	0	0	-1 095.2	11	0.0	0	0.0
-1	0	2	2	1	9.5	-10	0.0	5	0.0
1	0	2	2	2	5.6	-8	0.0	3	0.0
0	-1	2	0	2	14.2	-7	0.0	3	0.0
0	0	2	2	1	7.1	-7	0.0	3	0.0
1	1	0	-2	0	-34.8	-7	0.0	0	0.0
0	1	2	0	2	13.2	7	0.0	-3	0.0
-2	0	0	2	1	-199.8	-6	0.0	3	0.0
0	0	0	2	1	14.8	-6	0.0	3	0.0
2	0	2	-2	2	12.8	6	0.0	-3	0.0
1	0	0	2	0	9.6	6	0.0	0	0.0
1	0	2	-2	1	23.9	6	0.0	-3	0.0
0	0	0	-2	1	-14.7	-5	0.0	3	0.0
0	-1	2	-2	1	346.6	-5	0.0	3	0
2	0	2	0	1	6.9	-5	0.0	3	0.0
1	-1	0	0	0	29.8	5	0.0	0	0.0
1	0	0	-1	0	411.8	-4	0.0	0	0.0
0	0	0	1	0	29.5	-4	0.0	0	0.0
0	1	0	-2	0	-15.4	-4	0.0	0	0.0
1	0	-2	0	0	-26.9	4	0.0	0	0.0
2	0	0	-2	1	212.3	4	0.0	-2	0.0
0	1	2	-2	1	119.6	4	0.0	-2	0.0

续表

乘系数 N_i					周期/天	黄经章动 (0.000 1″)		交角章动 (0.000 1″)	
N_1	N_2	N_3	N_4	N_5		A_i	A_i'	B_i	B_i'
1	1	0	0	0	25.6	−3	0.0	0	0.0
1	−1	0	−1	0	−3 232.9	−3	0.0	0	0.0
−1	−1	2	2	2	9.8	−3	0.0	1	0.0
0	−1	2	2	2	7.2	−3	0.0	1	0.0
1	−1	2	0	2	9.4	−3	0.0	1	0.0
3	0	2	0	2	5.5	−3	0.0	1	0.0
−2	0	2	0	2	1 615.7	−3	0.0	1	0.0
1	0	2	0	0	9.1	3	0.0	0	0.0
−1	0	2	4	2	5.8	−2	0.0	1	0.0
1	0	0	0	2	27.8	−2	0.0	1	0.0
−1	0	2	−2	1	−32.6	−2	0.0	1	0.0
0	−2	2	−2	1	6 786.3	−2	0.0	1	0.0
−2	0	0	0	1	−13.7	−2	0.0	1	0.0
2	0	0	0	1	13.8	2	0.0	−1	0.0
3	0	0	0	0	9.2	2	0.0	0	0.0
1	1	2	0	2	8.9	2	0.0	−1	0.0
0	0	2	1	2	9.3	2	0.0	−1	0.0
1	0	0	−2	1	9.6	−1	0.0	0	0.0
1	0	2	2	1	5.6	−1	0.0	1	0.0
1	1	0	−2	1	−34.7	−1	0.0	0	0.0
0	1	0	2	0	14.2	−1	0.0	0	0.0
0	1	2	−2	0	117.5	−1	0.0	0	0.0
0	1	−2	2	0	−329.8	−1	0.0	0	0.0
1	0	−2	2	0	23.8	−1	0.0	0	0.0
1	0	−2	−2	0	−9.5	−1	0.0	0	0.0
1	0	2	−2	0	32.8	−1	0.0	0	0.0
1	0	0	−4	0	−10.1	−1	0.0	0	0.0
2	0	0	−4	0	−15.9	−1	0.0	0	0.0
0	0	2	4	2	4.8	−1	0.0	0	0.0
0	0	2	−1	2	25.4	−1	0.0	0	0.0

续表

乘系数 N_i					周期/天	黄经章动 (0.000 1″)		交角章动 (0.000 1″)	
N_1	N_2	N_3	N_4	N_5		A_i	A_i'	B_i	B_i'
-2	0	2	4	2	7.3	-1	0.0	1	0.0
2	0	2	2	2	4.7	-1	0.0	0	0.0
0	-1	2	0	1	14.2	-1	0.0	0	0.0
0	0	-2	0	1	-13.6	-1	0.0	0	0.0
0	0	4	-2	2	12.7	1	0.0	0	0.0
0	1	0	0	2	409.2	1	0.0	0	0.0
1	1	2	-2	2	22.5	1	0.0	-1	0.0
3	0	2	-2	2	8.7	1	0.0	0	0.0
-2	0	2	2	2	14.6	1	0.0	-1	0.0
-1	0	0	0	2	-27.3	1	0.0	-1	0.0
0	0	-2	0	1	-169.0	1	0.0	0	0.0
0	1	2	0	1	13.1	1	0.0	0	0.0
-1	0	4	0	2	9.1	1	0.0	0	0.0
2	1	0	-2	0	-131.7	1	0.0	0	0.0
2	0	0	2	0	7.1	1	0.0	0	0.0
2	0	2	-2	1	12.8	1	0.0	-1	0.0
2	0	-2	0	1	-943.2	1	0.0	0	0.0
1	-1	0	-2	0	-29.3	1	0.0	0	0.0
-1	0	0	1	1	-388.3	1	0.0	0	0.0
-1	-1	0	2	1	35.0	1	0.0	0	0.0
0	1	0	1	0	27.3	1	0.0	0	0.0

1980 年 IAU 章动理论是基于改进了的刚性地球理论和地球物理模型 1066A 的。它顾及了固体地核、液体外核以及从大量的地震资料中导出的一组弹性参数的影响。高精度的 VLBI 观测资料表明,IAU 1976 年岁差模型和 1980 年章动理论存在不足之处。由上述模型所求得的协议天极的位置与高精度的 VLBI、LLR 所测得的位置之间存在差异 $\delta\Delta\psi$ 和 $\delta\Delta\varepsilon$。这些差异值由国际地球服务 IERS 加以监测并在公报中予以公布(天极偏差)。在用 IAU 1980 年章动理论所求得的章动值上加上 $\delta\Delta\psi$ 和 $\delta\Delta\varepsilon$ 后即可求得正确的章动值(与高精度的 VLBI、LLR 观测一致的章动值),

$$\Delta\psi = \Delta\psi_{(\text{IAU1980})} + \delta\Delta\psi$$
$$\Delta\varepsilon = \Delta\varepsilon_{(\text{IAU1980})} + \delta\Delta\varepsilon \tag{3-22}$$

2. IAU 2000 章动模型

国际天文协会已决定用 IAU 2000A 岁差/章动模型来取代 IAU 1976 年岁差模型和 1980 年章动模型。IAU 2000A 模型是由 Mathews 等人根据 Wobble 章动问题理论和最新的 VLBI 观测资料,用最小二乘拟合方法来估计其中的 7 个参数而建立的。该模型顾及了地幔的非弹性效应、海潮效应、地幔等液态外核间的地磁耦合效应以及固体内核与液态外核间的地磁耦合效应,还考虑了在这类公式中总是被略去的非线性项的影响。

IAU 2000A 章动序列由 678 个日月章动项和 687 个行星章动项组成,仍然采用黄经章动 $\Delta\psi$ 和交角章动 $\Delta\varepsilon$ 的形式给出。其中,日月章动为:

$$\Delta\psi = \sum_{i=1}^{678} (A_i + A'_i T)\sin f_i + (A''_i + A'''_i T)\cos f_i$$

$$\Delta\varepsilon = \sum_{i=1}^{678} (B_i + B'_i T)\cos f_i + (B''_i + B'''_i T)\sin f_i$$

(3-23)

式中,幅角 f_i 的含义同前,即

$$f_i = N_1 l + N_2 l' + N_3 F + N_4 D + N_5 \Omega$$

(3-24)

N_1、N_2、N_3、N_4 和 N_5 的值由表 3-2 给出;l、l'、F、D 和 Ω 的计算公式见式(3-21)。由于表格太长,书中仅摘录了幅度较大的 10 项作为例子,全表可以从 IERS 网站上下载。

表 3-2 IAU 2000 章动模型(日月章动)系数表

N_1	N_2	N_3	N_4	N_5	周期/日	A_i /mas	A'_i /mas·c^{-1}	B_i /mas	B'_i /mas·c^{-1}	A''_i /mas	A'''_i /mas·c^{-1}	B''_i /mas	B'''_i /mas·c^{-1}
0	0	0	0	1	-6 798.383	-17 206.416 1	-17.466 6	9 205.233 1	0.908 6	3.338 6	0.002 9	1.537 7	0.000 2
0	0	2	-2	2	182.621	-1 317.090 6	-0.167 5	573.033 6	-0.301 5	-1.369 6	0.001 2	-0.458 7	-0.000 3
0	0	2	0	2	13.661	-227.641 3	-0.023 4	97.845 9	-0.048 5	0.279 6	0.000 2	0.137 4	-0.000 1
0	0	0	0	2	-3 399.192	207.455 4	0.020 7	-89.749 2	0.047 0	-0.069 8	0.000 0	-0.029 1	0.000 0
0	1	0	0	0	365.260	147.587 7	-0.363 3	7.387 1	-0.018 4	1.181 7	-0.001 5	-0.192 4	0.000 5
0	1	2	-2	2	121.749	-51.682 1	0.122 6	22.438 6	-0.067 7	-0.052 4	0.000 2	-0.017 4	0.000 0
1	0	0	0	0	27.555	71.115 9	0.007 3	-0.675 0	0.000 0	-0.087 2	0.000 0	0.035 8	0.000 0
0	0	2	0	1	13.633	-38.729 8	-0.036 6	20.072 8	0.001 8	0.000 1	0.000 0	0.031 8	0.000 0
1	0	2	0	2	9.133	-30.146 1	-0.003 6	12.902 5	-0.006 3	0.081 6	0.000 0	0.036 7	0.000 0
0	-1	2	-2	2	365.225	21.582 9	-0.049 4	-9.592 9	0.029 9	0.011 1	0.000 0	0.013 2	-0.000 1

表中的 c 为世纪(century)的缩写。IAU 2000A 章动序列中的行星章动为:

$$\Delta\psi' = \sum_{i=1}^{678} A_i \sin f_i + A''_i \cos f_i$$

$$\Delta\varepsilon' = \sum_{i=1}^{678} B_i \cos f_i + B''_i \sin f_i$$

(3-25)

$$f_i = \sum_{j=1}^{14} N'_j F'_j = N'_1 l + N'_2 l' + N'_3 F + N'_4 D + N'_5 \Omega + N'_6 L_{M_e} + N'_7 L_{V_e}$$
$$+ N'_8 L_E + N'_9 L_{M_a} + N'_{10} L_J + N'_{11} L_{S_a} + N'_{12} L_{U_r} + N'_{13} L_{N_e} + N'_{14} p_A$$
(3-26)

IAU 2000 章动模型(行星章动)系数表见表 3-3。由于表格过长,书中仅摘录了振幅较大的 10 项,完整的表格可以从 IERS 网站上下载。

表 3-3　　IAU 2000 章动模型(行星章动)系数表

N'_1	N'_2	N'_3	N'_4	N'_5	N'_6	N'_7	N'_8	N'_9	N'_{10}	N'_{11}	N'_{12}	N'_{13}	N'_{14}	周期/日	黄经章动 A_i/mas	黄经章动 A''_i/mas	交角章动 B_i/mas	交角章动 B''_i/mas
0	0	1	-1	1	0	0	-1	0	-2	5	0	0	0	311 921.26	-0.308 4	0.512 3	0.273 5	0.164 7
0	0	0	0	0	0	0	0	0	-2	5	0	0	1	311 927.52	-0.144 4	0.240 9	-0.128 6	-0.077 1
0	0	0	0	0	0	-3	5	0	0	0	0	0	2	2 957.35	-0.215 0	0.000 0	0.000 0	0.093 2
0	0	1	-1	1	0	-8	12	0	0	0	0	0	0	-88 082.01	0.120 0	0.059 8	0.031 9	-0.064 1
0	0	0	0	0	0	0	0	2	0	0	0	0	0	2 165.30	-0.116 6	0.000 0	0.000 0	0.050 5
0	0	0	0	0	0	4	-8	3	0	0	0	0	0	-651 391.30	-0.046 2	0.160 4	0.000 0	0.000 0
0	0	0	0	0	1	-1	0	0	0	0	0	0	0	583.92	0.148 5	0.000 0	0.000 0	0.000 0
0	0	0	0	0	0	8	-16	4	5	0	0	0	0	34 075 700.82	0.144 0	0.000 0	0.000 0	0.000 0
0	0	0	0	0	0	0	1	-1	0	0	0	0	0	398.88	-0.122 3	-0.002 6	0.000 0	0.000 0
0	0	0	0	1	0	-1	2	0	0	0	0	0	0	37 883.60	-0.046 0	-0.043 5	-0.023 2	0.024 6

式(3-26)中的 $F'_1 \sim F'_5$ 即 l、l'、F、D 和 Ω 的含义及计算公式同前,$F'_6 \sim F'_{14}$ 的含义及计算公式如下:

$$\begin{cases} F'_6 \equiv L_{M_e} \equiv 水星的平黄经 = 4.402\,608\,842 + 2\,608.790\,314\,157\,4T \\ F'_7 \equiv L_{V_e} \equiv 金星的平黄经 = 3.176\,146\,697 + 1\,021.328\,554\,621\,1T \\ F'_8 \equiv L_E \equiv 地球的平黄经 = 1.753\,470\,314 + 628.307\,584\,999\,1T \\ F'_9 \equiv L_{M_a} \equiv 火星的平黄经 = 6.203\,480\,913 + 334.061\,242\,670\,0T \\ F'_{10} \equiv L_J \equiv 木星的平黄经 = 0.599\,546\,497 + 52.969\,096\,264\,1T \\ F'_{11} \equiv L_{S_a} \equiv 土星的平黄经 = 0.874\,016\,757 + 21.329\,910\,496\,0T \\ F'_{12} \equiv L_{U_r} \equiv 天王星的平黄经 = 5.481\,293\,872 + 7.478\,159\,856\,7T \\ F'_{13} \equiv L_{N_e} \equiv 海王星的平黄经 = 5.311\,886\,287 + 3.813\,303\,563\,8T \\ F'_{14} \equiv p_A \equiv 冥王星的平黄经 = 0.024\,381\,750T + 0.000\,005\,386\,91T^2 \end{cases}$$
(3-27)

式中,平黄经均以弧度为单位;T 为计算时刻离 J2000.0 的儒略世纪数,从理论上讲应使用 TDB,但实际上可用 TT 代替,由此产生的章动误差小于 $0.01\mu as$,可忽略不计。IAU 2000A 章动计算的精度优于 0.2mas。对于精度要求仅为 1mas 的用户来讲,无需使用如此复杂的计算公式。这些用户可使用 IAU 2000B 岁差/章动模型。IAU 2000B 章动序列中只含 77 个日月章动项以及在所考虑的时间间隔内的行星章动偏差项。在 1995~2050 年间,它的计算结果与 IAU 2000A 的计算结果之差不会大于 1mas。该模型是由 McCzrthy 和 Luyum 建立的。

显然,IAU 2000 章动模型也不是最终的结果,它也有待于进一步的改进和发展。相信随着 VLBI 等空间大地测量的观测精度的进一步提高,新的观测资料的不断积累以及地球模型理论的改正和精华,经过一段时间后,一定可以建立更好的章动模型。但与此同时,有一个问题也必须引起我们的重视,那就是尽管 IAU 2000A 章动模型已包含了近 1400 项,其中有的项的系数只有 0.1μas,但整个章动模型的精度仍然只有 0.2mas。其主要原因在于,目前的章动模型中尚未顾及无法精确预测的自由核章动 FCN(Free Core Nutation)。只要章动模型中不顾及 FCN,不管其他项考虑得如何细微,项数取得如何多,整个章动模型的精度仍然难以进一步提高。也就是说,FCN 已成为章动模型精度提高的一个瓶颈。在新建章动模型时,采用一个相对较为简洁的模型,但同时能提供包括 FCN 影响在内的改正数可能是一个方向,如 SF2001 模型,虽然只含 194 项,但已能达到 0.3mas 的精度。

3.3 极 移

由于地球表面上的物质运动(如海潮、洋流等)以及地球内部的物质运动(如地幔对流等),地球自转轴在地球体内的位置会按下列方式缓慢变化:地球自转轴将通过地球质心在顶角约为 0.5″ 的圆锥面上运动。地球自转轴与地面的交点称为地极。由于地球自转轴在地球体内的位置在不断变化,因而地极在地面上的位置也相应地在不断移动。地极的移动称为极移。通常我们都是用北极点的移动来反映地球自转轴在地球体内的运动的。

3.3.1 极移的发现

早在 17 世纪,瑞士数学家欧拉(Leonhard Euler)在"刚体旋转论"一书中就证明:如果没有外作用,刚性地球的自转轴将在地球体内围绕形状轴作自由摆动,其周期为 305 个恒星日。但由于受观测精度的限制,上述理论未能用实际观测值来加以验证。1842 年,俄国普尔科夫天文台的天文学家彼坚尔斯发现了该站纬度值的周期性变化。1885 年,德国科学家居斯特纳发现了柏林天文台的纬度值也存在类似的周期性变化。其后,他证明了上述变化是由于地球自转轴在地球本体内的摆动而引起的。为了验证上述观点的正确性,柏林天文台于 1891~1892 年间组织人员在柏林($\lambda = -13°20'$)、布拉格($\lambda = -14°24'$)和檀香山($\lambda = +157°15'$)三地同时进行了纬度测量。结果发现,柏林和布拉格两地的纬度变化的幅度和相位几乎完全相同,而这两地与檀香山的纬度变化的大小基本一致,而符号正好相反,从而验证了居斯特纳的观点的正确性,以及通过多个测站上的纬度观测值来监测极移的可能性。

3.3.2 平均纬度、平均极和极坐标

1.测站的平均纬度

由于极移,测站的纬度在不断地变化,如何定义测站的平均纬度在极移研究中具有重要的意义。它将直接关系到平均极的定义及瞬时地极的坐标。平均纬度一般有两种不同的定义方法。

(1)取 6 年内(张德勒周期与周年周期的最小公倍数)测站的瞬时纬度的平均值作为测站的平均纬度。其数值在长时间内将保持基本稳定,故称为固定平纬。

(2)将某一历元的纬度值扣除周期项的影响后的取值作为该历元的平均纬度,并称为历元平纬。这一方法是由前苏联科学家奥洛夫提出的。历元平纬的稳定性一般不如固定平纬来得好。

2.平均极

由于平均纬度的定义不同,相应的平均极也有两种不同的定义方法。

(1)固定平极:由几个纬度观测台站的固定平纬所确定的平均极称为固定平极。例如,国际协议原点 CIO 就是根据 ILS 中的 5 个国际纬度站在 1900~1905 年间的固定平纬来确定的。

(2)历元平极:由 1 个或几个观测台站的历元平纬所确定的平均极称为历元平极。例如,我国采用的 JYD1968.0 就属于历元平极。

我国采用的地极原点曾有多次变化。1952 年前采用 ILS 系统,即用国际协议原点 CIO 作为地极原点;1952~1960 年间,则采用前苏联的历元平极;1961~1967 年间,又改用国际时间局的地极原点;1968 年后,又采用 JYD1968.0,西安大地坐标系的 Z 轴就是指向 JYD1968.0 的。随着空间大地测量技术的发展,经典光学观测手段逐渐被淘汰,JYD1968.0 精度偏低、系统维持困难等问题日益明显,同时考虑到与国际接轨的需要,再次变更地极原点也是大势所趋。

3.瞬时极的坐标

任意时刻 t_i 的瞬时地极的位置通常是以地极坐标 (X_P, Y_P) 来表示的,X_P 和 Y_P 是在一个特定的坐标系统中的两个坐标。该坐标系的原点选在国际协议原点 CIO 上,X 轴为起始子午线,Y 轴为 $\lambda = 270°$ 的子午线。从理论上讲,该坐标系是一个球面坐标系,但由于极移的数值很小($< 1''$),因而也可以把它看成是一个平面坐标系。目前,由 IERS 测定并公布的地极坐标就采用上述坐标系。但是由于 IERS 的测站以及所采用的观测手段与最初建立 CIO 时已有了巨大的差异,所以由 IERS 所给出的地极坐标的原点从严格意义上讲已不是 CIO 了。关于这一点,我们在后面还要详加解释。

我们目前采用 JYD1968.0 地极坐标系统。该系统的原点为 1968.0 的历元平极,仍采用起始子午线作为 X 轴,但 Y 轴采用 $\lambda = 90°$ 的子午线(与图 3-9 中的 Y 轴方向相反),使用时应特别注意。

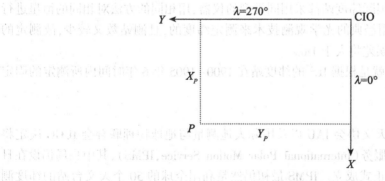

图 3-9 瞬时极的坐标

3.3.3 极移的测定

地极移动后,地面测站的经纬度及方位角皆会随之变化。利用球面三角公式不难推得相应的计算公式如下:

$$\Delta B = B - B_0 = X_P \cos L + Y_P \sin L$$
$$\Delta L = L - L_0 = (X_P \sin L - Y_P \cos L) \tan B \quad (3\text{-}28)$$
$$\Delta A = A - A_0 = (X_P \sin L - Y_P \cos L) \sec B$$

式中，B、L 和 A 分别为测站瞬时地球坐标系中的纬度、经度和方位角，即地极位于 P 时的纬度、经度和方位角（见图3-9）；B_0、L_0 和 A_0 分别为测站在协议地球坐标系（即地极位于图3-9中的坐标原点 CIO 时）中的纬度、经度和方位角；X_P、Y_P 为瞬时极的坐标。在已知极移值 (X_P, Y_P) 的情况下，用户可利用式(3-28)将任意时刻所实际测得的 B、L 和 A 统一归算至协议地球坐标系。反之，专门机构也可依据自己在地面上所设置的若干个站上的观测值来反过来测定极移值。

下面对测定极移的机构及历史演变过程作一介绍。

1. 国际纬度服务

国际纬度服务（International Latitude Service, ILS）是于1895年正式成立的，由中央局和若干国际纬度站组成。中央局设在日本水泽的国际纬度站上。ILS 于1899年正式投入工作，是世界上第一个测定极移的国际机构。ILS 最初在北纬 39°08′ 的纬圈上建立了6个国际纬度站，1935年后减少为5个纬度站。这些纬度站的名称及其位置如表3-4所示。

表3-4　　　　　　　　　　ILS 的国际纬度站

站名	纬度	经度
卡洛福特(Carloforte),意大利	39°08′08.941″	+8°18′44″
基塔布(Kitab),原苏联	01.850″	+66°52′51″
水泽(Mizusawa),日本	03.602″	+141°07′51″
尤凯亚(Ukiah),美国	12.096″	−123°12′35″
盖沙斯堡(Gaithersburg),美国	13.202″	−77°11′57″

为了尽可能完善地消除各种系统误差的影响（如星表的误差、仪器的系统误差等），以便能获得较好的结果，各国际纬度站都采用同类型的仪器，用相同的方法对相同的恒星进行观测，但是由于 ILS 是采用经典的光学观测技术来测定纬度的，且测站数又较少，故测定的地极坐标的精度较差，其误差将大于 1m。

国际协议原点（CIO）就是根据 ILS 的纬度站在 1900～1905 年6年时间内所测定的固定平纬来确定的。

2. 国际极移服务

1960～1961年，国际天文协会 IAU 以及国际大地测量与地球物理联合会 IUGG 决定将 ILS 扩大改组为国际极移服务（International Polar Motion Service, IPMS），其中央局仍设在日本水泽。1962年，该组织正式成立。IPMS 最初仍然是利用全球的50个天文台站的纬度测量资料来解算瞬时地极坐标的，并将求得的地极坐标称为 $(X_P, Y_P)_{\text{IPMS}, L}$，其中 L 表示纬度，即这些极坐标是依据纬度观测求得的。此后，IPMS 又加入了上述台站的测时资料与测纬资料一起来综合求解地极坐标，并将求得的地极坐标记为 $(X_P, Y_P)_{\text{IPMS}, L+T}$。自1962年开始，IPMS 出版月报和年报。月报给出各台站的观测资料和估算出来的地极坐标的初值；年报则给出最终的地极坐标采用值以及相应的计算方法和有关说明。从1974年起，IPMS 提供三种归算至 CIO 原点的三套地极坐标：$(X_P, Y_P)_{\text{ILS}}$、$(X_P, Y_P)_{\text{IPMS}, L}$ 和 $(X_P, Y_P)_{\text{IPMS}, L+T}$。其中第一套地极坐标是仅根据ILS中的5个国际纬度站的观测资料求得的；后两套坐标则是根据数十个天文台站的观测资料一并求得的。虽然IPMS想尽可能保持CIO不变，但是由于加入了大量的新站，因而后两套坐标所对应的原点从严格上讲与CIO已有细微的差异。由于仍采用经典的光学观测手段，因而它所提供的地极坐标的精度也只有1m左右。1988年后，IPMS被国际地球自转服务所取代。

3.国际时间局

国际时间局(Bureau International de l'Heure, BIH)是1911年成立的国际性的时间服务机构，总部设在法国巴黎。1919年国际天文协会IAU成立后，即由IAU来主持BIH的工作。1965年后，由IAU和IUGG等5个国际组织联合组成BIH的指导机构。BIH的主要任务是收集、处理世界各天文台站的资料，提供地球自转参数UT1和地极坐标(X_P, Y_P)，并以月报和年报的形式予以公布。1962~1971年间，采用经典的光学仪器来测时、测纬。1972年起，加入了卫星多普勒资料，此后又逐步加入了SLR、LLR等空间大地测量资料。1959~1967年间，BIH公布的地极坐标是相对于历元平极的。BIH将其称为"1962BIH系统"。从1968年起，BIH也开始以CIO作为地极坐标的原点，这时它公布的地极坐标以及与之相应的参考框架称为"1968BIH系统"。这是BIH试图解决与IPMS之间有两个不同的地面极而做出的努力。1972年后，BIH又陆续采用了卫星多普勒测量和激光测月等空间大地测量资料，形成了"1979BIH系统"。由于所用的观测资料与数据处理方法的不同，由IPMS和BIH所给出的地极坐标间存在明显的差异。为解决这种混乱局面，1983年，IAU和IUGG决定组建国际地球自转服务来取代IPMS和BIH。

4.国际地球自转服务

国际地球自转服务(International Earth Rotation Service, IERS)于1988年1月1日正式投入工作。其主要任务是利用VLBI资料和SLR资料(1994年后加入GPS资料)联合解算极移和UT1，维持ICRF和ITRF，并提供它们之间的坐标转换参数。IERS在公报和年报中给出的瞬时地极坐标(X_P, Y_P)、世界时UT1、岁差和章动模型及其参数、地壳形变参数、各射电源的坐标以及参与IERS的各台站的站坐标及其变率。

采用经典的光学观测技术时，所测定的地极坐标的精度约为±1m。加入卫星多普勒测量资料后，所测定的地极坐标的精度约为±30cm，所测定的地球自转参数UT1的精度约为±1ms，日长变化的精度约为±0.2ms。采用VLBI、SLR、GPS等空间大地测量资料后，其精度可达到或优于下列水平：地极坐标：5cm；UT1：±0.2ms；日长：±0.06ms。

除此以外，也有一些国家在某一时期内在独立测定地极坐标。如前苏联的"标准时间系统"从1953年起就利用苏联国内的5个台站的纬度观测资料来独立测定地极坐标。我国从1964年起由天津纬度站提供相对于历元平极的地极坐标。1971年后，则综合利用国内各天文台站的测纬资料来解算相对于历元平极的地极坐标。1977年后，又综合利用国内外的纬度观测资料求解以JYD1968.0为地极原点的地极坐标。

图3-10为1990~1997年间实际测定的瞬时地极的位置图。

IERS在确定极移时，已不再采用经典的光学观测资料，而只采用VLBI、SLR、GPS等空间大地测量资料，因而它虽然力图使它的地极原点与1984年BIH的地极原点保持一致(从1967年起，BIH也采用CIO作为地极原点)，但由于所用的台站不完全一致，所用的资料类型也有很大的差异(BIH仍使用光学观测资料)，数据处理方法也不尽相同，所以严格地讲，IERS所采用的地极原点是与其所提供的瞬时地极相对应的坐标原点：IERS的参考极(IERS

Reference Polar,IRP)。据估计,它与 CIO 之间的不一致性约为 0.03″左右。类似地,IPMS、BIH(1967 年后)等从理论上讲也都采用了 CIO 作为地极,但严格而言,其地极也都是它们所提供的地极坐标的坐标原点:参考极。

由于对影响极移的各种因素的作用机制及变化规律等还缺乏深刻的认识,因而极移值还只能靠仪器来实际测定,而无法用模型来准确地加以预报。用数学方法进行外推,在短期内还可保证一定的精度,但进行中、长期预报效果就很差。

3.3.4 极移的成分

1891 年,美国科学家张德勒(S.C.Chandlar)根据对大量的纬度测量资料进行分析后提出极移主要是由两个周期性的分量组成:一个是周期为 1.2 年左右的地球自转轴的自由摆动,从北天极往下看,瞬时地极在做逆时针旋转,其摆动的幅度平均约为 0.15″,周期平均为 427 天,这种摆动后被称为张德勒摆动,其周期被称为张德勒周期,这是弹性地球自转的必然结果;第二种摆动是周期为一年的受迫摆动,其幅度平均为 0.10″,方向与张德勒摆动相同,周年摆动主要是由于季节性的天气变化而引起的,比较稳定。此后,人们又发现在极移中还存在着周期为一天、幅度为 0.02″左右的微小摆动。除了上述周期性的运动外,从实际观测值中还可以发现极移中还存在一种长期漂移的现象。从图 3-10 中可以看出,在 1900~1905 年间,瞬时极的平均位置位于坐标原点 CIO 上,经过 81 年后,在 1981~1986 年间,瞬时极的平均位置已经向方位角约为 250°的方向移动了 0.28″左右,平均每年漂移约 0.003 5″。对于引起这种长期系统性的漂移的物理机制的认识尚不统一。有人认为,这是由于大陆板块漂移而引起的;有人则认为,这是由于格陵兰岛的巨大冰川与海水物质交换而导致地球惯性张量的长期变化而引起的。

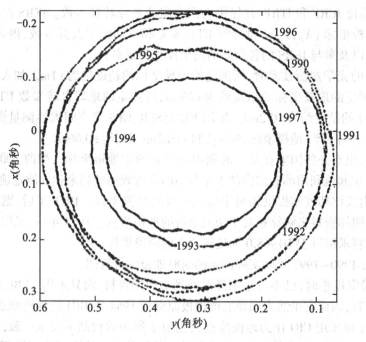

图 3-10 1990~1997 年间的瞬时地极位置图

3.4 天球坐标系

3.4.1 基本概念

天球坐标系是用以描述自然天体和人造天体在空间的位置或方向的一种坐标系。依据所选用的坐标原点的不同可分为站心天球坐标系、地心天球坐标系和太阳系质心天球坐标系等。在经典的天文学中,由于观测者至天体间的距离无法精确测定,而只能精确测定其方向,因而总是将天体投影到天球上,然后再用一个球面坐标系来描述该天体(的投影点)在天球上的位置及其运动状况。在这种球面坐标系中,我们总是选取一个大圆来作为基圈,该基圈的极点称为基点;过基圈的两个极点的大圆皆与基圈垂直。选取其中一个圆作为主圈,其余的大圆称为副圈。主圈与基圈的交点则称为主点。过任一天体 S 的副圈平面与主圈面之间的夹角称为经度,从球心至天体的连线与基圈平面间的夹角称为纬度。经度和纬度就是表示天体位置的两个球面坐标系的参数。需要说明的是:①天文学中所说的天体位置往往是指天体的投影点在天球上的位置,从数学上讲,只反映了天体在空间的方向,而不是指天体在空间的三维位置。②这里所说的经度和纬度只是球面坐标系中两个数学上的参数名称,与测量中的经度和纬度并不完全相同。这种建立在天球上的球面坐标系就是天球坐标系,也称天文坐标系。

由于适用环境的不同,天球坐标系中的基圈和主圈有多种不同的选择,例如:

- 在地平坐标系中是选择地平圈作为基圈,以天顶作为基点;选择子午圈作为主圈,以南(北)点作为主点。用高度角 h(或天顶距 z)和天文方位角 a 来描述天体的方位。
- 在黄道坐标系中是选用黄道作为基圈,以黄极作为基点;选择过春分点的黄经圈作为主圈,以春分点作为主点。用黄经 ι、黄纬 β 来描述天体在空间的方位。
- 在赤道坐标系中则选用天球赤道作为基圈,以北天极作为基点,选用过春分点的子午圈作为主圈,以春分点作为主点。用赤经 α、赤纬 δ 来描述天体在空间的方位。天球赤道坐标系在空间大地测量中被广泛采用。

在天文学中,常用的天球坐标系有地平坐标系、赤道坐标系、黄道坐标系以及银道坐标系等。

在空间大地测量中,有许多人造天体在空间的三维位置是可以同时被精确确定的,因而有必要对上述的天球坐标系加以扩充,采用球面极坐标或空间直角坐标的形式来描述天体在空间的位置及其运动状况。在测站上对天体进行观测时,观测值经常采用球面极坐标的形式,如在测站地平坐标系中,用 ρ 表示从测站至天体的距离,用天文方位角 a 和高度角 h 表示天体的方向。采用球面极坐标还能方便地同时处理自然天体(仅知道其方向)和人造天体(同时需确定距离和方向)的资料。为了方便起见,有时也会采用空间直角坐标的形式来表示天体在空间的位置,采用空间直角坐标的形式还能方便地进行坐标系统间的转换。此时,复杂的坐标转换只需通过几次坐标系的旋转就能完成。当空间直角坐标系的坐标原点位于天球的球心,Z 轴指向天球坐标系的基点,X 轴指向天球坐标系的主点,并组成右手坐标系时,空间直角坐标 (X,Y,Z) 与天球极坐标 (r,θ,φ) 有下列关系式:

$$\begin{pmatrix} X \\ Y \\ Z \end{pmatrix} = r \begin{pmatrix} \cos\varphi\cos\theta \\ \cos\varphi\sin\theta \\ \sin\varphi \end{pmatrix} \tag{3-29}$$

式中，r 为球面坐标系中的极距；φ 为纬度；θ 为经度。

在空间大地测量中，使用最为广泛的天球坐标系是天球赤道坐标系。由于岁差和章动，天轴的指向在不断变动，天球赤道面和春分点的位置也会相应地不断变化，从而形成许多不同的天球赤道坐标系，下面分别加以介绍。

3.4.2 瞬时天球赤道坐标系

以瞬时北天极作为基点，以瞬时天球赤道作为基圈，以瞬时春分点作为主点，以过瞬时春分点和瞬时北天极的子午圈作为主圈而建立的天球坐标系称为瞬时天球赤道坐标系(天球极坐标的形式)。或者说，坐标原点位于天球中心，Z 轴指向瞬时北天极，X 轴指向瞬时春分点(真春分点)，Y 轴组成右手坐标系的空间直角系称为瞬时天球赤道坐标系(空间直角坐标的形式)。由于 Z 轴是指向观测历元的真正的北天极，X 轴指向该历元的真春分点，X 轴和 Y 轴位于该历元的真天球赤道面上，所以瞬时天球坐标系也称真天球坐标系。显然，对天体进行测量后所得到的观测成果是属于观测历元的瞬时天球坐标系的。但是由于岁差和章动，瞬时天球坐标系中的三个坐标轴的指向在不断变化，因而在不同时间对空间某一固定天体(如河外类星体和无自行的恒星)进行观测后，在该坐标系中所得到的结果是不相同的(从理论上讲而不是从观测误差的角度讲)。显然，天体的最终位置和方位不宜在这种坐标系中表示。

3.4.3 平天球赤道坐标系

平天球赤道坐标系是只顾及岁差运动而不顾及章动运动所建立的天球坐标系。只考虑岁差、不考虑章动所得到的天极称为平天极。平天极将在一个小圆上作简单的圆周运动。平天球坐标系中的 Z 轴指向历元平天极，X 轴和 Y 轴则位于与之相应的平天球赤道面上，X 轴指向平春分点，组成右手坐标系。平天球坐标系是为了计算方便而引入的一个中间过渡坐标系。由于存在岁差运动，平天球坐标系中的三个坐标轴的指向仍在变化，只是其变化规律较为简单而已，故这种坐标系也不宜用来表示天体的最终位置和方位。

3.4.4 协议天球坐标系

为了方便地表示天体在空间的位置或者方位，编制天体的星历表，就需要在空间建立一个固定的坐标系(空固坐标系)，该坐标系的三个坐标轴需指向三个固定的方向。为了建立一个全球统一的、国际公认的空固坐标系，国际天文协会 IAU 各成员国经协商后决定：采用 J1950.0(JD2433282.5)时的平北天极作为协议天球坐标系的基点，以该历元的平天球赤道作为基圈；以 J1950.0 时的平春分点作为该天球坐标系的主点，以过该历元的平天极和平春分点的子午圈作为主圈；所建立的 J1950.0 的平天球坐标系作为协议天球坐标系，又称国际天球参考系(International Celestial Reference System，ICRS)。任一时刻的观测成果需加岁差和章动改正归算至协议天球坐标系后，才能在一个统一的坐标系中进行比较。随着时间的推移，IAU 又决定从 1984 年起国际天球参考系统 ICRS 改用 J2000.0(JD2451545.0,2000 年 1 月 1 日 12h)时的平天球坐标系作为国际天球参考系统，以减少岁差改正时的时间间隔。ICRS 之所以要用 J1950.0 和 J2000.0 时的平天球坐标系而不采用该历元的真天球坐标系是为了使岁差和章动改正更为简便。

3.4.5 国际天球参考框架(International Celestial Reference Frame,ICRF)

1. 由 IERS 建立和维持的 ICRF

如前所述,国际天球参考系统 ICRS 是根据一组定义和规定从理论上来加以确定的。该坐标系统还需要由具体的机构通过一系列的观测和数据处理并采用一定的形式来予以实现。坐标(参考)系统具体实现称为坐标(参考)框架。

根据国际天文协会 IAU1991 年的决定,国际天球参考系 ICRS 是由国际地球自转服务 IERS 所建立的国际天球参考框架 ICRF 来予以实现的。根据坐标原点的不同,ICRS 可分为 BCRS 和 GCRS。BCRS 的坐标原点位于太阳系质心;GCRS 的原点位于地球质心。坐标轴的指向由甚长基线干涉测量 VLBI 所确定的一组河外射电源在 J2000.0 的天球赤道坐标来予以定义。该坐标框架的稳定性是依据下列假设的:河外类星体的方位在长时间内可保持足够的稳定,无可见的变化。目前正在通过长期的检测来验证上述假设的正确性。

2. ICRF 的定向精度(相对于 J2000.0 的平天球坐标系)

国际天文协会要求国际天球参考框架的基圈平面(即 XY 平面)应尽可能位于 J2000.0 的平赤道平面上,即 ICRF 的 Z 轴应尽可能指向 J2000.0 的平北天极。VLBI 的观测结果表明,这两者之间已相符得很好,其差异的两个分量分别为 16.6mas(X 方向)和 7.0mas(Y 方向)。FK5 的 Z 轴相对于 J2000.0 的平北天极的差异估计为 50mas,因此,ICRF 的 Z 轴与 FK5 的 Z 轴之间的差异估计也在 0.05″ 左右。此外,IAU 又要求 ICRF 的 X 轴应尽可能指向 J2000.0 的平春分点。国际天球参考框架的 X 轴的指向最初是由 23 个河外射电源的赤经值来隐性定义的,而这 23 个河外射电源的赤经又是通过先将其中的一个射电源 3C 273B 的赤经固定(取 FK5 星表中的值 $12^h 29^m 06.699\ 7^s$)来确定的。也就是说,ICRF 中的 X 轴的定向从本质上讲是由 FK5 星表来实现的。利用 VLBI 观测值估计 ICRF 的 X 轴与 J2000.0 的平春分点间的不符程度为 14.5mas。

3. 框架内射电源坐标的精度

每年各独立的 VLBI 网可分别提供一套最新的河外射电源坐标。IERS 就是根据这些坐标不断组成新的国际天球参考框架。新框架的组成原则为:尽可能维持三个坐标轴指向的稳定,并使给出的射电源坐标的精度有所改善。迄今为止,每年给出的坐标框架与最初的定义值之差均保持在 ±0.1mas 以内。

在 VLBI 的数据处理过程中,由于 1976 年岁差模型和 1980 年章动理论的不完善所导致的射电源坐标的系统误差可达数个 mas。每年的框架坐标轴指向之间的差异也将使射电源坐标中含有系统误差。为此,在计算射电源坐标时,引入了几个附加参数,用以描述坐标轴的定向偏差。此外,当目标的高度角过低时,也会导致系统误差。这种误差可用一个线性模型来加以改正。最近对全球资料进行处理的结果表明,这种改正数约为 0.001mas/°,框架的赤道倾斜可达 0.1mas。此外,尚未发现有其他系统误差可达上述水平。顾及上述系统误差后,射电源的坐标误差(白噪声)的典型值为 100 个观测值可达 ±0.2mas。

此外,还通过光学观测的方法将 ICRF 和伊巴谷(Hipparcos)参考框架联系在一起,射电源坐标和光学目标的坐标能相符至 ±0.5mas 的水平。

4. ICRF 的可获得性

1994 年，IERS 年度报告中公布了射电源的坐标，从而为使用 ICRF 提供了保证。在报告中公布了 608 个射电源的坐标，其中对 236 个射电源进行了长期观测，并被使用在 ICRF 框架中。以后将根据新的观测值及数据处理结果对这些射电源坐标的稳定性进行监测，并在 IERS 的出版物中不断更新射电源的坐标，有必要时给出适当的警示（万一有个别射电源的坐标不稳定时提醒用户注意）。

用 VLBI 技术对射电源进行观测，自然是使用国际天球参考框架的最直接也是最精确的一种手段。但遗憾的是，除极少数用户外，其余用户均未配备价格昂贵、设备笨重、复杂的射电望远镜及相应的数据处理设备，因而无法直接使用该参考框架。一个较好的解决办法是用 VLBI 来维持 ICRF，但同时又将它与其他一些常用的参考框架建立联系，以便用户可通过这些常用的参考框架来间接使用国际天球参考框架。这些常用的参考框架有国际地球参考框架 IERF、伊巴谷（Hipparcos）参考系以及美国航空航天局 NASA 的喷气推进实验室 JPL 编制的行星星历表等。

国际地球自转服务及参考系维持 IERS 所给出的地球定向参数（岁差、章动、极移以及 UT1-TAI）将国际天球参考框架 ICRF 与国际地球参考框架 IERF 联系在一起。这些参数给出了天球星历极在地球坐标系统和天球坐标系统中的定向以及绕 z 轴的旋转参数。上述参数在 IERS 的出版物中每天给出一组，其精度为±0.5mas（相当于地面距离±1.5cm）。

伊巴谷卫星上配备有大口径光学望远镜，可对银河系中的天体进行观测，建立银河参考系。由于光学观测是在位于稠密的大气层以上的卫星上进行的，故具有以下优点：

- 观测不会受大气折光的影响，精度高。
- 由于信号不穿过大气层，不会被大气所吸收，也无大气闪烁现象，成像质量好，故可对暗星及角距离很小的双星进行观测。
- 由于处于微重力状态，故望远镜筒及仪器的旋转轴不会由于重量而弯曲。

所以，观测的天体数量可大大增加，精度也能大幅度提高。利用伊巴谷卫星对 VLBI 观测中的河外类星体进行光学观测后，即可将 ICRF 和银河参考系联系在一起。在伊巴谷卫星的平均观测历元为 1992.25 年，银河参考系的精度为±0.5mas，恒星自行的精度为±0.5mas/年。

美国喷气推进实验室 JPL 是用切比雪夫多项式的形式来提供太阳系中的 11 个天体（太阳、9 大行星和月球）的精密星历的。目前广泛采用的有 DE200 和 DE405 星历。这两种星历的有效时间为公元 1600 年至 2170 年。DE200 采用 J2000.0 的平天球坐标系，DE405 则采用 ICRF。两者之间有细微差别。DE 星历是根据各天体的运动方程经严格的数值积分后求得的。除考虑太阳、行星和月球的万有引力外，还考虑了部分小行星的摄动力和相对论效应的影响。计算 DE405 星历时所用的观测资料有：

- 1911 年以来对太阳、行星和月球所进行的光学观测资料；
- 1964 年以来对水星和金星所进行的雷达测距资料；
- 1970 年以来对月球所进行的激光测距资料；
- 1971 年以来深空网跟踪资料及行星飞行器和着陆器所获取的资料。

各天体的星历均被分为若干个数据块。每块中给出一定时间间隔（一般为 32 天）的切比雪夫多项式系数，由用户自行计算天体坐标。之所以采用这种方式，主要是为了压缩星表的内容，使之显得较为简洁。

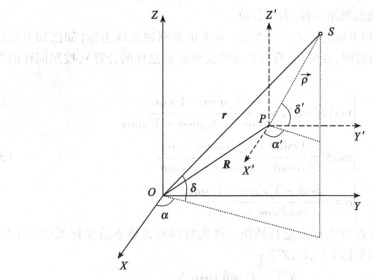

图 3-11　站心天球赤道坐标系与地心天球赤道坐标系间的坐标转换

$$\begin{cases} r\cos\delta\cos\alpha = X_p + \rho\cos\delta'\cos\alpha' \cdots\cdots(1) \\ r\cos\delta\sin\alpha = Y_p + \rho\cos\delta'\sin\alpha' \cdots\cdots(2) \\ r\sin\delta = Z_p + \rho\sin\delta' \quad\quad\cdots\cdots(3) \end{cases} \quad (3\text{-}35)$$

将 (1) × cosα′ + (2) × sinα′ 得：

$$r\cos\delta\cos(\alpha - \alpha') = X_p\cos\alpha' + Y_p\sin\alpha' + \rho\cos\delta'$$

即

$$r = \frac{X_p\cos\alpha' + Y_p\sin\alpha' + \rho\cos\delta'}{\cos\delta\cos(\alpha - \alpha')} \quad (3\text{-}36)$$

将 (2) × cosα′ − (1) × sinα′ 得：

$$r\cos\delta\sin(\alpha - \alpha') = Y_p\cos\alpha' - X_p\sin\alpha'$$

将 r 代入后可得：

$$\tan(\alpha - \alpha') = \frac{Y_p\cos\alpha' - X_p\sin\alpha'}{X_p\cos\alpha' + Y_p\sin\alpha' + \rho\cos\delta'} \quad (3\text{-}37)$$

将 (3) × cos(α − α′) 得：

$$r\sin\delta\cos(\alpha - \alpha') = (Z_p + \rho\sin\delta')\cos(\alpha - \alpha')$$

将 r 代入后可得：

$$\tan\delta = \frac{(Z_p + \rho\sin\delta')\cos(\alpha - \alpha')}{X_p\cos\alpha' + Y_p\sin\alpha' + \rho\cos\delta'} \quad (3\text{-}38)$$

现将转换公式归纳如下，按顺序进行计算即可将站心天球坐标 (ρ, α', δ') 归算为地心天球坐标 (r, α, δ)：

$$\begin{cases} \tan(\alpha - \alpha') = \dfrac{Y_p\cos\alpha' - X_p\sin\alpha'}{X_p\cos\alpha' + Y_p\sin\alpha' + \rho\cos\delta'} \\[2mm] \tan\delta = \dfrac{(Z_p + \rho\sin\delta')\cos(\alpha - \alpha')}{X_p\cos\alpha' + Y_p\sin\alpha' + \rho\cos\delta'} \\[2mm] r = \dfrac{X_p\cos\alpha' + Y_p\sin\alpha' + \rho\cos\delta'}{\cos\delta\cos(\alpha - \alpha')} \end{cases} \quad (3\text{-}39)$$

其中，(X_p, Y_p, Z_p) 为地面测站坐标，为已知值。

反之，有时我们已知卫星的地心天球坐标，要求出其测站天球坐标(如已知卫星轨道，要求出卫星通过测站的时间、方位角、高度角时就需要进行这样的计算)，按照同样的方法，可得出：

$$\begin{cases} \tan(\alpha - \alpha') = \dfrac{X_p \sin\alpha - Y_p \cos\alpha}{r\cos\delta - X_p \cos\alpha - Y_p \sin\alpha} \\ \tan\delta' = \dfrac{(r\sin\delta - Z_p)\cos(\alpha' - \alpha)}{r\cos\delta - X_p \cos\alpha - Y_p \sin\alpha} \\ \rho = \dfrac{r\cos\delta - X_p \cos\alpha - Y_p \sin\alpha}{\cos\delta' \cos(\alpha - \alpha')} \end{cases} \quad (3\text{-}40)$$

另一种方法是通过直角坐标来进行转换。即先将站心天球赤道坐标系中的坐标 (ρ, α', δ') 转换为空间直角坐标 (X', Y', Z')：

$$\begin{pmatrix} X' \\ Y' \\ Z' \end{pmatrix} = \rho \begin{pmatrix} \cos\delta' \cos\alpha' \\ \cos\delta' \sin\alpha' \\ \sin\delta' \end{pmatrix} \quad (3\text{-}41)$$

然后进行坐标平移，将 (X', Y', Z') 转换为 (X, Y, Z)：

$$\begin{pmatrix} X \\ Y \\ Z \end{pmatrix} = \begin{pmatrix} X_p \\ Y_p \\ Z_p \end{pmatrix} + \begin{pmatrix} X' \\ Y' \\ Z' \end{pmatrix} \quad (3\text{-}42)$$

最后再将直角坐标 (X, Y, Z) 转换为 (r, α, δ)：

$$\begin{cases} \alpha = \arctan \dfrac{Y}{X} \\ \delta = \arccos \dfrac{\sqrt{X^2 + Y^2}}{r} \\ r = \sqrt{X^2 + Y^2 + Z^2} \end{cases} \quad (3\text{-}43)$$

反之，要把 (r, α, δ) 转换为 (ρ, α', δ') 时，也可采用类似的方法进行：

$$\begin{pmatrix} X \\ Y \\ Z \end{pmatrix} = \rho \begin{pmatrix} \cos\delta \cos\alpha \\ \cos\delta \sin\alpha \\ \sin\delta \end{pmatrix} \quad (3\text{-}44)$$

$$\begin{pmatrix} X' \\ Y' \\ Z' \end{pmatrix} = \begin{pmatrix} X \\ Y \\ Z \end{pmatrix} - \begin{pmatrix} X_p \\ Y_p \\ Z_p \end{pmatrix} \quad (3\text{-}45)$$

$$\begin{cases} \alpha' = \arctan \dfrac{Y'}{X'} \\ \delta' = \arccos \dfrac{\sqrt{X'^2 + Y'^2}}{\rho} \\ \rho = \sqrt{X'^2 + Y'^2 + Z'^2} \end{cases} \quad (3\text{-}46)$$

采用这种方法进行坐标转换时，步骤清楚，公式简洁。

2. 站心地平坐标系与地心天球赤道坐标系间的坐标转换

我们将坐标原点位于地面测站，Z'' 轴与垂线重合指向天顶，X'' 轴位于测站的地平面内并指向北，Y'' 轴垂直于 X'' 与 Z'' 轴并组成右手坐标系；用从测站至观测目标的距离 ρ、观测目标的高度角 h 和天文方位角 α 作为参数的坐标系称为站心地平坐标系。这是天文观测中经常采用的一种坐标系（见图 3-12）。下面介绍将观测值 ρ、h 和 α 归算至地心天球赤道坐标系的方法。

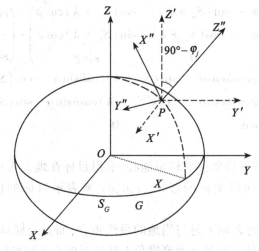

图 3-12　站心地平坐标系

为了方便起见，我们首先将 ρ、h 和 α 转换为空间直角坐标。由图 3-13 可以看出，它们之间有下列关系式：

$$\begin{pmatrix} X'' \\ Y'' \\ Z'' \end{pmatrix} = \rho \begin{pmatrix} \cos h \cos \alpha \\ -\cos h \sin \alpha \\ \sin h \end{pmatrix} \tag{3-47}$$

由图 3-12 可以看出，若将地平坐标系 $P - X''Y''Z''$ 绕 Y'' 轴旋转 $90° - \varphi$ 角，再绕 Z'' 轴旋转 $(180° - S_G - \lambda)$ 角就能和测站坐标系 $O - X'Y'Z'$ 重合，所以站心天球赤道坐标系和地平坐标系间的转换关系式为：

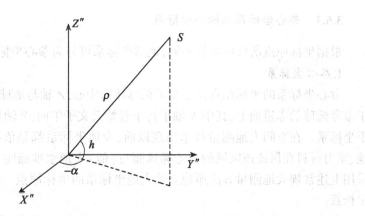

图 3-13　地平坐标系和空间直角坐标系

$$\begin{pmatrix} X' \\ Y' \\ Z' \end{pmatrix} = R_Z(180° - S_G - \lambda)R_Y(90° - \varphi)\begin{pmatrix} X'' \\ Y'' \\ Z'' \end{pmatrix}$$

$$= \begin{pmatrix} -\cos(S_G+\lambda) & \sin(S_G+\lambda) & 0 \\ -\sin(S_G+\lambda) & -\cos(S_G+\lambda) & 0 \\ 0 & 0 & 1 \end{pmatrix}\begin{pmatrix} \sin\varphi & 0 & -\cos\varphi \\ 0 & 1 & 0 \\ \cos\varphi & 0 & \sin\varphi \end{pmatrix}\begin{pmatrix} X'' \\ Y'' \\ Z'' \end{pmatrix}$$

$$= \begin{pmatrix} -\cos(S_G+\lambda)\sin\varphi & \sin(S_G+\lambda) & \cos(S_G+\lambda)\cos\varphi \\ -\sin(S_G+\lambda)\sin\varphi & -\cos(S_G+\lambda) & \sin(S_G+\lambda)\cos\varphi \\ \cos\varphi & 0 & \sin\varphi \end{pmatrix} \cdot \begin{pmatrix} \cos h\cos\alpha \\ -\cos h\sin\alpha \\ \sin h \end{pmatrix} \cdot \rho$$

$$= \begin{pmatrix} -\cos(S_G+\lambda)\sin\varphi\cos h\cos\alpha & \sin(S_G+\lambda)\cos h\sin\alpha & \cos(S_G+\lambda)\cos\varphi\sin h \\ -\sin(S_G+\lambda)\sin\varphi\cos h\cos\alpha & -\cos(S_G+\lambda)\cos h\sin\alpha & \sin(S_G+\lambda)\cos\varphi\sin h \\ \cos\varphi\cos h\cos\alpha & 0 & \sin\varphi\sin h \end{pmatrix} \cdot \rho$$

(3-48)

最后,用式(3-42)即可将坐标平移至地心,求得目标在地心天球赤道坐标系中的三维直角坐标,若需要用球面极坐标的形式 (r,α,δ) 来表示目标的位置时,只需再采用式(3-43)即可。

如果地平坐标系中的 Z 轴不是与当地的垂线重合,而是与椭球面的法线重合,可以用类似的方法将距离 ρ、大地方位角 A 及高度角 h 转换至地心地球坐标系中去。此时,只需将式(3-48)中的测站的天文纬度 φ 换为大地纬度 B,将天文方位角 α 换为大地方位角 A,将 $(S_G+\lambda)$ 换为测站的大地经度 L 即可。

3.6 地球坐标系

地球坐标系也称大地坐标系。本书之所以采用这个名称,主要是为了与天球坐标系、协议地球坐标系(CTS)、国际天球参考框架(ICRF)等术语相对应。由于该坐标系与地球固连在一起,随地球一起自转,故也被称为地固坐标系。地球坐标系的主要任务是用以描述地面点在地球上的位置,也可用以描述卫星在近地空间中的位置。

3.6.1 参心坐标系和地心坐标系

根据坐标原点所处的位置不同,地球坐标系可分为参心坐标系和地心坐标系。

1.参心坐标系

参心坐标系的坐标原点位于参考椭球体的中心;Z 轴与地球自转轴平行;X 轴和 Y 轴位于参考椭球的赤道面上,其中 X 轴平行于起始天文子午面,Y 轴垂直于 X 轴和 Z 轴,组成右手坐标系。在空间大地测量技术出现以前,大地坐标系都是依据某一局部区域的天文、大地、重力资料在保证该区域的参考椭球面与(似)大地水准面吻合得最好的条件下建立的。采用上述常规大地测量方法所建立的大地坐标系的坐标原点一般不会与地心重合,属参心坐标系。

参心坐标系虽可反映出本地区内点与点之间的相互关系,满足一般用户的需要,但无法满足空间技术和远程武器发射等领域的用户的需求,也难以被世界各国公认作为全球统一的大地坐标系。

2.地心坐标系

地心坐标系的原点位于地球(含大气层)的质量中心;Z轴与地球自转轴重合,X轴和Y轴位于地球赤道面上,其中X轴指向经度零点,Y轴垂直于X轴和Z轴,组成右手坐标系。地心坐标系可同时满足不同领域的用户的需要,且易于为全球各国所接受而作为全球统一的大地坐标系。由于具有测站间无需保持通视、全天候观测、精度高等优点,GPS等空间定位技术已被广泛用于大地坐标系(框架)的建立和维持。而利用这些方法所获得的站坐标或基线向量都属于地心坐标系,如果再将其转换成参心坐标,不仅费时费力,还容易造成精度的损失,因而采用地心坐标已成为人们的一种自然选择和发展趋势。

3.6.2 地球坐标系的两种常用形式

在空间大地测量中,经常使用下列两种形式的地球坐标系:空间直角坐标系和空间大地坐标系。

采用空间直角坐标系的优点是:它不涉及参考椭球体的概念,在处理全球性资料时可避免不同参考椭球体之间的转换问题,而且求两点间的距离和方向时,计算公式十分简洁。但是用空间直角坐标来表示点位很不直观,因为它和我们习惯上用的B、L和H表示点位的方法不同,若给定某点的(X,Y,Z),我们很难立即找出它在图上的位置。对于海上船舶来讲,往往只需二维坐标B和L,而不需要H。因而在用卫星为船舶进行导航时,通常仍采用大地坐标系。为了用卫星大地测量的资料来检核和加强天文大地网,求出转换参数,有时也需要把资料统一到大地坐标系中去,所以大地坐标系也是经常用到的一种坐标系。

如果直角坐标系原点位于椭球中心,Z轴和椭球短半轴重合,指向北极,X轴指向经度零点,Y轴组成右手坐标系,那么同一个点的空间直角坐标和大地坐标之间就有确定的数学转换关系。这时,空间直角坐标系和大地坐标系也可以看做是同一个地球坐标系的两种不同的表示形式,它们之间的转换关系如下。

1.已知B、L和H,求X、Y和Z

$$\begin{bmatrix} X \\ Y \\ Z \end{bmatrix} = \begin{bmatrix} (N+H)\cos B\cos L \\ (N+H)\cos B\sin L \\ [N(1-e^2)+H]\sin B \end{bmatrix} \quad (3\text{-}49)$$

式中,N为椭球的卯酉圈曲率半径;e为椭球的第一偏心率。

2.已知X、Y和Z,求B、L和H

$$\begin{cases} B = \arctan\left[\tan\varphi\left(1 + \dfrac{ae^2}{Z} + \dfrac{\sin B}{W}\right)\right] \\ L = \arctan\dfrac{Y}{X} \\ H = \dfrac{r\cos\varphi}{\cos B} - N \\ \varphi = \arctan\dfrac{Z}{\sqrt{X^2+Y^2}} \\ r = \sqrt{X^2+Y^2+Z^2} \end{cases} \quad (3\text{-}50)$$

式(3-50)理论严密,形式简明,但在计算B时,需用逐渐趋近法。为了避免这一限制,也可

采用直接解算公式,即

$$\tan B = \tan\varphi + A_1\left\{1 + \frac{e^2}{2}\left[A_2 + \frac{e^2}{4}\left(A_3 + \frac{A_4}{2}\right)e^2\right]\right\} \tag{3-51}$$

其中,

$$\begin{cases} A_1 = \dfrac{\alpha}{R}\tan\varphi \\ A_2 = \sin^2\varphi + 2\left(\dfrac{\alpha}{R}\right)\cos^2\varphi \\ A_3 = 3\sin^4\varphi + 16\left(\dfrac{\alpha}{R}\sin^2\varphi\cos^2\varphi\right) + 4\left(\dfrac{\alpha}{R}\right)^2\cos^2\varphi(2 - 5\sin^2\varphi) \\ A_4 = 5\sin^6\varphi + 48\left(\dfrac{\alpha}{R}\sin^4\varphi\cos^2\varphi\right) + 20\left(\dfrac{\alpha}{R}\right)^2\sin^2\varphi\cos^2\varphi(4 - 7\sin^2\varphi) \\ \quad + 16\left(\dfrac{\alpha}{R}\right)^3\cos^2\varphi(1 - 7\sin^2\varphi + 8\sin^4\varphi) \end{cases} \tag{3-52}$$

式中略去了 e^{10} 项,当 $B \approx 45°$ 时,公式的精度约为 $4'' \times 10^{-7}$。

3.6.3 协议地球坐标(参考)系和协议地球坐标(参考)框架

众所周知,为了便于应用,我们在建立地球坐标系时,总是要将坐标系中的某些坐标轴与地球上的一些重要的点、线、面联系在一起。如将 Z 轴与地球自转轴重合(或平行),让 X 轴位于起始子午面与地球赤道面的交线上(或平行)等。然而由于地球表面的物质运动以及地球内部的物质运动,地球自转轴在地球体内的位置会发生变化,我们通常用极移来表示这种变化。这就意味着在不同的瞬间,地球坐标系的三个坐标轴在地球本体内的指向是不断变化的,从而将导致地面固定点的坐标也不断产生变动。我们将这种坐标系称为瞬时地球坐标系或真地球坐标系。显然,瞬时地球坐标系不适宜用来表示地面点的位置,而应该选择一个不会随着极移而改变坐标轴的指向,真正与地球固连在一起的坐标系来描述地面点的位置。协议地球坐标(参考)系(Conventional Terrestrial Reference System,CTRS)就是这样一种坐标系统。一般来说,协议地球坐标(参考)框架(Conventional Terrestrial Reference Frame,CTRF)应满足下列条件:

(1)坐标原点位于包括海洋和大气层在内的整个地球的质量中心;
(2)尺度为广义相对论意义上的局部地球框架内的尺度;
(3)坐标轴的指向最初是 BIH1984.0 来确定的;
(4)坐标轴定向随时间的变化满足地壳无整体旋转这一条件。

下面对条件(2)和条件(4)作简要说明。

①按 IUGG 和 IAU 的决议,ITRS 应采用地心坐标时 TCG 来取代 IERS 分析中心目前所使用的地球时 TT。从第 2 章时间系统可知,地球时 TT 和地心坐标时 TCG 之间的差异就在于地球时 TT 受到在大地水准面处地球引力位所产生的广义相对论效应的影响,而在 TCG 中则不考虑此项影响,从而使这两种时间系统间产生下列关系:$TT/TCG = 1 - L_G$,$L_G = 6.969\ 290\ 134 \times 10^{-10}$。而地球时 TT 采用的是国际原子时 TAI 的秒长,因而若 IERS 分析中心不想改变 TAI 的秒长度,则必须在其尺度中引入 0.696 93ppb 的尺度改正,才能保持光速不变。当然,如果对 TAI 的秒长进行修正,则无需对尺度进行修正。

②坐标(参考)框架是由一组测站的站坐标及其变率(速度)来实现的。由于板块运动和局部性的地壳形变,这些测站的站坐标也将随之发生变化,即 $V \neq 0$。所谓地壳"无整体旋转"或"无净转"条件指的是所有的板块运动和地壳形变不存在朝同一个方向的系统旋转。该条件可以用下列公式来表示:

$$\int_{\Sigma} V \mathrm{d}m = 0, \quad \int_{\Sigma} r \times V \mathrm{d}m = 0 \tag{3-53}$$

式中,积分区间 Σ 为整个地球表面;$\mathrm{d}m$ 为面积单元;V 为面积元 $\mathrm{d}m$ 的运动速度;r 为面积元 $\mathrm{d}m$ 的地心矢量。因为系统性旋转已被吸收到反映地球整体运动的地球定向参数 EOP 中去了(如日长变化、极移等)。

协议地球参考系(CTRS)是由一定的组织和机构通过一系列的观测和数据处理后用地球参考框架来具体实现的。目前,国际上常用的 CTRS 和 CTRF 有国际地球参考系 ITRS、国际参考框架 ITRF 和 WGS-84 等。

3.6.4 国际地球参考系和国际地球参考框架

国际地球参考系(International Terrestrial Reference System,ITRS)和国际地球参考框架(International Terrestrial Reference Frame,ITRF)是目前国际上精度最高并被广泛应用的协议地球参考系和参考框架。按照 IUGG 的决议,ITRS 是由国际地球自转与参考系维持服务 IERS 来负责定义,并用 VLBI、SLR、GPS、DORIS 等空间大地测量技术来予以实现和维持的。ITRS 的具体实现称为 ITRF。该坐标框架通常采用空间直角坐标 (X,Y,Z) 的形式来表示,如果需要采用空间大地坐标的形式 (B,L,H) 来表示,建议采用 GRS80 椭球(a = 6 378 137.0m,e^2 = 0.006 943 800 3)。ITRF 是由一组 IERS 测站的站坐标 (X,Y,Z)、站坐标的变化率($\Delta X/$年,$\Delta Y/$年,$\Delta Z/$年)以及相应的地球定向参数(EOP)来实现的。该框架是目前国际上公认的精度最高、被广泛采用的地球参考框架。随着测站数量的增加、测站精度的提高、数据处理方法的改进以及观测资料的不断累积,IERS 也在不断对框架进行改进和完善,迄今为止,IERS 共建立公布了 11 个不同的 ITRF 版本。这些版本用 ITRF_{yy} 的形式表示,其中 yy 表示建立该版本所用到的资料的最后年份。如 ITRF_{94} 表示该版本是 IERS 利用直到 1994 年年底所获得的各类相关资料建立起来的。当然,公布和使用的时间是在 1994 年以后。这 11 个不同的 ITRF 版本分别是 ITRF_{88}、ITRF_{89}、ITRF_{90}、ITRF_{91}、ITRF_{92}、ITRF_{93}、ITRF_{94}、ITRF_{96}、ITRF_{97}、ITRF_{2000} 和 ITRF_{2005}。不难看出,在 1997 年前,ITRF 几乎是每年更新一次。其后,随着框架精度的提高而渐趋稳定,版本的更新周期在逐渐增长。

此外,由于认识水平以及考虑问题的角度不同等原因,在建立上述 11 个 ITRF 版本时,对 ITRF 的坐标原点、尺度、定向等也有不同的定义,现介绍如下:

(1) 从 ITRF_{88} ~ ITRF_{93} 基准的定义如下:
* 原点和尺度:由所选定的 SLR 解的平均值确定;
* 定向:ITRF_{88} ~ ITRF_{92} 的定向与 BTS87① 的定向保持一致;ITRF_{93} 的定向和变率与 IERS 的地球定向参数(EOP)保持一致;
* 定向的时变:由于 ITRF_{88} 和 ITRF_{89} 没有估计全球速度场,故 IERS 建议用户采用 AMO-2 模型。从 ITRF_{91} ~ ITRF_{93} 曾考虑使用联合的速度场;ITRF_{91} 的定向速率与 NNR-NUVEL-1

---

① BTS87 是国际时间局于 1987 年利用 VLBI、SLR 和卫星多普勒测量资料所建立的一个地球坐标系。

模型保持一致，$ITRF_{92}$的定向变率则与 NNR-NUVEL-1A 保持一致，$ITRF_{93}$则与 IERS 的 EOP 系列保持一致。

（2）从 $ITRF_{94}$~$ITRF_{97}$基准的定义如下：
- 原点：由某些 SLR 解和 GPS 解的加权平均值来确定；
- 尺度：由 VLBI、SLR 和 GPS 解的加权平均值确定，加入了 0.7ppb 的尺度改正，以符合 IUGG 和 IAU 的要求，即用 TCG 来取代 IERS 分析中心所使用的 TT 时间框架；
- 定向：与 $ITRF_{92}$保持一致；
- 定向的时变：速度场与 NNR-NUVEL-1A 模型保持一致；采用了多余的 7 个转换参数，使 $ITRF_{96}$与 $ITRF_{94}$保持一致；采用 14 个转换参数，使 $ITRF_{97}$与 $ITRF_{96}$保持一致。

（3）$ITRF_{2000}$基准的定义如下：
- 尺度：将 VLBI 和所有可靠的 SLR 解的加权平均值的尺度与 ITRF 的尺度之间的尺度比和尺度比的变率均设为零。此外，$ITRF_{2000}$的尺度是 TT 框架内的尺度，而不再采用 TCG 框架中的尺度；
- 原点：SLR 解的加权平均值所对应的原点与 ITRF 的原点间的平移参数及其变率均设为零；
- 定向：与历元 1997.0 时 ITRF 的定向一致。其速率与 NNR-NUVEL-1A 的模型相同，即符合"无净转"条件。为满足 IERS 的定义，在确定 $ITRF_{2000}$的定向及其变率时，采用了精度和稳定性都较好的测站。它满足下列条件：①进行过至少三年的连续观测；②测站远离板块边界和形变区域；③在 ITRF 的联合解中，站坐标的变化率的精度优于 3mm/年；④在三种不同解中，站坐标的变率的残差均小于 3mm/年。

在国际地球参考系 $ITRS_{2000}$和国际地球参考框架 $ITRF_{2000}$中采用的参数的数值见表 3-5。

表 3-5　　　　　　　　　$ITRS_{2000}$ 和 $ITRF_{2000}$ 的数字标准

符号	数值	不确定性	名称
c	$299\,792\,458\,\text{m}\cdot\text{s}^{-1}$	定义的	光速
G	$6.673\times10^{-11}\,\text{m}^3\cdot\text{kg}^{-1}\cdot\text{s}^{-2}$	$1\times10^{-13}\,\text{m}^3\cdot\text{kg}^{-1}\cdot\text{s}^{-2}$	引力常数
$GM_{\oplus}$	$3.986\,004\,418\times10^{14}\,\text{m}^3\cdot\text{s}^{-2}$	$8\times10^5\,\text{m}^3\cdot\text{s}^{-2}$	地心引力常数（EGM96）
a_E	$6\,378\,136.6$	0.10m	地球赤道半径
$1/f$	298.256 42	0.000 01	地球扁率
$J_{2\oplus}$	$1.082\,635\,9\times10^{-3}$	1.0×10^{-10}	地球动力构型因子
ω	$7.292\,115\times10^{-5}\,\text{rad}\cdot\text{s}^{-1}$	变动的	地球标称平均角速度
g_E	$9.780\,327\,8\,\text{m}\cdot\text{s}^{-2}$	$1\times10^{-6}\,\text{m}\cdot\text{s}^{-2}$	地球平均赤道重力
W_0	$62\,636\,856.0\,\text{m}^2\cdot\text{s}^{-2}$	$0.5\,\text{m}^2\cdot\text{s}^{-2}$	地球大地水准面的位
R_0	$6\,363\,672.6\,\text{m}$	0.1m	地球大地位比例因子

注：a_E、$1/f$ 和 g_E 的数值是相应于"零潮汐"的数值；$R_0=GM_{\oplus}/W_0$。

（4）$ITRF_{2005}$及其基准

2006 年 10 月，IERS 发布了 ITRF 的最新版本——$ITRF_{2005}$。与以前的版本不同，建立

ITRF$_{2005}$时所用的资料是利用下列空间大地测量技术所获得的测站坐标(X,Y,Z)和地球自转参数 EOP 的时间序列：

- 由国际 GNSS 服务(IGS)所提供的间隔为一星期的时间序列；
- 由国际激光测距服务(ILRS)所提供的间隔为一星期的时间序列；
- 由国际 VLBI 服务(IVS)所提供的间隔为一天的时间序列；
- 由国际 DORIS 服务(IDS)所提供的间隔为一周的时间序列。

其中,前三种技术提供的是经统一处理后的最终综合解,而 IDS 提供的只是各分析中心的解,需经统一处理后才能使用。

采用站坐标和 EOP 的时间序列作为输入资料的好处是:可以更好地监测测站坐标的非线性变化,发现由于地震、天线变化等原因导致的站坐标的突变。ITRF$_{2005}$ 是利用并址站上的联测资料对上述四种空间大地测量所获得的时间序列重新进行统一平差处理后获得的,从而保证了 ITRF 框架和地球定向参数的一致性、内洽性。

ITRF$_{2005}$ 基准的定义如下：

- 原点:在 J2000.0、ITRF$_{2005}$ 的坐标原点的位置及位置的变率与国际激光测距服务 ILRS 的时间序列所给出的值一致；
- 尺度:在 J2000.0、ITRF$_{2005}$ 中的尺度与国际 VLBI 服务 IVS 的时间序列所给出的结果一致；
- 定向:在 J2000.0、ITRF$_{2005}$ 中的三个坐标轴的指向及其变率与 ITRF$_{2000}$ 的指向及其变率一致,但上述条件是由网中的 70 个核心站来实现的。

也就是说,ITRF$_{2005}$ 的坐标原点是由 ILRS 的激光测距资料来确定的,ITRF$_{2005}$ 的尺度是由 IVS 的 VLBI 资料来确定的,而 ITRF$_{2005}$ 的定向则是由框架中的 70 个核心站的站坐标和速度场(由上述四种空间大地测量技术共同确定)来确定的。这 70 个核心站在全球尽可能均匀分布而且绝大部分位于刚性板块上,只有少数站位于地壳运动较为活跃的地区(如拉萨站)。核心站中有 16 个站不属于 ITRF$_{2000}$ 中的高精度大地测量站。

ITRF 的不同版本间的坐标转换可采用 7 参数空间相似变换模型(布尔莎模型)进行。其具体公式为：

$$\begin{pmatrix} X_2 \\ Y_2 \\ Z_2 \end{pmatrix} = \begin{pmatrix} X_1 \\ Y_1 \\ Z_1 \end{pmatrix} + \begin{pmatrix} T_1 \\ T_2 \\ T_3 \end{pmatrix} + \begin{pmatrix} D & -R_3 & R_2 \\ R_3 & D & -R_1 \\ -R_2 & R_1 & D \end{pmatrix} \begin{pmatrix} X_1 \\ Y_1 \\ Z_1 \end{pmatrix} \qquad (3\text{-}54)$$

表 3-6 中给出了从 ITRF$_{2000}$ 转换为其他版本 ITRF$_{yy}$ 时的转换参数。

表 3-6 由 ITRF$_{2000}$ 转换为其他 ITRF$_{yy}$ 的转换参数

ITRF$_{yy}$	T_1/cm	T_2/cm	T_3/cm	D/ppb	R_1/mas	R_2/mas	R_3/mas	历元
ITRF$_{97}$	0.67	0.61	−1.85	1.55	0.00	0.00	0.00	1997.0
变化速率	0.00	−0.06	−0.14	0.01	0.00	0.00	0.02	
ITRF$_{96}$	0.67	0.61	−1.85	1.55	0.00	0.00	0.00	1997.0
变化速率	0.00	−0.06	−0.14	0.01	0.00	0.00	0.02	

续表

ITRF$_{yy}$	T_1/cm	T_2/cm	T_3/cm	D/ppb	R_1/mas	R_2/mas	R_3/mas	历元
ITRF$_{94}$	0.67	0.61	−1.85	1.55	0.00	0.00	0.00	1997.0
变化速率	0.00	−0.06	−0.14	0.01	0.00	0.00	0.02	
ITRF$_{93}$	1.27	0.65	−2.09	1.95	−0.39	0.80	−1.14	1988.0
变化速率	−0.29	−0.02	−0.06	0.01	−0.11	−0.19	0.07	
ITRF$_{92}$	1.47	1.35	−1.39	0.75	0.00	0.00	−0.18	1988.0
变化速率	0.00	−0.06	−0.14	0.01	0.00	0.00	0.02	
ITRF$_{91}$	2.67	2.75	−1.99	2.15	0.00	0.00	−0.18	1988.0
变化速率	0.00	−0.06	−0.14	0.01	0.00	0.00	0.02	
ITRF$_{90}$	2.47	2.35	−3.59	2.45	0.00	0.00	−0.18	1988.0
变化速率	0.00	−0.06	−0.14	0.01	0.00	0.00	0.02	
ITRF$_{89}$	2.97	4.75	−7.39	5.85	0.00	0.00	−0.18	1988.0
变化速率	0.00	−0.06	−0.14	0.01	0.00	0.00	0.02	
ITRF$_{88}$	2.47	1.15	−9.79	8.95	0.10	0.00	−0.18	1988.0
变化速率	0.00	−0.06	−0.14	0.01	0.00	0.00	0.02	

注：ppb 表示 10^{-9}，速度单位为每年(/a)。

表 3-7 给出了最新版本的 ITRF$_{2005}$ 转换至 ITRF$_{2000}$ 时的转换参数。

表 3-7　　　　从 ITRF$_{2005}$ 转换至 ITRF$_{2000}$ 时的 7 个转换参数

	T_1/mm	T_2/mm	T_3/mm	D/10^{-9}	R_1/mas	R_2/mas	R_3/mas
	0.1	−0.8	−5.8	0.40	0.000	0.000	0.000
+/−	0.3	0.3	0.3	0.05	0.012	0.012	0.012
Rates	−0.2	0.1	−1.8	0.08	0.000	0.000	0.000
+/−	0.3	0.3	0.3	0.05	0.012	0.012	0.012

表 3-7 给出了空间相似变换中的 7 个参数(3 个平移参数、3 个旋转参数以及 1 个尺度比参数)以及它们的年变化率，同时还给出了上述 14 个参数的精度。从表中可以看出，三个平移参数的精度为 ±0.3mm，三个旋转参数的精度为 ±0.012mas，尺度比的精度则可达 5×10^{-11}。

如果我们要利用表 3-6 和表 3-7 中的转换参数来进行逆变换，如要将 ITRF$_{94}$ 中的点坐标转换为 ITRF$_{2000}$ 中的点坐标(已归算至同一历元)，可采用下列方法。

据式(3-54)有：

$$\begin{pmatrix} X_1 \\ Y_1 \\ Z_1 \end{pmatrix} = \begin{pmatrix} X_2 \\ Y_2 \\ Z_2 \end{pmatrix} - \begin{pmatrix} T_1 \\ T_2 \\ T_3 \end{pmatrix} - \begin{pmatrix} D & -R_3 & R_2 \\ R_3 & D & -R_1 \\ -R_2 & R_1 & D \end{pmatrix} \begin{pmatrix} X_1 \\ Y_1 \\ Z_1 \end{pmatrix} \tag{3-55}$$

由于等号两边均含有未知参数 $(X_1, Y_1, Z_1)^T$，故严格地讲应采用迭代法求精确解。但考虑到不同版本间的差异已很微小，(X_1, Y_1, Z_1) 和 (X_2, Y_2, Z_2) 间的三维坐标差通常仅为数厘米，而 D、R_1、R_2、R_3 等则是 10^{-8} 级的微小量，故式(3-55)中的 $(X_1, Y_1, Z_1)^T$ 完全可用 $(X_2, Y_2, Z_2)^T$ 来取代，于是式(3-55)可表示为：

$$\begin{pmatrix} X_1 \\ Y_1 \\ Z_1 \end{pmatrix} = \begin{pmatrix} X_2 \\ Y_2 \\ Z_2 \end{pmatrix} + \begin{pmatrix} -T_1 \\ -T_2 \\ -T_3 \end{pmatrix} + \begin{pmatrix} -D & -(-R_3) & -R_2 \\ -R_3 & -D & -(-R_1) \\ -(-R_2) & -R_1 & -D \end{pmatrix} \begin{pmatrix} X_2 \\ Y_2 \\ Z_2 \end{pmatrix} \tag{3-56}$$

也就是说，利用表3-6和表3-7中的转换参数进行逆转换时，仍可类似于式(3-54)的统一坐标转换公式，而只需要将表中的7个转换参数反号即可。

地面点在某一 ITRF$_{yy}$ 框架中的坐标可表示为：

$$X(t) = X_0 + V_0(t - t_0) + \sum \Delta X_i(t) \tag{3-57}$$

式中，X_0 和 V_0 分别为地面点在 t_0 时刻在 ITRF$_{yy}$ 框架中的位置矢量和速度矢量；ΔX_i 是随时间而变化的各种改正数，包括由于地球固体潮、海洋负荷潮、大气负荷潮而引起的地面点位移以及由于冰雪消融所引起的地面回弹等。因为在 X_0 中均已扣除了上述影响。需要特别强调的是，ITRF 给出的站坐标中也不包含永久性的潮汐形变，属无潮汐系统，应用时应特别注意。而地球固体潮、海洋负荷潮、大气负荷潮等对地面点位的影响可据相应的模型计算求得。具体计算公式在本书中将不再一一介绍。

3.6.5 1984 年世界大地坐标系

世界大地坐标系(World Geodetic System1984, WGS-84)是美国建立的全球地心坐标系，曾先后推出过 WGS60、WGS66、WGS72 和 WGS84 等不同版本。其中，WGS84 于 1987 年取代 WGS72 而成为全球定位系统(广播星历)所使用的坐标系，并随着 GPS 导航定位技术的普及推广而被世界各国所广泛使用。考虑到 WGS60、WGS66 目前已很少使用，WGS72 也只有少量子午卫星多普勒点在使用，为节省篇幅，本书将不再介绍。而 WGS84 在"GPS 原理及其应用"及"GPS 测量及数据处理"等课程中也曾作过较系统的论述，故本书只作简要介绍和补充。

根据讨论问题的角度和场合的不同，WGS84 有时可视为是一个坐标(参考)系，有时则又被视为是一个坐标(参考)框架，而不像 ITRS 和 ITRF 那样可清楚地加以区分。作为一个坐标(参考)系时，WGS84 同时也应满足下列要求：

- 坐标原点位于包括海洋和大气层在内的整个地球的质量中心；
- 尺度为广义相对论意义上的局部地球框架中的尺度；
- 坐标轴的指向由 BIH1984.0 来确定；
- 坐标轴指向随时间的变化满足地壳无整体旋转的条件。

与 ITRS 不同的是，WGS84 在很多场合下都采用空间大地坐标 (B, L, H) 的形式来表示点的位置。这是因为 ITRS 及 ITRF 主要用于大地测量和地球动力学研究等领域，而 WGS84 则较多地用于导航定位等领域。在导航中，用户一般均采用 (B, L, H) 来表示点的位置，此时应采用 WGS84 椭球(a = 6 378 137.0，f = 1：298.257 223 563)。由于本章讨论的是坐标系和坐标框架，故只列出了 WGS84 椭球的几何参数。

为了提高 WGS84 框架的精度，美国国防制图局(DMA)利用全球定位系统和美国空军的 GPS 卫星跟踪站的观测资料，以及部分 IGS 站的 GPS 观测资料进行了联合解算。解算时，将 IGS 站在 ITRF 框架中的站坐标当做固定值，重新求得了其余站点的坐标，从而获得了更为精确的 WGS84 框架。这个改进后的框架称为 WGS84(G730)。其中括号里的 G 表示该框架是用 GPS 资料求定的，730 表示该框架是从 GPS 时间第 730 周开始使用的(即 1994 年 1 月 2 日)。WGS84(G730)与 ITRF$_{92}$ 的符合程度达 10cm 的水平。此后，美国对 WGS84 框架又进行过两次精化，一次是在 1996 年，精化后的框架称为 WGS84(G873)。该框架从 GPS 时间第 873 周开始使用(1996 年 9 月 29 日 0 时)。1996 年 10 月 1 日，美国国防制图局 DMA 并入新成立的美国国家影像制图局 NIMA(National Imagery and Mapping Agency)，此后，NIMA 就用 WGS84(G873)来计算精密星历。该星历与 IGS 的精密星历(用 ITRF$_{94}$ 框架)之间的系统误差小于或等于 2cm。2001 年，美国对 WGS84 进行了第三次精化，获得了 WGS84(G1150)框架。该框架从 GPS 时间第 1150 周开始使用(2002 年 1 月 20 日 0 时)，与 ITRF$_{2000}$ 相符得很好，各分量上的平均差异小于 1cm。

3.6.6　2000 中国大地坐标系

2000 中国大地坐标系(China Geodetic Coordinate System 2000，CGCS2000)是一个基于 GPS 定位技术而建立起来的区域性的地心坐标系，参考历元为 J2000.0。与 ITRS、WGS84 等地心坐标系一样，建立 CGCS2000 时也遵循了本节第 3 部分和第 5 部分中所列出的四个条件。

CGCS2000 是基于下列 GPS 测量资料而建立起来的：
- 全国 GPS 一、二级网，共 534 个点，1991～1997 年间施测；
- 国家 GPS A、B 级网，共 818 个点，1991～1996 年间施测；
- 地壳运动监测网，共 336 个点，其中全国地壳运动监测网点 21 个，分别于 1994 年、1996 年和 1999 年进行过三次观测。9 个区域性地壳形变监测网分别于 1988～1998 年间进行过观测；
- 中国现代地壳运动观测网络，共 1 081 个点，其中基准点 25 个，基本点 56 个，区域网 1 000 个点。基准点自 1999 年以来进行连续观测；基本网和区域网则分别于 1999 年、2000 年和 2001 年进行过三次观测，基本网点每次连续观测 10 天，区域网点每次连续观测 4 天。

建立 CGCS2000 所用的资料至 2001 年底为止。经统一平差计算后，最终建立了 CGCS2000。其站坐标的精度为 σ_x = ±0.84cm，σ_y = ±1.82cm，σ_z = ±1.30cm；用东西方向、南北方向和高程三个坐标分量表示的精度为 σ_L = ±0.52cm，σ_B = ±0.40cm，σ_H = ±2.31cm；三维点位中误差 σ_P = ±2.42cm，平均边长为 106km，边长平均相对中误差为 3×10^{-8}。

CGCS2000 所用的地球椭球的主要参数如下：a = 6 378 137.0m，GM = 3.986 004 418 × $10^{14} \text{m}^3/\text{s}^2$，$J_2$ = 1.082 629 832 258 × 10^{-3}，ω = 7.292 115 × 10^{-5} rad/s，f = 1：298.257 222 101。

在参考历元 J2000.0，CGCS2000 在厘米级水平上可以认为与 ITRF 框架及 WGS84 框架是一致的。

3.7 国际地球参考系与地心天球参考系间的坐标转换

3.7.1 前言

依据坐标原点的不同,国际天球参考系 ICRS 可分为太阳系质心天球参考系(Barycentric Celestial Reference System,BCRS)和地心天球参考系(Geocentric Celestial Reference System,GCRS)两类。BCRS 主要用于研究行星的运动规律,编制行星星表,当然也可用于研究在太阳系中飞行的空间飞行器的运动规律并进行导航定位等工作。由于各种人造卫星都是围绕地心飞行的,而 GCRS 的三个坐标轴在空间的指向又固定不变,因而是一个相当好的准惯性系(由于坐标原点的绕日公转而产生的向心加速度,所以不是一个严格的惯性系,但其影响很小,且能加以改正),所以卫星的轨道计算一般都是在地心天球参考系 GCRS 中进行的。但绝大部分的卫星应用(如卫星导航定位、卫星遥感等)最终都与地球坐标系有关,所以我们将面临大量的 GCRS 与 ITRS 间的坐标转换问题。

BCRS 和 GCRS 间的坐标转换涉及太阳系质心和地心间的坐标差,可从行星星表(如 DE405)中查取,在天文学中已作过介绍,此处不再重复。ITRS 和其他大地坐标系之间的转换则在各种大地测量的书中进行过介绍,此处也不再重复。本节将重点介绍 ITRS 与 GCRS 间的坐标转换方法。

随着观测精度的不断提高和长时期的高采样率的观测值的不断累积,有必要对时空坐标系作出更严格的定义。目前,老的建立在牛顿力学基础上的时空坐标系(在这种时空坐标系中,广义相对论也只是以"相对论改正"这么一种摄动改正的形式出现,以便对牛顿运动方程进行修正)已被建立在广义相对论框架下的用度规张量来描述的新的时空坐标系(如 TCB、TCG、BCRS、GCRS 等)所取代。建立在"动力学"基础上的老的天球赤道坐标系也已被建立在"运动学"基础上的新的天球坐标系所取代。这是因为老的天球赤道坐标系存在下列问题:

(1)老的天球赤道坐标系中的 X 轴是指向春分点的,而春分点则是两个运动的平面(黄道面和赤道面)的一个交点。任一时刻的黄道面可以依据行星(地球)运动方程来求得。天文常数的变化、运动方程中所顾及的摄动因素的多少等都将影响运动方程的解,进而影响春分点的位置,导致坐标系的不连续,因而有人将这种坐标系称为"动力学"坐标系。

(2)老的天球赤道坐标系的 Z 轴是指向北天极的,由于用任何观测值都无法确定瞬时自转极 IRP,所以 IAU1980 年章动理论是相对于天球星历极 CEP 的(与 Wahr 在他的非刚性地球自转理论中所说的 Tisserand 形状轴相应),于是受迫周日极移就会被包含到天球章动中去,而显得含混不清。此外,由于 CEP 及相应的赤道平面在 GCRS 中的运动规律是用岁差和章动模型来描述的,因而 CEP 及春分点 γ 的位置对岁差和章动模型十分敏感,一旦模型有了变化,它们的位置就会产生突变,坐标系就会不连续。

(3)在老的天球坐标系中,地球自转是用格林尼治恒星时 GST 来衡量的。而格林尼治恒星时是经度零点与春分点之间的旋转夹角。它不仅取决于地球的自转,同时也会受到用以描述春分点的运动规律的岁差和章动模型的误差的影响(在一个较长的时期内,这种模型误差会不断累积)。因而从理论上讲,GST 并不能严格地反映地球自转。

在这种情况下,经过多年的准备和讨论后,2000 年 8 月,国际天文协会 IAU 在英国曼彻斯特召开的第 24 届全体会议上作出了一系列重要的决议,下面将有关 GCRS 与 ITRS 坐标转换的内容作一介绍。

3.7.2 天球中间极和无旋转原点

1. 天球中间极(Celestial Intermediate Pole,CIP)

考虑到严格地定义地球旋转角时需要有一个参考轴,同时也考虑到先前所用的天球星历极 CEP 中并没有顾及定向参数中的周日变化项和更高频率的变化项,所以 IAU 第 24 届大会的决议 B1.7 决定从 2003 年 1 月 1 日起采用天球中间极 CIP 来取代原天球星历极 CEP。

CIP 在地心天球参考系 GCRS 中的位置取决于:
- 参考时刻 J2000.0 时 CIP 的方向与 GCRS 的 Z 轴之间的偏差值;
- 由 IAU2000 岁差/章动模型所给出的 CIP 在 GCRS 中的运动状况(包括岁差及周期大于 2 天的受迫章动,周期小于 2 天的受迫章动则被归入到极移中);
- IERS 通过高精度观测所确定的附加改正项:天极偏差。天极偏差是由于岁差章动的模型误差以及模型中未顾及的自由核章动 FCN 而引起的。

CIP 在国际地球参考系 ITRS 中的运动包括下列几个部分:
- 由 IERS 所给出的极移 $(X_p, Y_p)_{IERS}$;
- 周期小于 2 天的受迫章动;
- $(X_p, Y_p)_{IERS}$ 中未顾及的潮汐摄动项等高频变化。

依据河外射电源所建立的地心天球参考系 GCRS 相对于宇宙背景是不旋转的,CIP 在 GCRS 中的位置可以用经度 E 和余纬度 d 来表示(见图 3-14),也可以用方向余弦来表示:

$$\begin{cases} X = \sin d \cos E \\ Y = \sin d \sin E \\ Z = \cos d \end{cases} \tag{3-58}$$

(X, Y, Z) 也被称为 CIP 在 GCRS 中的坐标,但由于 (X, Y, Z) 满足条件 $X^2 + Y^2 + Z^2 = 1$,所以只有 X、Y 两个坐标是独立的,其具体的计算公式将在后面给出。类似地,CIP 在 ITRS 中的位置也可以用它在 ITRS 中的经度 F 和余纬度 g 来表示,或用 CIP 在 ITRS 中的坐标 u 和 v 来表示:

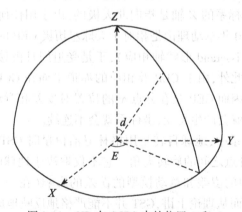

图 3-14 CIP 在 GCRS 中的位置 E 和 d

$$\begin{cases} u = \sin g \cos F \\ v = \sin g \sin F \\ w = \cos g \end{cases} \quad (3-59)$$

2. 无旋转原点(Non-Rotation Origin, NRO)

在 CIP 的赤道上存在一个点 σ，能够满足下列条件：当天球中间极 CIP 在固定的 GCRS 中运动时，瞬时天球坐标系(中间天球坐标系)的旋转矢量 Ω 在 GCRS 坐标系的 Z 轴上的分量为零，点 σ 被称为无旋转原点。同样，在 CIP 的赤道上还存在一个点 σ'，能满足下列条件：当天球中间极 CIP 在国际地球坐标系 ITRS 中运动时，瞬时天球坐标系(中间天球坐标系)的旋转矢量在 ITRS 坐标系的 Z 轴上的分量为零，点 σ' 也称为无旋转原点。按照 IAU 的建议把无旋转原点 σ 称为天球中间原点(Celestial Intermediate Origin, CIO)，以取代原来的天球星历原点春分点；把无旋转原点 σ' 称为地球中间原点(Terrestrial Intermediate Origin, TIO)，以取代原来的经度零点。在 CIP 的赤道上指向 CIO 和 TIO 的两个单位矢量之间的旋转角度定义为地球旋转角 θ，它与以空间固定不动的恒星作为参照物来测定地球的旋转角是一致的，而 UT1 则与地球旋转角之间成线性比例关系。

图 3-15 中的 Σ_0 为固定的 GCRS 坐标系中的经度起算点(理论上应指向 J2000.0 的平春分点)，Σ 为 CIP 赤道上的对应点，离上述两个赤道的交点 N 的角距 ΣN 与 $\Sigma_0 N$ 相等，即有：

$$\widehat{\Sigma_0 N} = \widehat{\Sigma N} = 90° + E \quad (3-60)$$

位于 CIP 赤道上的天球中间原点 CIO 离 Σ 点的角距为 S。显然，只需确定 S，CIO 的位置也随之确定了。

设 n_1 为中间天球坐标系中 Z 轴方向上的单位矢量(即从地心至 CIP 的单位矢量)，n_2 为 GCRS 中 Z 轴方向上的单位矢量，n_3 为从地心至 GCRS 赤道和 CIP 赤道的交点 N 方向上的单位矢量。这些单位矢量间有下列关系式：

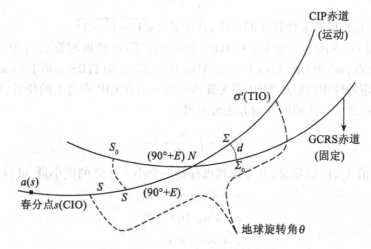

图 3-15 TIO、CIO 与地球旋转角 θ

$$\begin{aligned} n_1 \cdot n_2 &= \cos d \\ n_1 \cdot n_3 &= 0 \end{aligned} \quad (3-61)$$

中间天球坐标系相对于 GCRS 的旋转矢量 Ω 可写为：

$$\boldsymbol{\Omega} = \dot{E}\boldsymbol{n}_2 - (\dot{E} + \dot{S})\boldsymbol{n}_1 + \dot{d}\boldsymbol{n}_3 \tag{3-62}$$

将上式两边都点乘 $\boldsymbol{n}_1$，并顾及式(3-61)后有：

$$\boldsymbol{\Omega} \cdot \boldsymbol{n}_1 = \dot{E}\cos d - (\dot{E} + \dot{S}) = \dot{E}(\cos d - 1) - \dot{S} \tag{3-63}$$

从无旋转原点 NRO 的定义知，$\boldsymbol{\Omega}$ 在 $\boldsymbol{n}_1$ 方向上的旋转分量为零，故有：

$$\boldsymbol{\Omega} \cdot \boldsymbol{n}_1 = \dot{E}(\cos d - 1) - \dot{S} = 0 \tag{3-64}$$

即 $\dot{S} = \dot{E}(\cos d - 1)$，从而，

$$S = \int_{t_0}^{t} \dot{E}(\cos d - 1) \mathrm{d}t \tag{3-65}$$

这是用表示 CIP 方向的两个球面坐标 E、d 及其导数来计算 S 的公式。此外，S 还可用三个坐标 X、Y 和 Z（即从地心至 CIP 的单位矢量的三个方向余弦）来表示，这种公式使用更为方便。

据矢量三重积的计算公式，有：

$$(\boldsymbol{n}_1 \times \dot{\boldsymbol{n}}_1) \cdot \boldsymbol{n}_1 = \begin{vmatrix} X_1 & Y_1 & Z_1 \\ \dot{X}_1 & \dot{Y} & \dot{Z} \\ 0 & 0 & 1 \end{vmatrix} = X\dot{Y} - \dot{X}Y$$

$$= \begin{vmatrix} \sin d \cos E & \sin d \sin E & \cos d \\ \cos d \cos E \cdot \dot{d} - \sin d \sin E \cdot \dot{E} & \cos d \sin E \cdot \dot{d} + \sin d \cos E \cdot \dot{E} & -\sin d \cdot \dot{d} \\ 0 & 0 & 1 \end{vmatrix}$$

$$= \sin^2 d \cdot \dot{E} = (1 - \cos^2 d)\dot{E} = (1 - \cos d)(1 + \cos d)\dot{E} = (1 - \cos d)(1 + Z)\dot{E}$$

$$S = -\int_{t_0}^{t} \frac{X\dot{Y} - \dot{X}Y}{1 + Z} \mathrm{d}t \tag{3-66}$$

上式是用 X、Y 和 Z 来计算 S 的公式，其中 $Z = \sqrt{1 - X^2 - Y^2}$。

类似地，设 ω_0 为国际地球参考系 ITRS 中的经度零点（经度起算点），M 为 CIP 赤道与 ITRS 赤道的交点，ω_0' 为 CIP 赤道上与 ω_0 对应的点，即 $\omega_0 M$（ITRS 赤道上）$= \omega_0' M$（CIP 赤道上）。为了确定地球中间原点 TIO（即无旋转原点 σ'）在 CIP 赤道上的位置，只需确定该点至 ω_0' 的角距 S' 即可。按照同样的方法可求得：

$$S' = -\int_{t_0}^{t} \frac{\dot{u}v - u\dot{v}}{1 + w} \mathrm{d}t \tag{3-67}$$

根据极移值 X_p、Y_p 的定义，并考虑到极移是一个小于 0.5″ 的微小量，可得：

$$\begin{aligned} u &= \sin g \cos F = X_p \\ v &= \sin g \sin F = Y_p \\ w &= \cos g = 1 \end{aligned} \tag{3-68}$$

于是式(3-67)可写为：

$$S' = -\frac{1}{2}\int_{t_0}^{t} (X_p \dot{Y}_p - \dot{X}_p Y_p) \mathrm{d}t \tag{3-69}$$

S' 是由于 CIP 在 ITRS 中的运动（极移）从而导致地球中间原点 TIO 在 CIP 的赤道上不断运动而积累起来的位移值。在 2003 年 1 月 1 日以前，用经典方法进行 GCRS 和 ITRS 的

坐标转换时，S' 总是被忽略不计。但它对于精确地定义瞬时的起始子午线（瞬时的经度零点）是很有必要的。

引入天球中间原点 CIO 和地球星历原点 TIO 后，我们就能对瞬时天球参考系（中间天球参考系）和瞬时地球参考系中的 X 轴的指向进行严格定义。而且在量测地球自转时，可以与地球公转运动脱钩（原来用格林尼治恒星时 GST 来衡量地球自转时采用春分点作为起点，而春分点是地球公转平面黄道面和赤道面的交点），同时也能给 UT1 下一个严格的定义。此外，S 在微角秒的水平上对岁差和章动模型不敏感，也就是说，以后即便岁差章动模型又有了变化，对 S 的影响也不会超过微角秒的程度。

3.7.3 基于无旋转原点 NRO 的坐标转换新方法

从国际地球参考系 ITRS 转换至地心天球参考系 GCRS 的坐标转换公式可写为：
$$[\text{GCRS}] = \boldsymbol{Q}(t)\boldsymbol{R}(t)\boldsymbol{W}(t)[\text{ITRS}] \tag{3-70}$$

其中，$\boldsymbol{Q}(t)$ 是由于天球中间极在 GCRS 中的运动而产生的转换矩阵；$\boldsymbol{R}(t)$ 是由于地球旋转（将 TIO 方向旋转至 CIO 方向）所产生的旋转矩阵；$\boldsymbol{W}(t)$ 是由于天球中间极 CIP 在 ITRS 中的运动而产生的旋转矩阵。这样，ITRS 与 GCRS 间的坐标转换就可以依据 t 时刻 CIP 在地心天球坐标系中的位置 X 和 Y（相当于前面所说的岁差、章动参数）、地球旋转角 θ 以及 CIP 在 ITRS 中的位置 X_p 和 Y_p 等 5 个参数来完成。其中，$\boldsymbol{R}(t)\boldsymbol{W}(t)[\text{ITRS}]$ 被称为时刻 t 的中间参考系（相当于前面所说的瞬时天球坐标系）。众所周知，从数学上讲，要实现两个坐标原点均位于地心的坐标系 GCRS 和 ITRS 间的坐标转换，只需要有三个转移参数（欧拉角）就足够了。但是由于这三个欧拉角没有明确的物理意义，无法通过天文观测或空间大地测量来精确测定，因而才不得不通过上述中间参考系来完成坐标转换。下面分别介绍三个旋转矩阵。在下面的旋转矩阵中，所用的时间 t 是观测时刻（用地球时 TT 来表示，TT = TAI+32.184s）至参考时刻 J2000.0 间的儒略世纪数，即

$$t = (\text{TT} - 2000\ \text{年}1\ \text{月}1\ \text{日}12^\text{h}\text{TT})(\text{以日为单位})/36\ 525 = (\text{TT} - \text{JD2 451 545.0TT})/36\ 525 \tag{3-71}$$

1. 极移矩阵 $\boldsymbol{W}(t)$

极移矩阵 $\boldsymbol{W}(t)$ 可表示为：
$$\boldsymbol{W}(t) = \boldsymbol{R}_z(-S')\boldsymbol{R}_y(X_p)\boldsymbol{R}_x(Y_p) \tag{3-72}$$

其中，S' 的计算公式(3-68)已于前面导出：
$$S' = -\frac{1}{2}\int_{t_0}^{t}(X_p\dot{Y}_p - \dot{X}_pY_p)\mathrm{d}t$$

S' 的具体数值可根据实测的极移值来计算，也可根据 IERS 所公布的极移值并加以外推后求得。S' 的数值很小，只有极移中一些很大的分量才会对它产生实际影响。S' 的值可用下式来进行估算：
$$S' = -0.001\ 5\left(\frac{a_c^2}{1.2} + a_a^2\right)\cdot t \tag{3-73}$$

式中，a_c 和 a_a 分别为所考虑的时期内的极移中的张德勒分量与周年分量的平均幅度。若个世纪内张德勒分量的平均振幅为 $0.5''$，周年分量的平均振幅为 $0.1''$，到 2100 年积累起来的 S' 值也不到 0.4mas。若用当前的张德勒分量和周年分量的振幅带入式(3-73)，则可得：
$$S' = -47\mu\text{as} \tag{3-74}$$

这就意味着若张德勒分量和周年分量的幅度维持目前的水平,即使到 2020 年,累积的 S' 值也只有 $-9.4\mu as$。

式(3-72)中的极移值 (X_p, Y_p) 可表示为:

$$(X_p, Y_p) = (X_p, Y_p)_{IERS} + (\Delta X_p, \Delta Y_p)_{tidal} + (\Delta X_p, \Delta Y_p)_{nutation} \quad (3-75)$$

其中,$(X_p, Y_p)_{IERS}$ 为国际地球自转服务 IERS 所公布的极移值,每天给出一组数据。$(\Delta X_p, \Delta Y_p)_{tidal}$ 为由于潮汐而引起的极移值的周日变化项和半周日变化项。其值可据 IERS Conventions 网站中所给出的算法来计算,计算软件及所需的各种数据均可从上述网站下载。表 3-8 中给出了计算海潮所引起的极移周日变化项(共 71 项)时所需的振幅和幅角系数。表 3-9 中则给出了计算海潮引起的极移的半周日变化项(共 30 项)时所需的振幅和幅角系数。计算方法与计算章动的方法相类似,见式(3-19)、式(3-20)和式(3-21)。但与式(3-19)的具体形式不完全相同。

表 3-8 根据非刚性地球模型和潮汐位而导出的计算 $(\Delta X_p, \Delta Y_p)_{tidal}$ 的周日变化项时的系数表
(单位:μas,$\chi = GMST + \pi$)

Tide	argument						Doodson number	Period (days)	X_p		Y_p	
	χ	l	l'	F	D	O			sin	cos	sin	cos
	1	−1	0	−2	−2	−2	117.655	1.211 361 1	0.0	0.9	−0.9	−0.1
	1	−2	0	−2	0	−1	125.745	1.167 126 2	0.1	0.6	−0.6	0.1
$2Q_1$	1	−2	0	−2	0	−2	125.755	1.166 925 9	0.1	3.4	−3.4	0.3
	1	0	0	−2	−2	−1	127.545	1.160 547 6	0.1	0.8	−0.8	0.1
s_1	1	0	0	−2	−2	−2	127.555	1.160 349 5	0.5	4.2	−4.1	0.5
	1	−1	0	−2	0	−1	135.645	1.119 699 3	1.2	5.0	−5.0	1.2
Q_1	1	−1	0	−2	0	−2	135.655	1.119 514 8	6.2	26.3	−26.3	6.2
	1	1	0	−2	−2	−1	137.445	1.113 642 9	0.2	0.9	−0.9	0.2
RO_1	1	1	0	−2	−2	−2	137.455	1.113 460 6	1.3	5.0	−5.0	1.3
	1	0	0	−2	0	0	145.535	1.076 146 5	−0.3	−0.8	0.8	−0.3
	1	0	0	−2	0	−1	145.545	1.075 976 2	9.2	25.1	−25.1	9.2
O_1	1	0	0	−2	0	−2	145.555	1.075 805 9	48.8	132.9	−132.9	48.8
	1	−2	0	0	0	0	145.755	1.075 090 1	−0.3	−0.9	0.9	−0.3
T_{01}	1	0	0	0	−2	0	147.555	1.069 505 5	−0.7	−1.7	1.7	−0.7
	1	−1	0	2	−2	−2	153.655	1.040 614 7	−0.4	−0.9	0.9	−0.4
	1	1	0	−2	0	−1	155.445	1.035 539 5	−0.3	−0.6	0.6	−0.3
	1	1	0	−2	0	−2	155.455	1.035 381 7	−1.6	−3.5	3.5	−1.6
M_1	1	−1	0	0	0	0	155.655	1.034 718 7	−4.5	−9.6	9.6	−4.5
	1	−1	0	0	0	−1	155.665	1.034 561 2	−0.9	−1.9	1.9	−0.9

续表

Tide	argument						Doodson number	Period (days)	X_p		Y_p	
	χ	l	l'	F	D	Ω			sin	cos	sin	cos
χ_1	1	1	0	0	-2	0	157.455	1.029 544 7	-0.9	-1.8	1.8	-0.9
π_1	1	0	-1	-2	2	-2	162.556	1.005 505 8	1.5	3.0	-3.0	1.5
	1	0	0	-2	2	-1	163.545	1.002 893 3	-0.3	-0.6	0.6	-0.3
P_1	1	0	0	-2	2	-2	163.555	1.002 745 4	26.1	51.2	-51.2	26.1
	1	0	1	-2	2	-2	164.554	1.000 000 1	-0.2	-0.4	0.4	-0.2
S_1	1	0	-1	0	0	0	164.556	0.999 999 9	-0.6	-1.2	1.2	-0.6
	1	0	0	0	0	1	165.545	0.997 415 9	1.5	3.0	-3.0	1.5
K_1	1	0	0	0	0	0	165.555	0.997 269 5	-77.5	-151.7	151.7	-77.5
	1	0	0	0	0	-1	165.565	0.997 123 3	-10.5	-20.6	20.6	-10.5
	1	0	0	0	0	-2	165.575	0.996 977 1	0.2	0.4	-0.4	0.2
Ψ_1	1	0	1	0	0	0	166.554	0.994 554 1	-0.6	-1.2	1.2	-0.6
ϕ_1	1	0	0	2	-2	2	167.555	0.991 853 2	-1.1	-2.1	2.1	-1.1
TT_1	1	-1	0	0	2	0	173.655	0.966 956 5	-0.7	-1.4	1.4	-0.7
J_1	1	1	0	0	0	0	175.455	0.962 436 5	-3.5	-7.3	7.3	-3.5
	1	1	0	0	0	-1	175.465	0.962 300 3	-0.7	-1.4	1.4	-0.7
SO_1	1	0	0	0	2	0	183.555	0.934 174 1	-0.4	-1.1	1.1	-0.4
	1	2	0	0	0	0	185.355	0.929 954 7	-0.2	-0.5	0.5	-0.2
OO_1	1	0	0	2	0	2	185.555	0.929 419 8	-1.1	-3.4	3.4	-1.1
	1	0	0	2	0	1	185.565	0.929 292 7	-0.7	-2.2	2.2	-0.7
	1	0	0	2	0	0	185.575	0.929 165 7	-0.1	-0.5	0.5	-0.1
ν_1	1	1	0	2	0	2	195.455	0.899 093 2	0.0	-0.6	0.6	0.0
	1	1	0	2	0	1	195.465	0.898 974 3	0.0	-0.4	0.4	0.0

表 3-9 根据非刚性地球模型和潮汐位而导出的计算 $(\Delta X_p, \Delta Y_p)_{tidal}$ 的半周日变化项时的系数表（单位：μas，χ = GMST+π）

Tide	argument						Doodson number	Period (days)	X_p		Y_p	
	χ	l	l'	F	D	Ω			sin	cos	sin	cos
	2	-3	0	-2	0	-2	255.855	0.548 426 4	-0.5	0.0	0.6	0.2
	2	-1	0	-2	-2	-2	227.655	0.546 969 5	-1.3	-0.2	1.5	0.7
$2N_2$	2	-2	0	-2	0	-2	235.755	0.537 723 9	-6.1	-1.6	3.1	3.4
μ_2	2	0	0	-2	-2	-2	237.555	0.536 323 2	-7.6	-2.0	3.4	4.2
	2	0	1	-2	-2	-2	238.554	0.535 536 9	-0.5	-0.1	0.2	0.3

续表

Tide	argument						Doodson number	Period (days)	X_p		Y_p	
	χ	l	l'	F	D	O			sin	cos	sin	cos
	2	-1	-1	-2	0	-2	244.656	0.528 193 9	0.5	0.1	-0.1	-0.3
	2	-1	0	-2	0	-1	245.645	0.527 472 1	2.1	0.5	-0.4	-1.2
N_2	2	-1	0	-2	0	-2	245.655	0.527 431 2	-56.9	-12.9	11.1	32.9
	2	-1	1	-2	0	-2	246.654	0.526 670 7	-0.5	-0.1	0.1	0.3
ν_2	2	1	0	-2	-2	-2	247.455	0.526 083 5	-11.0	-2.4	1.9	6.4
	2	1	1	-2	-2	-2	248.454	0.525 326 9	-0.5	-0.1	0.1	0.3
	2	-2	0	-2	2	-2	253.755	0.518 829 2	1.0	0.1	-0.1	-0.6
	2	0	-1	-2	0	-2	254.556	0.518 259 3	1.1	0.1	-0.1	-0.7
	2	0	0	-2	0	-1	255.545	0.517 564 5	12.3	1.0	-1.4	-7.3
M_2	2	0	0	-2	0	-2	255.555	0.517 525 1	-330.2	-27.0	37.6	195.9
	2	0	1	-2	0	-2	256.554	0.516 792 8	-1.0	-0.1	0.1	0.6
λ_2	2	-1	0	-2	2	-2	263.655	0.509 240 6	2.5	-0.3	-0.4	-1.5
L_2	2	1	0	-2	0	-2	265.455	0.507 984 2	9.4	-1.4	-1.9	-5.6
	2	-1	0	0	0	0	265.655	0.507 824 5	-2.4	0.4	0.5	1.4
	2	-1	0	0	0	-1	265.665	0.507 786 6	-1.0	0.2	0.2	0.6
T_2	2	0	-1	-2	2	-2	272.556	0.500 685 4	-8.5	3.5	3.3	5.1
S_2	2	0	0	-2	2	-2	273.555	0.500 000 0	-144.1	63.6	59.2	86.6
R_2	2	0	1	-2	2	-2	274.554	0.499 316 5	1.2	-0.6	-0.5	-0.7
	2	0	0	0	0	1	275.545	0.498 671 4	0.5	-0.2	-0.2	-0.3
K_2	2	0	0	0	0	0	275.555	0.498 634 8	-38.5	19.1	17.7	23.1
	2	0	0	0	0	-1	275.565	0.498 598 2	-11.4	5.8	5.3	6.9
	2	0	0	0	0	-2	275.575	0.498 561 6	-1.2	0.6	0.6	0.7
	2	1	0	0	0	0	285.455	0.489 771 7	-1.8	1.8	1.7	1.0
	2	1	0	0	0	-1	285.465	0.489 736 5	-0.8	0.8	0.8	0.5
	2	0	0	2	0	2	295.555	0.481 075 0	-0.3	0.6	0.7	0.2

由于上述潮汐变化项没有被包含在 IERS 所公布的极移值 $(X_p, Y_p)_{IERS}$ 中，因而需另行计算后加入。

式(3-75)中的 $(\Delta X_p, \Delta Y_p)_{nutation}$ 是由于周期小于 2 天的受迫章动项所引起的。目前，无论是刚性地球模型，还是非刚性地球模型，皆可给出周日章动项和半周日章动项。但为了避免混乱 IAU 在决议 B1.7 中明确规定 IAU2000 岁差/章动模型中只包含周期大于 2 天的受迫章动项，而周期小于 2 天的章动项则需归入到极移中去考虑。我们知道，正向的周日章动相应于极移中的正向和逆向的长周期变化项，而正向的半周日章动则相应于极移中的正向周日变化项。因而，我们必须先用模型计算出周期小于 2 天的章动相应的极移变化 $(\Delta X_p, \Delta Y_p)_{nutation}$，然后将它们加到 IERS 所公布的极移值 $(X_p, Y_p)_{IERS}$ 中去。表 3-10 是根据非刚性地球模型性求得的幅度大于 $0.5\mu as$ 的分量被列于表中。但是由于三轴地核所引起的周日变化项难以准确确定，所以虽然其值已大于 $0.5\mu as$，仍未被包含在表中。

表 3-10 中的周日项(即表中最后的周期接近 1 天的 10 项)需用与由于潮汐而产生的极移的周日变化项和半周日变化项相同的方法来进行处理。由于 IERS 公布的极移值中没有包含这些项,所以需要计算后加入。表 3-10 中的前 15 个长周期项已被包含在 IERS 公布的极移值中,因而无需另行考虑(不需要计算,也不需要加入)。计算的软件和数据也可以从网站下载。

表 3-10　　根据非刚性地球模型求得的计算$(\Delta X_p, \Delta Y_p)_{\text{nutation}}$时的系数表

(单位:μas,$\chi=\text{GMST}+\pi$,计算幅角 f 的公式见式(3-20)和式(3-21))

		argument					Doodson number	Period (days)	X_p		Y_p	
n	χ	l	l'	F	D	Ω			sin	cos	sin	cos
4	0	0	0	0	0	-1	055.565	6 798.383 7	-0.03	0.63	-0.05	-0.55
3	0	-1	0	1	0	2	055.645	6 159.135 5	1.46	0.00	-0.18	0.11
3	0	-1	0	1	0	1	055.655	3 231.495 6	-28.53	-0.23	3.42	-3.86
3	0	-1	0	1	0	0	055.665	2 190.350 1	-4.65	-0.08	0.55	-0.92
3	0	1	1	-1	0	0	056.444	438.359 90	-0.69	0.15	-0.15	-0.68
3	0	1	1	-1	0	-1	056.454	411.806 61	0.99	0.26	-0.25	1.04
3	0	0	0	1	-1	1	056.555	365.242 19	1.19	0.21	-0.19	1.40
3	0	1	0	1	-2	1	057.455	193.559 71	1.30	0.37	-0.17	2.91
3	0	0	0	1	0	2	065.545	27.431 826	-0.05	-0.21	0.01	-1.68
3	0	0	0	1	0	1	065.555	27.321 582	0.89	3.97	-0.11	32.39
3	0	0	0	1	0	0	065.565	27.212 221	0.14	0.62	-0.02	5.09
3	0	-1	0	1	2	1	073.655	14.698 136	-0.02	0.07	0.00	0.56
3	0	1	0	1	0	1	075.455	13.718 786	-0.11	0.33	0.01	2.66
3	0	0	0	3	0	3	085.555	9.107 194 1	-0.08	0.11	0.01	0.88
3	0	0	0	3	0	2	085.565	9.095 010 3	-0.05	0.07	0.01	0.55
2	1	-1	0	-2	0	-1	135.645	1.119 699 2	-0.44	0.25	-0.25	-0.44
2	1	-1	0	-2	0	-2	135.655	1.119 514 9	-2.31	1.32	-1.32	-2.31
2	1	1	0	-2	-2	-2	137.455	1.113 460 6	-0.44	0.25	-0.25	-0.44
2	1	0	0	-2	0	-1	145.545	1.075 976 2	-2.14	1.23	-1.23	-2.14
2	1	0	0	-2	0	-2	145.555	1.075 805 9	-11.36	6.52	-6.52	-11.36
2	1	-1	0	0	0	0	155.655	1.034 718 7	0.84	-0.48	0.48	0.84
2	1	0	0	-2	2	-2	163.555	1.002 745 4	-4.76	2.73	-2.73	-4.76
2	1	0	0	0	0	0	165.555	0.997 269 6	14.27	-8.19	8.19	14.27
2	1	0	0	0	0	-1	165.565	0.997 123 3	1.93	-1.11	1.11	1.93
2	1	1	0	0	0	0	175.455	0.962 436 5	0.76	-0.43	0.43	0.76
Rate of secular polar motion (μas/y) due to the zero frequency tide												
4	0	0	0	0	0	0	555.555			-3.80		-4.31

2. 地球旋转矩阵 $R(t)$

地球旋转矩阵 $R(t)$ 指的是瞬时天球坐标系绕它的 Z 轴（地心至 CIP 方向）旋转 θ 角而形成的旋转矩阵 $R_z(\theta)$。而地球旋转角 θ 则可用下式来计算：

$$\theta(T_u) = 2\pi(0.779\ 057\ 273\ 264\ 0 + 1.002\ 737\ 811\ 911\ 354\ 48 T_u) \tag{3-76}$$

式中，

$$\begin{aligned} T_u &= \text{UT1 的儒略日} - 2\ 451\ 545.0 \\ \text{UT1} &= \text{UTC} + (\text{UT1} - \text{UTC}) \end{aligned} \tag{3-77}$$

(UT1-UTC)既可以根据观测值来确定，也可用 IERS 公布的值内插后求得。

式(3-76)中的第一项 $2\pi \times 0.779\ 057\ 273\ 264\ 0$ 为参考时刻 J2000.0（即 2000 年 1 月 1 日 12^h）时的地球旋转角，此后每过一个儒略日，地球旋转角就将增加 $2\pi \times 1.002\ 737\ 811\ 911\ 354\ 48$ (rad)。因而只需根据观测时刻的 UT1 值离参考时刻的间隔（以儒略日为单位）就能求得该时刻的地球旋转角 θ。而观测瞬间的 UT1 就等于该时刻的 UTC 与(UT1-UTC)之和。为了减少由于整天数而引起的误差，式(3-76)也可写为下列形式：

$$\theta(T_u) = 2\pi(\text{观测时刻的 UT1 所对应的儒略日中的小数部分} \\ + 0.779\ 057\ 273\ 264\ 0 + 0.002\ 737\ 811\ 911\ 354\ 48 T_u) \tag{3-78}$$

注意，UT1 0^h 所对应的儒略日中的小数部分为 0.5 日。

3. 旋转矩阵 $Q(t)$

旋转矩阵 $Q(t)$ 是由于天球中间极 CIP 在 GCRS 中的运动而引起的旋转矩阵。与传统方法不同，在计算 $Q(t)$ 时，我们不再人为地将这种运动分为岁差和章动两部分分别来进行计算，而是将它们综合在一起一并加以考虑；同时还引入了新的参数 s，而且还需顾及在参考时刻 J2000.0 时 CIP 的天极偏差（在 J2000.0 时 CIP 并没有位于 GCRS 的天极上）。下面来推导 $Q(t)$ 的计算公式。

从前面的讨论可知，国际地球参考系 ITRS 在乘上极移矩阵 $W(t)$ 和地球自转矩阵 $R(t)$ 后，已转换为中间参考系。中间参考系的 Z 轴指向天球中间极 CIP，X 轴指向天球中间原点 CIO。从图 3-14 和图 3-15 可以看出，再通过下列四次旋转后，我们就能将中间参考系转换为地心天球参考系 GCRS，所以旋转矩阵 $Q(t)$ 可写为：

$$\begin{aligned} Q(t) &= R_z(-E) R_y(-d) R_z(E) R_z(s) \\ &= \begin{pmatrix} \cos E & -\sin E & 0 \\ \sin E & \cos E & 0 \\ 0 & 0 & 1 \end{pmatrix} \begin{pmatrix} \cos d & 0 & \sin d \\ 0 & 1 & 0 \\ -\sin d & 0 & \cos d \end{pmatrix} \begin{pmatrix} \cos E & \sin E & 0 \\ -\sin E & \cos E & 0 \\ 0 & 0 & 1 \end{pmatrix} \cdot R_z(s) \\ &= \begin{pmatrix} \cos^2 E \cos d + \sin^2 E & \sin E \cos E \cos d - \sin E \cos E & \cos E \sin d \\ \sin E \cos E \cos d - \sin E \cos E & \sin^2 E \cos d + \cos^2 E & \sin E \sin d \\ -\sin d \cos d & -\sin d \sin E & \cos d \end{pmatrix} \cdot R_z(s) \end{aligned}$$

顾及式(3-58)，并加以整理后可得：

$$Q(t) = \begin{pmatrix} 1 - aX^2 & -aXY & X \\ -aXY & 1 - aY^2 & Y \\ -X & -Y & 1 - a(X^2 + Y^2) \end{pmatrix} \cdot R_z(s) \tag{3-79}$$

式中，

$$a = \frac{1}{1+\cos d} = \frac{1}{1+Z} = \frac{1}{1+\sqrt{1-(X^2+Y^2)}}$$

$$= \frac{1}{1+\left(1-\frac{X^2+Y^2}{2}\right)} = \frac{1}{2-\frac{X^2+Y^2}{2}} = \frac{1}{2\left(1-\frac{X^2+Y^2}{4}\right)} \quad (3\text{-}80)$$

$$= \frac{1}{2}\left(1+\frac{X^2+Y^2}{4}\right) = \frac{1}{2} + \frac{1}{8}(X^2+Y^2)$$

在推导式(3-80)的过程中作了多次近似,但由于 X、Y 均为微小量(每年约 50″,一个世纪后,其值也只有 1.3° 左右),由此而产生的误差可控制在 1μas 以内。

(1) 计算 X 和 Y

计算 X 坐标和 Y 坐标的公式是根据 IAU2000 岁差/章动模型以及参考时刻 J2000.0 时的天极偏差值而求得的,其中,IAU2000 岁差/章动模型描述了 CIP 在 GCRS 中的运动规律,而天极偏差则给出了在参考时刻 CIP 与 GCRS 的天极之间的初始偏差。略去复杂的推导过程,直接给出精度为 1μas 的计算公式如下:

$$\begin{aligned}X = &-0.016\,616\,99'' + 2\,004.191\,742\,88''t - 0.427\,219\,05''t^2 - 0.198\,620\,54''t^3 \\ &- 0.000\,046\,05''t^4 + 0.000\,005\,98''t^5 + \sum_i \left[(a_{s,0})_i \sin f_i + (a_{c,0})_i \cos f_i\right] \\ &+ \sum_i \left[(a_{s,1})_i t\sin f_i + (a_{c,1})_i t\cos f_i\right] + \sum_i \left[(a_{s,2})_i t^2\sin f_i + (a_{c,2})_i t^2\cos f_i\right] + \cdots \end{aligned}$$

$$(3\text{-}81)$$

$$\begin{aligned}Y = &-0.006\,950\,78'' - 0.025\,381\,99''t - 22.407\,250\,99''t^2 + 0.001\,842\,28''t^3 \\ &+ 0.001\,113\,06''t^4 + 0.000\,000\,99''t^5 + \sum_i \left[(b_{s,0})_i \sin f_i + (b_{c,0})_i \cos f_i\right] \\ &+ \sum_i \left[(b_{s,1})_i t\sin f_i + (b_{c,1})_i t\cos f_i\right] + \sum_i \left[(b_{s,2})_i t^2\sin f_i + (b_{c,2})_i t^2\cos f_i\right] + \cdots \end{aligned}$$

$$(3\text{-}82)$$

式(3-81)和式(3-82)中的第一项为常数项,主要来自 J2000.0 时的天极偏差。随后的 5 项均为时间 t 的多项式,来自于岁差。其中 t 为离参考时刻 J2000.0 的儒略世纪数,可用式(3-71)来计算。随后的周期项 $\sum_i\left[(a_{s,0})_i \sin f_i + (a_{c,0})_i \cos f_i\right]$ 和 $\sum_i\left[(b_{s,0})_i \sin f_i + (b_{c,0})_i \cos f_i\right]$ 来自于章动序列。此外,在 X 坐标和 Y 坐标中还包含有 $t\sin f$、$t\cos f$、$t^2\sin f$、$t^2\cos f$ 等乘积项,它们来自于岁差和章动的交叉项。幅角 f_i 的计算公式见式(3-20)、式(3-21)(计算日、月章动)和式(3-26)、式(3-27)(计算行星章动)。周期项中的振幅 $(a_{s,0})_i$、$(a_{c,0})_i$、$(b_{s,0})_i$、$(b_{c,0})_i$、$(a_{s,1})_i$、$(a_{c,1})_i$、$(b_{s,1})_i$、$(b_{c,1})_i$ 等都可从 IERS Conventions 中心网站(ftp://tai.bipm.org/iers/conv2003/chapter5/ 或 ftp://maia.usno.navy.mil/conv2000/chapter5/)获取(表 5.2a 和表 5.2b)。表 3-11 给出了从网站的表 5.2a 和表 5.2b 中摘录的部分数值较大的非多项式项的系数。

表 3-11 与 IAU2000 岁差/章动模型匹配的计算 X 坐标和 Y 坐标中的非多项式项 （单位：μas）

i	$(a_{s,0})_i$	$(a_{c,0})_i$	l	l'	F	D	Ω	L_{Me}	L_e	L_E	L_{Ma}	L_J	L_{Sa}	L_U	L_{Ne}	p_A
1	−6 844 318.44	1 328.67	0	0	0	0	1	0	0	0	0	0	0	0	0	0
2	−523 908.04	−544.76	0	0	2	−2	2	0	0	0	0	0	0	0	0	0
3	−90 552.22	111.23	0	0	2	0	2	0	0	0	0	0	0	0	0	0
4	82 168.76	−27.64	0	0	0	0	2	0	0	0	0	0	0	0	0	0
5	58 707.02	470.05	0	1	0	0	0	0	0	0	0	0	0	0	0	0

......

i	$(a_{s,1})_i$	$(a_{c,1})_i$	l	l'	F	D	Ω	L_{Me}	L_e	L_E	L_{Ma}	L_J	L_{Sa}	L_U	L_{Ne}	p_A
1 307	−3 328.48	205 833.15	0	0	0	0	1	0	0	0	0	0	0	0	0	0
1 308	197.53	12 814.01	0	0	2	−2	2	0	0	0	0	0	0	0	0	0
1 309	41.19	2 187.91	0	0	2	0	2	0	0	0	0	0	0	0	0	0

......

i	$(b_{s,0})_i$	$(b_{c,0})_i$	l	l'	F	D	Ω	L_{Me}	L_e	L_E	L_{Ma}	L_J	L_{Sa}	L_U	L_{Ne}	p_A
1	1 538.18	9 205 236.26	0	0	0	0	1	0	0	0	0	0	0	0	0	0
2	−458.66	573 033.42	0	0	2	−2	2	0	0	0	0	0	0	0	0	0
3	137.41	97 846.69	0	0	2	0	2	0	0	0	0	0	0	0	0	0
4	−29.05	−89 618.24	0	0	0	0	2	0	0	0	0	0	0	0	0	0
5	−17.40	22 438.42	0	1	2	−2	2	0	0	0	0	0	0	0	0	0

......

i	$(b_{s,1})_i$	$(b_{c,1})_i$	l	l'	F	D	Ω	L_{Me}	L_e	L_E	L_{Ma}	L_J	L_{Sa}	L_U	L_{Ne}	p_A
963	153 041.82	878.89	0	0	0	0	1	0	0	0	0	0	0	0	0	0
964	11 714.49	−289.32	0	0	2	−2	2	0	0	0	0	0	0	0	0	0
965	2 024.68	−50.99	0	0	2	0	2	0	0	0	0	0	0	0	0	0

......

其中，表格的上半部分是用以计算 X 坐标的，下半部分是用以计算 Y 坐标的。

当然，我们也能先用 IAU2000 岁差/章动模型求出时刻 t 的岁差和章动值，然后再根据这些值来计算 X 坐标和 Y 坐标。限于篇幅不再介绍，有兴趣的读者可参阅相关资料。

（2）计算 S

S 是从参考时刻 t_0（一般取 J2000.0）至观测时刻 t 之间由于天球中间极 CIP 在 GCRS 中的运动而导致天球中间原点 CIO 在 CIP 的赤道上所累积起来的旋转量。计算 S 的公式已在前面（见式(3-66)）导出：

$$S = -\int_{t_0}^{t} \frac{X(t)\dot{Y}(t) - \dot{X}(t)Y(t)}{1 + Z(t)} \mathrm{d}t$$

由于岁差和章动在一个不太长的时间内均为微小量，如在 25 年时间内，CIP 在半径为

23.5°的小圆内只运动了约 0.35°,即使在 100 年内也只在上述小圆上运动约 1.4°,该弧段在地心的张角仅为 0.4°左右,因而可将式(3-66)作近似的处理写为下列形式:

$$S = -\frac{X(t)Y(t)}{2} + \frac{X(t_0) + Y(t_0)}{2} + \int_{t_0}^{t} \dot{X}(t)Y(t)\,\mathrm{d}t \tag{3-83}$$

将计算 X 和 Y 的式(3-81)和式(3-82)代入上式后,即可得到计算 S 的实用公式:

$$\begin{aligned}S(t) + \frac{X(t)Y(t)}{2} =\ & 94 + 3\,808.35t - 119.94t^2 - 72\,574.09t^3 + \sum_k C_k \sin\alpha_k + 1.71t\sin\Omega \\ & + 3.57t\cos 2\Omega + 743.53t^2\sin\Omega + 56.91t^2\sin(2F - 2D + 2\Omega) \\ & + 9.84t^2\sin(2F + 2\Omega) - 8.85t^2\sin 2\Omega \end{aligned} \tag{3-84}$$

式中, $\sum_k C_k \sin\alpha_k$ 的振幅 C_k 和幅角 α_k 的值见表 3-12。表中给出了在 1975~2025 年间所有大于 $0.5\mu as$ 的项。式(3-84)中所用的单位为 μas。在式(3-84)中,我们是将 $S(t) + \frac{X(t)Y(t)}{2}$ 合并起来当成一项来进行计算的。

表 3-12　　计算与 IAU2000A 岁差/章动模型相匹配的 $S(t)$ 时所用的系数表　　(单位:μas)

Argument α_k	Amplitude C_k
Ω	$-2\,640.73$
2Ω	-63.53
$2F-2D+3\Omega$	-11.75
$2F-2D+\Omega$	-11.21
$2F-2D+2\Omega$	$+4.57$
$2F+3\Omega$	-2.02
$2F+\Omega$	-1.98
3Ω	$+1.72$
$l'+\Omega$	$+1.41$
$l'-\Omega$	$+1.26$
$l+\Omega$	$+0.63$
$l-\Omega$	$+0.63$

将求得的值减去 $\frac{X(t)Y(t)}{2}$ 后即可求得 $S(t)$,这样做比直接计算 $S(t)$ 要简单得多。直接计算 $S(t)$ 的公式非常复杂。式(3-84)的精度为 $1\mu as$,如果要扩充其适用范围,如扩充为 1900~2100 年,则还需在式(3-82)中加入下列改正项:

$$\Delta S(t) = 28t^4 + 15t^5 - 22t^3\cos\Omega - t^3\cos(2F - 2D + 2\Omega) + \sum_{i=1}^{5} D_i t^2 \sin\alpha_i \tag{3-85}$$

详细情况请参阅 IERS Technical Note No.29。完整地计算的 $S(t) + \frac{X(t)Y(t)}{2}$ 公式和数据也可从 IERS Conventions 中心网站下载(Tab5.2C.txt),表中包含所有大于 $0.1\mu as$ 的项。

求得 $X(t)$、$Y(t)$ 和 $Z(t)$ 后，即可代入式(3-79)计算旋转矩阵 $Q(t)$，为方便起见，我们将其称为 Q_{IAU}。但是高精度的 VLBI 观测表明，IAU2000 岁差/章动模型是有误差的，也就是使用 IAU2000 岁差/章动模型所计算出来的从参考时刻 t_0(J2000.0)至观测时刻 t 之间的岁差和章动量与高精度的空间大地测量值所测得的值之间是有差异的，其量级约为 $0.2\mu as$，会随时间的变化而变化。为此，IERS 将依据高精度的观测值来给出用 IAU2000 岁差/章动模型求得的值的改正数，这种改正数被称为天极偏差。天极偏差是以黄经偏差 δ_ψ 和交角偏差 δ_ε 的形式给出的。黄经偏差 δ_ψ 和交角偏差 δ_ε 与坐标改正数 δ_x 和 δ_y 之间有下列关系式：

$$\delta_x = \delta_\psi \sin\varepsilon_A + (\psi_A \cos\varepsilon_0 - \chi_A)\delta_\varepsilon$$
$$\delta_y = \delta_\varepsilon - (\psi_A \cos\varepsilon_0 - \chi_A)\delta_\psi \sin\varepsilon_0 \tag{3-86}$$

顾及天极偏差后的正确的 CIP 坐标 X 和 Y 为：

$$X = X_{IAU2000} + \delta_x$$
$$Y = Y_{IAU2000} + \delta_y \tag{3-87}$$

式中，$X_{IAU2000}$ 和 $Y_{IAU2000}$ 就是用式(3-81)和式(3-82)直接求得的 X 和 Y 坐标，它们仅顾及了 t_0 时刻(J2000.0)时的初始天极偏差以及由 IAU2000 岁差/章动模型所求得的从 t_0 至 t 时间段的岁差/章动值，但未顾及由于岁差/章动模型本身的问题(未顾及自由核章动以及模型误差)而造成的误差。用式(3-87)求得正确的 X 和 Y 值后，再代入式(3-79)后就能求得正确的旋转矩阵 $Q(t)$。但实际上为方便起见，我们往往不采用式(3-87)来计算正确的 X 和 Y 值，然后再用正确的 X 和 Y 值来计算 S 和 $Q(t)$，而是仍然用 $X_{IAU2000}$ 和 $Y_{IAU2000}$ 代入式(3-79)求得旋转矩阵 Q_{IAU}，然后再用下式来计算正确的旋转矩阵 $Q(t)$：

$$Q(t) = \begin{pmatrix} 1 & 0 & \delta_x \\ 0 & 1 & \delta_y \\ -\delta_x & -\delta_y & 1 \end{pmatrix} Q_{IAU} \tag{3-88}$$

依次求得三个旋转矩阵 $W(t)$、$R(t)$ 和 $Q(t)$ 后，即可用式(3-70)来完成从 ITRS 至 GCRS 的坐标转换。

3.7.4 基于春分点的经典坐标转换方法

从 ITRS 转换至 GCRS 的另一种方法是基于春分点的经典转换方法：

$$[GCRS] = P(t)N(t)R(t)W(t)[ITRS] \tag{3-89}$$

与前面的这种转换方法的不同之处在于：在这种方法中，不再用式(3-81)、式(3-82)和式(3-84)来计算 X、Y 和 S，然后再用式(3-79)来计算 $Q(t)$ 矩阵，而是直接用 IAU2000 岁差/章动模型来计算岁差参数 (ζ_A, θ_A, Z_A) 或 $(\phi_A, \omega_A, \varepsilon_A, \chi_A)$ 和黄经章动 $\Delta\psi$ 及交角章动 $\Delta\varepsilon$，再用它们来组成岁差矩阵 $P(t)$ 和章动矩阵 $N(t)$。另一个差别在于用格林尼治(视)恒星时 GST 取代地球旋转角 θ 来计算旋转矩阵 $R(t)$。采用经典方法进行坐标转换的过程可用图 3-16 来表示。其中，极移矩阵 $W(t)$、岁差矩阵 $P(t)$ 和章动矩阵 $N(t)$ 均已进行过介绍，下面再对地球自转矩阵 $R(t)$ 作一些说明。由于经典的坐标转换方法不再以天球中间原点 CIO 和地球中间原点 TIO 为参照点，而是以真春分点和格林尼治起始子午线(经度零点)为参照点，因此，在 $R(t)$ 中，要用格林尼治(视)恒星时 GST 去取代地球旋转角 θ。GST 与 UT1 之间有下列关系式：

$$GST = UT1 - EO \tag{3-90}$$

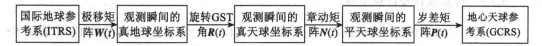

图 3-16 基于春分点的 ITRS-GCRS 坐标转换推图

式中，以 EO 为天球中间原点 CIO 的赤经值，或者说是在 CIP 的赤道上 CIO 与春分点间的夹角。它是在参考时刻 t_0(J2000.0)至观测时刻 t 之间由于岁差和章动而导致的赤经变化的累积值。与 IAU2000 岁差/章动模型相应的 EO 计算公式为：

$$EO = -0.014\,506'' - 4\,612.157\,399\,66''t - 1.396\,677\,21''t^2 + 0.000\,093\,44''t^3$$
$$- \Delta\psi\cos\varepsilon_A - \sum_k C'_k \sin\alpha_k \tag{3-91}$$

式中，最后一项 $\sum_k C'_k \sin\alpha_k$ 是从经典的春分点方程中提取出来的补充项，以保证在一个世纪内 GST 与 θ 之间的关系能满足 1μas 的精度。根据 IAU2000 岁差/章动模型计算 GST 的完整的公式和数据可从 IERS Conventions 中心网站（ftp://tai.bipm.org/iers/convupdt/chapter5/）的 Tab5.4.txt 中下载。其中，计算 EO 时，在 ±25 年中数值大于 0.5μas 的项列于表 3-13 中。

表 3-13　　　　　　在 1975~2025 年间计算 EO 时大于 0.5μas 的项　　　　（单位：μas）

Argument α_k	Amplitude C'_k
Ω	+2 640.96
2Ω	+63.52
$2F-2D+3\Omega$	+11.75
$2F-2D+\Omega$	+11.21
$2F-2D+2\Omega$	-4.55
$2F+3\Omega$	+2.02
$2F+\Omega$	+1.98
3Ω	-1.72
$l'+\Omega$	-1.41
$l'-\Omega$	-1.26
$l+\Omega$	-0.63
$l-\Omega$	-0.63

求得 GST 后，就不难求得地球自转矩阵 $R(t)$：

$$R(t) = R_3(-\text{GST}) = \begin{pmatrix} \cos\text{GST} & -\sin\text{GST} & 0 \\ \sin\text{GST} & \cos\text{GST} & 0 \\ 0 & 0 & 1 \end{pmatrix} \tag{3-92}$$

3.7.5 计算软件及计算步骤

利用 IAU2000 岁差/章动模型进行 ITRS 与 GCRS 间坐标转换的程序可从 IERS Conventions 中心网站下载。这些程序是用 Fortran 语言编写的,包括表 3-14 中的程序。

表 3-14　　　　　　　实现 ITRS 与 GCRS 间坐标转换的程序

程序名	说　明
*BPN 2000	基于无旋转原点,从中间参考系向 GCRS 转换的矩阵 $Q(t)$
CBPN 2000	基于春分点,从真天球坐标系向 GCRS 转换的矩阵 $P(t)$、$N(t)$
EE 2000	春分点方程
EECT 2000	计算春分点位置(EE)时的补充项
*ERA 2000	计算地球旋转角 θ
GMST 2000	计算格林尼治平恒星时
GST 2000	计算格林尼治(视)恒星时
NU 2000A	用 IAU2000A 模型计算章动
NU 2000B	用 IAU2000B 模型计算章动
**POM 2000	组成极移矩阵 $W(t)$
*SP 2000	计算 S'
**T2C 2000	组成从 ITRS 至 GCRS 的转换矩阵 $Q(t)$、$R(t)$、$W(t)$ 或 $P(t)$、$N(t)$、$R(t)$、$W(t)$
*XYS 2000	计算 X、Y 和 S

如前所述,实现从 ITRS-GCRS 的坐标转换时可采用两种方法:一是基于无旋转原点的坐标转换新方法;二是基于春分点的传统方法。无论采用哪种方法,都先要把各个旋转矩阵如 $W(t)$、$R(t)$、$Q(t)$ 或 $P(t)$、$N(t)$ 等先求出来,然后再相乘以完成坐标转换。

在这两种方法中,都要用到极移矩阵 $W(t)$。$W(t)$ 可调用 POM 2000 程序来组成,此时要用到极移值 (X_p, Y_p) 以及 S'。(X_p, Y_p) 由 IERS 提供,但还需顾及潮汐影响 $(\Delta X_p, \Delta Y_p)_{tidal}$ 以及周期小于 2 天的章动项的影响 $(\Delta X_p, \Delta Y_p)_{nutation}$;而 S' 值可调用 SP 2000 程序来给出。

在基于 CIO 的坐标转换方法中,中间参考系至 GCRS 的坐标转换是依靠 $Q(t)$ 矩阵来实现的。$Q(t)$ 矩阵中包含了 CIP 在 GCRS 中的运动(岁差、章动)以及框架偏差 S 的影响,可调用 BPN 2000 程序来实现。而程序中所需的参数 X、Y 和 S 则可调用 XYS 2000 程序来获得。

在基于春分点的坐标转换方法中,从观测时刻 t 时的真天球坐标系转换为 GCRS 是由岁差和章动矩阵 $P(t)$ 和 $N(t)$ 来完成的。用户可调用 CBPN 2000 程序来予以实现。计算时,需用到的章动值 $\Delta\psi$ 和 $\Delta\varepsilon$ 则可用 NU 2000A 或 NU 2000B 程序来提供,用户可据自己所需的精度来选择是采用 A 模型还是 B 模型。

在计算地球自转矩阵 $R(t)$ 时,要用到地球自转角。在基于 CIO 的坐标转换方法中,这个角度是地球旋转角 θ,也即在 CIP 赤道上 CIO 与 TIO 之间的夹角,可调用 ERA 2000 程序来实现。在基于春分点的经典方法中,其相应的值是格林尼治(视)恒星时 GST,可调用 GST 2000 程序来实现。

在求得各个旋转矩阵后,即可调用 T2C 2000 将上述各个旋转矩阵分别合并在一起,最终完成坐标转换。

按照 IAU 的决议,在 2003 年 1 月 1 日启用新的基于 CIO 的 ITRS-GCRS 坐标转换方法后,用户也可继续采用传统的基于春分点的坐标转换方法。IERS 应同时提供两种方法所需的程序和资料。下面对这两种方法分别予以介绍和说明。

方法 1:与 IAU2000 岁差/章动 A 模型相应的基于 CIO 的坐标转换法

在这种方法中,将用到新的转换参数 X、Y、θ、S 等,这些参数是与 IAU2000 岁差/章动 A 模型相对应的。计算步骤如下:

①调用 SP 2000 程序计算 S',根据极移值 X_p、Y_p 调用 POM 2000 程序,就可求得旋转矩阵 $W(t)$;

②调用 ERA 2000 程序来计算地球旋转角 θ;

③调用 XYS 2000 程序来计算观测时刻 t 时 CIP 在 GCRS 中的坐标 X、Y,并计算定义 CIO 位置的 S 参数。注意计算时用的是完整的序列,而不仅仅是列在表 3-11 和表 3-12 中所摘取的项;

④调用 BPN 2000 来计算从中间参考系至 GCRS 的旋转矩阵 $Q(t)$;

⑤调用 T2C 2000 程序,将 $Q(t)$、$R(t)$ 和 $W(t)$ 合并在一起,完成从 ITRS 至 GCRS 的坐标转换。

方法 2:基于春分点的经典坐标转换法

根据采用的 IAU2000 岁差/章动模型的不同(A 模型或 B 模型),这种方法又可分为 2A 和方法 2B。

方法 2A:利用 IAU2000 岁差/章动 A 模型实现基于春分点的坐标转换法

①调用 SP 2000 和 POM 2000 来获得极移矩阵 $W(t)$;

②调用 NU 2000A 来计算高精度的章动项 $\Delta\psi$ 和 $\Delta\varepsilon$,然后再调用 GST 2000 来计算格林尼治恒星时 GST,计算时需用到章动 $\Delta\psi$、观测时的地球时 TT 和 UT1;

③调用 CBPN 2000 来计算岁差矩阵 $P(t)$ 和章动矩阵 $N(t)$,计算从观测时刻的真天球坐标系向 GCRS 转换时所需的旋转矩阵 $P(t)$ 和 $N(t)$;

④调用 T2C 2000 将上述旋转矩阵合并在一起,实现从 ITRS 向 GCRS 的坐标转换。

方法 2B:利用 IAU2000 岁差/章动 B 模型实现基于春分点的坐标转换法

方法 2B 和方法 2A 相类似,唯一的差别在于②是调用 NU 2000B 而不是 NU 2000A 来计算精度较低的章动项,其余部分都与方法 2A 相同。采用方法 2B 时,可显著地减少计算工作量。此外,用户尚可根据所需的精度作进一步的简化,如将 S' 设为零不再进行计算,略去春分点计算中的补充项,略去极移值等。

最后需要说明的是,根据第 26 届 IAU 大会的决议,从 2009 年 1 月 1 日起,将用 IAU2006 岁差模型(即 P03 模型)取代 IAU2000 岁差模型,因而上述计算公式中的具体数值也会发生相应变化,现给出如下:

$$X = -0.016\,617'' + 2\,004.191\,898''t - 0.429\,782\,9''t^2 - 0.198\,618\,34''t^3$$
$$+ 7.578'' \times 10^{-6}t^4 + 5.928\,5'' \times 10^{-6}t^5 + \sum_i \left[(a_{s,0})_i \sin f_i + (a_{c,0})_i \cos f_i\right]$$
$$+ \sum_i \left[(a_{s,1})_i t\sin f_i + (a_{c,1})_i t\cos f_i\right] + \sum_i \left[(a_{s,2})_i t^2\sin f_i + (a_{c,2})_i t^2\cos f_i\right] + \cdots$$

(3-93)

$$Y = -0.006\,951'' - 0.025\,896''t - 22.407\,274\,7''t^2 + 0.001\,900\,59''t^3$$
$$+ 0.001\,112\,526''t^4 + 1.358'' \times 10^{-7}t^5 + \sum_i \left[(b_{s,0})_i \sin f_i + (b_{c,0})_i \cos f_i\right]$$
$$+ \sum_i \left[(b_{s,1})_i t\sin f_i + (b_{c,1})_i t\cos f_i\right] + \sum_i \left[(b_{s,2})_i t^2\sin f_i + (b_{c,2})_i t^2\cos f_i\right] + \cdots$$

(3-94)

$$S(t) + \frac{XY}{2} = 94.0 + 3\,808.65t - 122.68t^2 - 72\,574.11t^3 + 27.98t^4 + 15.62t^5$$
$$+ \sum_k C_k \sin\alpha_k + 1.71t\sin\Omega + 3.57t\cos 2\Omega + 743.53t^2\sin\Omega$$
$$+ 56.91t^2\sin(2F - 2D + 2\Omega) + 9.84t^2\sin(2F + 2\Omega) - 8.85t^2\sin 2\Omega$$

(单位:μas)

(3-95)

$$E0 = -0.014\,506'' - 4\,612.156\,533\,53''t - 1.391\,581\,65''t^2 + 4.4'' \times 10^{-7}t^3$$
$$+ 2.995\,6'' \times 10^{-8}t^4 - \Delta\psi\cos\varepsilon_A + \sum_k \left[(c'_{s,0})_k \sin\alpha_k + (c'_{c,0})_k \cos\alpha_k\right]$$
$$+ 8.7'' \times 10^{-7}t\sin\Omega$$

(3-96)

如前所述,为了避免做不必要的重复工作,无歧义地给出基本天文计算的方法、公式和数表、程序,这些均可从 IERS 网站下载。此外,IAU 的标准基本天文程序库 SOFA 中还给出了 79 个用 Fortran 语言编写的可实现各种基本天文运算的软件供用户使用,从而使复杂的天文计算变得相对简单和可靠。这些免费下载的软件有利于推动天文学和空间大地测量学的研究,使人们能把主要精力集中到创新性的研究中去,而不会在重复编制调试基本软件中浪费宝贵的时间和精力。

参 考 文 献

[1] 数学辞海第五卷编辑委员会.数学辞海(第五卷)[M].北京:中国科学技术出版社;太原:山西教育出版社;南京:东南大学出版社,2002.

[2] 宁津生,等.现代大地测量理论与技术[M].武汉:武汉大学出版社,2006.

[3] 陈俊勇.国际地球参考框架 2000(ITRF2000)的定义及其参数[J].武汉大学学报(信息科学版),2005,30(9):753-756.

[4] 金文敬.岁差模型研究的新进展——P03 模型[J].天文学进展,2008,21(2):155-174.

[5] 陈俊勇.大地坐标框架理论和实践的进展[J].大地测量与地球动力学,2007,27(1):1-6.

[6] 李征航,等.空间大地测量理论基础[M].武汉:武汉测绘科技大学出版社,1998.

[7] Dennis D.McCarthy and Gerard Petit[C].IERS Conventions (2003) (IERS Technical Note N0.32),2004.

[8] Capitaine N,Wallace P T,Chapront J Expressions for IAU 2000 Precession Quantities[J].

Astronomy and Astrophysics, 2003, 412:567-586.

[9] Hilton J L et al. Report of the International Astronomical Union Division I Working Group on Precession and the Ecliptic[J]. Celestial Mechanics and Dynamical Astronomy, 2006, 94(3):351-367.

第 4 章 VLBI 原理及应用

4.1 射电天文学的诞生

4.1.1 大气窗口

19 世纪以前,人们一直认为,从天上来到人间的唯一信息是天体发出的可见光,从来没有人想起过,天体还会送来眼睛看不见的"光"。

1800 年,英国天文学家赫歇耳在测量太阳光谱不同区域的温度时,发现光谱红端之外没有阳光地方的温度竟然比可见光之处的温度还高,他把这种热线称为"看不见的光线",也就是我们现在所说的"红外线"。1801 年,德国物理学家约翰·里特尔又发现了"紫外光"。这样,在 19 世纪初,人们开始认识到在可见光之外还存在着人眼看不见的辐射。1870 年,苏格兰物理学家麦克斯韦建立了一套完整的电磁学理论。根据他的理论,电磁场周期性的变化会产生"电磁辐射"——电磁波,电磁波具有比已经观测到的紫外线更短、比红外线更长的任意波长。可见光是一种电磁波,它只占电磁波谱的很小一部分。

至 20 世纪初,人们已经在地面实验室中发现了从波长小于 0.01nm 的 γ 射线到波长大于 500mm 以上的无线电波整个电磁辐射的跨度。它从短波端的 γ 射线开始,经过 X 射线、紫外线、可见光、红外线,直到越来越长的无线电波。今天,天文学家拥有多种类型的天文望远镜,可以探测到天体在各个波段的电磁辐射信号,能更全面地认识和研究天体的性质,今天的天文学被称为全波段天文学。

以上试验和观测说明,宇宙中的各种天体会发出波长不同的电磁波信号。但是,其中大部分信号在通过围绕在地球四周的大气层时,将被大气层所吸收(电磁波信号与各种大气成分相互作用而转化为热能、机械能和电能)而无法到达地面。而只有波长为 $0.4 \sim 0.76 \mu m$ 的可见光、波长为 $0.76 \sim 2.5 \mu m$ 的近红外谱段和波长为 $3.5 \sim 4.2 \mu m$ 的中红外谱段的信号才能穿透大气而到达地面,表明了地球大气向人们敞开着"可见光窗口"和"红外窗口"。

1924 年,人们在测量地球电离层的高度时,发现波长短于 60m 的无线电波穿过电离层飞向太空,一去不复返。这就启发人们,天体发出的短于 60m 的无线电波也将穿过电离层射到地球表面。1931 年,美国无线电工程师卡尔·央斯基通过自治的射频天线来寻找干扰无线电波通讯的噪声源时,发现了来自银河系中心的射电信号。这些试验都说明了一个事实,即地球大气向人们敞开着一扇"无线电窗口"。进一步的实验观测表明,它的波长范围从 0.1cm 一直延伸到 60m 左右。

通常我们称以上这些窗口为大气窗口(如图 4-1 所示)。也就是说,生活在地球上的人们只能通过这几个窗口来探测宇宙的奥秘,了解精彩的外部世界。空间大地测量主要利用可见光窗口和无线电微波窗口,而红外窗口被用于遥感技术。长期以来,由于科学技术水平的限制,无线电微波窗口并没有被很好地开发利用。直到20世纪中叶,随着无线电技术的发展特别是射电望远镜等设备的出现,这种情况才有所改变。

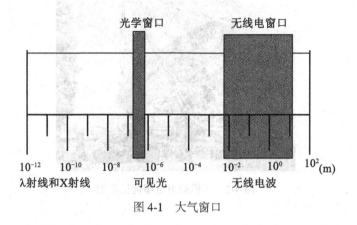

图 4-1　大气窗口

4.1.2　射电天文学的诞生

央斯基的这个意外发现引起了天文学界的震动,同时令当时人们感到迷惑,谁也不会认为一颗恒星或一种星际物质会发出如此强烈的无线电波。央斯基的工作意义很大,包括无线电接收机设计和射电天文学两个方面,但任何一方面都没有引起广泛注意。

但是,美国的另一位无线电工程师雷伯(Grote Reber)却坚信央斯基的发现是真实的。1937年,他在位于 Wheaton、Illinois 的自己家的后院中研制了一架直径为9.6m的金属抛物面天线(如图4-2所示),为现代无线电望远镜建造了样机,并把它对准了央斯基曾经收到宇宙射电波的天空。他一开始寻找波长更短的放射线,认为这些波长在探测时更容易、强度更强。然而,1939年4月,当他将探测波长缩短到1.87m时,就发现了银河系平面的强烈辐射波,停止了改进天线。他用自己建立的天线再次发现了来自银河系中心人马座方向的射电波,所不同的是,央斯基接收的是波长为14.6m的无线电波,而他接收到的是1.87m的射电波。这样,雷伯不仅证实了央斯基的发现,同时还进一步发现了人马座射电源发射出许多不同波长的射电波。以后,他又发现了其他新的射电源,并在1.9m的波长处做出了第一幅"射电天图"。1940年,雷伯发表了他的研究成果,这些成果受到了人们的重视,但是由于第二次世界大战,射电天文学的研究刚刚起步,就被迫中断。

第二次世界大战期间,英国人首先发明了雷达,并用它来预告德国飞机的入侵。1942年2月,在英国部队许多雷达站里,同时发现了突然的干扰,英国政府很紧张,以为是德国使用了反雷达的新式武器,于是马上成立技术小组进行调查,后来发现,竟是来自太阳的天然干扰。虽然虚惊一场,但是却第一次探测到来自太空的一个具体的可见天体发出的无线电波,从而太阳成了首先确定的射电源。这又一次的重要发现终于使天文学家认识到,宇宙天体就像发射可见光波一样发射无线电波。从此,人们获得了通过无线电波探索宇宙奥秘的新途径,射电天文学逐步发展起来。

直到第二次世界大战结束,雷伯是世界上唯一的射电天文学家。"二战"结束后,射电天文学迅速发展起来,而且已经成为我们观察和研究宇宙中的重要工具。

图 4-2 雷伯的射电望远镜原型

央斯基意外发现了来自银河中心稳定的电磁辐射，从此以光学波段为主要观测手段的天文学揭开了新的一页，天文学家开始利用射电望远镜接收到的宇宙天体发出的无线电信号，来研究天体的物理、化学性质，射电天文学诞生了。

从央斯基的发现直到今天的 60 多年来，射电天文学揭示了许多奇妙的天文现象，并取得了令人瞩目的成就。近代天文学的四大发现：类星体、脉冲星、星际分子和宇宙微波背景辐射无一不奠基于射电天文学。在获物理诺贝尔奖的项目中，有 7 项涉及天文学，其中有 5 项直接或主要通过射电天文学手段取得的，这些反映了这一新兴学科的强大生命力。

4.2 射电干涉测量技术

射电望远镜观测射电天体时的角分辨率可用下式计算。

$$\theta'' = \frac{\lambda}{D} \cdot \rho''$$

式中，θ 为角分辨率；λ 为望远镜所接收的无线电信号的波长；D 为射电望远镜接收天线的口径。

最初的射电测量技术只利用一面射电望远镜接收和处理来自太空的无线电信号，而为保证射电观测的正常进行，一般要求口径达数十米的射电望远镜在机动过程中的变形要小于波长的 1/10，要求天线面的平整度高于观测波长的 1/20，因而所选择的信号波长不能太小，因此，扩大射电望远镜口径是提高分辨率的一个主要方法。英国曼彻斯特大学于 1946 年建造了直径为 66.5m 的固定式抛物面射电望远镜，1955 年又建成了当时世界上最大的直径为 76m 的可转动抛物面射电望远镜。20 世纪 60 年代，美国在波多黎各阿雷西博镇建造了直径达 305m 的抛物面射电望远镜，它是顺着凹地的山坡固定在地表面上的，不能转动，这是世界上最大的单孔径射电望远镜。由于射电信号的波长通常远远大于可见光的波长，要比可见光波长大数十万倍，因此，射电望远镜要达到光学望远镜的分辨率，其口径要达到光学望远镜的数十万倍。例如，要达到光学望远镜的分辨率 0.2″，观测射电信号的波长是 10cm 时，通过式(4-1)可以计算出要求射电望远镜的口径达到 100km，这几乎无法建成。

1962年，英国剑桥大学卡文迪许实验室的赖尔(Ryle)利用干涉的原理发明了综合孔径射电望远镜，大大提高了射电望远镜的分辨率。其基本原理是：用相隔两地的两架射电望远镜接收同一天体的无线电波，两束波进行干涉，其等效分辨率最高可以等同于一架口径相当于两地之间距离的单口径射电望远镜。1967年，Broten等人第一次记录到了射电干涉条纹，赖尔因为此项发明获得1974年诺贝尔物理学奖。为了进一步提高射电天文观测的本领，射电天文学家改进了射电干涉测量设备。采用信号的干涉将不同射电望远镜接收到同一天体的数据进行处理，即可测量出该天体所发射的无线电信号的相关特性。这样，观测分辨率不再依赖于望远镜口径的大小，而是取决于各望远镜之间的距离，因此望远镜之间的距离越长，分辨本领越高。

4.2.1 联线干涉测量技术

联线干涉测量的构成原理如图4-3所示，该方法是将相距为D的两台射电望远镜A和B用电缆连接起来，共同使用一台钟(本振)，并将接收到的信号分别进行混频后变为中频信号，然后通过电缆送往相关器(乘法器)进行相关处理。通过上述方法，可以组成一台虚拟的口径为D的大射电望远镜。此时这个虚拟的大射电望远镜的角分辨率同样可以用式(4-1)来计算，设$D=100\text{km}$，$\lambda=3.6\text{cm}$，则角分辨率$\theta''=0.074''$，此时的射电望远镜的角分辨率已等于甚至优于光学望远镜。

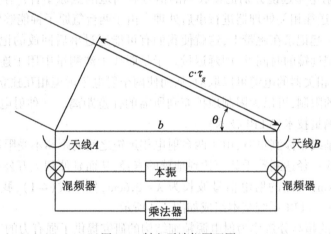

图4-3 射电干涉仪原理图

联线射电干涉测量中两条缆线的主要作用是传递信号：(1)传递本振信号。如图4-4所示，A、B两台射电望远镜所接收到来自同一射电源的射电信号是频率为f的高频信号。为了便于对信号进行处理，需将高频信号f转换为中频信号。为保证两个中频信号仍具有良好的相关性以获得正确的结果，则要求A、B两台射电望远镜减去的频率严格相同。而由同一本机振荡器所产生的频率为f_0的信号能够满足要求。即将高频信号f与本振所产生的频率为f_0的信号进行混频，形成频率为$f-f_0$的中频信号。本振信号由两根缆线进行运送。(2)传递中频信号。为实时地对两个中频信号进行相关处理，需要将混频后产生的中频信号实时的通过电缆送往相关器。同样为了求得正确的信号延迟τ_g，要求两条线缆具有相同的长度。

虽然联线干涉测量技术从一定程度提高了射电望远镜的角分辨率和增大了望远镜接收天线口径，但依然没有从根本上解决接收天线口径不能无限制增加的问题。其主要存在以下缺点：

(1) 电缆价格较贵，而且当两站间相距较远（达几十公里以上）时，铺设电缆的工作量也较大。

(2) 温度和外界环境的变化将使两根电缆所产生的热胀冷缩及介电系数不同，并可能使时钟信号和源信号的相位有不可容忍的变化，从而影响观测结果的精度。这种误差将随着距离的增加而增大，因此，联线干涉测量的距离一般被限制在几十公里以内，迄今为止，最长的距离为217km。

由于经费及精度等原因，使得进行联线干涉测量时，A、B 两站的距离无法无限制地增加，因而射电测量的角分辨率得不到进一步提高，我们无法进一步拓宽射电干涉测量技术的应用领域。

4.2.2 甚长基线干涉测量技术（VLBI）

20世纪，硬件和软件技术的迅猛发展使得打破电缆所造成的约束成为可能。尤其是高精度的计时工具和频率标准的出现（如氢原子钟）使得研究人员能在 A、B 两地用两台氢原子钟来取代原来的本机振荡器产生所需的相同频率信号。同时，高密度记录设备的出现可以使 A、B 两地的射电望远镜分别把接收到的信号和当地的氢原子钟产生的信号同时记录在磁带上，然后再送往相关处理器进行事后处理。由于两台氢原子钟能够保持严格同步，钟信号又与观测值一起记录在磁带上，这就使我们有可能通过事后回放的记录来求出射电信号到达两台射电望远镜的时间差，即延迟量。于是联线干涉测量中用于连接混频器与本机振荡器、混频器与相关器的电缆可以取消，从而使两个射电望远镜相互独立。两台站间的距离不再受电缆线的限制，可以无限制地扩充到所需的任意距离。这种射电干涉测量技术即为甚长基线干涉测量技术（VLBI技术）。

当采用甚长基线干涉测量时，由于两台射电望远镜之间的距离不受限制，使得虚拟射电望远镜的接收天线口径达到数千甚至达到地球的直径，从而延伸到上万公里。例如，两地之间距离 $D=7\,400$km，观测的射电信号波长为 $\lambda=3.6$cm，代入式(4-1)，我们可以获得 $\theta''=0.001''$ 的角分辨率。VLBI系统基本组成如图4-4所示。

VLBI所具有的超高分辨率为射电源精细结构的研究提供了强有力的工具，而且使它对射电源坐标以及组成虚拟射电望远镜两端观测站的相对位置非常敏感，能够分辨它们之间位置的细微变化。因而，VLBI不仅在天体物理方面，而且在天体测量、大地测量等领域也有广泛应用。

4.2.3 空间甚长基线干涉测量技术（SVLBI）

自1967年以来，甚长基线干涉测量（VLBI）技术的发展已经对大地测量、地球动力学和天体测量产生了深远的影响。VLBI极高的相对精度和分辨率大大提高了如大地测量定位、参考框架的连接、地球自转和极移监测、估计地壳运动和绘制河外射电源图像等许多任务的精度水平，由此产生了许多新的应用研究领域。由于其巨大潜力，VLBI已经从发展和验证等常规的活动进入了一个精化、扩展以及普遍认可的时代。

VLBI基线的延伸相当于射电望远镜的有效口径的扩大，已经稳步地从几百米到几百公

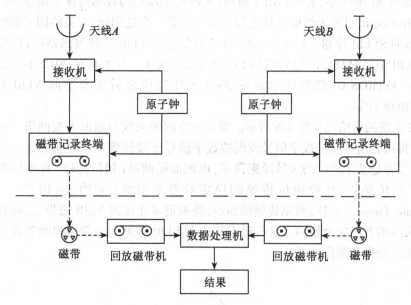

图 4-4 VLBI 系统原理图

里连线干涉测量基线,发展到目前 10 000km 的 VLBI 基线。但由于地球大小的限制,我们无法进一步再延长 VLBI 的基线长度,从而无法进一步提高 VLBI 的观测分辨率。现有的地面 VLBI 技术已无法满足人类天文观测进一步提出的高分辨率要求,而卫星技术的发展使得这种状况得以改观。它使我们有可能将 VLBI 天线送往太空,大幅度地延伸 VLBI 观测基线的长度,提高观测分辨率,这种技术即为空间甚长基线干涉测量(Space VLBI,简称为 SVLBI)。

考虑到 VLBI 的最小分辨角与基线长度成反比,对射电天体物理研究而言,分辨率的提高意味着可分辨出更精细的射电源结构和更好地作射电源成图。空间 VLBI 技术的另一显著特征是空间 VLBI 天线受到地球引力场的影响,其观测量(两天线接收同一射电源信号的时延和时延变率)同时涉及三个参考系:由射电源星表实现的射电天球参考系、由空间 VLBI 的轨道运动方程实现的动力学参考系和由地面测站网实现的地固参考系。与此相比较,其他的空间大地测量技术(SLR、DORIS、GPS 或卫星测高)的基本观测量都只与地固系和动力学参考系有关,未涉及由射电源所定义的射电参考系;而 VLBI 观测量只与地固系和射电参考系有关,未涉及卫星轨道运动方程实现的动力学参考系,无法解算测站的绝对地心坐标位置。而空间 VLBI 不仅能直接实现一个概念清晰的地固系,即同时解算出测站坐标位置、地心原点和地球定向参数 EOP 序列,而且还是目前唯一可用于直接连接这三个参考系的空间技术。

有关 SVLBI 的设想,早在 VLBI 技术发展初期的 1970 年,就由前苏联的 N.S. Kardashev 等人首先提出,而将设想变为现实的努力则贯穿整个 70 年代。首先,在 1973 年,由 N.S Kardashev 领导的研究小组提出了在前苏联的 Salyut 空间站有关 SPACELAB-2 的飞行计划中装配一个 4m 的天线的建议。1979 年,由 B.F.Burke 和 N.S.Kardashev 提出了第一个有关 SVLBI 的国际合作计划,他们建议利用 NASA 的 VOIR 航天飞机,通过 VLBI 技术观测脉冲星来研究星际介质中等离子体的变化。虽然这些计划最终都没有付诸实施,但他们的研究成果却不断地推动 SVLBI 技术的发展。进入 80 年代,SVLBI 的理论和技术研究已比较成熟。在1986年和1987年,美国利用宇航局(NASA)的跟踪与数据传输卫星系统(TDRSS)中的一个4~9m的通讯卫星天线成功地进行了论证实验。在这期间,有关的国家和组织也相继提出了具体的SVLBI计划。日本于1997年2月发射了VLBI空间观测站项目(VSOP)中的第一颗SVLBI卫星HALCA之后,SVLBI已经变成了现实。日本将在2012年后发射第二颗SVLBI卫星ASTRON-G,俄罗斯也将在2009年年底或之后实现空间VLBI计划,称作RADIOASTRON计划。

SVLBI系统的概略图如图4-5所示。安装在空间的天线与地面天线网络一起观测共同的射电源,将接收信号通过数字信号或模拟数字信号连接转播到地面遥测站。空间天线的相位/频率参考是基于地面的氢脉泽振荡器,由地面遥测站(相位传递)直接依次转播到卫星(又称相位传递)。这种相位传递的稳定性要求很高(大约1×10^{-14})。中频信号(Intermediate Frequency,IF)数据传到地面后,将被记录在地面VLBI磁带上,而且与地面观测阵列中天线的方法完全相同。这些磁带和地面VLBI阵列的磁带一起收集在中心处理站来进行互相关处理和图像处理。

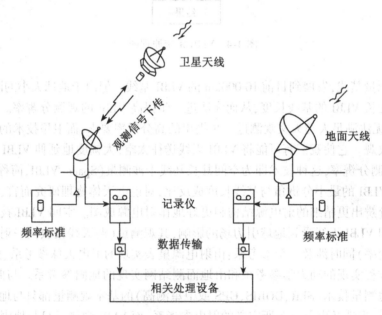

图4-5 空间/地面VLBI系统概略图

与SVLBI天线的所有通讯将通过地面网络中一个或更多个遥测/控制站(T/C)来实现。地面遥测站的双向或多向联系提供了距离、距离变化率和相位数据,这些数据可以用于确定轨道。与地面VLBI比较,SVLBI在技术实现上有下列特点:

(1)空间VLBI站本振频率的相频率锁定在地面跟踪站的氢脉泽频标上,这个频标由跟踪站通过S波段(或X波段)的向上无线电通道发送给空间VLBI站。

(2)空间VLBI站接收到的射电信号及其他数据通过K(X、S)波段向下无线电通道发送给跟踪站,并经格式化后记录到磁带上。

(3)空间VLBI站上必须配备高精度的天线姿态调整、轨道控制和检测系统。

(4)空间VLBI站的能源是通过接收太阳能来提供的。

(5)必须配备全球覆盖的地面支持系统。

4.2.4 实时VLBI(Real-time VLBI)

传统VLBI技术具有独立本振、磁带记录和事后处理等特点。VLBI观测站配备高频率稳定度的氢钟作为本振频率源,射电望远镜观测到的无线电信号经过变频、格式变换、采样后产生的宽带海量观测数据,先记录在特殊的大容量高密度磁带上(Mark4格式每盘带超过4 000Gbit),再传递到VLBI相关处理机做相关处理,因此实时性较差,处理结果至少需数日(通常为数周或更长时间)才能得到。即便如此,由于它在无线电波段具有的极高角分辨能力,多年来,已被广泛应用于天体测量、大地测量以及各类航天器的导航定轨和跟踪定位观测。

实时VLBI(Real-time VLBI)亦称为电子VLBI(Electronic VLBI, e-VLBI),是相对传统VLBI提出的,这一技术是指在进行射电观测的同时,将各射电望远镜所观测的数据通过高速网络实时或准实时地传送到数据处理中心进行相关处理,即对观测数据进行实时处理。

实时VLBI的出现得益于通信技术的发展,目前,国内外借助于通信网络将观测数据实时传输到数据处理中心的研究实验已经开展,并取得了可喜的成果。实时VLBI包括准实时和真实时VLBI两个技术层次。前者基于中低速通讯网,需要中间存储转发设备;后者采用高速通信技术,无需中间缓存、边观测、边传输、边处理。国外已实施的方案在通讯网的形式上采用了有线(电话线、光缆)与微波或卫星3种组网方式。在具体实施时,分为架设实时VLBI通信专线和租用既有通信网。

实时VLBI技术通过通信信道实时传输观测和监控信号,无需磁带记录,这使得它具有下列优点:

(1)有望实现无人值守的全自动观测和数据处理,提高观测可靠性。

(2)节省昂贵、笨重的磁带记录设备,降低磁带运输管理费用和损耗风险。

(3)运用现代通信技术突破现有磁带技术的带宽瓶颈,通过扩展带宽提高观测灵敏度。

(4)通过实时检测干涉条纹,可以实现各个VLBI站氢钟之间的高精度时间同步,并保障整个系统的正常运行和观测的成功率。

(5)现在同时存在有Mark3、Mark4、VLBA、S2、K4、GBR等多种磁带记录格式,多种记录系统的格式兼容有较大的困难;实时VLBI没有磁带记录,而采用全数字系统,当然也就没有了复杂的格式转换障碍,便于采用通用格式。

实时VLBI能自动、高效地管理观测网,处理数据,是VLBI技术的一次飞跃和发展趋势。它同时具备实时性(能在观测后几分钟内获得处理结果)和传统VLBI的高精度的双重优点以及全天候、全天时被动观测的特点,能在天体物理、天体测量地球动力学、航天器精密跟踪、快速定轨和空间科学等领域,提供效率远高于现有常规VLBI的技术手段。

4.3 VLBI系统组成

VLBI观测的基本过程是:组成系统的两天线同时观测某一射电源,接收由它辐射出的射电信号,经各自的接收机放大混频后,记录在高密度的数据磁带上。观测结束后,将两测站记录的磁带送到数据处理中心进行数据回放和相关处理,从而得到用于人地测量的延迟和延迟率观测量。观测所需的时间和频率信号是由各天线独立配备的氢原子钟来提供的。因此,VLBI系统主要由天线、接收机、记录终端、氢原子钟和相关处理机等部分组成(见图

4-5)。VLBI技术的发展始终是以改进系统性能、提高观测精度为主要目标的,并为之付出了巨大的努力。

4.3.1 天线系统

天线是射电望远镜的一个重要组成部分。用于甚长基线干涉测量的一般都是旋转抛物面,它主要由抛物面反射面、馈源和天线支架组成。

1.天线面

抛物面反射天线是目前使用最广的一种天线面,其形状如图4-6所示,其作用是接收被观测射电源所反射出的射电信号,并将其聚集到抛物面的焦点上。这种类型的天线之所以流行,是由于它在电器设备方面比较简单。来自天空射电源的射电功率经抛物面反射后聚焦到一个点上,并被馈源所吸收。反射面可以在很宽的波长范围内工作,并可以同时在不同波长上进行观测,这点对于射电频谱仪尤为宝贵。

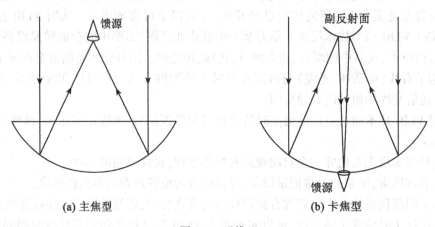

图 4-6　天线面

抛物反射面在电器方面虽然简单,然而在机械方面却是相当复杂的。它必须能倾斜和旋转,以便使它能够指向天空的不同部分,而在运转过程中还必须保持它的形状不变。此外,抛物面形状在风力和温度变化的影响下也不能发生变化。一个好的抛物面反射面必须满足以下三个条件:(1)在使用天线时,不论什么情况下,抛物面都不应当过分偏离理想形状。(2)在所需的波长的偏振角范围内,抛物面应当反射所有投射到它上面的无线电波。(3)抛物面应当尽可能轻,并造成最小风阻。一架牢固的、结构良好的天线重量和造价大致上随着它口径的立方而增加,因此,这种型式的大口径天线通常是整个VLBI系统中最昂贵的部件。

观测量延迟和延迟率的观测精度与系统的信噪比(SNR)成正比,即信噪比(SNR)越高,观测量的精度越高。而信噪比(SNR)与天线口径成正比,因此,提高信噪比的一个有效途径就是增大天线面的口径。由于VLBI观测的是距离遥远、信号非常微弱的致密射电源,再加上VLBI的记录带宽一般较窄,以及相干积分时间受独立本振稳定度的限制而不能很长等,所以要使VLBI系统具有很高的信噪比,通常要求有较大口径的天线面。

目前,世界上经常进行VLBI观测的天线口径大多在20m以上,最大达到100m。VLBI天线和其他射电望远镜一样,希望能有很多波段的工作能力,因为不同波段的射电辐射包含着各自不同的信息。此外,对于一个VLBI系统来说,不同波段还意味着不同的分辨率,这些对天体物理观测与研究是很重要的。对VLBI大地测量观测或天体测量,则要求具有相差较远的双波段同时观测的能力,其目的是为了有效消除电离层所产生的附加延迟对观测量的影响。用于VLBI大地测量的两个观测波段为X波段和S波段,它们的波长分别为3.6cm和13cm。为保证天线效率、降低系统等效噪声温度,对天线面的表面精度要求很高。若观测波长为λ,则要求天线面的平整度要求高于$\lambda/20$。对用于大地测量的天线而言,其平整度要求好于1.8mm。

2. 馈源

馈源也称为波导或照明天线,其作用是选择观测波段,并将天线面收集到的电磁波转换成高频电流能量传输给接收机。观测波段的选择是通过对馈源设计形状的改变来实现的。在变换观测波段时,首先安装对应波段的馈源系统。

馈源安装主要有两种形式,一种是主焦馈源,即主焦天线系统,它把馈源放在旋转抛物面的焦点处(见图4-6(a));另一种是卡焦馈源,即卡塞格林系统,这时用一个双曲面作为第二反射面安装在抛物面的焦点处,将它所收集到的射电波再反射到双曲面对应的焦点上,这一焦点称为第二焦点;馈源即安放在第二焦点上(见图4-6(b))。为同时进行双波段观测,通常要设计一种特殊的同轴馈源。VLBI观测量采用的就是X/S波段同轴馈源和卡焦天线系统。馈源研制质量的好坏和性能是影响天线效率和天线噪声温度的一个主要因素。

3. 天线支架

天线支架主要用于支撑天线面并驱动它的运转,实现天线对被观测射电源的精密跟踪。按照支架结构和驱动方式,VLBI天线可分为赤道式和地平式两种类型(见图4-7)。

(a) 赤道式天线   (b) 地平式天线

图4-7 天线

采用赤道式支架的主要优点是天线驱动原理简单,实现装置方便。在跟踪过程中,赤纬轴并不需转动,只要极轴以均匀的速度旋转即可。但这类天线的结构不稳定,主要用于小型天线的设计中。

地平式天线是通过不断改变其在地平坐标系中的指向来跟踪被测射电源的。由于射电源是绕着极轴作匀速周日视运动的,它在地平坐标系中的方位和高度变化是不均匀的,因此,观测时,天线的垂直轴和水平轴要不断地转动,而且速度也要不断变化。地平式天线在跟踪驱动的原理和实现上要比赤道式复杂,但它的结构稳定,对大型天线的机械制造也比较方便些,所以,目前大型 VLBI 天线一般都采用地平式。我国位于上海和乌鲁木齐的两座口径为 25m 的 VLBI 天线也都是地平式。

天线的指向驱动是由伺服系统来控制的。由于接收的信号很弱,加之天线口径大、方向性强,所以对天线指向的要求很高。指向精度取决于观测前的天线指向检测和校准精度,以及伺服系统的指向控制精度。

4.3.2 接收机

VLBI 系统中的接收机实质上就是一架低噪声、高灵敏度的超外差接收机,主要由低噪声前置放大器、混频器、中频放大器及本振系统等组成。它的作用是将由天线馈源输出的高频信号放大、混频后变为中频,并输送给记录终端。

1.高频放大器

图 4-8 是 VLBI 接收机的原理结构图。其中的高频放大器输入端与馈源输出端连接,用于接收和放大经馈源导入的、非常微弱的射频信号(Radio Frequency, RF)。由于系统信噪比与其噪声温度成反比,而系统噪声主要由天线噪声(包括天线至接收机输入端之间的馈线)和接收机噪声两部分组成,接收机的噪声通常在其中占主要成分,因此为了尽量改善系统信噪比,很重要的一个技术措施就是尽可能地降低接收机的系统噪声温度。一个必要的措施就是在 VLBI 接收机中采用低噪声前置高频放大器,这是决定接收机噪声大小的关键部件。目前,大部分 VLBI 观测站都采用致冷低噪声放大器,如致冷参量放大器或致冷场效应晶体管(FET)低噪声放大器。一般是在一个能很好隔热的特殊容器中装满液态氮或液态氦,然后把放大器浸在其中,使它工作在环境温度在摄氏-200°C 以下,以降低器噪声温度。目前采用上述致冷方法,在厘米波段可使系统噪声温度降到 50K 左右。有少数 VLBI 站为进一步降低噪声,还采用了昂贵的量子放大器(HEMT),它可使厘米波段的系统噪声温度降到 15K。由于 FET 技术已很成熟,它不仅价格低、频带宽、操作简便,而且在 10GHz 以下的频率范围内还具有仅次于 HEMT 的低噪声性能,所以正广泛用于 VLBI 接收机中。应指出的是,在采用了低噪声放大器之后,系统噪声电平往往仍会超过射电源的信号电平,但信噪比(SNR)还与很多其他因素有关,因此可通过增加带宽、延长积分时间等措施来进一步提高信噪比(SNR)。

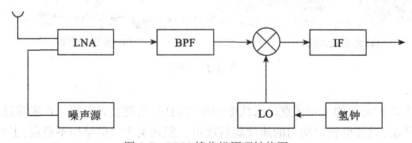

图 4-8　VLBI 接收机原理结构图

2. 混频器

混频器是将经前置高频放大器放大后的射频信号变频为具有一定带宽的中频信号（Intermediate Frequency, IF）。天线接收到的射频信号不能被直接记录，必须转换为基带信号（Base Band, BB）才能记录。所谓基带信号就是频率在 0 至记录带宽 B 之间的信号。为此，首先将 RF 信号转换为 IF 信号。把接收到的 RF 信号与角频率为 $\omega_0 = 2\pi f_0$ 的本振信号混频，将角频率 ω 的分量变换为 $\omega - \omega_0$，即中频信号（ω_{IF}）：

$$\sin\omega t \sin\omega_0 t = \frac{1}{2}[\cos(\omega - \omega_0)t + \cos(\omega + \omega_0)t] \tag{4-1}$$

式中，右面第二项可被跟在混频器后面的滤波器滤掉。但是角频率为 $(\omega - \omega_{IF})$ 和 $(\omega + \omega_{IF})$ 的信号都能转换为 IF 信号。如图 4-9 所示，$\omega > \omega_0$ 的信号称为上边带，$\omega < \omega_0$ 称为下边带。在大多数情况下，希望只有一个边带的信号变换为 IF 信号，只让上边带或下边带信号变换为 IF 的称为单边带变频。混频后得到的 IF 信号需经 IF 放大器进一步放大后，传输给视频变换器，由它将 IF 信号变换为 BB 信号。

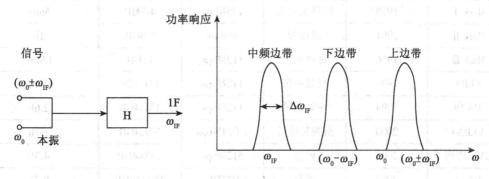

图 4-9 变频和上下边带

3. 本振系统

本振系统是混频器提供标准的本振机振荡频率。在 VLBI 中，混频所需的本振信号不是来自公共的本机振荡器，而是由台站的本机振荡器（称为分立本振）提供的。如果在观测积分时间内，组成基线的两台站的分立本振相位漂移量达到 2π，则干涉信号的相干性将完全消失。对于一般的射电天文工作，平均漂移应该控制 1rad 以内，如果用于精密的天体测量和大地测量工作，则需要控制在 $2\pi/20$ 左右。因此，VLBI 要求本振系统具有很高的相位稳定性，这种高稳定度的本振目前是通过锁相于原子频率标准的石英振荡器来获得的。而本振之间的相位漂移则主要来自两台站间独立的原子频标频率的相对起伏。

4.3.3 数据记录终端

自从 1967 年加拿大研究人员用真正的独立时间频率标准进行了第一个 VLBI 实验以来，VLBI 数据系统（含处理机系统）已经从第一代 Mark Ⅰ 系统发展到第五代 MK5 系统。由美国国立射电天文台（NRAO）研制的 Mark Ⅰ VLBI 数据系统在 1967 年开始启用，它将观测数据记录在计算机磁带上，记录带宽为 360kHz，每盘带只能记录 3min，是一个全数字式记录系统。1971 年，NRAO 又研制了第二代 VLBI 数据系统，即 Mark Ⅱ 系统。该系统将数据记录在录像带上，记录带宽为 2MHz，每盘磁带可记录 4h。1975 年，Haystack 射电天文台在

Goddard 宇航中心的合作下开始研制第三代 VLBI 系统——Mark Ⅲ VLBI 系统,并于 1977 年研制成功。该系统将数据记录在 2.54cm 宽的厚磁带上,记录带宽为 125kHz～56MHz,最高数据速率为 112Mbps,每盘磁带可连续记录 13min。20 世纪 80 年代,MK3A VLBI 终端系统投入使用。若以最高数据速率 112Mbps 工作,它可连续记录 2h36min,是 Mark Ⅲ 终端系统的 12 倍。90 年代,MK4 和 VLBA4 终端系统投入使用,它们的最高数据速率可达 1Gbps。

在 Whitney 的领导下,Haystack 射电天文台于 2001 年研制成功演示型的 MK5P 终端系统。该系统将数据记录到计算机硬盘上,数据速率高于 1Gbps,并可在 MK4 相关处理机上进行处理。

由于 VLBI 良好的发展前景,我国上海天文台从 20 世纪 70 年代末期也开展了 VLBI 终端系统的研制工作,表 4-1 中列出了我国上海天文台完成的各类终端系统的年份和性能。

表 4-1　　上海天文台各类终端系统的始用年份和性能

型号	始用年份	记录介质	记录速率	记录容量	记录时间
Mark Ⅰ	1978	计算机磁带	125Kbps	4-7MB	5min
Mark Ⅱ	1981	录像带	4Mbps	1.8GB	1h
Mark Ⅲ	1986	视频磁带	112Mbps	11GB	13min
VLBA	1993	视频磁带	112Mbps	131.4GB	2.6h
MK3B	1994	视频磁带	112Mbps	131.4GB	2.6h
VLBA4	2000	薄视频磁带	1 024Mbps	591.4GB	1.3h
CVN 阵列	2003	硬盘	512Mbps	250×4GB	4.3h
MK5A	2004	硬盘	1 024Mbps	250×16GB	8.7h

上表中的记录时间是指用最高记录速率一次性连续不间断地进行记录的时间。MK3、VLBA、MK3B 和 VLBA4 在容量计算时磁带长度分别取为 8 800、8 800、8 800 和 17 600,并且去掉第 9 个奇偶校验位。CVN 阵列和 MK5A 的容量与采用的单个硬盘容量有关,目前,上海天文台佘山 VLBI 观测站(下简称佘山站)的单个硬盘容量是 250GB。

以上终端系统绝大部分采用磁带机。磁带机明显存在许多缺点,如价格昂贵、磁带和磁头易磨损,影响数据记录与回放的质量等。为此,Haystack 研制了 MK5A 终端系统(以下简称 MK5A),由于诸多优点,MK5A 很快就将在各 VLBI 站得到普及。

上海天文台 VLBI 技术实验室研制的高速数据记录与回放硬盘系统(CVN 阵列)一举解决了 P&G 磁带机与 CVN 处理机通讯不畅、故障频繁的多年困扰。与以前的磁带机系统相比,CVN 数据记录的质量和可靠性有了极大的提高,但其通用性和性能与 MK5A 相比还有差距。为与国际先进的 VLBI 站保持同步,佘山站在 2004 年 3 月中旬引进了 MK5A。

4.3.4　氢原子钟和时间同步

1. 氢原子钟

VLBI 系统中设置的原子钟的主要作用是为其独立本振提供高稳定度的频率标准,为数据终端提供精确的记录时间。为保持 VLBI 基线两端天线所记录的同一射电信号的相干性,要求本振系统具有很高的相对稳定性。相干积分时间是与本振相位的稳定度成正比的,如果本振相位波动太大,不仅会使基线两端信号的相干性变差,严重的还会导致信号相干性完全破坏,从而使观测失败。

对于测定的 VLBI 系统,要求频率稳定度好于 10^{-14},目前只有氢原子钟才能实现。因此,现有的 VLBI 天线所配备的钟基本上都是氢原子钟。氢原子钟在观测中不断送出 5MHz 和秒脉冲信号。其中 5MHz 信号的一路送给接收机本振,另一路送给 Mark Ⅲ 记录终端作为视频转换和数据采集用。秒脉冲的一路送给 Mark Ⅲ 终端,另一路给天线控制系统作定时用。

2. 时间同步

时钟同步也叫"对钟"。要把分布在各地的时钟对准(同步起来),最直观的方法就是搬钟,可用一个标准钟作搬钟,使各地的钟均与标准钟对准。或者使搬钟首先与系统的标准时钟对准,然后使系统中的其他时钟与搬钟比对,实现系统其他时钟与系统统一标准时钟同步。所谓系统中各时钟的同步并不要求各时钟完全与统一标准时钟对齐。只要求知道各时钟与系统标准时钟在比对时刻的钟差以及比对后它相对标准钟的漂移修正参数即可,勿需拨钟。

4.3.5 VLBI 相关处理系统

相关处理机是 VLBI 观测资料预处理的关键设备,具有数据量大、运算速度快等特点。VLBI 高速宽带相关处理机分为 XF 型和 FX 型两种,FX 型性能更为先进,但研制难度大。目前只有极少数国家拥有 FX 型宽带相关处理机。

1. 硬件相关处理机

作为 VBLI 观测系统的重要组成部分,每个参加观测的台站将会把观测数据发送给相关处理机进行相关处理,然后由观测者做最后处理并发表结果。对应于不同类型的数据记录终端,通常需设计和研制相应的数据相关处理系统。

随着中国天文事业的快速发展,在 2006 年,新建北京密云、昆明凤凰山射电望远镜,并与上海佘山、乌鲁木齐南山站一起组成中国 VLBI 网;同时,上海天文台研制开发硬件相关处理机,负责数据相关处理的任务。上海天文台硬件相关处理机由上海天文台张秀忠研究员等研制开发,是一个五台站 FX 型相关处理机。最多能处理五台站数据,数据记录频段最多为 8 个,FFT 通道最大为 512,积分时间从 131.072ms 到 1h,处理速度最大为 256Mb · s^{-1}/station。

2. 软件相关处理机

尽管目前的 VLBI 相关处理机主要为专门研制的高速硬件处理机,然而最早的相关处理机却是软件处理机。如诞生于 1960 年的 Mark Ⅰ 早期 VLBI 系统,其最小组成为 2 台站,每台站的记录带宽为 360kHz,数据率为 720Kbps。虽然以现有眼光看来数据吞吐率很低,但当时没有专用硬件处理机,只能采用当时的高性能通用计算机 IBM360/50 运行专门的程序处理数据。这就是早期的 VLBI 软件相关处理机。Mark Ⅰ 软件处理机的计算能力很弱,数据吞吐率仅为 26.7Kbps,低于观测站数据采集速率,使数据处理时间长于观测时间,因此很长一段时间内,软件相关处理机的研制停滞不前。

近年来,由于商用计算机的性能长期持续高速发展,价格不断下降,进入 20 世纪 90 年代后期,普通的商用计算机已经具备了很高的计算能力和性能价格比。以个人计算机(PC)

为例,现有的桌面 PC 系统的运算能力已经超过每秒 30 亿次运算,性能已经超过了十年前的工作站、小型机和早期的超级计算机。据估计,其性能在两年内将至少增加一倍,而且这种趋势至少还将持续 10 年。在此基础上,随着高性能分布式计算技术的进步,机群技术和网格(Grid)的出现,人们已经可以用价廉的高性能 PC 系统构建速度越来越快的超级计算机。在此背景下,沉寂了很长一段时期后,基于现代高性能 PC 或服务器平台的软件相关处理机技术得到了日本、美国和欧洲等的高度重视,成为 VLBI 技术领域新的研究热点。例如,日本在 20 世纪 80 年代采用 Fortran 语言编程研制的 XF 型软件相关处理机(Cross Correlation in a Computer,CCC)已应用于条纹检测;荷兰的欧洲 VLBI 联合研究所(JIVE)将软件相关处理机应用于射电天文学中台站测试领域;美国喷气推进实验室(JPL)从 1996 年开始了对 SOFTC 软件相关处理机的研究,并在 2001 年成功将其应用于火星探测器定轨;日本鹿儿岛大学研制的窄带软件相关处理机应用在实时 VLBI 系统中;日本通信综合研究所(CRL)从 1999 年开始研制采用 C 语言编程的软件相关处理机将应用在航天器导航和测地领域。国内对于软件相关处理机的研究目前正处于起步阶段。

4.4 VLBI 测量原理及实施过程

VLBI 是当前天文学使用的一项高分辨率、高测量精度的观测技术,在天体物理方面,主要应用于类星体、射电星系核、星际脉泽源等致密射电源毫角秒级的精细结构研究和精确定位等。在天体和大地测量中,它在建立天球参考系、测定地球自转全部参数和地面参考系的基准点等方面具有不可取代的作用。

4.4.1 VLBI 测量原理

1. 基本原理

射电源辐射出的电磁波通过地球大气到达地面,由基线两端的天线接收。由于地球自转,电磁波的波前到达两个天线的几何程差(除以光速就是时间延迟差)是不断改变的。两路信号相关的结果就得到干涉条纹。天线输出的信号进行低噪声高频放大后,经变频相继转换为中频信号和视频信号。在要求较高的工作中,使用频率稳定度达 10^{-14} 的氢原子钟控制本振系统,并提供精密的时间信号,由处理机对两个"数据流"作相关处理,用寻找最大相关幅度的方法求出两路信号的相对时间延迟和干涉条纹率。

如果进行多源多次观测,则从求出的延迟和延迟率可得到射电源的位置和基线向量,以及根据基线的变化推算出的极移和世界时等参数。参数的精度主要取决于延迟时间的测量精度。因为理想的干涉条纹仅与两路信号几何程差产生的延迟有关,而实际测得的延迟还包含有传播介质(大气对流层、电离层等)、接收机、处理机以及钟的同步误差产生的随机延迟,这就要作大气延迟和仪器延迟等项改正,改正的精度则关系到延迟的测量精度。目前,时延测量精度约为 0.1ns。

VLBI 技术与以往的射电干涉仪不同,两测站经混频后所获得的中频信号不是直接进行相关处理,而是分别记录在磁带上;两个测站使用各自独立的原子钟,时标信号也被记录在磁带上。观测结束后,再将两测站记录的磁带送到数据处理中心进行数据回放和相关处理。利用这种方法,只要两个测站可以同时接收到来自同一颗射电源发出的射电信号,即可在任意长度的基线进行测量。

2. VLBI 观测值

VLBI 的测量值包括干涉条纹的相关幅度、射电源同一时刻辐射的电磁波到达基线两端的时间延迟差(简称时延)以及延迟差变化率(简称时延率)。相关幅度提供有关射电源亮度分布的信息、时延和时延率提供有关基线(长度和方向)和射电源位置(赤经和赤纬)的信息。所得的射电源的亮度分布,分辨率达到万分之几角秒,测量洲际间基线三维向量的精度达到几厘米,测量射电源的位置的精度达到千分之几角秒。在分辨率和测量精度上,与其他常规测量手段相比,成数量级的提高。目前,用于甚长基线干涉仪的天线是各地原有的大、中型天线,平均口径在 30m 左右,使用的波长大部分在厘米波段。最长基线的长度可以跨越大洲。

由于射电源距离地球很远,尽管观测基线很长,在基线之间的信号辐射角度还是远远小于 λ/D(λ 为射电波波长,D 为基线长度),此时可以认为,到达两测站的波前面是平面。按图 1-1 的几何关系,两测站收到某一波前的时间差 τ_g 为(即信号到达 B 站相对于 A 站的延迟值):

$$\tau_g = \frac{1}{c}|\boldsymbol{b}|\cos\theta \tag{4-2}$$

式中,c 为光速;$|\boldsymbol{b}|$ 为基线长度;θ 为基线与源方向的夹角。因地球的自转,θ 为时间的函数,从而 τ_g 也是时间的函数。由式(4-2)可知,我们通过对多个源的 τ_g 及其对时间的变化率 $\dot{\tau}_g$ 的多次测量,就可以解出基线矢量 $\boldsymbol{b}$ 的三个分量和源的位置。

由于传播介质的影响及仪器本身的原因,我们无法直接求得按几何关系定义的时间延迟 τ_g 来,只能通过对两测站记录的信号进行互相关处理来找出信号相关最好时的时间 τ,然后再对 τ 加以各种改正,使它最接近真值 τ_g。当然,τ 包含相关处理时必定会产生的误差 $\delta\tau$。此外,因源信号的初始状态未知,如果只观测一个稳定的频率 f(相应波长为 λ),则相关处理得到的结果 τ 还会有观测频率 f 的一个周期的不确定性(即整周模糊度),则

$$c\tau = n\lambda + \Delta\lambda \quad (0 \leq \Delta\lambda < \lambda) \tag{4-3}$$

其中,n 为整数。以频率的形式表示,则为:

$$2\pi f\tau = 2\pi n + \phi \quad (0 \leq \phi < 2\pi) \tag{4-4}$$

式中,ϕ 为到达两测站的信号相位差。

设信号的中心频率为 ω,天线 A 接收到射电信号的时刻为 t,天线 B 接收到同一射电信号的时刻为 $t + \tau_g$,即在 t 时刻天线 B 接收到的射电信号的相位比天线 A 的射电信号滞后 $2\pi\tau_g$。因此,在 t 时刻,两天线所接收到的信号可表示为:

$$V_A(t) = \cos 2\pi\omega t, \quad V_B(t) = \cos 2\pi\omega(t - \tau_g) \tag{4-5}$$

由于 VLBI 所观测的信号频率很高,通常在 1 000MHz 以上,要将如此高的信号直接记录在磁带上,并进行相关处理是非常困难的,所以,在实际观测中,首先要利用接收机本身的本振和混频装置将信号转换为频率在几赫(Hz)到几兆赫(MHz)之间的视频信号。设天线的本振信号频率为 ω_L,若不考虑两天线本振信号频率差异以及信号经过系统后的幅度和相位变化,则经过混频和滤波后所记录的中频信号为:

$$V_A(t) = \cos 2\pi(\omega - \omega_L)t, \quad V_B(t) = \cos 2\pi[(\omega - \omega_L)t - \omega\tau_g] \tag{4-6}$$

显然,$V_A(t)$ 和 $V_B(t)$ 所对应的并不是同一波前信号。为了将两天线接收的同一信号进行相关处理,即对信号 $V_A(t)$ 和 $V_B(t + \tau_g)$ 进行相关处理,则要把天线 B 的信号样本时间序列延后 τ_g。但是,τ_g 是所要求的未知数,因而只能根据基线矢量和射电源在观测瞬间(t)

的初始位置计算出 τ_g 的概率值 τ，由信号 $V_A(t)$ 和 $V_B(t+\tau)$ 进行相关计算。经补偿后的信号为：

$$V_A(t) = \cos 2\pi(\omega - \omega_L)t, \quad V_B(t+\tau) = \cos 2\pi[(\omega - \omega_L)t - (t+\tau) - \omega\tau_g] \quad (4\text{-}7)$$

在不考虑幅度因子的情况下，两信号相乘有：

$$\begin{aligned}V_A(t) \cdot V_B(t+\tau) = &\cos[4\pi(\omega-\omega_L)t + 2\pi(\omega-\omega_L)\tau - 2\pi\omega\tau_g]\\ &+ \cos[2\pi(\omega-\omega_L)\tau - 2\pi\tau_g]\end{aligned} \quad (4\text{-}8)$$

设 R 为信号的互相关输出，则：

$$\begin{aligned}R &= \frac{1}{2T}\lim_{T\to\infty}\int_{-T}^{T} V_A(t) \cdot V_B(t+\tau)\,\mathrm{d}t \\ &= \cos 2\pi(\omega_L\tau + \omega\delta\tau)\end{aligned} \quad (4\text{-}9)$$

式中，

$$\delta\tau = \tau_g - \tau \quad (4\text{-}10)$$

式(4-9)对应的中心频率为 ω 的信号互相关输出。在实际观测中，接收的信号是有一定带宽的，若设带宽为 B，则由式(4-9)对 B 积分可得在 $\omega - \frac{B}{2}$ 至 $\omega + \frac{B}{2}$ 的带宽范围内所有频率分量总的相关输出为：

$$\begin{aligned}R &= \frac{1}{B}\int_{\omega-\frac{B}{2}}^{\omega+\frac{B}{2}} \cos 2\pi(\omega_L\tau + \omega\delta\tau)\,\mathrm{d}\omega \\ &= A\cos 2\pi(\omega_L\tau + \omega\delta\tau)\end{aligned} \quad (4\text{-}11)$$

式中，

$$A = \frac{\sin\pi B\delta\tau}{\pi B\delta\tau} \quad (4\text{-}12)$$

由式(4-11)知，甚长基线干涉仪的相关输出是一个带宽幅度因子为 A 的余弦周期函数。为简明分析其周期性质，设 $\omega_L = \omega$，$\delta\tau = 0$，则有：

$$R = \cos 2\pi\omega\tau_g \quad (4\text{-}13)$$

取 $\omega = \frac{c}{\lambda}$，和式(4-2)一起代入式(4-13)有：

$$R = \cos\left(2\pi\frac{|\boldsymbol{b}|\cos\theta}{\lambda}\right) \quad (4\text{-}14)$$

令

$$n = \frac{|\boldsymbol{b}|\cos\theta}{\lambda} \quad (4\text{-}15)$$

则

$$R = \cos 2n\pi \quad (4\text{-}16)$$

由于地球自转，θ 角在不断变化，所以 n 值也随之改变，而干涉仪的相关输出则随 n 的变化而变化。当 $n=0,\pm1,\pm2,\cdots$ 时，干涉仪输出为极大值 $R=1$，而当 $n=\pm\frac{1}{2},\pm\frac{3}{2},\cdots$ 时，输出为极小值 $R=-1$。干涉仪输出极大、极小变化就是所谓的干涉条纹。显然，基线 $|\boldsymbol{b}|$ 越长，R 的变化越快，说明干涉仪的分辨率越高。式(4-16)反映的是完全决定于干涉仪几何关系的自然条纹，而对采用独立本振的 VLBI 干涉仪来说，其实际输出不仅仅是自然条纹，还包含由于两本振的频率而产生的附加条纹。

VLBI 相关处理中，就是采用相关试探的方法不断调整 τ 的取值，进行条纹搜索，并检测出条纹输出最大时对应的 τ，将它确定为延迟观测值。

3. VLBI 技术的特点

采用原子钟控制的高稳定度的独立本振系统和磁带记录装置由两个或两个以上的天线分别在同一时刻接收同一射电源的信号，各自记录在磁带上；然后把磁带一起送到处理机中进行相关运算，求出观测值。这种干涉测量方法的优点是基线长度原则上不受限制，可长达几千公里，因而极大地提高了分辨率。

4.4.2 观测准备和实施

VLBI 观测是由两个以上天线在相距几千甚至上万公里的不同台站同时进行的。由于观测系统庞大、工作环境要求高，而天体物理、天体测量、大地测量等不同学科目的的观测，在系统的配置和工作模式的确定等方面又有很大的差别。因此，观测的组织和实施是一项专业性很强、技术难度很高的工作。为保证观测的顺利完成，认真做好测前的各项准备、观测计划的编制和系统的检测等尤为重要。

1. 观测频率和频率窗口的选择

1) 观测频率选择

通常，VLBI 天线系统都具有多波段工作能力，主要有米波、厘米波和毫米波三类。其中厘米波上的观测频率最多，对应的波长有 92cm、49cm、21cm、18cm、13cm、6cm、3.6cm、2.8cm、1.3cm 等。在观测前，首先要根据该次观测研究的目的选择相应的观测频率，并在天线系统上安装调试好相应波段的馈源和接收机系统。

为了能对电离层和日冕等与频率有关的影响进行测量和修正，并希望将这些影响与频率无关的相对论引力弯曲效应区分开来，VLBI 大地测量采用了两个相隔很远的频率。第一个频率选择在 X 波段，频率范围 8 180~8 680MHz（相应波长约为 3.6cm）；第二个频率选择在 S 波段，频率范围为 2 200~2 300MHz（相应波长约为 13.6cm）。之所以选择这两个波段，是考虑到频率太低容易受到电波的干扰，但高频率对天线面的精度要求较高。

2) 频率窗口的选择

频谱峰值左、右第一个过零点之间的距离称为主瓣，主瓣外的第一个峰值称为边瓣。我们希望主瓣的宽度越小越好，边瓣的幅度越小越好。通常为了达到最高延迟分辨率，只要选择两个频率窗口，使它们处于接收机的最高和最低端即可。这样的选择可使多通道综合带宽 $\Delta\omega_{rms}$ 最大，从而使延迟量测量误差最小。但这样做的同时增大了最坏的边瓣幅度，会引起不确定性问题。尽管在基线或射电源的预置值很精确的情况下，可允许存在边瓣问题，但在预置值精度较差的情况下，是不允许存在的。

增加频率窗口的数目可以有效地抑制边瓣的幅度，但从一起操作的观点来说，总是不希望对每天基线和每个射电源采用多个频率窗口，因而只能采用折中的方法，实现对边瓣幅度限制。合乎逻辑的选择方法是使窗口的间距都不重复，从而使边瓣的幅度最小，这种窗口的排列方式叫 Arsec 顺序。在实际工作中，为使观测跨越的频带更宽，并不严格采用 Arsec 顺序来选择窗口，其顺序可以是多个 Arsec 顺序的叠加，也可以凭经验用计算机来找，或在实际中仔细考虑后加以确定。

目前，在利用 VLBI 进行大地测量观测时，国际上通用的是在 X 波段选择 8 个频率窗口，在 S 波段选择 6 个频率窗口。之所以这样选择频率窗口，是因为 X 波段所受的电离层影响要比 S 波段小得多，在 VLBI 大地测量的参数解算中，主要以 X 波段的延迟和延迟率为基本观测量,而 S 波段的观测量仅用于技术双频电离层改正值。

2.系统性能和测量精度的预计

在制定观测计划时,要根据有关台站设备的技术指标,对组成基线的各干涉测量系统的总体性能进行估计,以便选择最佳的台站和基线组合进行观测,获得最好的观测精度。而在参加观测的台站已经确定、并且无法更换的情况下,则可通过系统性能的预计,对所要观测的射电源流量等参数提出一定的要求,以便选择最适当的射电源进行观测。所要预计的系统性能和测量精度参数主要有相关幅度、信噪比、延迟和延迟率均方根误差,首先不作推导地给出单通道和多通道观测的延迟 τ 和延迟率 $\dot{\tau}$ 观测精度的实际估算公式。

(1)单通道延迟和延迟率精度计算公式

$$\sigma_\tau = \frac{\sqrt{12}}{2\pi B \cdot \text{SNR}} \tag{4-17}$$

$$\sigma_{\dot{\tau}} = \frac{\sqrt{12}}{\omega T \cdot \text{SNR}} \tag{4-18}$$

式中,ω 为观测频率;T 为积分时间;B 为记录带宽;SNR 为系统的信号噪声比(简称信噪比)。

(2)多通道延迟和延迟率精度计算公式

$$\sigma_\tau = \frac{\sqrt{12}}{2\pi \Delta\omega_{\text{rms}} \cdot \text{SNR}} \tag{4-19}$$

$$\sigma_{\dot{\tau}} = \frac{\sqrt{12}}{\overline{\omega} T \cdot \text{SNR}} \tag{4-20}$$

式中,

$$\Delta\omega_{\text{rms}} = \left[\frac{1}{N}\sum_{i=1}^{N}(\omega_i - \overline{\omega})^2\right]^{1/2} \tag{4-21}$$

$$\overline{\omega} = \frac{1}{N}\sum_{i=1}^{N}(\omega_i) \tag{4-22}$$

其中,ω_i 为各通道的观测频率;$\Delta\omega_{\text{rms}}$ 为多通道综合带宽。

(3)系统信噪比计算公式

$$\text{SNR} = \rho_0 \sqrt{2BT} \tag{4-23}$$

$$\rho_0 = \gamma \sqrt{\frac{T_{a1} T_{a2}}{T_{s1} T_{s2}}} \tag{4-24}$$

其中,ρ_0 称为系统的相关系数和相关幅度;γ 为条纹可见度($0 \leq \gamma \leq 1$),它反映了干涉条纹的幅度随射电源结构和基线矢量的变化;T_{a1}、T_{a2} 为被观测射电源信号在天线 1 和天线 2 产生的等效温度;T_{s1}、T_{s2} 为天线系统的等效噪声温度,它由天线噪声等效温度 T'_s 和接收机噪声等效温度 T_R 两部分组成,即

$$T_s = T'_s + T_R \tag{4-25}$$

T_a 的计算公式为:

$$T_a = \eta A S_c / 2k \tag{4-26}$$

$$A = \pi \left(\frac{D}{2}\right)^2 \tag{4-27}$$

$$k = 1.38 \times 10^{-23} \text{J/K} \tag{4-28}$$

式中，η 为天线效率；D 为天线口径(m)；k 为波尔兹曼常数；S_c 为被观测射电源的流量密度，它反映了一个射电源在某一频率上的总辐射强度，以央斯基(J_y)为单位($1J_y = 10^{-26}\text{W/(m}^2 \cdot \text{Hz})$)。

将式(4-24)~式(4-28)代入式(4-23)，整理得计算 SNR 的具体公式为：

$$\text{SNR} = 2 \times 10^{-4} S D_1 D_2 \left(\frac{\eta_1 \eta_2}{T_{a1} T_{a2}} BT \right)^{1/2} \tag{4-29}$$

对于多通道观测，上式中的 B 为各通道带宽之和。

3.观测申请书和观测计划的编制

(1)观测申请书

要做 VLBI 观测，首先就是要向现有的 VLBI 网(主要是欧洲网和美国网)或有关 VLBI 台站提出观测申请书。为此，要注意掌握各网站设备的技术参数、申请截止日期以及定期发表的观测申请者须知等。目前，可进行的 VLBI 观测项目有标准的连续谱成图观测、偏振观测成图、相位参考成图、谱线 VLBI 观测、天体测量和大地测量观测等。

观测申请书中必须说明观测的科学目的、预期的结果及科学意义和以往的观测结果。另外，要给出所需的技术参数，如天线的配置、观测时间、被观测射电源的位置和流量密度、记录模式、所需的灵敏度及射电源条纹可见度等。显然，观测时间短的申请更容易获得批准和安排，如果申请的是一个很复杂的、非标准的观测，就必须另外说明如何进行互相关和相关后处理等。

申请书编制好后，需要提交给有关的人员。若只使用欧洲网，则送给欧洲网计划委员会主席；使用美国网，则送给美国网的调度员；如需使用其他望远镜，就要同所属台站的台站联系。一旦观测申请得到批准，就会安排相应的观测时间。

要说明的是，编制观测申请书主要是对某个研究个人或小组为了某一研究课题而申请观测所必需的。对于长期的或不定期的国际合作、区域合作以及双边合作观测计划，则无需为每次观测提出申请。

(2)观测计划

以大地测量和天体测量为目的的观测计划的编制主要包括以下内容：

①观测频率和频率窗口的选择。目前的观测系统已基本固定采用 X/S 双频观测，并按本节所选择的频率窗口进行多通道带宽综合。

②观测台站的选择。根据观测目的和本节所述的系统性能的预计方法，确定参加观测的台站，并提出对参加观测的射电源的流量密度要求。

③选择被观测的射电源。一组 VLBI 天测或测地观测一般要进行 1~2 天，被观测射电源有 10~20 个。这些射电源可以直接从射电源表中查取，也可以从相同目的的其他观测所采用的射电源中参考选取。被观测的射电源应满足的条件是流量密度要足够强，尽可能均匀分布，即要求分布在不同的赤经和赤纬上，以满足解算基线参数和射电源位置的要求；另外，自行要极小，一般要选择河外射电源，即角径小的"点源"，如果射电源的角径较大，会降低条纹可见度，使信噪比下降，同时，还会因射电源亮度分布的重心位置不易精确确定而导致延迟测量误差。

④编排观测时间表。先计算每个射电源相对各测站的观测共同可见时间，然后再确定各天线在什么时间观测哪颗射电源，观测时间是多少。为提高解算精度，要求在规定的时间

内有尽可能多的观测次数,一般应达到每小时 6 次,每次 5min 左右。在观测次序上,应做到不同赤经、赤纬的源轮流观测,并有大的时角和赤纬跨度,且在整个天区分布均匀。为避免大气影响的增大,天线观测仰角一般不宜低于 5°,观测表格式如下:

Start UT	Stop UT	Source	Station
10:00:00	10:30:00	3C273B	K—G—Y
10:40:00	11:25:00	3C345	K—G—Y—O
……	……	……	……

其中,K、G、Y、O 表示参加观测的台站代号。在观测时间表编好之后,还可利用有关的协方差分析优化设计软件估计有关参数的解算精度,并不断调整观测纲要,以选择一个能获得最佳观测和解算精度的观测时间表。

⑤编制观测文件。目前,几乎所有的观测都需要计算机刻度的观测文件,这是因为在观测天线系统和记录终端都是由计算机按观测文件来控制运行的。观测文件可由观测的组织者在微机上利用 PC-SCHED 软件编制。文件包含的主要参数有台站名(代号)、射电源名、观测时间表、观测频率、所需带宽、记录模式等。PC-SCHED 软件可把上述参数变为各台站能接受的 Snap 语言观测文件。观测组织者将它拷贝在软盘上,在观测前寄给各参加观测的台站,输入到 VLBI 站的主控计算机中,以进行观测前准备可控观测的实施。

(3) 观测系统的检测

参加 VLBI 观测的台站之间的距离一般都为几千公里。为获得预期的观测结果,在观测前和观测过程中都必须十分小心,在观测前,对整个系统的检测是非常重要的,其检测的项目主要有:

①检测天线指向。对于大中型天线,由于重力、温度等的影响,将会使天线的指向发生误差。指向有误差就会使接收信号的幅度下降,甚至接收不到。但由于 MARK III 系统属于数字化记录系统,信号总功率信息已经丢失,从单站磁带记录数据中无法判断天线是否指向被观测的射电源。因此,在观测前,必须对天线指向做仔细的检测,这通常是用观测强射电源来进行的。对指向精度的要求则取决于单天线的束宽,对于 25m 的天线,其半功率束宽为 $1.5'\lambda$(波长 λ 以厘米为单位)。

②检测馈源偏振的一致性。目前,测地 VLBI 观测通常采用右旋圆偏振接收,所以要检查参加观测的各站馈源是否均采用了相同的偏振状态。如果两台天线均为主焦式馈源,或均为卡焦式馈源,则要求馈源同为右旋或左旋圆偏振;如果一台为主焦式,另一台为卡焦式,则两天线的馈源应分别是右旋和左旋的。因为经过一次反射后,圆偏振的方向就要改变一次。

③检查接收的射频信号是否一致。参加观测的每个台站都必须记录相同的频率和边带,否则就得不到干涉条纹,因为不同频率的射电辐射是互相独立的。

④检测独立本振的相干性。采用独立本振是 VLBI 的基本特点,它的性能是否良好直接影响观测的成败或质量的好坏。一种有效的检测方法是采用一个辅助小天线组成干涉仪,采用独立本振观测强射电源,用相关器实时进行相干计算并显示。如果获得干涉条纹,并且信噪比与理论值相符,则说明独立本振系统工作正常,相干性良好。

⑤检测时间同步是否准确。观测前,各台站必须通过时间比对,测定相对于同一标准时间系统的钟差和钟速(频率差),以使各台站时间精确同步。

⑥检测记录终端的工作是否正常。它包括检测数字钟、时刻同步、格式编码、时刻信号

和噪声电平,以及磁带记录器等是否符合要求。

上述几个方面的观测前的检测工作是十分重要的,任一方面出错均会导致整个观测的失败,因而要认真对待。

4.观测实施

目前,VLBI 测地观测的大部分工作都由计算机自动控制进行。这些工作包括天线指向控制、观测频率、边带及记录磁道的设置、磁带机的起、停、正转反转及记录、系统噪声测量以及电缆延迟、相位校正数据、气象数据的采集等。观测人员的工作则是在测前准备好完成上述工作的计算机控制程序,以及在即将开始观测时启动这些程序,并在观测进行中更换磁带、清洗磁头等。观测结束后,将产生一个观测记录文件,观测人员要将该文件转录到软盘或磁带上,随同数据记录磁带一起运至 VLBI 数据处理中心进行相关处理。

4.4.3 VLBI 数据处理的基本过程

1.数据的相关处理

VLBI 观测所记录的实验数据首先将被送往数据处理中心进行相关处理,以获得进一步进行数据分析和研究所需的延迟和延迟率等观测结果。相关处理的处理过程是分两部进行的,首先将两台站所接收到的信号进行互相关,获得每个短积分期间内的相关函数;然后再进行条纹搜索和拟合,获得延迟和延迟率等观测值。

信号的互相关是由互相关处理程序来完成的。此程序根据实验参数计算相关处理所需的各预置值,把它们转换成相关器所需要的形式,控制处理系统磁带机的起、停及同步,控制与相关器的数据交换,在显示终端显示校正相位及每个短积分期间内的相关函数,并记录下互相关处理的结果以供进一步处理。

条纹搜索是由条纹搜索程序来完成的。它根据互相关程序的输出结果(通常以文件形式存储于磁盘或磁带中)进行一系列的傅立叶变换和插值,找出干涉条纹并将延迟分辨函数绘成图形,求出最后通过拟合算得的延迟、延迟率等观测结果。所以这些观测结果将存入一个相应产生的数据库文件中,并被输出到标准的半英寸磁带上,供存档和其他用户进行数据分析用。

2.天文和大地参数解算

参数解算是以相关处理所获得的数据库为基础的,借助于有关的软件系统来完成的。其原理就是利用观测所获得的所以延迟和延迟率观测量,建立起对应的观测误差方程,并利用最小二乘原理或卡尔曼滤波原理解算误差方程,得到所需的天文和大地参数。下面简单说明 VLBI 观测方程的建立及参数解算过程。

设 VLBI 的基本观测方程为:

$$\boldsymbol{O}_t = C(\boldsymbol{X}, t) + \boldsymbol{V}_t \tag{4-30}$$

式中,$\boldsymbol{O}_t$ 是在 t 时刻所获得的延迟和延迟率观测量;$\boldsymbol{X}$ 是由与观测量有关的参数组成的向量;$C(\boldsymbol{X}, t)$ 为参数 $\boldsymbol{X}$ 对观测量 $\boldsymbol{O}_t$ 影响的数学模型,也称观测量的理论值;$\boldsymbol{V}_t$ 是观测量的噪声残差向量。设参数 $\boldsymbol{X}$ 由先验值 $\boldsymbol{x}_0$ 和改正值 $\boldsymbol{x}$ 两部分组成,则对观测方程线性化有:

$$\boldsymbol{O}_t = C(\boldsymbol{x}_0, t) + \frac{\partial(\boldsymbol{X}, t)}{\partial \boldsymbol{X}}\bigg|_{x_0} \cdot \boldsymbol{x} + \boldsymbol{V}_t \tag{4-31}$$

由上式整理得线性化观测方程为:

$$\boldsymbol{y}_t = \boldsymbol{A}_t \boldsymbol{x}_t + \boldsymbol{V}_t \tag{4-32}$$

其中，$y_t = O_t - C(x_0, t)$，是 t 时刻的观测值与理论值之差；A_t 为偏导系数矩阵，它与参数值相对于观测值的变换有关。

若将所得观测方程用矩阵的形式表示，则有：

$$Y = Ax + V \tag{4-33}$$

并设观测权阵为 P，则根据最小二乘理论可求出参数的修正值为：

$$x = (A^T PA)^{-1} PA^T Y \tag{4-34}$$

由此可知，参数解算主要包括三方面工作：

（1）计算延迟和延迟率的理论模型 $C(X, t)$，由参数的先验值求出理论值 $C(x_0, t)$。显然，理论模型越完善，所给出的参数先验值越精确，计算出的理论值越可靠。

（2）参数偏导系数阵 A_t 的计算。

（3）参数改正值 x 的解算。其中第（1）、（2）项工作在实际的数据处理中是由理论模型来计算的。

4.5 数学物理模型

由于 VLBI 延迟观测量的精度已经达到 5×10^{-11} s，而相对论效应对延迟的影响在 10^{-8} s 量级上。因此，实际数据处理中采用的延迟和延迟率计算模型必须用相对论的时空理论来建立。本节将介绍 VLBI 数据延迟和延迟率模型的建立。

4.5.1 时间延迟和延迟率计算模型

1. 时间延迟计算模型

如图 4-10 所示，为在相对论时空框架下推导出 VLBI 时间延迟计算公式，设事件 1 和事件 2 分别是同一射电源到达天线 1 和天线 2 的对应事件。事件 1 在太阳系质心天球坐标系和地心天球坐标系中的坐标分别为 $(ct_1, X_1(t_1))$ 和 $(c\tau_1, x_1(\tau_1))$，事件 2 在两坐标系中的坐标为 $(ct_2, X_2(t_2))$ 和 $(c\tau_2, x_2(\tau_2))$。下面先导出太阳系质心坐标系中的时间延迟模型，然后利用质心坐标系与地心坐标系的转换关系建立地心坐标系中的时间延迟模型。

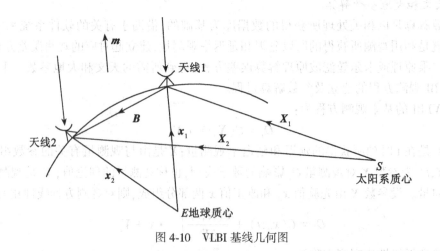

图 4-10　VLBI 基线几何图

（1）太阳系质心坐标系中的延迟表达式

由图 4-10 可知,以质心坐标时表示的时间延迟为:

$$\Delta t = t_2 - t_1$$
$$= -[X_2(t_2) - X_1(t_1)] \cdot \mu/c + \Delta t_g + \Delta t_p \tag{4-35}$$

式中,等号右端第一项为几何延迟;Δt_g 为引力延迟;Δt_p 为传播介质延迟;单位矢量 μ 为被观测射电源在质心坐标系中的方向,由下式计算,

$$\mu = \begin{bmatrix} \cos\delta\cos\alpha \\ \cos\delta\sin\alpha \\ \sin\delta \end{bmatrix} \tag{4-36}$$

其中,(α,δ) 为射电源的赤纬和赤经。

将 t_2 以 t_1 和 Δt 表示,则有:

$$X_2(t_2) = X_2(t_1 + \Delta t)$$
$$= X_2(t_1) + V_2\Delta t + \cdots \tag{4-37}$$

式中,V_2 为 t_1 时刻天线 2 在太阳系质心坐标系中的速度。定义两天线在质心坐标系中组成的基线矢量为:

$$B = X_2(t_1) - X_1(t_1) \tag{4-38}$$

并设

$$\Delta t_0 = -(B \cdot \mu)/c \tag{4-39}$$

将式(4-37)~式(4-39)代入式(4-34)有:

$$\Delta t = (\Delta t_0 + \Delta t_g + \Delta t_p)/[(1 + V_2 \cdot \mu)/c] \tag{4-40}$$

将上式按级数展开,略去小于 10^{-12} 秒的各项,有:

$$\Delta t = \Delta t_0[(1 - V_2 \cdot \mu)/c + (V_2 \cdot \mu)^2/c^2] + \Delta t_g + \Delta t_p \tag{4-41}$$

上式即为质心坐标系下的时间延迟表达式。由于 VLBI 观测是在地球上进行的,观测和记录所采用的是原子时,同时用地心坐标系表示地面天线的位置比用质心坐标系更为方便。因此,有必要给出在地心坐标系中的时间延迟表达式。

(2)质心坐标系与地心坐标系的转换关系

由式(4-36)所给出的质心坐标系与地心坐标系的变换关系,建立两坐标系之间坐标差和时间差的关系。将事件 1 对应的质心坐标和地心坐标代入式(4-36)有:

$$\begin{cases} X_1(t_1) = X_E(t_1) + x_1(\tau_1) - V_E[V_E \cdot x_1(\tau_1)]/2c^2 - (\psi/c^2)x_1(\tau_1) \\ t_1 = \int^{\tau_1}(1 + \psi/c^2 + V_E^2/2c^2)d\tau + [V_E \cdot x_1(\tau_1)]/2c^2 \end{cases} \tag{4-42}$$

将事件 2 对应的质心坐标与地心坐标代入式(4-36)有:

$$\begin{cases} X_2(t_2) = X_E(t_2) + x_2(\tau_2) - V_E[V_E \cdot x_2(\tau_2)]/2c^2 - (\psi/c^2)x_2(\tau_2) \\ t_2 = \int^{\tau_2}(1 + \psi/c^2 + V_E^2/2c^2)d\tau + [V_E \cdot x_2(\tau_2)]/2c^2 \end{cases} \tag{4-43}$$

式(4-43)与式(4-42)相减并忽略 V_E 在 t_1 与 t_2 之间的变化,则有:

$$\begin{cases} \Delta X = \Delta x - V_E(V_E \cdot \Delta x)/2c^2 - (\psi/c^2)\Delta x + V_E\Delta t \\ \Delta t = (1 + \psi/c^2 + V_E^2/2c^2)\Delta\tau + (V_E \cdot \Delta x)/c^2 \end{cases} \tag{4-44}$$

式中,

$$\Delta t = t_2 - t_1 \tag{4-45}$$
$$\Delta\tau = \tau_2 - \tau_1 \tag{4-46}$$

$$\Delta X = X_2(t_2) - X_1(t_1) \tag{4-47}$$

$$\Delta x = x_2(t_2) - x_1(t_1) \tag{4-48}$$

将式(4-44)中的第二式代入第一式等号右端,忽略 10^{-5} m 的各项,则有:

$$\Delta X = \Delta x + V_E(V_E \cdot \Delta x)/2c^2 - \psi \Delta x/c^2 + V_E \cdot \Delta \tau \tag{4-49}$$

$$\Delta t = (1 + \psi/c^2 + V_E^2/2c^2)\Delta \tau + (V_E \cdot \Delta x)/c^2 \tag{4-50}$$

(3) 地心坐标系中的延迟表达式

设事件 3 为天线 2 在 τ_1 时刻的位置,它在地心坐标系中的坐标为 $(c\tau_1, x(\tau_1))$,在太阳质心坐标系中的坐标为 $(ct_1', X_2(t_1'))$。对事件 1 和事件 3 有:

$$\Delta \tau(e_3, e_1) = 0 \tag{4-51}$$

$$\Delta x(e_3, e_1) = x_2(\tau_2) - x_1(\tau_1) = \boldsymbol{b} \tag{4-52}$$

$$\Delta t(e_3, e_1) = t_1' - t_1 \tag{4-53}$$

$$\begin{aligned}\Delta X(e_3, e_1) &= X_2(t_1') - X_1(t_1) \\ &= X_2(t_1) - X_1(t_1) + V_2(t_1' - t_1) \\ &= \boldsymbol{B} + V_2(t_1' - t_1)\end{aligned} \tag{4-54}$$

将式(4-51)~式(4-53)代入式(4-50)有:

$$t_1' - t_1 = (V_E \cdot \boldsymbol{b})/c^2 \tag{4-55}$$

将式(4-55)代入式(4-54)有:

$$\Delta X(e_3, e_1) = \boldsymbol{B} + V_2(V_E \cdot \boldsymbol{b})/c^2 \tag{4-56}$$

由式(4-49)、式(4-52)和式(4-56)可得:

$$\boldsymbol{B} = \boldsymbol{b} + V_E(V_E \cdot \boldsymbol{b})/2c^2 - \psi \boldsymbol{b}/c^2 - V_2(V_E \cdot \boldsymbol{b})/c^2 \tag{4-57}$$

将式(4-57)代入式(4-39),并设

$$\Delta \tau_0 = -(\boldsymbol{b} \cdot \boldsymbol{\mu})/c \tag{4-58}$$

有:

$$\Delta t_0 = \Delta \tau_0 (1 - \psi/c^2) - (V_E \cdot \boldsymbol{\mu})(V_E \cdot \boldsymbol{b})/2c^3 + (V_2 \cdot \boldsymbol{\mu})(V_E \cdot \boldsymbol{b})/c^3 \tag{4-59}$$

再将式(4-59)代入式(4-41),并取

$$V_2 = V_E + v_2 + O(v_2 \cdot 10^{-8}) \tag{4-60}$$

其中,v_2 为天线 2 在地心坐标系中的速度;$O(v_2 \cdot 10^{-8})$ 表示忽略的项的量级为 $v_2 \cdot 10^{-8}$,由此可得:

$$\begin{aligned}\Delta t = \Delta \tau_0 [&1 - (V_E + v_2)\boldsymbol{\mu}/c + (V_E \cdot \boldsymbol{\mu})^2/c^2 + 2(V_E \cdot \boldsymbol{\mu})(V_2 \cdot \boldsymbol{\mu})/c^2 \\ &- \psi/c^2] + (V_E \cdot \boldsymbol{\mu})(V_E \cdot \boldsymbol{b})/2c^3 + (V_E \cdot \boldsymbol{b})(v_2 \cdot \boldsymbol{\mu})/c^3 + \Delta t_g + \Delta t_p\end{aligned} \tag{4-61}$$

同理,对于事件 2 和事件 3 有:

$$\Delta \tau = \Delta t [1 - \psi/c^2 - V_E^2/2c^2 - (V_E \cdot v_2)^2/c^2] - (V_E \cdot \boldsymbol{b})/c^2 \tag{4-62}$$

由式(4-62)和式(4-61)可得:

$$\begin{aligned}\Delta \tau = \Delta \tau_0 [&1 - (V_E + v_2)\boldsymbol{\mu}/c + (V_E \cdot \boldsymbol{\mu})^2/c^2 + 2(V_E \cdot \boldsymbol{\mu})(V_2 \cdot \boldsymbol{\mu})/c^2 \\ &- 2\psi/c^2 - V_E^2/2c^2 - (V_E \cdot v_2)^2/c^2] - (V_E \cdot \boldsymbol{b})/c^2 \\ &+ (V_E \cdot \boldsymbol{\mu})(V_E \cdot \boldsymbol{b})/2c^3 + (V_E \cdot \boldsymbol{b})(v_2 \cdot \boldsymbol{\mu})/c^3 + \Delta t_g + \Delta t_p\end{aligned} \tag{4-63}$$

上式即为常用的 VLBI 时间延迟计算模型,即 Zhu-Groten 模型。

2. 时间延迟率计算模型

以地心坐标时表示的延迟率被定义为:

$$\Delta\dot{\tau} = \frac{\partial \Delta\tau}{\partial \tau} \tag{4-64}$$

因此,由式(4-63)对时间微分便可得延迟率的计算公式为:

$$\Delta\dot{\tau} = \Delta\dot{\tau}_0[1 - (V_E + v_2) \cdot \mu/c + (V_E \cdot \mu)^2/c^2 + 2(V_E \cdot \mu)(v_2 \cdot \mu)/c^2$$
$$- \psi/c^2 - (\psi + V_E^2/2)/c^2 - (V_E \cdot v_2)/c^2] - \Delta\dot{\tau}_0(A_E + a_2) \cdot \mu/c \tag{4-65}$$
$$- (A_E \cdot b)/c^2 + (V_E \cdot b)(v_2 \cdot \mu)/c^3 + \Delta\dot{i}_g + \Delta\dot{i}_p$$

其中,

$$\Delta\dot{\tau}_0 = -(v_2 - v_1)\mu/c \tag{4-66}$$

式中,A_E 为地心在太阳系质心坐标系中的加速度;a_2 为天线2在地心坐标系中的加速度。

3. 引力延迟模型

经典物理认为,光在平直空间中的传播速度是不变的数值 c,但相对论认为,当存在引力场时,光的坐标速度就不再是一个常数了。这表示在引力场中光从一点传播到另一点所经历的时间间隔并不是两点间的欧氏距离除以 c,其差异就称为引力时延。

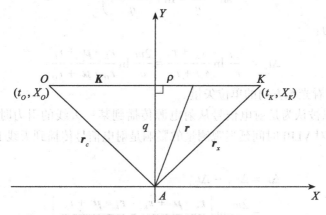

图 4-11 引力延迟示意图

为简便推导出引力的时延计算模型,选取图4-11所示的坐标系。首先选 XY 平面为光线所在的平面,引力体中心 A 为坐标系原点,X 轴的取向使光线从光源 K 沿 X 轴负方向传播到观测者 O。由此,从施瓦西各向同性坐标系出发,可得光线的传播时间与坐标系的微分关系为:

$$c\frac{dt}{dx} = -\left(1 + \frac{1 + 2m}{r}\right) \tag{4-67}$$

式中,r 为光线传播路径上的一点到引力体中心的距离;m 为引力体 A 的引力半径,即

$$m = \frac{GM_A}{c^2} \tag{4-68}$$

对式(4-67)积分,积分下限是光源,上限是观测者,于是有:

$$\int_{t_K}^{t_O} c\,dt = \int_{x_K}^{x_O} -\left(1 + \frac{1 + 2m}{r}\right)dx$$

$$c(t_O - t_K) = (x_K - x_O) + \int_{x_K}^{x_O} \frac{2m}{r}dx \tag{4-69}$$

设 q 为光线到引力中心 A 的距离,则有:

$$r = \sqrt{x^2 + q^2} + O(m) \tag{4-70}$$

将式(4-70)代入式(4-69),若取到 m 的一次幂,有:

$$(t_O - t_K) = \frac{(x_K - x_O)}{c} + \frac{2m}{c} \int_{x_O}^{x_K} \frac{\mathrm{d}x}{\sqrt{x^2 + q^2}} \tag{4-71}$$

上式等号右端第一项为平直空间中光线的传播时间,第二项是引力场造成的引力时延,记为 Δt_g,对该项积分可得:

$$\Delta t_g = \frac{2m}{c}\left(\mathrm{sh}^{-1}\frac{x_K}{q} - \mathrm{sh}^{-1}\frac{x_O}{q}\right) \tag{4-72}$$

其中 sh^{-1} 为反双曲正弦函数,有:

$$\mathrm{sh}^{-1}\frac{x_K}{q} = \ln\left(\frac{x_K}{q} + \sqrt{1 + \frac{x_K^2}{q^2}}\right) = \ln\left(\frac{x_K + r_K}{q}\right) \tag{4-73}$$

$$\mathrm{sh}^{-1}\frac{x_O}{q} = \ln\left(\frac{x_O + r_O}{q}\right) \tag{4-74}$$

于是式(4-72)成为:

$$\Delta t_g = \frac{2m}{c}\ln\frac{x_K + r}{x_O + r_O} = \frac{2m}{c}\ln\frac{r_K \cdot \boldsymbol{\mu} + r_K}{r_O \cdot \boldsymbol{\mu} + r_O} \tag{4-75}$$

其中,$\boldsymbol{\mu}$ 为观测者看光源方向的单位矢量。

式(4-75)可以被认为是射电信号从射电源传播到某一天线的引力时延,对于 VLBI 观测而言,引力时延对 VLBI 时间延迟观测量的影响是射电信号传播到天线1到天线2的引力时延差,即

$$\begin{aligned}\Delta t_g &= \Delta t_{g2} - \Delta t_{g1} \\ &= \frac{2m}{c}\ln\left[\frac{\boldsymbol{r}_K \cdot \boldsymbol{\mu} + r_K}{\boldsymbol{r}_2 \cdot \boldsymbol{\mu} + r_2} - \frac{\boldsymbol{r}_K \cdot \boldsymbol{\mu} + r_K}{\boldsymbol{r}_1 \cdot \boldsymbol{\mu} + r_1}\right] \\ &= \frac{2m}{c}\ln\frac{\boldsymbol{r}_1 \cdot \boldsymbol{\mu} + r_1}{\boldsymbol{r}_2 \cdot \boldsymbol{\mu} + r_2}\end{aligned} \tag{4-76}$$

IERS 标准(1996)中指出,在 VLBI 数据处理中,要考虑太阳、地球和木星所引起的引力时延影响。设 x_A 为引力体 A 在地心坐标系中的位置矢量,则 VLBI 的引力时延模型可写为:

$$\Delta t_g = 2\sum_A \frac{GM_A}{c^3}\ln\frac{(\boldsymbol{x}_1 - \boldsymbol{x}_A)\cdot \boldsymbol{\mu} + |\boldsymbol{x}_1 - \boldsymbol{x}_A|}{(\boldsymbol{x}_2 - \boldsymbol{x}_A)\cdot \boldsymbol{\mu} + |\boldsymbol{x}_2 - \boldsymbol{x}_A|} \tag{4-77}$$

4. 用于偏导数计算的时间延迟和延迟率公式

由式(4-31)知,偏导数系数矩阵 A 是通过对观测方程的右函数 $C(x,t)$ 求偏导数得到的。利用 VLBI 时间延迟和延迟率观测量建立方程时,其右函数就是本节所推导的时间延迟和延迟率计算模型。直接对这些高精度的、复杂的数学模型求偏导,一方面是非常繁琐和困难的;另一方面,就建立偏导数系数矩阵 A 来说也是没有必要的。因为在数据处理中,实际解算的是参数 X 的改正值 x,它是一个微小量,因而对 A 的精度要求也不高。例如,当 A 的精度为 10^{-4} 时,若参数改正值为 1m,则由 A 引起的误差只有 10^{-4}m。这就使得我们可以在不影响 x 的解算精度的前提下尽可能简化右函数,以方便地求出它对各参数的偏导数。

利用式(4-63)和式(4-55),我们给出两组用于偏导数计算的时间延迟和延迟率公式为:

$$\begin{cases} \Delta\tau = \Delta\tau_0 + \Delta t_g + \Delta t_p \\ \Delta\dot\tau = \Delta\dot\tau_0 + \Delta \dot i_g + \Delta \dot i_p \end{cases} \quad (4\text{-}78)$$

$$\begin{cases} \Delta\tau = \Delta\tau_0[1 - (V_E + v_2) \cdot \mu/c] - (V_E \cdot b)/c^2 + \Delta t_g + \Delta t_p \\ \Delta\dot\tau = \Delta\dot\tau_0[1 - (V_E + v_2) \cdot \mu/c] + \Delta \dot i_g + \Delta \dot i_p \end{cases} \quad (4\text{-}79)$$

式中,$\Delta\tau_0$、$\Delta\dot\tau_0$ 分别由式(4-58)和式(4-66)给出。由式(4-78)计算的偏导数的精度为 10^{-4},由式(4-79)计算的偏导数的精度可达 10^{-7}。

4.5.2 台站坐标和延迟观测量改正模型

1. 潮汐对坐标的影响

由于潮汐的影响,地面 VLBI 天线在地球坐标系中的位置将随时间而变化,因此必须加以改正。目前对潮汐影响的研究已很深入,在 VLBI 数据处理中的潮汐有固体潮、海潮、极潮、大气负载潮等。

(1) 固体潮改正模型

在日月引力作用下,地球固体面会产生周期性的涨落,称为固体潮。它是地球弹性形变的一种表现,由这一潮汐形变引起的台站位移可达几十厘米。其改正模型为:

$$\Delta x_0 = \sum_{A=2}^{3} \left(\frac{GM_A |r|^4}{GM_E |r_E|^4} \right) \{ [3l_2(<r_A><r>)] <r_A> \\ + \left[3\left(\frac{h_2}{2} - l_2 \right)(<r_A><r>)^2 - \frac{h_2}{2} \right] <r> \} \quad (4\text{-}80)$$

式中,GM_A 是月亮($A=2$)或太阳($A=3$)的引力系数;GM_E 是地球的引力系数;r_A 是观测瞬间月亮和太阳在地球坐标系中的地心位置矢量;r 为地面台站在地球坐标系中的位置矢量;h_2、l_2 分别为标称二次 Love 数和 shida 数;符号 $\langle\rangle$ 表示取单位矢量。

如果 h_2 和 l_2 的标称值分别为 0.609 0 和 0.085 2,径向位移截至 0.005m,那么考虑 K_1 频率项改正,它可作为台站高度的周期变化来实现,即

$$\delta h = -0.025\,3\sin\varphi\cos\varphi\sin(GMST + \lambda) \quad (4\text{-}81)$$

δh 对应的台站位移在地球坐标系中的变化可由地平坐标系转换过来,即

$$\Delta r_1 = R_Z(-\lambda) R_Y(\varphi) \begin{bmatrix} \delta h \\ 0 \\ 0 \end{bmatrix} \quad (4\text{-}82)$$

λ 和 φ 为地面点对应的地球坐标系的经度和纬度;R_Y 和 R_Z 为旋转矩阵。

固体潮的影响除了使台站产生周期性的位移外,其引潮位的零频项还将引起台站位移的永久性位移。如果仍取 h_2、l_2 的标称值为 0.609 0 和 0.085 2,那么被引进的永久性形变为:

径向方向: $U_r = -0.120\,83\left(\dfrac{3}{2}\sin^2\varphi - \dfrac{1}{2}\right)$ (4-83)

南北方向: $U_{NS} = -0.005\,071\cos\varphi\sin\varphi$ (4-84)

将 U_r、U_{NS} 转换为台站坐标系在地球坐标系中的变化为:

$$\Delta \boldsymbol{r}_2 = \boldsymbol{R}_Z(-\lambda)\boldsymbol{R}_Y(\varphi)\begin{bmatrix} U_r \\ 0 \\ U_{NS} \end{bmatrix} \quad (4\text{-}85)$$

在标称台站坐标系可能包括、也可能不包括永久性台站位移,这取决于发表的台站坐标是如何处理的,当坐标系基线在厘米级上比较时,必须注意一致地处理这项改正。

(2)海潮负载改正模型

由于日月引力的作用,实际海平面相对于平均海平面具有周期的潮汐变化,即海潮。地壳对海潮这种海水质量重新分布所产生的弹性相应通常称为海潮负载。海潮负载会使地面点产生位移,这种影响比固体潮影响要小,而且不像固体潮那样有规律性,它对台站位移的影响可达几厘米量级。海潮负载引起的台站位移改正是分潮波进行的。由各潮波的海潮图和格林函数计算得一测站的潮波径向、东西、南北向的幅度($A_i^r, A_i^{EW}, A_i^{NS}$)和相对于格林尼治子午线的相位滞后角($\delta_i^r, \delta_i^{EW}, \delta_i^{NS}$),最后的改正为各潮波的叠加:

$$\Delta \boldsymbol{r}_{ocn} = \sum_{i=1}^{N} \begin{bmatrix} A_i^r \cos(\omega_i t' + \varphi_i + \delta_i^r) \\ A_i^{EW} \cos(\omega_i t' + \varphi_i + \delta_i^{EW}) \\ A_i^{NS} \cos(\omega_i t' + \varphi_i + \delta_i^{NS}) \end{bmatrix} \quad (4\text{-}86)$$

式中,ω_i 为分潮波的频率;φ_i 为历元时刻分潮波的天文幅角;t' 为以秒为单位的世界时。目前只考虑 11 个主潮波($N=11$),这些潮波对应的 ω_i 和 φ_i 列于表 4-2 中。

表 4-2　　　　　　　　　　　海潮各分潮波的频率和幅度

半日波	M_2	S_2	N_2	K_2
$\omega/(10^{-4}\text{rad/s})$	1.405 19	1.454 44	1.378 80	1.458 42
$\varphi(°)$	$2h_0 - 2s_0$	0	$2h_0 - 3s_0 + p_0$	$2h_0$
全日波	K_1	O_1	P_1	Q_1
ω	0.729 21	0.675 98	0.725 23	0.649 59
φ	$h_0 + 90°$	$h_0 - 2s_0 - 90°$	$-h_0 - 90°$	$h_0 - 3s_0 + p_0 - 90°$
长期项	M_f	M_m	S_{sn}	
ω	0.053 234	0.026 392	0.003 982	
φ	$3s_0$	$s_0 - p_0$	$2h_0$	

表中,h_0、S_0、P_0 分别为在格林尼治对应的太阳平黄经、月亮平黄经和月亮近地点的平黄经,它们的计算公式为:

$$h_0 = 280.465\ 913 + 36\ 000.768\ 930\ 485t + 3.03 \times 10^{-4} t^2 \quad (4\text{-}87)$$

$$S_0 = 218.316\ 276 + 481\ 267.883\ 141\ 37t - 0.001\ 133 t^2 + 1.9 \times 10^{-6} t^3 \quad (4\text{-}88)$$

$$P_0 = 127.205\ 64 + 4\ 069.030\ 429\ 575t - 0.010\ 325 t^2 - 1.2 \times 10^{-5} t^3 \quad (4\text{-}89)$$

式中,t 是由 J2000.0 年起算的儒略世纪数,它被定义为 $t = (\text{JD}_{TT} - 2\ 451\ 545.0\text{TT})/36\ 525.0$,这里 JD_{TT} 表示观测瞬间的地球动力学时所对应的儒略日数;$2\ 451\ 545.0\text{TT}$ 表示地球动力学时公元 2000 年 1 月 1 日 12 时所对应的儒略日数。

(3)大气负载潮改正模型

大气压分布随时间的变化也将导致地壳的形变,它将使 VLBI 基线产生毫米量级的季节性变化。目前对大气负载影响的认识还不是很完善,只给出了它引起台站位置径向位移变化的一个简化表达式,且只与台站瞬时气压以及周围半径为 2 000km 圆形区域上的平均气压有关,这一径向位移为(以 mm 为单位):

$$\Delta h = -0.35P - 0.55\overline{P} \tag{4-90}$$

其中,P 是台站所在地的压力异常;$\overline{P}$ 为半径 2 000km 圆形区域内的平均压力异常;P、$\overline{P}$ 均以 mber 为单位,这个位移的参考点是标准大气压(1 013mbar)下的台站位置。

台站附近的二维表面压力分布为:

$$P(x,y) = A_0 + A_1 x + A_2 y + A_3 xy + A_4 x^2 + A_5 y^2 \tag{4-91}$$

其中,x、y 是由台站到所考虑点的东向和北向距离。$\overline{P}$ 可由下式积分得到:

$$\overline{P} = \iint \mathrm{d}x \mathrm{d}y P(x,y) \Big/ \iint \mathrm{d}x \mathrm{d}y \tag{4-92}$$

$$\overline{P} = A_0 + (A_3 + A_5)R^2/4 \tag{4-93}$$

式中,

$$R^2 = (x^2 + y^2) \tag{4-94}$$

系数 $A_0 \sim A_5$ 由现有气象数据的二次拟合确定。

(4)极潮改正模型

极潮指地壳对自转轴指向漂移的弹性响应,极潮位移取决于 VLBI 观测瞬间自转轴与地壳的交点。由极潮引起的最大位移约为 1~2cm,它所引起的台站位置在径向、南北向和东西向的位移为(以 mm 为单位):

$$\begin{cases} S_r = -32\sin 2\varphi(x_P \cos\lambda - y_P \sin\lambda) \\ S_{NS} = 9\cos 2\varphi(x_P \cos\lambda - y_P \sin\lambda) \\ S_{EW} = 9\cos\varphi(x_P \sin\lambda + y_P \cos\lambda) \end{cases} \tag{4-95}$$

式中,x_P、y_P 为以角秒为单位的极坐标。

由式(4-86)、式(4-90)和式(4-95)所计算的各项台站位移改正都是在地面坐标系中表示的,它们都还要由 $r_{地球} = R_Z(-\lambda)R_Y(\varphi)r_{地面}$ 转换成地球坐标系中的变化,从而对台站坐标进行改正。

2.板块运动引起的台站坐标变化

构成地球表面的板块构造运动将引起台站坐标的变化,对于一些正常观测的台站,这种变化可达 5cm/年或更大。在 VLBI 数据处理中,首先采用板块运动模型是由 Minster 和 Jordan(1978)建立的 AMO-2 模型,表 4-3 列出了该模型所给出的全球 11 个板块的旋转速度。设板块 j 上的某一台站在 t_0 时刻对应的坐标为 (x_0, y_0, z_0),考虑了板块运动的影响后,在 t 时刻的坐标为 (x,y,z),则有:

$$\begin{bmatrix} x \\ y \\ z \end{bmatrix} = \begin{bmatrix} x_0 \\ y_0 \\ z_0 \end{bmatrix} + k \begin{bmatrix} 0 & -\Omega_{jz} & \Omega_{jy} \\ \Omega_{jz} & 0 & -\Omega_{jx} \\ -\Omega_{jy} & \Omega_{jx} & 0 \end{bmatrix} \begin{bmatrix} x_0 \\ y_0 \\ z_0 \end{bmatrix} \Delta t \tag{4-96}$$

式中,k 为将 Ω_{jx}、Ω_{jy}、Ω_{jz} 化为以 rad/年为单位所乘的系数,$k = 1.745\ 329\ 2 \times 10^{-8}$;$\Delta t =$

$t - t_0$,以年为单位。

表4-3　　　　　　　　　　AMO-2板块运动模型旋转矢量　　　　　　　　　（单位:rad/ma）

板块简称	Ω_x(x旋转速度)	Ω_y(y旋转速度)	Ω_z(z旋转速度)	板块名称
AFRC	0.000 99	−0.003 36	0.004 19	Africa
ANTA	−0.000 92	−0.001 66	0.003 77	Antarctica
ARAB	0.004 87	−0.002 92	0.006 52	Arabia
CARB	−0.000 49	−0.000 99	0.001 88	Caribbea
COCO	−0.011 12	−0.022 4	0.012 66	Cocos
EURA	−0.000 54	−0.002 77	0.003 42	Eurasia
INDI	0.008 44	0.004 37	0.007 53	India
NAZC	−0.001 59	−0.009 30	0.011 01	Nazca
NOAM	0.000 58	−0.003 98	−0.000 25	N.America
PCFC	−0.002 14	0.005 44	−0.011 44	Pacific
SOAM	−0.000 98	−0.001 86	−0.001 51	S.America

IERS标准(1992)推荐了由Demets等人(1990)建立的一个新的板块运动模型,即NUVEL-NRR1模型,它将AMO-2中的India板块分成India和Australia两个板块,并另外增加了两个板块Juan de Fuca和Philippine。目前,最新的板块运动模型是Demets等人(1994)建立的NNR-NUVEL1A模型。这两个模型的旋转速度分别列在表4-4和表4-5中。

板块运动引起的大地坐标(B,L)的变化可由下式计算:

$$\begin{bmatrix} \Delta L \\ \Delta B \end{bmatrix} = k \begin{bmatrix} -\dfrac{\Omega_y}{\cos\theta}\tan B\sin(\theta + L) + \Omega_E \\ -\dfrac{\Omega_y}{\cos\theta}\cos(\theta + L) \end{bmatrix} \quad (4\text{-}97)$$

式中,

$$\theta = \tan^{-1}\dfrac{\Omega_x}{\Omega_y} \quad (4\text{-}98)$$

Ω_x、Ω_y、Ω_z为台站所在板块的旋转速度。

表4-4　　　　　　　　　　NNR-NUVEL1板块模型旋转矢量　　　　　　　　　（rad/ma）

板块简称	Ω_x(x旋转速度)	Ω_y(y旋转速度)	Ω_z(z旋转速度)	板块名称
AFRC	0.000 91	−0.003 19	0.004 05	Africa
ANTA	−0.000 87	−0.001 78	0.003 89	Antarctica
ARAB	0.006 98	−0.000 54	0.007 05	Arabia
AUST	0.008 26	0.005 39	0.006 60	Australia
CARB	−0.000 19	−0.003 47	0.001 62	Caribbea
COCO	−0.010 93	−0.022 58	0.011 43	Cocos
EURA	−0.001 01	−0.002 46	0.003 25	Eurasia
INDI	0.006 98	0.000 05	0.007 10	India
JUFU	0.005 24	0.008 41	−0.005 13	Juan Fuca
NAZC	−0.001 62	−0.009 01	0.010 09	Nazca
NOAM	0.000 26	−0.003 82	−0.000 17	N.America
PCFC	−0.001 59	0.005 06	−0.010 42	Pacific
PHIL	0.010 33	−0.007 70	−0.010 44	Philippine
SOAM	−0.001 08	−0.001 55	−0.000 91	S.America

表 4-5　NNR-NUVEL1A 板块旋转模型矢量　（rad/ma）

板块简称	Ω_x（x 旋转速度）	Ω_y（y 旋转速度）	Ω_z（z 旋转速度）	板块名称
AFRC	0.000 891	-0.003 099	0.003 922	Africa
ANTA	-0.000 821	-0.001 701	0.003 706	Antarctica
ARAB	0.006 685	-0.000 521	0.006 760	Arabia
AUST	0.007 839	0.005 124	0.006 282	Australia
CARB	-0.000 178	-0.003 385	0.001 581	Caribbea
COCO	-0.010 425	-0.021 605	0.010 925	Cocos
EURA	-0.000 981	-0.002 395	0.003 153	Eurasia
INDI	0.006 670	0.000 040	0.006 790	India
NOAM	0.000 258	-0.003 599	-0.000 153	N.America
NAZC	-0.001 532	-0.008 577	0.009 609	Nazca
PCFC	-0.001 510	0.004 840	-0.009 970	Pacific
SOAM	-0.001 038	-0.001 515	-0.000 870	S.America
JUFU	0.005 200	0.008 610	-0.005 820	Juan Fuca
PHIL	0.010 090	-0.007 160	-0.009 670	Philippine
RIVR	-0.009 390	-0.030 960	0.012 050	Rivera
SCOT	-0.000 410	-0.002 660	-0.001 270	Scotia

3.对流层大气延迟

从地表离地面 80km 的这层大气中,分子和原子都处在中性状态,所以称为中性大气,也称对流层,它将引起射电信号传播延迟比较大的变化,在天顶方向其量级为 2.2~2.5m,并随着被观测的射电源的地平高度角的降低而不断增加。大气延迟分两部分,由大气中所有大气分子的偏振引起的称为干项;由水分子的偶极矩引起的称为湿项。干项比较稳定,可以采用适当的大气模型计算,并得到很好的改正。湿项造成的附加延迟可达几十厘米,它的变化很不规则,用模型来计算的精度不高,但可采用水汽辐射计在观测中直接确定。

在 VLBI 数据处理中,曾采用过不同的大气模型,如 Chao 和 Marini 公式等,后来又引入 Lanyi 和 CfA 映射函数。大气模型一般都以天顶方向的大气延迟与一个随地平高度角变化的函数 $m(h)$ 的乘积来表示的,这个函数就称为映射函数,不同的大气模型实际上就是给出不同的映射函数。

（1）Saastamoinen 天顶延迟公式

Saastamoinen 在 1972 年给出了用于天顶延迟计算的公式,它通过台站的经纬度以及台站处的大气压力、温度和湿度来得到天顶方向的传播延迟（以 m 为单位）:

$$\tau_Z = 0.002\ 277 \left[P_0 + \left(\frac{1\ 255}{T_0} + 0.05 \right) e_0 \right] / (f(\varphi, H)) \tag{4-99}$$

其中,P_0 是以 mbar 为单位的总表面大气压力;e_0 是以 mbar 为单位的水汽偏压;T_0 是以 K 为单位的绝对温度,即

$$T_0 = 273.15 + t_0(\text{℃}) \tag{4-100}$$

$f(\varphi, H)$ 是计算台站重力变化的函数,由下式给出:

$$f(\varphi, H) = 1 - 0.026(1 - 2\sin^2\varphi) - 0.000\ 31H \tag{4-101}$$

式中,H 为台站的大地高度,以 km 为单位。

由于观测中直接记录的往往是空气的相对湿度 U_0,因此还要通过计算得到式(4-99)中的 e_0,其计算公式为:

$$e_0 = e_w U_0 \tag{4-102}$$

其中,e_w 称为纯水平液面饱和水汽压,以 mbar 为单位,由下式给出:

$$\begin{aligned}\lg e_w = &10.795\ 74\left(1 - \frac{T_1}{T}\right) - 5.028\lg\left(\frac{T_1}{T}\right) \\ &+ 1.504\ 75 \times 10^{-4}\left[1 - 10^{-8.296\ 9(T/T_1 - 1)}\right] \\ &+ 0.428\ 73 \times 10^{-4}\left[10^{-4.769\ 55(1 - T/T_1)} - 1\right] + 0.786\ 14\end{aligned} \tag{4-103}$$

式中,$T_1 = 273°.16$。

需要说明的是,由于式(4-99)计算 τ_Z 的精度受到一定的限制,不能满足 VLBI 数据处理的精度要求,加之湿大气造成的天顶延迟的变化规律随不同地点、时间和气象条件的不同而差异很大。因此,目前实际 VLBI 数据处理中大多数台站是将各台站的 τ_Z 作为一个未知数参加解算,先给出各台站 τ_Z 的先验值 τ_{Z0},然后求出不同观测数据对应的 τ_Z 相对于 τ_{Z0} 的变化修正值 $\Delta\tau_Z$。

(2) Chao 映射函数

VLBI 采用的一个最简单的映射函数是由 Chao(1974)建立的,地平高度角(h)为 6°时,该模型的精度可达 1%,随着高度角的增大,其精度也将相应提高。Chao 映射函数的表达式为:

$$m(h) = \frac{1}{\sin h + \dfrac{A}{\tan h + B}} \tag{4-104}$$

式中,A、B 对于干大气有:

$$\begin{cases} A_d = 0.001\ 43 \\ B_d = 0.044\ 5 \end{cases} \tag{4-105}$$

对于湿大气有:

$$\begin{cases} A_w = 0.000\ 35 \\ B_w = 0.017 \end{cases} \tag{4-106}$$

(3) Marini 映射函数

Marini(1972)给出了地平高度角 h 的信号传播延迟为:

$$\tau_p(h) = \frac{\tau_Z + B}{\sin h + \dfrac{[B/(\tau_Z + B)]}{\sin h + 0.015}} \tag{4-107}$$

式中,

$$B = \frac{2.644 \times 10^{-3}}{f(\varphi, H)}\exp(-0.143\ 72H) \tag{4-108}$$

由式(4-107),Davis(1986)定义了 Marini 公式的映射函数为:

$$m(h) = \frac{1 + k}{\sin h + \dfrac{[k/(1 + k)]}{\sin h + 0.015}} \tag{4-109}$$

其中

$$k = B/\tau_Z \tag{4-110}$$

(4) CfA 映射函数

这个映射函数是由 Davis 等人于 1984 年建立的,其表达式为:

$$m(h) = \frac{1}{\sin h + \dfrac{a}{\tan h + \dfrac{b}{\sin h + c}}} \quad (4\text{-}111)$$

其中,

$$\begin{aligned} a = 0.001\,185[&1 + 0.607\,1 \times 10^{-4}(P_0 - 1\,000) \\ &- 0.147\,1 \times 10^{-3}e_0 + 0.307\,2 \times 10^{-2}(t_0 - 20) \\ &+ 0.196\,5 \times 10^{-1}(\beta + 6.5) - 0.564\,5 \times 10^{-2}(h_l - 11.231)] \end{aligned} \quad (4\text{-}112)$$

$$\begin{aligned} b = 0.001\,144[&1 + 0.116\,4 \times 10^{-4}(P_0 - 1\,000) \\ &+ 0.279\,5 \times 10^{-3}e_0 + 0.310\,9 \times 10^{-2}(t_0 - 20) \\ &+ 0.303\,8 \times 10^{-1}(\beta + 6.5) - 0.121\,7 \times 10^{-2}(h_l - 11.231)] \end{aligned} \quad (4\text{-}113)$$

$$c = -0.009\,0 \quad (4\text{-}114)$$

其中,t_0 就是式(4-100)中的以℃为单位的表面温度;β 是以°K/km 为单位的对流层温度下降率;h_l 是以 km 为单位的对流层顶高度。

(5) Lanyi 映射函数

1994 年出现的另一个映射函数是由 Lanyi 建立的,它是以传播延迟分析表达式折射率的三阶展开式给出的,即

$$\tau_p = F(h)/\sin h \quad (4\text{-}115)$$

式中,

$$\begin{aligned} F(h) = &\tau_{zd}F_d(h) + \tau_{zw}F_w(h) \\ &+ [\tau_{zd}^2 F_{b1}(h) + 2\tau_{zd}\tau_{zw}F_{b2}(h) + \tau_{zw}^2 F_{b3}(h)]/\Delta \\ &+ \tau_{zd}^2 F_{b4}(h)/\Delta^2 \end{aligned} \quad (4\text{-}116)$$

这里,τ_{zd} 和 τ_{zw} 分别为天顶方向的干大气和湿大气延迟;Δ 为大气标高,由下式计算:

$$\Delta = k_0 T_0 / m g_c \quad (4\text{-}117)$$

其中,波尔兹曼常数 $k_0 = 1.380\,66 \times 10^{-16}\,\text{erg}/°\text{K}$;干大气的平均分子质量 $m = 4.809\,7 \times 10^{-23}\,\text{g}$,空气柱重力中心处的重力加速度 $g_c = 978.37\,\text{cm/s}^2$,平均表面温度 T_0 由式(4-100)计算。

干、湿大气映射函数的一阶项至三阶项为:

$$F_d(h) = A_{10}(h)G(\lambda M_{110}, u) + 3\sigma u M_{210}G^3(\lambda M_{110}, u)/2 \quad (4\text{-}118)$$

$$F_w(h) = A_{01}(h)G(\lambda M_{101}/M_{001}, u)/M_{001} \quad (4\text{-}119)$$

$$F_{b1}(h) = [\sigma G^3(M_{110}, u)/\sin^2 h - M_{020}G^3(M_{120}/M_{020}, u)]/2\tan^2 h \quad (4\text{-}120)$$

$$F_{b2}(h) = -M_{011}G^3(M_{111}/M_{011}, u)/2M_{001}\tan^2 h \quad (4\text{-}121)$$

$$F_{b3}(h) = -M_{002}G^3(M_{102}/M_{002}, u)/2M_{002}^2\tan^2 h \quad (4\text{-}122)$$

$$F_{b4}(h) = M_{030}G^3(M_{130}/M_{030}, u)/\tan^4 h \quad (4\text{-}123)$$

以上各式中的几何因子,

$$G(q, u) = (1 + qu)^{-1/2} \quad (4\text{-}124)$$

$$u = 2\sigma/\tan^2 h \tag{4-125}$$
$$\sigma = \Delta/R \tag{4-126}$$

R 为地球半径；σ 称为地球表面的曲率系数。

式(4-118)~式(4-123)中的 $A_{lm}(h)$ 和 M_{olm} 是与大气折射力矩有关的量，其中 A_{01} 对应于干大气的折射率，A_{10} 对应湿大气的折射率，其计算公式为：

$$A_{lm}(h) = M_{olm} + \sum_{n=1}^{10}\sum_{k=0}^{n} \frac{(-1)^{n+k}(2n-1)!!\, M_{n-k,l,m}}{2^n k!\,(n-k)!} \cdot \left[\frac{u}{1+\lambda u M_{1lm}/M_{0lm}}\right] \left[\frac{\lambda M_{1lm}}{M_{0lm}}\right]^k \tag{4-127}$$

其中，对于 $h<10°$ 时，尺度因子 $\lambda = 3$；当 $h>10°$ 时，$\lambda = 1$；下标 (l,m) 仅取两种组合，即 $(0,1)$ 和 $(1,0)$，而干、湿大气的折射力矩由下式给出：

$$\frac{Mnij}{n!} = \frac{(1-e^{-aq_1})}{a^{n+1}} + e^{-aq_1}[1 - T_2^{b+n+1}(q_1,q_2)]\prod_{k=0}^{n}\frac{\alpha}{b+k+1} \tag{4-128}$$
$$e^{-aq_1}T_2^{b+n+1}(q_1,q_2)/a^{n+1}$$

而

$$T_2^{b+n+1}(q_1,q_2) = 1 - (q_1-q_2)/\alpha \tag{4-129}$$
$$q_1 = h_1/\Delta,\ q_2 = h_2/\Delta \tag{4-130}$$
$$\alpha = mg_c/(k_0 \cdot \omega) \tag{4-131}$$

式中，h_1、h_2、ω 分别为大气的逆温高度、对流层顶高度和气温下降率，它们的标准值分别为 $h_1 = 1.25$km，$h_2 = 12.2$km，$\omega = 6.816\,5$°K/km。

式(4-128)中的整数变量 n 取 0 到 10，i 取 0 到 3，j 取 0 到 2。并不是所有的 (i,j) 组合都是必须的，实际计算中只用到 (i,j) 的六种组合，它们列在表 4-6 中，这六种组合对应的系数 a 和 b 也分别列在该表中，它们是模型参数 α 和 β 的函数，通常干大气参数 α 由式(4-131)计算得出。取 $\alpha = 5.0$，而湿大气参数 β 取为 3.5。

表 4-6　　　　　　　　由模型参数确定的系数 a、b

i	j	a	b
1	0	1	$\alpha-1$
0	1	β	$\alpha\beta-2$
2	0	2	$2(\alpha-1)$
1	1	$\beta+1$	$\beta(\alpha+1)-3$
0	2	2β	$2(\alpha\beta-2)$
3	0	3	$3(\alpha-1)$

(6) 水汽辐射计测定延迟湿项的基本原理

水汽辐射计是用遥感的方法来测定大气层中累积的可凝结水蒸气和云雾对电磁波传播路径增长的影响。用水汽辐射计可测量任意方向上天空亮温度 T_A，根据 T_A 由下面一组公式计算出湿大气引起的延迟量 τ_ω：

$$\tau_\omega = C_0 + C_1 T'_{A/1} + C_2 T'_{A/2} \tag{4-132}$$
$$C_0 = [T_{bg}(f_2^{-2} - f_1^{-2}) - T'_0]k/\omega' \tag{4-133}$$

$$C_1 = \frac{k}{f_1^2 \omega'} \tag{4-134}$$

$$C_2 = \frac{k}{f_2^2 \omega'} \tag{4-135}$$

$$T'_{Afi} = T_{bg} - (T'_{eff} - T_{bg}) \ln\left(1 - \frac{T_{Afi} - T_{bg}}{T_{eff} - T_{bg}}\right), \quad i = 1,2 \tag{4-136}$$

$$\omega' = \frac{T(T - T_{bg})}{\rho_V}\left(\frac{\alpha_V f_1}{f_1^2} - \frac{\alpha_V f_2}{f_2^2}\right) \tag{4-137}$$

$$T'_0 = \int_0^\infty (T - T_{bg})\left(\frac{\alpha_0 f_1}{f_1^2} - \frac{\alpha_0 f_2}{f_2^2}\right) ds \tag{4-138}$$

式中，ρ_V 和 T 分别为沿传播路径上的水蒸气密度和温度；f_1 和 f_2 为观测频率；T_{Af1} 和 T_{Af2} 为对应的亮温度；$T_{bg} = 2.8°K$ 为宇宙背景辐射温度；$k = 1.723 \times 10^{-3} K/(g/m^3)$；$\omega'$ 为传播路径对应的权函数；对于频率为 $f_1 = 20.3GHz$ 和 $f_2 = 31.4GHz$ 时，ω' 和 T'_0 接近于常量；α_V 和 α_0 分别为水蒸气和氧的吸收系数；T_{eff} 和 T'_{eff} 可用一个标准的大气模型以及地面所测的温度来确定，对于气候干燥的情形，可简单地认为 $T_{eff} = T'_{eff} = ket$，其中，t 为地面温度，ke 与所用的频率相关，通常 $0.92 < ke < 0.95$。

由水蒸气引起的延迟量范围随气候条件的变化而不同，在天顶方向上可在 1~30cm 范围内变化，利用水汽辐射计测得 τ_ω 的精度可达 1.5mm 左右。除下雨或大雪外，水汽辐射计在其他气候条件下都可使用。需要指出的是，由于水汽辐射计成本很高，使用又不方便，所以目前大多数 VLBI 站都没有配备。对于湿大气延迟的改正，主要是通过对数据处理方法的研究和改进来实现的。

以上通过大气模型或水汽辐射计所获得的仅是某一个 VLBI 天线对应的大气延迟，而大气对 VLBI 时间延迟量 $\Delta\tau$ 的影响则是两个天线大气的延迟差，即

$$\Delta\tau_p = \tau_{p1} - \tau_{p2} \tag{4-139}$$

4. 电离层延迟改正

地球表面 50~1 000km 这层大气，由于太阳的辐射，其中的气体分子被电离成大量自由电子和正离子，构成电离层。射电信号通过电离层将产生折射，从而引起附加延迟：

$$\tau_I(f) = \frac{cr_0 Ne}{2\pi f^2} \tag{4-140}$$

式中，f 为观测频率；c 为真空中光速；Ne 为总电子含量；r_0 为经典电子半径。

电离层对 VLBI 延迟量的影响是组成 VLBI 基线的两个天线的电离层附加延迟之差，即

$$\Delta\tau_I(f) = \tau_{I2}(f) - \tau_{I1}(f)$$
$$= \frac{cr_0}{2\pi f^2}(Ne_2 - Ne_1) \tag{4-141}$$

由于 Ne 与太阳辐射有关，昼夜之间的变化可能相差一个数量级，不同年份和季节之间的差别也很大，很难用模型精确表示，实测获得 Ne 的精度也不高，因此，目前还没有能够满足 VLBI 精度要求的电离层附加延迟的改正计算模型。但因为这一附加延迟的一阶项与观测频率的平方成反比，所以实际观测中主要采用双频观测的工作模式来消除基线延迟观测量中电离层附加延迟的影响。

(1) 双频观测的电离层改正

设不包含电离层延迟的基线延迟为 τ，在两个观测频率 f_1 和 f_2 实际观测所获得的延迟量为 τ_1 和 τ_2 时，则有：

$$\tau_1 = \tau + \Delta\tau_I(f_1) \tag{4-142}$$

$$\tau_2 = \tau + \Delta\tau_I(f_2) \tag{4-143}$$

将式(4-141)代入上两式可解出：

$$\tau = \tau_1 - (\tau_1 - \tau_2)/[1 - (f_1/f_2)^2] \tag{4-144}$$

通过双频改正后电离层高阶项对延迟的影响小于 1mm。

(2) 单频观测的电离层改正

对于进行单频观测所获得 VLBI 基线延迟，则可用 Klobuchar(1975) 给出的一个一阶延迟计算模型计算对应的附加延迟，并对实际观测得到的延迟加以改正。具体的电离层延迟计算模型为：

$$\Delta\tau_I(f) = \begin{cases} \dfrac{2.56}{f^2} S(h)\left[a + b\left(1 - \dfrac{x^2}{2} - \dfrac{x^4}{4}\right) \right], & |x| \leq 1.57 \\ \dfrac{2.56}{f^2} S(h) a, & |x| > 1.57 \end{cases} \tag{4-145}$$

计算步骤如下：

① 求出在 350km 的平均电离层高度上，信号路径和电离层交点与接收者所成的地心角：

$$\theta = 90° - h - \arcsin(0.948\cos h) \tag{4-146}$$

式中，h 为被观测射电源的地平高度角。

② 求出信号传播路径与电离层交点的地理坐标 (λ_0, φ_0)：

$$\varphi_0 = \arcsin(\sin\varphi\cos\theta + \cos\varphi\sin\theta\cos A) \tag{4-147}$$

$$\lambda_0 = \lambda + \arcsin(\sin\theta\sin A/\cos\varphi_0) \tag{4-148}$$

式中，λ 和 φ 为测站的经纬度；A 为被观测射电源的方位角。

③ 求出地磁纬度：

$$\Phi = \arcsin[\sin\varphi_0\sin\varphi_p + \cos\varphi_0\cos\varphi_p\cos(\lambda_0 - \lambda_p)] \tag{4-149}$$

式中，$\varphi_p = 78°3N$，$\lambda_p = 291°0E$。

④ 求出地方时：

$$t = \frac{\lambda_0}{15} + UT1 \tag{4-150}$$

⑤ 求出倾斜因子：

$$S(h) = \sec[\arcsin(0.948\cos h)] \tag{4-151}$$

⑥ 求出 a、b、x：

$$a = 2 + 3(F_\odot - 60)/90 \tag{4-152}$$

$$b = 19 - |\Phi|/4 + \frac{(F_\odot - 60)}{90}\left[13 + 5\cos\left(\frac{m-3}{3}\right)\pi\right] \tag{4-153}$$

$$x = \left(\frac{t - 14}{24}\right)2\pi \tag{4-154}$$

其中，m 为一年中的月份；$F_\odot$ 为太阳流量。

需要说明的是,利用以上公式进行电离层附加延迟的改正,精度并不是很高,由于电离层的影响在夜间比白天要小一个数量级,因此 VLBI 在早期的单频观测中,提倡在夜间进行,以减弱电离层的影响。

5. 射电源结构改正

虽然在制定 VLBI 天体测量和大地测量的观测纲要时,要求选择尽可能致密的强流量射电源进行观测,但实际的射电源都不是绝对的点源,而是呈现一定延伸范围的射电结构。源结构是时间、观测频率和基线矢量的函数,它会引起条纹相位的变化,从而导致延迟和延迟率的变化。下面将给出源结构改正的基本公式和方法。

(1) 基本改正公式

源结构引起的条纹相位变化 Φ_s 是由复见度函数 V 确定的,即

$$V(\boldsymbol{B},f,t) = \exp\left[-f\frac{(\boldsymbol{B}\cdot\boldsymbol{K}_0)}{c}\right]\iint(P,f,t)\exp\left[-f\frac{(\boldsymbol{B}\cdot\boldsymbol{K}_0\boldsymbol{K})}{c}\right]\cdot\mathrm{d}\Omega \quad (4\text{-}155)$$

式中,$\boldsymbol{B}$ 为基线;$\boldsymbol{K}_0$ 为原参考点;$\boldsymbol{K}_0\boldsymbol{K}$ 为参考点到源结构中任一点的矢量;f 为观测频率;$P = \boldsymbol{K}_0\boldsymbol{K}$。

由式(4-155)可得源结构延迟改正和延迟率改正为:

$$\Delta\tau_t = \frac{R_e(V)\dfrac{\partial I_m(V)}{\partial f} - I_m(V)\dfrac{\partial R_e(V)}{\partial f}}{|V|^2} \quad (4\text{-}156)$$

$$\Delta\dot{\tau}_t = \frac{R_e(V)\dfrac{\partial I_m(V)}{\partial f} - I_m(V)\dfrac{\partial R_e(V)}{\partial f}}{|V|^2}\frac{1}{f} \quad (4\text{-}157)$$

(2) 参考点的选择

用于定义射电源点为参考点主要有以下三种选择:

① 以最强的子源为参考点。这一选择源结构计算简便,对有一个强主源的类星体尤为有效,但对于有 2 个以上强度接近的子源结构,改正不充分,无法维持稳定的参考点。

② 选择亮度质心为参考点。这一选择适宜于研究和监测源结构的变化,但不适合几年以上的 VLBI 数据分析,因亮度分布质心有可能随时间变化。

③ 选择 $\Delta\tau_t = 0$ 的点为参考点,即满足下式的点:

$$R_e(V)\frac{\partial I_m(V)}{\partial f} - I_m(V)\frac{\partial R_e(V)}{\partial f} = 0 \quad (4\text{-}158)$$

(3) 亮度分布函数

计算复可见度函数的关键在于亮度分布函数 $I(P,f,t)$ 的确定。亮度分布是通过 VLBI 的综合成图处理得到的,并通过分析,用一组函数来拟合其真实的亮度分布,所采用的方法主要有三种:

① δ 函数法。根据源结构改正公式的性质,对称的源结构对中心无影响,因此射电源可等同为一组子源的组合,其总亮度为:

$$I(P) = \sum_{i=1}^{n} S_i\delta(\boldsymbol{K}_i) \quad (4\text{-}159)$$

② 二维常数法。亮度分布为一组点状在二维方向上强度不等的子源的组合,即

$$R_e(V) = \sum_{i=1}^{n} S_{1i}\cos(f(\boldsymbol{B} \cdot \boldsymbol{K}_0\boldsymbol{K})), \quad S_{1i} \neq S_{2i} \tag{4-160}$$

$$I_m(V) = \sum_{i=1}^{n} S_{2i}\sin(f(\boldsymbol{B} \cdot \boldsymbol{K}_0\boldsymbol{K})) \tag{4-161}$$

③高斯函数法。设射电源是由一组亮度分布的方向和大小不同的、满足高斯分布的子源组成的,则源的亮度函数的形式为:

$$I(P) = \sum_{i=1}^{n} S_i \delta(\boldsymbol{K}_i) \exp[-2\pi^2(a_i^2 u_i^2 + b_i^2 V_i^2)] \tag{4-162}$$

高斯函数能较准确反映射电源的亮度分布,但应用繁琐,一般仅用于包含两个子源的射电源结构。

6. 系统设备引起的延迟改正

VLBI 系统设备及性能将引起观测延迟的变化,因而需要加以改正。这一部分影响主要包括天线结构改正、电缆延迟改正和钟差改正。

(1) VLBI 系统中各参考点的定义

为明确各项系统设备延迟改正的意义,下面先给出系统中各参考点的定义:

①坐标参考点。这一点是用来描述 VLBI 基线矢量、长度及 VLBI 站坐标的参考点,因此,它必须是天线系统上相对于地面固定不动的一个点。图 4-12(a)~图 4-12(d) 显示了 VLBI 利用的天线结构类型,其中,图 4-12(a) 和图 4-12(b) 是地平式天线结构,它的第一转动轴 B 是水平轴,第二转动轴 EF 是垂直轴;图 4-12(c) 是赤道式天线结构,它的第一转动轴 B 是赤纬轴,第二转动轴 EF 是极轴。除以上两种常用的天线结构类型外,VLBI 中还有一种被称为 X-Y 式天线结构,如图 4-12(d) 所示,它的第一转动轴 B 是俯仰轴,第二转动轴 EF 是地平轴,它与地面平行,指向北或东。显然,不论哪种天线,第二转动轴 EF 的位置是相对于地面固定不变的,为此可选该轴上的一点作为参考点,这个点通常被定义为过 B 轴并与过 EF 轴垂直的平面与 EF 轴的交点。

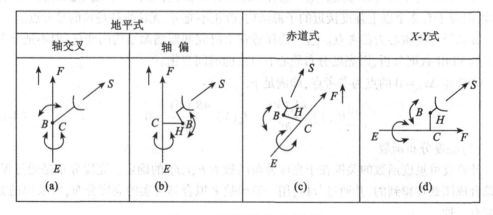

图 4-12 天线结构类型示意图

②信号接收点。天线馈源的输出端也就是接收机输入端,被定义为射电源信号被天线系统接收的参考点。

③信号记录参考点。信号接收机接收、放大、混频后,由电缆传送到记录终端,经格式化

后被记录的那一点称为信号记录参考点。

④时标发射点。时频标准信号由氢钟发给记录终端对应的那一点称为时标发射点。

VLBI 基线延迟观测量应该是射电信号的同一波前到达基线两端天线坐标参考点的时间差,但实际所得到的是两天线信号记录参考点的时间差,只有扣除信号由接收参考点到记录参考点的电缆延迟和接收参考点到坐标参考点的天线结构改正之后,才能得到坐标参考点之间的时间延迟。另外,由氢钟性能不稳定引起的时频误差和时频信号从发射点传递记录点产生的变化都已加以改正,称为钟差改正。

(2)天线结构改正

天线结构改正就是由信号接收参考点到坐标参考点的附加传播路径延迟改正。若接收参考点为 A,则天线结构改正为两部分组成。

①第一部分是信号波前面从 A 到 B 所传播的路径 L_{AB},由于轴向 BA 始终与信号波前面垂直,所以 L_{AB} 是一个常量。这一部分改正可以通过一定的方法测出 L_{AB},对延迟量进行改正;也可将它作为测站钟差的一部分,在数据处理和参数解算中加以消除。

②第二部分是信号波前面从 B 到 C 所传播的路径 ΔL,这是由于天线的第一转动轴 B 与第二转动轴 EF 不相交引起的。如图 4-12(a)所示,当两轴相交时,B 与 C 点重合,这一部分的改正为零;当两轴不相交时,存在轴偏 $L_{BC}=H$,则 ΔL 将随着所观测的射电源天顶距不同而改变,其计算公式为:

$$\Delta L = H\sin[\arccos(\boldsymbol{EF} \cdot \boldsymbol{K}_{tr})] \tag{4-163}$$

式中,$\boldsymbol{EF}$ 和 $\boldsymbol{K}_{tr}$ 分别表示 EF 轴和被观测的射电源在地面点坐标系中的单位方向矢量。

对于不同类型的天线结构,其 EF 在地面点坐标系中的方向余弦为(径向、东向、北向):

$$\boldsymbol{EF} = \begin{cases} (\sin\varphi, 0, \cos\varphi), & 赤道式 \\ (1, 0, 0), & 地平式 \\ (0, 0, 1), & X\text{-}Y\text{ 指向北} \\ (0, 1, 0), & X\text{-}Y\text{ 指向东} \end{cases} \tag{4-164}$$

在地面点坐标系中,射电源的单位矢量由下式求解:

$$\boldsymbol{K}_t = [PNSWR_Z(-\lambda)R_y(\varphi)]^{-1}\boldsymbol{K}$$
$$= (K_{t1}, K_{t2}, K_{t3}) \tag{4-165}$$

考虑大气折射,则射电源视位置的地心单位矢量为:

$$\boldsymbol{K}_{tr} = (\cos Z_c, \sin Z_c \sin A, \sin Z_c \cos A) \tag{4-166}$$

其中,Z_c 为考虑了折射后的视天顶距,单位为 rad,由下式计算:

$$Z_c = Z - 2.826\,172\,873 \times 10^{-4}\tan Z - 3.238\,555\,39 \times 10^{-7}\tan^3 Z \tag{4-167}$$

$$Z = \frac{\pi}{2} - \arcsin K_{t1} \tag{4-168}$$

$$A = \tan^{-1}\left(\frac{K_{t2}}{K_{t3}}\right) \tag{4-169}$$

(3)电缆延迟改正

电缆延迟改正是指信号由接收参考点传输到记录参考点所引起的延迟变化。电缆延迟随外界条件的变化而变化,如电缆长 100m、温度变化 5℃时,由电缆引起的延迟误差约为 1.5ns,所以每次实验都要对电缆延迟进行仔细的校正。目前的 VLBI 观测系统设计了延迟校正器,它通过测量一个 5MHz 的频标信号与从同一电缆反射回来的频标信号的相位差获得延迟的改正值,其精度可达 1mm。

(4)钟差改正

VLBI 计算的观测精度依赖于观测和记录所能获得的时间及频率标准的精度,由于组成基线的两台站氢原子钟的同步误差和各台站中的稳定性的变化而引起的钟差及其变化,将直接影响延迟观测量,因此必须进行钟差改正。这一改正通常是在解算参数时进行的。一种方法是建立钟参数多项式来拟合钟差及其变化,并将多项式系数作为未知数始终参与平差解算;另一种方法是将钟差、钟速的变化视为随机过程来处理,利用卡尔曼滤波技术进行参数解算,并将钟参数作为随机参数一并参加解算。对于第一种方法,由于观测过程中钟的跳变是无法用多项式拟合的,所以在参数解算中要判断中断点,并对钟差及钟速进行分段拟合。判断中断点的方法主要有两种:一是人工判断中断点;二是利用时间序列分析中 AIC 准则,由计算机根据计算残差(O-C)自动判别。

4.5.3 延迟和延迟率相对于参数的偏导数

在时间延迟和延迟率计算模型一节中给出了用于观测方程偏导系数计算的延迟和延迟率公式(4-78)和(4-79),本节利用其中的式(4-123)推导建立在 VLBI 大地测量数据处理中需要解算的有关未知参数对延迟和延迟率的偏导数,主要包括台站坐标、射电源位置、地球定向参数、固体潮参数等。另外,大气天顶延迟和台站的钟参数虽然不是大地测量感兴趣的参数,但由于不能用数学模型精确地反映它们的变化,为了尽可能消除或减弱它们对其他参数解算结果的影响,目前在 VLBI 大地测量数据处理中,大气和钟参数始终是作为未知参数参加求解。设组成基线的两个台站钟各自的钟差和钟速分别为 (a_{10}, a_{11}) 和 (a_{20}, a_{21}),且不考虑对引力延迟求偏导,则用于偏导数计算的延迟和延迟率公式可写为:

$$\begin{cases} \Delta \tau = \Delta \tau_0 + \Delta \tau_p + (a_{20} - a_{10}) + (a_{21} - a_{11})(t - t_0) \\ \Delta \dot{\tau} = \Delta \dot{\tau}_0 + \Delta \dot{\tau}_p + (a_{21} - a_{11}) \end{cases} \tag{4-170}$$

式中,t_0 为本次观测实验开始时对应的 UTC 时间;t 为观测瞬间的 UTC 时间;$\Delta \tau_0$ 和 $\Delta \dot{\tau}_0$ 分别由式(4-58)和式(4-66)给出。

设台站在地球坐标系中的位置为 $r_0 = (x, y, z)$,由于受到潮汐位移的影响,观测瞬间对应的台站的实际位置为:

$$r = r_0 + \Delta r_{sol} + \Delta r_{ocn} + \Delta r_{atm} + \Delta r_{pol} \tag{4-171}$$

式中,Δr_{sol} 是由式(4-80)、式(4-82)和式(4-85)计算的固体潮位移;Δr_{ocn}、Δr_{atm}、Δr_{pol} 分别是由式(4-86)、式(4-90)、式(4-95)计算的,并经坐标转换后的海潮、大气负载潮和极潮位移。由此,设组成基线的两个 VLBI 台站在地球坐标系中的位置矢量为 $r_1 = (x_1, y_1, z_1)$ 和 $r_2 = (x_2, y_2, z_2)$,则在地球坐标系中表示的基线矢量为:

$$\Delta r = r_2 - r_1 \tag{4-172}$$

地球坐标系中矢量 $r_{地球}$ 可通过式 $r_{天球} = PNSWr_{地球}$ 转换到 J2000.0 历元的地心平坐标系中,其中 P 为岁差矩阵,N 为章动矩阵,S 为周日自转矩阵,W 为极移矩阵。建立 b 与 Δr 之间的转换关系,并代入式(4-58)有:

$$\Delta \tau_0 = -(PNSW\Delta r \cdot \mu)/c \tag{4-173}$$

式(4-66)中的 $(v_2 - v_1)$ 为组成基线的两台站在地心天球坐标系中的速度矢量之差,它

是基线 b 对时间的导数,即

$$(v_2 - v_1) = \frac{\partial}{\partial t}(PNSW\Delta r)$$
$$= PNSW\Delta \dot{r} + (\dot{P}NSW + P\dot{N}SW + PN\dot{S}W + PNS\dot{W})\Delta r \tag{4-174}$$

式中,$\Delta \dot{r}$ 是基线在地球坐标系中的速度,它反映的是基线在地壳上的漂移率,是由板块运动引起的,其年变化率只有几厘米,因此 $\Delta \dot{r}$ 的量级为 10^{-11} m/s;$\dot{P}$、$\dot{N}$、$\dot{S}$ 和 $\dot{W}$ 分别表示岁差、章动、周日自转和极移矩阵对时间的导数,通过分析可知它们的量级分别为 10^{-12}、10^{-12}、10^0 和 10^{-13}。显然,对于用偏导数计算 $\Delta \dot{r}$ 时,$\dot{P}$、$\dot{N}$ 和 $\dot{W}$ 是可以忽略的,于是有:

$$\Delta \dot{\tau}_0 = -(PN\dot{S}W\Delta r \cdot \boldsymbol{\mu})/c \tag{4-175}$$

将式(4-173)和式(4-175)代入式(4-170)有:

$$\begin{cases} \Delta \tau = -(PNSW\Delta r \cdot \boldsymbol{\mu}) + \Delta \tau_p + (a_{20} - a_{10}) + (a_{21} - a_{11})(t - t_0) \\ \Delta \dot{\tau} = -(PN\dot{S}W\Delta r \cdot \boldsymbol{\mu})/c\Delta \dot{\tau}_p + (a_{21} - a_{11}) \end{cases} \tag{4-176}$$

上式即是由于偏导数计算的延迟和延迟率的具体表达式。

1. 台站坐标的偏导数

(1) 台站 1 的偏导数

$$\begin{cases} \dfrac{\partial \Delta \tau}{\partial r_1} = -PNSW \dfrac{\partial \Delta r}{\partial r_1} \cdot \boldsymbol{\mu} \\ \dfrac{\partial \Delta \dot{\tau}}{\partial r_1} = -PN\dot{S}W \dfrac{\partial \Delta r}{\partial r_1} \cdot \boldsymbol{\mu} \end{cases} \tag{4-177}$$

式中,

$$\frac{\partial \Delta r}{\partial r_1} = -\begin{bmatrix} 1 & 0 & 0 \\ 0 & 1 & 0 \\ 0 & 0 & 1 \end{bmatrix} = -Q \tag{4-178}$$

得:

$$\begin{bmatrix} \dfrac{\partial \Delta \tau}{\partial x_1} \\ \dfrac{\partial \Delta \tau}{\partial y_1} \\ \dfrac{\partial \Delta \tau}{\partial z_1} \end{bmatrix} = PNSWQ \cdot \boldsymbol{\mu} \tag{4-179}$$

$$\begin{bmatrix} \dfrac{\partial \Delta \dot{\tau}}{\partial x_1} \\ \dfrac{\partial \Delta \dot{\tau}}{\partial y_1} \\ \dfrac{\partial \Delta \dot{\tau}}{\partial z_1} \end{bmatrix} = PN\dot{S}WQ \cdot \boldsymbol{\mu} \tag{4-180}$$

(2) 台站 2 的偏导数

由

$$\begin{cases} \dfrac{\partial \Delta \tau}{\partial r_2} = - PNSW \dfrac{\partial \Delta r}{\partial r_2} \cdot \mu \\ \dfrac{\partial \Delta \dot{\tau}}{\partial r_2} = - PN\dot{S}W \dfrac{\partial \Delta r}{\partial r_2} \cdot \mu \end{cases} \quad (4\text{-}181)$$

式中，

$$\dfrac{\partial \Delta r}{\partial r_2} = -\begin{bmatrix} 1 & 0 & 0 \\ 0 & 1 & 0 \\ 0 & 0 & 1 \end{bmatrix} = -Q \quad (4\text{-}182)$$

得：

$$\begin{bmatrix} \dfrac{\partial \Delta \tau}{\partial x_2} \\ \dfrac{\partial \Delta \tau}{\partial y_2} \\ \dfrac{\partial \Delta \tau}{\partial z_2} \end{bmatrix} = PNSWQ \cdot \mu \quad (4\text{-}183)$$

$$\begin{bmatrix} \dfrac{\partial \Delta \dot{\tau}}{\partial x_2} \\ \dfrac{\partial \Delta \dot{\tau}}{\partial y_2} \\ \dfrac{\partial \Delta \dot{\tau}}{\partial z_2} \end{bmatrix} = PN\dot{S}WQ \cdot \mu \quad (4\text{-}184)$$

(3) $\dot{S}$ 的计算

$\dot{S}$ 是周日自转矩阵 $S = R_z(-\mathrm{GST})$ 相对于时间的导数，GST 为观测瞬间对应的格林尼治视恒星时，其计算步骤如下：

①计算世界时零时对应的格林尼治平恒星时：

$$\mathrm{GMST}_{0hUT1} = 6^h 41^m 50^s.548\ 41 + 8\ 640\ 184^s.812\ 866 T'_u \\ + 0^s.093\ 104 T'^2_u - 6^s.2 \times 10^{-6} T'^3_u \quad (4\text{-}185)$$

其中，

$$T'_u = du'/36\ 525.0 \quad (4\text{-}186)$$

du' 为观测日世界时与世界时公元 2000 年 1 月 1 日 12 时之间所包含的日数，它可由下式计算：

$$du' = (\mathrm{JD}_{0hUT1} - 2\ 451\ 545.0 \mathrm{UT1}) \quad (4\text{-}187)$$

这里，JD_{0hUT1} 表示观测日世界时零时对应的儒略日数，$2\ 451\ 545.0\mathrm{UT1}$ 表示世界时公元 2000 年 1 月 1 日 12 时对应的儒略日数。

②计算观测瞬间世界时 UT1 对应的格林尼治平恒星时：

$$\mathrm{GMST} = \mathrm{GMST}_{0hUT1} + \omega[(\mathrm{UT1} - \mathrm{UTC}) + \mathrm{UTC}] \quad (4\text{-}188)$$

式中，ω 是世界时与恒星时单位比值，即

$$\omega = 1.002\,737\,909\,350\,579\,5 + 5.900\,6 \times 10^{-15} T_u''^2 \tag{4-189}$$

UTC是观测瞬间对应的协调时;(UT1-UTC)是观测瞬间世界时与协调时之差,它以观测瞬间的UTC为引数,在国际地球自转服务(IERS)公报中内插得到。

③计算岁差章动引起的春分点变化,将平恒星时化为视恒星时:

$$GST = GMST + \Delta\psi\cos\varepsilon_A + 0''.002\,64\sin\Omega + 0''.000\,063\sin2\Omega \tag{4-190}$$

这个时间应该是与计算模型中表示延迟和延迟率的时间系统一致,即地心坐标时(TCG),因此有:

$$\dot{S} = -\dot{R}_z(-GST)\frac{d(GST)}{dTCG} \tag{4-191}$$

式中,

$$\dot{R}_z(-GST) = \frac{\partial R_z(-GST)}{\partial(-GST)}$$

$$= \begin{bmatrix} -\sin(-GST) & \cos(-GST) & 0 \\ -\cos(-GST) & -\sin(-GST) & 0 \\ 0 & 0 & 0 \end{bmatrix} \tag{4-192}$$

由式(4-188)和式(4-190),取

$$GST = GMST_{0hUT1} + \omega[(UT1-UTC) + UTC] + \Delta\psi\cos\varepsilon_A \tag{4-193}$$

并注意到UTC和TAI的时间尺度一致,即 $\frac{dUTC}{dTAI}=1$,则有:

$$\frac{d(GST)}{dTCG} = \omega\left[\frac{d(UT1-UTC)}{dUTC} + 1\right]\frac{dTAI}{dTDT} \cdot \frac{dTDT}{dTCG}$$

$$+ \frac{d\Delta\psi}{dUTC} \cdot \frac{dTAI}{dTDT} \cdot \frac{dTDT}{dTCG}\cos\varepsilon_A - \Delta\psi\sin\varepsilon_A \frac{d\varepsilon_A}{dTDT} \cdot \frac{dTDT}{dTCG} \tag{4-194}$$

利用时间系统中TDT与TAI的关系和TCG与TDT的转换关系式可得:

$$\begin{cases} \frac{dTAI}{dTDT} = 1 \\ \frac{dTDT}{dTCG} = 1 - L_G \end{cases} \tag{4-195}$$

将式(4-195)代入式(4-194)整理得:

$$\frac{d(GST)}{dTCG} = \omega + \omega\left[\frac{d(UT1-UTC)}{dUTC} - L_G\right] + \frac{d\Delta\psi}{dUTC}\cos\varepsilon_A - \Delta\psi\sin\varepsilon_A\frac{d\varepsilon_A}{dTDT} \tag{4-196}$$

式中,$\frac{d(UT1-UTC)}{dUTC}$ 和 $\frac{d\Delta\psi}{dUTC}$ 可由观测日对应的IERS公报或年报中的(UT1-UTC)值和 $d\Delta\psi$ 值差分后求变率得到;$\frac{d\varepsilon_A}{dTDT}$ 是通过对观测瞬间的平黄赤交角 ε_A 式($\varepsilon_A = 84\,381.''448 - 46.''815\,0t - 0.''000\,59t^2 + 0.''001\,813t^3$)求导得到的。

2.射电源位置的偏导数

延迟和延迟率对射电源赤经(α)及赤纬(δ)的偏导数为:

$$\begin{cases} \dfrac{\partial \Delta \tau}{\partial (\alpha,\delta)} = -PNSW\Delta r \cdot \dfrac{\partial \mu}{\partial (\alpha,\delta)} \\ \dfrac{\partial \Delta \dot{\tau}}{\partial (\alpha,\delta)} = -PN\dot{S}W\Delta r \cdot \dfrac{\partial \mu}{\partial (\alpha,\delta)} \end{cases} \quad (4\text{-}197)$$

式中

$$\frac{\partial \mu}{\partial \alpha} = \begin{bmatrix} -\cos\delta\sin\alpha \\ \cos\delta\cos\alpha \\ 0 \end{bmatrix} = \mu_\alpha \quad (4\text{-}198)$$

$$\frac{\partial \mu}{\partial \delta} = \begin{bmatrix} -\sin\delta\cos\alpha \\ -\sin\delta\sin\alpha \\ \cos\delta \end{bmatrix} = \mu_\delta \quad (4\text{-}199)$$

因此有：

$$\begin{bmatrix} \dfrac{\partial \Delta \tau}{\partial \alpha} \\ \dfrac{\partial \Delta \tau}{\partial \delta} \end{bmatrix} = \begin{bmatrix} -PNSW\Delta r \cdot \mu_\alpha \\ -PNSW\Delta r \cdot \mu_\delta \end{bmatrix} \quad (4\text{-}200)$$

$$\begin{bmatrix} \dfrac{\partial \Delta \dot{\tau}}{\partial \alpha} \\ \dfrac{\partial \Delta \dot{\tau}}{\partial \delta} \end{bmatrix} = \begin{bmatrix} -PN\dot{S}W\Delta r \cdot \mu_\alpha \\ -PN\dot{S}W\Delta r \cdot \mu_\delta \end{bmatrix} \quad (4\text{-}201)$$

3. 地球定向参数的偏导数

(1) 世界时 UT1

$$\begin{cases} \dfrac{\partial \Delta \tau}{\partial \mathrm{UT1}} = -PN\dfrac{\partial S}{\partial \mathrm{UT1}}W\Delta r \cdot \mu \\ \dfrac{\partial \Delta \dot{\tau}}{\partial \mathrm{UT1}} = -PN\dfrac{\partial \dot{S}}{\partial \mathrm{UT1}}W\Delta r \cdot \mu \end{cases} \quad (4\text{-}202)$$

式中，

$$\begin{aligned} \frac{\partial S}{\partial \mathrm{UT1}} &= \frac{\partial \boldsymbol{R}_z(-\mathrm{GST})}{\partial (\mathrm{GST})} \cdot \frac{\mathrm{d}(\mathrm{GST})}{\mathrm{dUT1}} \\ &= -\omega \dot{\boldsymbol{R}}_z(-\mathrm{GST}) \end{aligned} \quad (4\text{-}203)$$

由式(4-191)有：

$$\begin{aligned} \frac{\partial \dot{S}}{\partial \mathrm{UT1}} &= \frac{\partial \dot{\boldsymbol{R}}_z(-\mathrm{GST})}{\partial (\mathrm{GST})} \frac{\mathrm{d}(\mathrm{GST})}{\mathrm{dTCG}} \frac{\mathrm{d}(\mathrm{GST})}{\mathrm{dUT1}} \\ &= \omega \ddot{\boldsymbol{R}}_z(-\mathrm{GST}) \frac{\mathrm{d}(\mathrm{GST})}{\mathrm{dTCG}} \end{aligned} \quad (4\text{-}204)$$

其中，

$$\ddot{\boldsymbol{R}}_z(-\mathrm{GST}) = \begin{bmatrix} -\cos(-\mathrm{GST}) & -\sin(-\mathrm{GST}) & 0 \\ \sin(-\mathrm{GST}) & \cos(-\mathrm{GST}) & 0 \\ 0 & 0 & 0 \end{bmatrix} \quad (4\text{-}205)$$

(2) 极坐标 x_p、y_p

$$\begin{cases} \dfrac{\partial \Delta \tau}{\partial (x_p, y_p)} = -PNS \dfrac{\partial W}{\partial (x_p, y_p)} \Delta r \cdot \mu \\ \dfrac{\partial \Delta \dot{\tau}}{\partial (x_p, y_p)} = -P\dot{N}S \dfrac{\partial W}{\partial (x_p, y_p)} \Delta r \cdot \mu \end{cases} \quad (4\text{-}206)$$

极移矩阵是将由 CIO 所定义的历元平地球坐标系中的位置矢量转换到观测瞬间对应的瞬时极地球坐标系中，其转换矩阵为 $W = R_X(y_P) R_Y(x_P)$，式中，x_P、y_P 为观测瞬间对应的瞬时极的极坐标值，它们也是以观测瞬间的 UTC 为引数在 IERS 公报或年报中内插得到。W 的矩阵形式为：

$$W = \begin{bmatrix} \cos x_P & 0 & -\sin x_P \\ \sin x_P \sin y_P & \cos y_P & \sin y_P \cos x_P \\ \cos y_P \sin x_P & -\sin y_P & \cos y_P \cos x_P \end{bmatrix}$$

有：

$$W_x = \dfrac{\partial W}{\partial x_p} = \begin{bmatrix} -\sin x_p & 0 & -\cos x_p \\ \cos x_p \sin y_p & 0 & -\sin x_p \sin y_p \\ \cos x_p \cos y_p & 0 & -\sin x_p \sin y_p \end{bmatrix} \quad (4\text{-}207)$$

$$W_y = \dfrac{\partial W}{\partial y_p} = \begin{bmatrix} 0 & 0 & 0 \\ \sin x_p \cos y_p & -\sin y_p & \cos x_p \cos y_p \\ -\sin x_p \sin y_p & -\cos y_p & -\sin y_p \cos x_p \end{bmatrix} \quad (4\text{-}208)$$

则

$$\begin{bmatrix} \dfrac{\partial \Delta \tau}{\partial x_p} \\ \dfrac{\partial \Delta \tau}{\partial y_p} \end{bmatrix} = \begin{bmatrix} -PNSW_x \Delta r \cdot \mu \\ -PNSW_y \Delta r \cdot \mu \end{bmatrix} \quad (4\text{-}209)$$

$$\begin{bmatrix} \dfrac{\partial \Delta \dot{\tau}}{\partial x_p} \\ \dfrac{\partial \Delta \dot{\tau}}{\partial y_p} \end{bmatrix} = \begin{bmatrix} -P\dot{N}SW_x \Delta r \cdot \mu \\ -P\dot{N}SW_y \Delta r \cdot \mu \end{bmatrix} \quad (4\text{-}210)$$

(3) 章动参数 $\Delta \psi$、$\Delta \varepsilon$

$$\begin{cases} \dfrac{\partial \Delta \tau}{\partial (\Delta \psi, \Delta \varepsilon)} = -P \dfrac{\partial N}{\partial (\Delta \psi, \Delta \varepsilon)} SW \Delta r \cdot \mu \\ \dfrac{\partial \Delta \dot{\tau}}{\partial (\Delta \psi, \Delta \varepsilon)} = -P \dfrac{\partial N}{\partial (\Delta \psi, \Delta \varepsilon)} \dot{S}W \Delta r \cdot \mu \end{cases} \quad (4\text{-}211)$$

章动矩阵是将观测瞬间真天球坐标系中表示的位置矢量转换到观测瞬间平天球坐标系中，其转换矩阵表示为：

$$N = R_x(-\varepsilon_A) R_z(\Delta \psi) R_x(\varepsilon_A + \Delta \varepsilon) \quad (4\text{-}212)$$

交角章动 $\Delta \varepsilon$ 和黄经章动 $\Delta \psi$ 目前是采用国际天文学联合会（IAU）1980 章动理论来计算的。该理论计算 $\Delta \varepsilon$ 和 $\Delta \psi$ 的表达式都包含 106 项，它们是周期从 4.7 天到 6 798.4 天（18.6 年）

的系数大于 0.1 毫角秒的项。所以有：

$$N_\psi = \frac{\partial N}{\partial \Delta\psi} = R_x(-\varepsilon_A) \frac{\partial R_z(\Delta\psi)}{\partial \Delta\psi} R_x(\varepsilon_A + \Delta\varepsilon) \tag{4-213}$$

$$N_\varepsilon = \frac{\partial N}{\partial \Delta\varepsilon} = R_x(-\varepsilon_A) R_z(\Delta\psi) \frac{\partial R_x(\varepsilon_A + \Delta\varepsilon)}{\partial \Delta\varepsilon} \tag{4-214}$$

其中，

$$\frac{\partial R_z(\Delta\psi)}{\partial \Delta\psi} = \begin{bmatrix} -\sin\Delta\psi & \cos\Delta\psi & 0 \\ -\cos\Delta\psi & -\sin\Delta\psi & 0 \\ 0 & 0 & 0 \end{bmatrix} \tag{4-215}$$

$$\frac{\partial R_x(\varepsilon_A + \Delta\varepsilon)}{\partial \Delta\varepsilon} = \begin{bmatrix} 0 & 0 & 0 \\ 0 & -\sin(\varepsilon_A + \Delta\varepsilon) & \cos(\varepsilon_A + \Delta\varepsilon) \\ 0 & -\cos(\varepsilon_A + \Delta\varepsilon) & -\sin(\varepsilon_A + \Delta\varepsilon) \end{bmatrix} \tag{4-216}$$

因此有：

$$\begin{bmatrix} \frac{\partial \Delta\tau}{\partial \Delta\psi} \\ \frac{\partial \Delta\tau}{\partial \Delta\varepsilon} \end{bmatrix} = \begin{bmatrix} -PN_\psi SW\Delta r \cdot \mu \\ -PN_\varepsilon SW\Delta r \cdot \mu \end{bmatrix} \tag{4-217}$$

$$\begin{bmatrix} \frac{\partial \Delta\dot\tau}{\partial \Delta\psi} \\ \frac{\partial \Delta\dot\tau}{\partial \Delta\varepsilon} \end{bmatrix} = \begin{bmatrix} -PN_\psi \dot S W\Delta r \cdot \mu \\ -PN_\varepsilon \dot S W\Delta r \cdot \mu \end{bmatrix} \tag{4-218}$$

4. 固体潮洛夫数的偏导数

$$\begin{cases} \dfrac{\partial \Delta\tau}{\partial (h_2, l_2)} = -PNSW \dfrac{\partial \Delta r}{\partial (h_2, l_2)} \cdot \mu \\ \dfrac{\partial \Delta\dot\tau}{\partial (h_2, l_2)} = -PNS\dot W \dfrac{\partial \Delta r}{\partial (h_2, l_2)} \cdot \mu \end{cases} \tag{4-219}$$

由式(4-171)知，Δr 中与 (h_2, l_2) 有关的仅是式(4-80)计算的固体潮引起的台站位移 Δr_0，设组成基线的两台站的固体潮位移为 Δr_{01} 和 r_{02}，则有：

$$\frac{\partial \Delta r}{\partial (h_2, l_2)} = \frac{\partial \Delta r_{02}}{\partial (h_2, l_2)} - \frac{\partial \Delta r_{01}}{\partial (h_2, l_2)} \tag{4-220}$$

将式(4-80)分别对 h_2 和 l_2 求偏导得：

$$\frac{\partial \Delta r_{0i}}{\partial h_2} = \sum_{A=2}^{3} \frac{GM_A |r_i|^4}{GM_E |r_A|^3} \left[\frac{3}{2} (<r_A><r_i>)^2 - \frac{1}{2} \right] <r_i> \tag{4-221}$$

$$\frac{\partial \Delta r_{0i}}{\partial l_2} = \sum_{A=2}^{3} \frac{GM_A |r_i|^4}{GM_E |r_A|^3} \cdot 3(<r_A><r_i>)[<r_A> - (<r_A><r_i>)<r_i>] \tag{4-222}$$

式中，i 取 1 和 2。将式(4-220)~式(4-222)代入式(4-219)即可求得延迟和延迟率对于 h_2 和 l_2 的偏导数。

5.对流层大气天顶延迟的偏导数

在 VLBI 大地测量数据处理中,通常要解算在观测实验开始时刻(t_0)的天顶延迟 τ°_z 及其在观测实验过程中的变化率,因此任一观测瞬间(t)对应的天顶延迟可写为:

$$\tau_z = \tau^\circ_z + \dot{\tau}_z(t - t_0) \tag{4-223}$$

由于大气延迟一般可表示为天顶延迟与映射函数 $m(h)$ 的乘积,故有:

$$\Delta\tau_p = \tau_{z2} m(h_2) - \tau_{z1} m(h_1) \tag{4-224}$$

由此得:

$$\frac{\partial\Delta\tau}{\partial\tau^\circ_{zi}} = f(i) m(h_i) \tag{4-225}$$

$$\frac{\partial\Delta\tau}{\partial\dot{\tau}_{zi}} = (t - t_0) f(i) m(h_i) \tag{4-226}$$

式中,对于第一个台站 $i = 1$ 时,$f(i) = -1$;第二个台站 $i = 2$ 时,$f(i) = 1$。

对于 Chao、Marini 和 CfA 模型都可用式(4-225)和式(4-226)求 τ_z、$\dot{\tau}_z$ 对延迟的偏导数,式中,$m(h)$ 分别由式(4-104)、式(4-109)和式(4-111)给出。对于 Lanyi 模型,要解算的两个大气参数通常是干大气天顶延迟 τ_{zd} 和 $\tau_{z\omega}$ 湿大气天顶延迟,它们的偏导数计算公式为:

$$\frac{\partial\Delta\tau}{\partial\tau_{zd}} = f(i) [F_d(h_i) + 2\tau_{zd} F_{b1}(h_i)/\Delta]/\sin(h_i)$$
$$+ [2\tau_{z\omega} F_{b2}(h_i)/\Delta + 3\tau_{zd}^2 F_{b4}(h_i)/\Delta^2]/\sin(h_i) \tag{4-227}$$

$$\frac{\partial\Delta\tau}{\partial\tau_{\omega d}} = f(i) [F_\omega(h_i) + 2\tau_{zd} F_{b2}(h_i)/\Delta + 2\tau_{z\omega} F_{b3}(h_i)/\Delta]/\sin(h_i) \tag{4-228}$$

由式(4-224)对时间求导可得对流层延迟变化引起的基线延迟率为:

$$\Delta\dot{\tau}_p = \dot{\tau}_{z2} m(h_2) + \tau_{z2} \dot{m}(h_2) - \dot{\tau}_{z1} m(h_1) - \tau_{z1} \dot{m}(h_1) \tag{4-229}$$

因此有:

$$\frac{\partial\Delta\dot{\tau}_p}{\partial\tau^\circ_{zi}} = f(i) \dot{m}(h_i) \tag{4-230}$$

$$\frac{\partial\Delta\dot{\tau}_p}{\partial\dot{\tau}_{zi}} = f(i) m(h_i) \tag{4-231}$$

式中,$\dot{m}(h)$ 为各大气模型映射函数对时间的微分,如对于 Chao 模型有:

$$\dot{m}(h) = -m(h)^2 \left[\cos h - \frac{0.00143}{[(\tan h + 0.0445)\cos h]^2}\right] \cdot \dot{h} \tag{4-232}$$

其中,被测射电源地平高度角的变率 $\dot{h}$ 由下式计算:

$$\dot{h} = -\cos\varphi \sin A \tag{4-233}$$

式中,A 由式(4-169)计算;φ 仍表示测站纬度。

6.台站钟参数的偏导数

由式(4-176)可方便地写出对组成基线的两台站钟差和钟速的偏导数为:

$$\frac{\partial\Delta\tau}{\partial a_{0i}} = f(i) \tag{4-234}$$

$$\frac{\partial\Delta\tau}{\partial a_{1i}} = f(i)(t - t_0) \tag{4-235}$$

$$\frac{\partial \Delta \dot{\tau}}{\partial a_{0i}} = 0 \tag{4-236}$$

$$\frac{\partial \Delta \dot{\tau}}{\partial a_{1i}} = f(i) \tag{4-237}$$

4.5.4 卡尔曼滤波在 VLBI 参数解算中的应用

利用卡尔曼滤波技术进行 VLBI 大地测量的参数解算时,将用随机模型取代钟和大气延迟的多项式参数模型,其线性化的观测方程仍由式(4-32)给出,即

$$y_t = A_t x_t + v_t \tag{4-238}$$

其中,参数 x_t 的动力学特性是由状态转移方程来表示的,它可写为:

$$x_{t+1} = S_t x_t + \omega_t \tag{4-239}$$

式中,x_{t+1} 是在 $t+1$ 时刻的参数改正值矢量;S_t 是 t 时刻的状态转移矩阵,用以在 t 时刻预计 $t+1$ 时刻的状态;ω_t 是 t 至 $t+1$ 时刻之间影响状态的随机扰动矢量。对于非随机参数,$\omega_t = 0$,这些参数包括台站位置、射电源坐标和地球定向参数等,而随机参数则包括用于表示钟和大气延迟扰动的随机过程分量。

方程式(4-238)和式(4-239)描述了一个线性动力系统问题的一般过程,对于卡尔曼滤波估计,将做下列假设,表示 $E(\cdot)$ 该变量的期望值:

$$E(v_t) = 0 \tag{4-240}$$

$$E(v_t v_{t+j}) = 0, j \neq 0 \tag{4-241}$$

$$E(v_t \omega_{t+j}) = 0, 对所有 t、j \tag{4-242}$$

$$E(v_t x_{t+j}) = 0, 对所有 t、j \tag{4-243}$$

$$E(\omega_t) = 0, 对所有 t \tag{4-244}$$

$$E(\omega_t \omega_{t+j}) = 0, j \neq 0 \tag{4-245}$$

$$E(x_t \omega_{t+j}) = 0, j > 0 \tag{4-246}$$

这里 $t+j$ 被定义为除 t 时刻之外的任意时刻,另外定义:

$$E(v_t v_t^T) \equiv v_t \tag{4-247}$$

$$E(\omega_t \omega_t^T) \equiv \omega_t \tag{4-248}$$

式(4-242)和式(4-243)的假设要求系统的测量过程和随机扰动不相关。式(4-245)和式(4-246)的假设分别要求某一时刻的随机扰动与其他任一时刻的随机扰动不相关,以及目前的系统状态不影响后续时刻系统的随机扰动。

卡尔曼滤波估计是依观测历元 t 顺序实现的,先由 t 时刻的状态预测 $t+1$ 时刻的状态,然后加入 $t+1$ 时刻的观测量,对预测值进行修正,获得这一时刻状态的估计值,即有:

(1)预测

$$\hat{x}_{t+1}^t = S_t \hat{x}_t^t \tag{4-249}$$

$$C_{t+1}^t = S_t C_t^t S_t^T + \omega_t \tag{4-250}$$

(2)修正

$$\hat{x}_{t+1}^{t+1} = \hat{x}_{t+1}^t + K(y_{t+1} - A_{t+1} \hat{x}_{t+1}^t) \tag{4-251}$$

$$C_{t+1}^{t+1} = C_{t+1}^t - K A_{t+1} C_{t+1}^t \tag{4-252}$$

这里的上标 t 指在估计中所用到的最后一个数据对应的时刻;C_t^t 为协方差矩阵;K 为卡尔

曼滤波增益矩阵，它由下式给出：

$$K = C_{t+1}^t A_{t+1}^T (v_{t+1} + A_{t+1} C_{t+1}^t A_{t+1}^T)^{-1} \qquad (4\text{-}253)$$

式(4-249)~式(4-253)就是用卡尔曼滤波方法处理观测量的一个完整过程。当 $t+1$ 时刻的计算完成后，计算过程又将重复，即用 $t+2$ 时刻的量代替 $t+1$ 时刻的量，$t+1$ 时刻的量代替 t 时刻的量，计算过程一直重复直到所有观测量被包含。在滤波开始时，对上标和下标 t 要给出一个先验值 X_0 和它们的协方差矩阵 C_0。

以上过程称为向前卡尔曼滤波，当所有观测量都参与计算后，便可以算出非随机参数的估值。如果要进一步确定随机参数估值，则必须作向后卡尔曼滤波，或称为平滑卡尔曼滤波解算。因为随机参数的估值对所有观测量而言，但向前卡尔曼滤波仅获得对最后一个历元观测而言的估值，并没有包括前面观测量的随机参数估值的信息。向后卡尔曼滤波所采用的公式与向前卡尔曼滤波一样，只是在时间上相反，从最后一个历元的观测开始计算。在进行向后卡尔曼滤波解算时，完成了从 $t+1$ 时刻到 t 时刻的预测计算后，就可获得所有参数在 t 时刻的加权平均的平滑估值及协方差矩阵。其计算公式为：

$$\hat{x}_t^s = \hat{x}_+ + B(\hat{x}_- - \hat{x}_+) \qquad (4\text{-}254)$$

$$C_t^s = C_+ - BC_- \qquad (4\text{-}255)$$

$$B = C_- (C_- + C_+)^{-1} \qquad (4\text{-}256)$$

式中，$\hat{x}_+$ 和 C_+ 是向前卡尔曼滤波中得到的 $\hat{x}_t^t$ 和 C_t^t；$\hat{x}_-$ 和 C_- 是向后卡尔曼滤波得到的 $\hat{x}_t^{t+1}$ 和 C_t^{t+1}；B 是进行加权平均计算时的卡尔曼滤波增益。

下面给出实现 VLBI 卡尔曼滤波解算的基本步骤：

(1) 建立钟和大气的随机模型

为完成卡尔曼滤波，首先必须选择一个反映钟和大气延迟特性的适当的随机过程。Herring 等人的研究结果表明，台站钟的变化可视为随机游动和积分随机游动过程的叠加，而大气的变化则是一个随机游动过程。对于一个要解算的 VLBI 实验，应给出相应样本阿兰标准差（σ_{clk}）和样本间隔（τ_{clk}），大气随机参数则是在某一时间间隔内（τ_{atm}）大气天顶延迟的标准差（σ_{atm}）。

(2) 计算随机模型的统计特征参量

在数据处理中，要用的统计特征参量是钟的随机游动和积分随机游动的功率谱密度（PSD），以及大气的随机游动功率谱密度，其目的是为了计算在卡尔曼滤波过程中由随机扰动而产生的协方差 W_t。

钟的随机游动的 PSD 为：

$$[\Phi_r]_{clk} = \sigma_{clk}^2 \tau_{clk}/2 \qquad (4\text{-}257)$$

钟的积分随机游动的 PSD 为：

$$[\Phi_i]_{clk} = 3\sigma_{clk}^2/\tau_{clk}^2 \qquad (4\text{-}258)$$

大气的随机游动的 PSD 为：

$$[\Phi_r]_{atm} = \sigma_{atm}^2/\tau_{atm} \qquad (4\text{-}259)$$

(3) 求 $t+1$ 历元参数及协方差矩阵的预测值

$t+1$ 时刻参数的预测值 $\hat{x}_{t+1}^t$ 由式(4-249)计算，这里关键是如何确定状态转移矩阵 S_t，而在 VLBI 卡尔曼滤波的实际计算中，我们并不需要建立相应的 S_t，可通过将参数分为随时间变化和不随时间变化的两种情况直接计算出 $\hat{x}_{t+1}^t$。对于不随时间变化的参数，如台站坐

标、射电源位置等,不存在状态转移项,因而直接有 t 时刻的修正值等于 $t+1$ 时刻的预测值,即

$$\hat{x}_{t+1}^t(i) = \hat{x}_t^t(i) \tag{4-260}$$

式中,i 表示第 i 个参数不随时间变化。对于随时间变化的参数,如钟参数、大气天顶延迟等,实际计算中只考虑它们从 t 时刻到 $t+1$ 时刻的线性变化,计算中将这些参数设为第 $i-1$ 个参数,而其速度项设为第 i 个参数,则预测值可按下式计算:

$$\begin{bmatrix} \hat{x}_{t+1}^t(i-1) \\ \hat{x}_{t+1}^t(i) \end{bmatrix} = \begin{bmatrix} 1 & \Delta t \\ 0 & 1 \end{bmatrix} \begin{bmatrix} \hat{x}_t^t(i-1) \\ \hat{x}_t^t(i) \end{bmatrix} \tag{4-261}$$

式中,Δt 为两个相邻观测历元的时间间隔。

协方差矩阵在 $t+1$ 时刻的预测值 C_{t+1}^t 的计算包括 $S_t C_t^t S_t^T$ 和 W_t 两部分,$S_t C_t^t S_t^T$ 的计算与求参数预测值一样,只需计算时间变化的参数的协方差变化,即

$$[S_t C_t^t S_t^T]_{(i-1 \to i)} = \begin{bmatrix} 1 & \Delta t \\ 0 & 1 \end{bmatrix} \begin{bmatrix} C_{i-1,i-1} & C_{i-1,i} \\ C_{i,i-1} & C_{i,i} \end{bmatrix} \begin{bmatrix} 1 & 0 \\ \Delta t & 1 \end{bmatrix} \tag{4-262}$$

式中,下标 $(i-1 \to i)$ 表示矩阵中第 $i-1$ 个和第 i 个参数有关的项。对于不随时间变化的参数有:

$$[S_t C_t^t S_t^T]_{(i)} = C_{i,i} \tag{4-263}$$

对于 W_t 的计算,若设第 i 个参数为大气天顶延迟,则有:

$$W_t(i,i) = |\Delta t| [\Phi_r]_{atm} \tag{4-264}$$

若设第 $j-1$ 个参数为钟差,第 j 个参数为钟速,则有:

$$W_t(j-1,j-1) = |\Delta t| [\Phi_i]_{clk} + |\Delta t|^3 [\Phi_i]_{clk}/3 \tag{4-265}$$

$$W_t(j-1,j) = W_t(j,j-1) = |\Delta t|\Delta t[\Phi_i]_{clk}/2 \tag{4-266}$$

$$W_t(j,j) = |\Delta t| [\Phi_i]_{clk} \tag{4-267}$$

(4)求 $t+1$ 历元参数及协方差矩阵的修正值

在完成以上各步计算后,修正值的计算可直接按式(4-241)~式(4-243)进行计算。

4.6 VLBI 技术的应用

1.参考框架的维持与实现

参考框架是参考系的具体物理实现,进而定量地描述目标的坐标或运动。对应于地球称为地球参考框架(TRF),对应于空间则称为天球参考框架(CRF)。VLBI 的重大成就是参考架的建立包括天球参考架(ICRF)和地球参考架(ITRF)的建立。现在采用的 ICRF 是基于 212 颗河外射电源的位置建立起来的,精度达到 1 毫角秒;而 VLBI 技术联合激光测距技术(SLR)、全球定位卫星跟踪技术(GNSS),进一步提高目前的全球参考框架(ITRF2005)的精度至 1cm。基于该参考架下对地球和太阳系的运动的描述达到了前所未有的精度水平。

(1)天球参考框架

用一组射电源的位置表来实现天球参考系是目前国际一致认可的做法,称为国际天球参考架(ICRF)。这些射电源由分布在全球的许多 VLBI(Very Long Baseline Interfermometry)站进行长期观测,其坐标值经过多家数据分析中心的解算结果综合而得到。

过去的近 30 年里,有多个机构利用 VLBI 技术建立河外射电源星表。现在精度达到 1

毫角秒的射电源已经超过400颗,这当中有相当多的射电源仍然被定期观测。同时,MERLIN阵和VLA天线阵巡天观测已经以略低的位置精度发现了上千颗射电源,为更高精度参考架的建立提供了丰富的候选源。河外射电源参考架的应用包括深空导航、地球定向测量、大地测量和天体测量学。除了对动力学系统稳定性研究的需要,其他许多应用也都要求构成参考架的天体有好的稳定性和高的精度。IAU现在采用的天球参考架(国际天球参考架,ICRF)是基于212颗河外射电源的位置建立起来的。由于组成ICRF的射电源数量少,分布不均,不能满足目前许多研究工作,ICRF需要进一步完善。

(2)地球参考框架

建立地球参考架的目的是提供一个参考系具体化的方法,以便用它定量地描述在地球上(地球参考架)和天球上(天球参考架)的位置和运动。采用国际协议推荐的模型和有关常数系统,通过一定的观测确定一组位于地球表面上的基本点的坐标。这组基本点应有一定的数量和易观测性,以便相对于它确定其他点的坐标。这组基本点及其坐标就构成了一个协议的地球参考架(CTRF),它是CTRS的具体实现,实际应用中的CTRS就是指CTRF。目前,CTRF主要是由拥有空间大地测量技术(VLBI、SLR、LLR、GPS)的台站构成。高精度的CTRF还应当包括一个历元指标和一个坐标变换的速度场模型,以便把CTRF从某一历元变换到另一个历元。目前,这样的CTRF主要是IERS通过处理并址观测数据(VLBI、SLR、LLR、GPS)所建立的国际地球参考架(ITRF)。

空间VLBI出现后,由于SVLBI站与其他人造卫星一样,通过其轨道运动与地球质心建立起动力学的联系。因而,利用SVLBI站与地面VLBI站组成基线观测,便可测定地面站的地心坐标。若能使世界上所有VLBI天线都参加SVLBI的观测,则可利用SVLBI技术本身独立地建立一个完整的地球参考系。

2.VLBI用于电离层探测

电离层是指从地面70km以上直到大气层顶端(约1 000km)的大气层。在电离层中,由于太阳紫外线、X射线、γ射线和高能粒子的作用,使大气的分子发生电离,从而具有密度较高的带电粒子,特别是最上层的磁层会完全被电离。电离的强度由大气中的电子密度反映出来,电子密度取决于太阳辐射的强度和大气的密度。大气温度沿高度的分布存在着极值,使得电离气体也存在着不均匀性,而且也存在极值,根据实验观察,电离极值的分布按高度可以分为D区(50~90km)、E区(90~140km)、F_1区(140~210km)、F_2区(210~1 000km)以及H区(1 000km以上)。夜晚D区和F_1区消失,E区和F_2区电子密度减弱。由于电离层含有较高密度的电子,该层对电磁波传播属于弥散性介质,即传播速度与频率有关。电磁波经电离层时,受离子的作用产生一种附加的辐射波,这就是电离层的折射。

在VLBI观测中,射电波穿过电离层时,传播路径将发生弯曲,从而产生一个附加时延。由于电离层状态变化很快,白天的影响可比夜晚大一个量级,所以利用模型来进行改正不能取得良好的效果。但我们可以利用电离层的电波时延与频率的平方成反比这一特性,用双频同时观测(或快速切换)的方法来对电离层进行研究。

(1)采用双频VLBI时间延迟量探测信号传播路径上的总电子含量

射电波穿过电离层时,传播路径将发生弯曲,从而使VLBI测出的基线延迟包含一个附加延迟$\Delta\tau$。设观测频率为f,则有:

$$\Delta\tau = \frac{q_G - q_S}{f^2} \tag{4-268}$$

其中，

$$q = \frac{cr_0 \text{TEC}}{2\pi} \tag{4-269}$$

c 为真空中的光速；r_0 为经典电子半径；TEC 为信号传播路径上的总电子含量。

设没有电离层影响的射电信号的时延量 τ，则用双频 f_1、f_2 所观测得到的实际延迟量分别为 τ_1、τ_2，则有：

$$\tau_1 = \tau + \Delta \tau_1 = \tau + \frac{q_G - q_S}{f_1^2} \tag{4-270}$$

$$\tau_2 = \tau + \Delta \tau_2 = \tau + \frac{q_G - q_S}{f_2^2} \tag{4-271}$$

由式（4-270）和式（4-271）可得：

$$q_G - q_S = \frac{(f_1 f_2)^2}{f_1^2 - f_2^2}(\tau_1 - \tau_2) \tag{4-272}$$

将式（4-269）代入上式可得信号到达 G、S 两测站点路径上的总电子含量之差为：

$$\text{TEC}_{GS} = \frac{2\pi}{cr_0} \cdot \frac{(f_1 f_2)^2}{f_1^2 - f_2^2}(\Delta \tau_{12}) \tag{4-273}$$

由此可知，只要知道其中一条路径上的总电子含量，即可求解另外一条路径上的总电子含量。而对位于地球上的两个 VLBI 站，我们无法获得信号到达两个测站所经过路径上的电子含量。即我们无法求得两条路径上的绝对电子含量，只能计算得相对量。而我们若能将其中一个 VLBI 测站 S 放在空间，也即空间 VLBI，则其接收信号时将不受电离层的影响，而其路径上的电子含量为零。因此，我们可以利用这一特性来求解地面站 G 所接收信号的传播路径上的电子含量，即有：

$$\text{TEC}_G = \frac{2\pi}{cr_0} \cdot \frac{(f_1 f_2)^2}{f_1^2 - f_2^2}(\Delta \tau_{12}) \tag{4-274}$$

（2）采用双频 VLBI 时间延迟量消除电离层延迟

采用双频 VLBI 时间延迟量消除电离层延迟模型请参考本书式（4-144）。

3. VLBI 技术用于卫星定位

随着我国航天事业的发展，对空间飞行器的定轨精度要求越来越高，传统的飞行器跟踪定位是由 Doppler 测速和雷达测距技术来实现的。这两种无线电技术可直接测量飞行器相对于观测站的视向距离或视向速度。但随着卫星高度的增加、测量信号的减弱、测量精度的制约和系统误差的变大，定轨精度也就会越来越差。VLBI 技术可以利用探测器的无线电信号来进行干涉测量，确定探测器的位置及运动信息，可以有效解决距离太远、信号太弱等问题，实现对探测器的定位与测控，因此，我国已经采用 VLBI 技术对我国第一期月球探测器"嫦娥一号"进行了定位测量，并计划对我国第二期月球探测器和火星探测器进行定位观测。我国现有上海、北京、昆明、乌鲁木齐 4 个台站为采用 VLBI 技术确定探测器位置建立了观测网。

此外，为了尽可能地削弱电离层、中性大气的时延影响，提高定位精度，在利用 VLBI 进行定位时，除了选择更好的大气模型外，还可以采用差分 VLBI 技术。所谓差分 VLBI 技术，即是通过交替观测目标天体和参考天体，将共同误差从观测量消除，从而提高定位精度。自

VLBI 技术问世以来,美国航天局的 JPL 发展了双差单向测距(Delta Differential One-way Ranging,ΔDOR)和双差单向测速(Delta Differential One-Way Doppler,ΔDOD)两种差分 VLBI 技术。差分 VLBI 具有只需观测下行单向信号、角度和角度变化率测量精度高的优点;利用两条近似正交的基线进行差分 VLBI 观测,可以得到飞行器在天球面上的两维投影位置和速度分量。因此,差分 VLBI 技术是无线电测距测速的有益补充,在深空导航中得到了广泛的应用。

4. VLBI 在地球动力学中的应用

地球自转的测量以及自转轴相对于地壳的漂移的测量结果中包含了许多物理过程的丰富信息。尽管将地球自转作为常数是一个很好的近似,但是在一个很长的地理时间尺度上,地球自转在稳定地逐渐减慢。对海底潮汐沉积物的最新分析显示,9 亿年前,日长只有 18h。从地月距离的测定到地球核幔逐渐的摩擦和电磁力到风、海水和地球表面的摩擦力,许多现象都对地球自转的测定产生影响。最近地球自转的减速运动比 10 亿年前的平均要大得多,达到每天 2 毫秒量级,但是已知在上一个百年里,自转是加速运动的。地球自转轴除了相对于地壳的运动(极移)外,它在惯性空间也有运动(章动)。两个章动角再加上三个表示地球自转的量构成一组 5 个参数的地球定向参数(EOPs)。

(1)世界时。世界时(UT1)是地球钟时间,约 24h 一个循环,与恒星时成正比。完成一个循环的时间称为日长(LOD)。

(2)极坐标。它是天球历书极(CEP)相对于 IERS 参考极(IRP)的 x 和 y 坐标。CEP 与地球瞬时自转极的差异表现为近周日运动,幅值小于 $0.01''$(Seidelmann,1952)。x 轴指向 IERS 参考子午线(IRM),y 轴指向西经 $90°$。

(3)天极偏移。国际天文学联合会(IAU)的岁差与章动模型中给出了天极偏移的描述。它是天极的观测位置与 IAU 模型所给出的习用位置之差。IERS 基于天文观测负责发布天极偏移参数。

通常将世界时和极坐标称为地球自转参数(ERP),共 3 个量,即 UTI 和 x、y。天极偏移表示为黄经章动和交角章动($\Delta\psi$,$\Delta\varepsilon$)。

VLBI 技术和其他空间大地测量技术将这 5 个参数的测量精度提高了数个数量级,进而有可能检测大量周期性和非周期性过程。通过均匀分布在地球表面上的台站构成的 VLBI 观测网,并且台站间的基线长度在地球半径量级,这样有可能将地球定向参数的测定精度提高到优于 1 毫角秒。

参 考 文 献

[1]乔书波,李金岭,孙付平. ICRF 的现状分析及未来的发展[J].天文学进展,2007,25(2).
[2]张捍卫,盘美松,马高峰. VLBI 观测的电离层延迟改正模型研究[J].测绘学院学报,2003,20(1).
[3]项英,张秀忠. VLBI 技术新进展[J].天文学进展,2003,21(3).
[4]李金岭,王静.差分 VLBI 实现的一种方案[J].测绘科学技术学报,2007,24(2).
[5]李征航,徐德宝,董挹英,等.空间大地测量理论基础[M].武汉:武汉测绘科技大学出版社,1998.
[6]郑勇,钱志瀚,叶叔华.计算空间 VLBI 延迟和延迟率的数学模型[J].中国科学(A 辑),1993,23(10).

[7] 魏二虎,刘经南,李征航,等.空间 VLBI 观测量估计大地测量参数的模拟计算[J].武汉大学学报(信息科学版),2006,31(10).

[8] 胡小工,黄珹,钱志瀚.空间 VLBI 与天文地球动力学[J].天文学进展,1998,16(3).

[9] 黄勇,胡小工,黄珹等.利用 VLBI 数据确定"探测一号"卫星的轨道[J].天文学报,2006,47(1).

[10] 张捍卫,郑勇,杜兰.太阳系天体地面 VLBI 观测的相对论时延模型[J].天文学报,2003,44(1).

[11] 韦文仁,薛祝和.基于磁盘的新型 VLBI 终端系统[J].天文学进展,2004,22(3).

[12] 李元飞,郑为民.VLBI 数据软件相关处理方法研究[J].中国科学院上海天文台年刊,2004(25).

[13] 郑为民,杨艳.VLBI 软件相关处理机研究进展及其在深空探测中的应用[J].世界科技研究与发展,2005.

[14] 郑为民,张秀忠,舒逢春.CVN 硬盘系统和软件相关处理在 e-VLBI 试验中的应用[J].天文学进展,2005,23(3).

[15] 黄勇,胡小工,黄珹,等.利用 VLBI 数据确定"探测一号"卫星的轨道[J].天文学报,2006,47(1).

[16] 郑为民,张秀忠,舒逢春.多制式 FX 型 VLBI 相关处理机系统的研究[J].天文学进展,2001(2).

[17] 叶叔华,钱志瀚.VLBI:深空探测的重要手段[J].科学时报,2007.

[18] 洪晓瑜.VLBI 技术的发展和"嫦娥工程"中的应用[J].自然杂志,2007,29(5).

[19] 乔书波,李金岭,孙付平.VLBI 在探月卫星定位中的应用分析[J].测绘学报,2007,36(3).

[20] 张捍卫,许厚泽,王爱生.弹性地球 CIP 轴的极移和岁差章动[J].北京大学学报(自然科学版),2005,41(5).

[21] 金文敬.干涉技术在天体测量中的应用[J].天文学进展,2007,25(4).

[22] 张波.基于 VLBI 资料的地球定向参数高频变化研究[D].上海:中国科学院上海天文台,2004.

[23] 王广利.甚长基线干涉测量应用于参考系建立和现代地壳运动测量的研究[D].上海:中国科学院上海天文台,1999.

[24] 宋贯一,王吉易,曹志成,等.极移的成因及移动特征[J].地球物理学进展,2006,21(2).

[25] 郑勇,钱志瀚,叶叔华.计算空间 VLBI 延迟和延迟率的数学模型[J].中国科学(A 辑),1993,23(10).

[26] 刘光明,乔少敏,胡国军.流动 VLBI 技术用于电离层探测[J].测绘通报,2002(8).

[27] 李健,张秀忠,项英.嵌入式千兆以太网传输系统在 VLBI 硬件相关处理机中的应用[J].中国科学院上海天文台年刊,2007(28).

[28] 朱人杰,张秀忠,项英,等.我国探月工程 VLBI 相关处理机简介[J].天文学进展,2008,26(3).

[29] 杨志根.由 VLBI 观测估计上海天文台 VLBI 站地壳垂直形变[J].中国科学院上海天文台年刊,2000(21).

[30] 张秀忠,任芳斌,郑为民,等.中国 VLBI 网相关处理机研制进展[J].天文学进展,2001,

19(2).
[31] 郑勇,易照华,夏一飞.卡尔曼滤波在 VLBI 数据处理中的应用[J].天文学报,1998.
[32] 郑勇.VLBI 大地测量[M].北京:解放军出版社,1999.8.
[33] 林克雄.甚长基线干涉测量技术[M].北京:宇航出版社,1985.
[34] 高布锡.天文地球动力学原理[M].北京:科学出版社,1997.
[35] 安德林 A J,卡泽纳夫 A.空间大地测量与地球动力学[M].北京:解放军出版社,1990.
[36] 郑为民,舒逢春,张秀忠.实时 VLBI 技术[J].云南天文台台刊,2003(1).
[37] 张捍卫,许厚泽,王爱生.地球参考系的基本理论和方法研究进展[J].测绘科学,2005,30(3).
[38] 张恒璟.地球参考系及其相关问题研究[D].辽宁:辽宁工程技术大学,2003.
[39] 胡小工,黄珹,黄勇.环月飞行器精密定轨的模拟仿真[J].天文学报,2005,46(2).
[40] 舒逢春,张秀忠,郑为民.地球同步卫星的 VLBI 观测[J].中国科学院上海天文台年刊,2003(24).
[41] Konodo T,Kimura M,Koyama Y,et al.In:Vandenberg N R,Baver K D,eds.IVS 2004 General Meeting Proceedings,NASA/CP-2004-212255,2004.
[42] Zhang X Z, Zheng W M, Shu F C. e-VLBI in the Chinese VLBI Network. 3rd eVLBI Workshop, 2004.
[43] Sala J,Urruela A,Villares X,et al. Feasibility Study for a Spacecraft Navigation System Relying on Pulsar Timing Information[OL]. http://www.esa.int/act.
[44] Petrachenko B. VLBI2010 Digital Processing Requirements. IVS Memorandum2007-006v01,2007.
[45] Kikuchi F,et al. VLBI Observation of Narrow Bandwidth Signals from the Spacecraft[J].Earth Planets Space, 2004,56:1 041-1 047.
[46] Kono Y,et al. Precise Positioning of Spacecrafts by Multi-frequency VLBI[J]. Earth Planets Space, 2003,55:581-589.
[47] Niell A,et al. VLBI2010:Current and Future Requirements for Geodetic VLBI Systems. IVS Memorandum 2006-008v01,2006.

第5章 激光测卫和激光测月

5.1 引 言

20世纪60年代初,美国Mainman在实验室成功研制出世界上第一台红宝石激光器。它具有下述特点:

(1)激光器输出的功率可以达到吉瓦量级,单位面积上的光能密度可高于太阳表面,作用距离到达几万公里高处的人造地球卫星甚至38万km外的月球表面;

(2)激光的谱线都非常尖锐,半宽为5A°左右,有利于在接收系统中采用窄带滤光片来消去天空背景噪声,提高观测信噪比;

(3)激光器输出的光束发散角非常小,在1mrad左右,通过光学系统准直,发散角可进一步被压缩,因此在很远距离上,光能量仍然集中在很小的范围内;

(4)脉冲激光器的激光脉冲宽度可以达到很小的量级,而脉宽是决定测距精度的主要因素之一,因而激光测距的精度可以达到很高的精度。

1963年,第三届国际量子电子学会基于上述激光器的特点,提出利用新光源测量卫星距离的可能性。1964年10月,美国通用电器公司和戈达德飞行中心(GFSC)先后成功地利用红宝石激光器测到了由美国宇航局(NASA)于当月发射的世界上第一颗带激光后向反射镜的人造地球卫星——探险者22号(BE-B)的距离。正是随着这第一次实验的成功,人造卫星激光测距(Satellite Laser Ranging,SLR,以下简称人卫激光测距)技术得到了迅速的发展,到现在人卫激光测距由当初希望的曙光变成了如日中天的最主要现代高技术空间大地测量手段之一。1969年11月,阿波罗11号载人宇宙飞船在月球登陆,Neil Armstrong在月球上放置了第一个月球后向反射镜,之后,激光测月技术和有关研究工作也与激光测卫同样得到发展。

自从人卫激光测距仪的出现起,其测距资料应用就受到了人们广泛的重视,人卫激光测距技术也因此得到了迅速多方面的发展,随着其观测精度和密度的不断提高及资料积累的增加,加上计算机技术及计算软件的飞速发展,人卫激光测距资料的应用也更加广泛和深入。

5.1.1 激光测距原理

人卫激光测距实际上就是利用时间间隔计数器测量激光脉冲在地面激光发射站与卫星反射器之间的传播时间,再经过光速转换为距离。简单的公式可表示为:

$$d = \frac{\Delta t}{2} c \tag{5-1}$$

其中,d为人卫激光测距仪与卫星后向反射镜之间的距离;Δt为时间间隔计数器记录的激光脉冲从发射到接收的时间间隔；c 为光速。

当然，实际运行过程是非常复杂的。

5.1.2 激光测距系统

激光测距系统主要包括地面部分和空间部分，空间部分为带后向反射镜的卫星，地面部分则包括了激光发生系统、激光光学发射和接收系统、光学系统转台、激光脉冲接收处理系统、时间间隔计数器、时间系统、标校系统、计算机控制记录系统、基石、电源系统、保护系统，最后为数据传输系统。

激光发生系统产生激光脉冲并进行能量放大，激光脉冲脉宽决定了仪器所能达到的理论测量精度，同时，脉宽越窄也意味着单位时间内激光功率越高，测量距离越远。脉宽和测量精度的简单关系为：

$$1\text{ns} \approx 15\text{cm} \tag{5-2}$$

激光光学发射和接收系统为激光扩束、聚焦、光路变换的光路系统。

光学系统转台为光路系统提供目标指向的承载系统。

激光脉冲发射接收处理系统作用为光电转换、放大、分析，并输出时间间隔计数器触发、停止信号。

时间间隔计数器用于时间间隔计数。

时间系统提供频率基准和 UTC 时间记录。

标校系统为系统提供地面标校，通常在地面某处或仪器内部设定一靶标，利用其他仪器精确测定靶标与测距仪光学中心的距离，通过每次观测前后对这一靶标进行观测来对激光测距仪进行校准。

计算机控制记录系统用于轨道预报，指向参数生成，各系统运行控制，数据记录，数据预处理，按所需格式生成传输资料等。

由于激光测距仪系统总是在不断地维护、维修、更新，为确保测量的延续性，通常会设定一基石作为永久的测量点。

电源系统为系统运行提供能源，激光器需要特别的电源供应系统。

保护系统主要防止激光误射载人飞行器。

数据传输系统早期为电传，现在为 Internet 网，用于从 ILRS（国际激光测距服务）获取卫星预报初始参量、观测事项及观测数据的传输，有关的数据格式也可从 ILRS 获取。

激光测卫系统的改进主要体现在以下几方面：

(1) 脉宽压缩有利于提高观测精度；
(2) 激光重复率提高，脉冲串发射有利于提高观测资料的密度；
(3) 多色激光器系统有利于大气折射改正；
(4) 高精度偏心标定包括地面和卫星；
(5) 转台系统改正有利于观测稳定；
(6) 白天观测技术有利于增加观测弧段；
(7) 时间同步精度提高，以满足相应的精度需求；
(8) 单光子接收技术提高接收成功率；
(9) 更多的可供观测的卫星、更多的地面站及更合理的分布；
(10) 观测自动化。

随着时代和科技的进步,人卫激光系统的各部分得到了不断的发展与更新,如脉冲激光器由红宝石器件到锁模激光器件及自适应锁模激光器件等,脉冲发射重复率不断提高,到每秒 1 000 次以上,脉宽不断变窄,到达皮秒级。另外,Coude 光学系统的采用、光电转换器也由光电倍增管更换为单光子接收器件等,同时也重视了系统延迟的校准,使得人卫激光测距仪的测距精度由 20 世纪 70 年代初的第一代系统的米级发展到 80 年代初期的第二代系统的分米级,80 年代中期以后,第三代的厘米级及 21 世纪的毫米级,现在世界上绝大多数的台站测距精度大部分在几个厘米甚至到几个毫米级,且有些测站的激光测距仪可以在背景噪声很大的白天进行观测。1979 年以前,遍及世界各地的人卫激光测距仪都是安装在各自固定的测站上,为了更有效地测定地球动态参数,人们研制出了流动式的人卫激光测距仪,它可以从一个站点迁移到另一个站点进行观测,现在已有不少的流动站在世界各地观测,且它们的观测精度也与固定站不相上下。

人卫激光观测卫星(简称激光卫星)也由当初几颗试验卫星发展到现在几十颗带激光后向反射镜的卫星,它们包括专用于地球动力学应用和大地测量的美国 NASA 发射的 Lageos-1、Lageos-2、法国空间局发射的 Starlette、日本国家空间发展局发射的 Ajisai、前苏联发射的 Etalon-1、Etalon-2 等,其中部分激光卫星的主要参数见表 5-1;用于精密定轨的测高卫星 Ers-1、Topex/Posedon 等及 GPS 卫星 GPS-35、GPS-36 等,特别是 Lageos-1 卫星,具有高而稳定的轨道、面质比小、球形对称、观测资料积累时间长等特点,对地球动力学的研究十分有利。

表 5-1　　　　　　　　　　部分激光卫星的主要参数

卫星	Lageos	Starlette	Ajisai
发射时间	1976 年 5 月 4 日	1975 年 2 月 6 日	1986 年 8 月 7 日
国家	美国	法国	日本
高度/km	5 900~6 000	810~1 100	~1 559
轨道偏心率	0.004	0.021	0.001
直径/cm	60	24	215
质量/kg	411	47.295	685
轨道周期/min	225.4	101.8	116
轨道倾角/(°)	109.9	49.8	50
反射器个数	426	60	1 436

随着人卫激光系统的发展和观测资料的积累,SLR 技术在地球动力学和大地测量学领域得到了广泛应用,因此更加受到人们的重视。目前,遍布全球的 SLR 观测台站已有近百个,包括不少的流动台站,其中有几十多个测站参加全球 SLR 网的常规观测。在世界各地,参与观测的这些系统除形成国际 SLR 网外,还有各地区的区域网和各国国内网,如美国网、欧洲网、西太平洋网等。为促进合作与交流,国际大地测量协会(IAG)和国际空间研究委员会(COSPAR)组织的空间技术应用于大地测量和地球动力学国际协调委员会(CSTG)下专设了人卫激光测距分会(SLR Subcommission),以协调全球 SLR 工作,并定期出版通讯

(News Letter),通报有关情况。

我国的人卫激光测距工作始于1972年,经历了从第一代到第三代的发展过程,紧跟着国际形式的发展。目前,我国的人卫激光测距网由能正常观测的上海、武汉、北京、长春、昆明站等观测站组成,都属第三代人卫激光测距系统,测距精度在2~5cm。另有多台流动站也可投入运行,这些系统都是由我国科技工作者自行开发成功的。我国也成立了SLR协调组,以协调国内网观测的工作。

现在国际上制定的SLR站毫米级的上海标准正在执行,全自动、无人值守的观测站也正在加紧研制,天基激光发射系统也在计划之中。总之,人卫激光测距仪正朝着高精度、高稳定、自动化、小型化及低维持费的方向发展。可以预见,人卫激光测距技术的未来也将是光明的。

5.1.3 激光测距定轨原理

假定在某一时刻 t 时,经人卫激光测距仪测得的资料转换而来的观测站距卫星的观测距离为 ρ_o,由于人造卫星运动主要是在地球引力场(包括其他力的摄动)的作用下围绕地球作二体运动,根据卫星的运动理论,可以得到某一时刻 t 时地面观测站到卫星的距离即理论计算距离 ρ_c,如图5-1所示,在理论中,为了得到 ρ_c,必须已知卫星和测站到地心的距离 r、R。

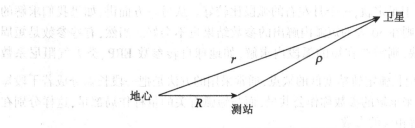

图5-1 激光测距定轨原理

r 是通过卫星的运动方程积分得到的,由于卫星绕地球的运动受到多种摄动力的作用,而与之相应的摄动力学模型并不完善,加上积方运动方程所需的卫星初始状态和算法上带来的误差,使得计算的卫星星历表不准确。另外,测算的空间位置矢量 R 是由台站的大地坐标转转换到空间坐标系中的,这就要考虑到大地坐标的准确与否及地球极移、地球自转、章动、岁差等。因此,理论计算的距离值与相应时刻的观测值是不会完全相同的,即 $\rho_o - \rho_c$ 不为零的原因除了观测偶然误差和计算本身的误差外,只能是计算 ρ_c 的各种理论模型的误差、某些采用的初始值、常数及采用的坐标值等不准确而引起的,假定这些不准确值与采用值相比很小,则经线性化后可得到如下的观测方程:

$$\rho_o - \rho_c = \sum_{i=1}^{6}\frac{\partial \rho}{\partial x_i}\Delta x_i + \sum_{j=1}^{M}\frac{\partial \rho}{\partial p_j}\Delta p_j + \sum_{k=1}^{3}\frac{\partial \rho}{\partial E_k}\Delta E_k + \sum_{l=1}^{N}\sum_{m=1}^{3}\frac{\partial \rho}{\partial X_{lm}}\Delta X_{lm} + v \quad (5-3)$$

其中,

$$\rho_o = \frac{\Delta t}{2}c \quad (5-4)$$

$$\rho_c = |r + R| \quad (5-5)$$

式中，c 为光速；$\dfrac{\partial \rho}{\partial x_i}$ 为距离 ρ 对 6 个轨道根数（或卫星的三维坐标和三维速度）的偏导数；$\dfrac{\partial \rho}{\partial p_j}$ 为距离 ρ 对力学模型和观测参数的偏导数；$\dfrac{\partial \rho}{\partial E_k}$ 为距离 ρ 对地球自转参数的偏导数；$\dfrac{\partial \rho}{\partial X_{lm}}$ 为距离 ρ 对测站的三个坐标的偏导数；Δx_i 为卫星的初始坐标和速度的改正值；Δp_j 为模型参数的改正值；ΔE_k 为地球自转参数的改正值；ΔX_{lm} 为台站坐标采用的改正值；v 为残差。

可见，$\rho_o - \rho_c$ 包含有丰富的天文、大地测量、地球动力学信息以及观测系统信息，如式 (5-3) 中各改正值是相互独立、不相关的，那么，式 (5-3) 的各项理论值可通过精密定轨得到改进。

式 (5-3) 的观测序列可表示为矩阵形式：

$$AX = L + v \tag{5-6}$$

$$A^T \cdot AX = A^T \cdot L \tag{5-7}$$

最后可求得改进值：

$$X = (A^T \cdot A)^{-1} A^T L \tag{5-8}$$

在人造卫星的精密定轨过程中，由于理论模型不完善，产生与真实轨道不同的误差，加上积分导致误差累积，致使对长弧的定轨精度不高，一般对不同轨道高度卫星选取不同的定轨弧段，对 LAGEOS 卫星定轨，一个月左右的弧段比较好。从另一方面讲，如果我们求解的参数的周期比较长，则在 30 天的短弧内解出的参数结果也不会好。当然，有些参数是短周期的或者变化比较快，则需要在短的弧段内求解，如地球自转参数 ERP、类大气阻尼系数 C_D、$\dot{C}_D$ 等。为了避免长弧定轨精度低的缺点，通常采用的方法是把一段长弧分成若干段短弧，那些需用长弧段来求解的参数称作公共量，而与短弧有关的量称作局部量，这样分别在长弧和短弧段内求解相应的参数。

将式 (5-6) 转换成下式：

$$[A_i\ B_i] \begin{bmatrix} X_i \\ Y \end{bmatrix} = [b_i] + [v_i] \tag{5-9}$$

式中，X_i 为局部量；Y 为公共量；A_i 和 B_i 分别为局部量和公共量的系数矩阵；b_i 和 v_i 分别为观测矩阵和残差矩阵；i 表示第 i 弧段。

对式 (5-9) 的公共量求解有：

$$Y = N^{-1} \cdot d \tag{5-10}$$

其中，

$$N = \sum N_i \tag{5-11}$$

$$d = \sum d_i \tag{5-12}$$

$$N_i = B_i^T W_i B_i - B_i^T W_i A_i (A_i^T W_i A_i)^{-1} A_i^T W_i B_i \tag{5-13}$$

$$d_i = B_i^T W_i b_i - B_i^T W_i A_i (A_i^T W_i A_i)^{-1} A_i^T W_i b_i \tag{5-14}$$

W_i 为第 i 弧段的权矩阵。

残差平方和为：

$$\sum V_i^T W_i V_i = -Y^T d + \sum (b_i^T W_i b_i - b_i^T W_i A_i (A_i^T W_i A_i)^{-1} A_i^T W_i b_i) \tag{5-15}$$

公共量的协方差矩阵为：

$$C_Y = N^{-1} \tag{5-16}$$

对局部量求解有：

$$X_i = (A_i^T W_i A_i)^{-1}(A_i^T W_i b_i - A_i^T W_i b_i Y) \tag{5-17}$$

局部量协方差矩阵为：

$$C_{X_i} = (A_i^T W_i A_i)^{-1}(I + A_i^T W_i B_i C_Y B_i^T W_i A_i (A_i^T W_i A_i))^{-1} \tag{5-18}$$

由协方差矩阵可得出求解参数的精度和参数与参数之间的相关关系。

5.2 激光测卫

研究表明，当测距精度为米级时，SLR 观测资料可用于地球引力场的研究；当测距精度为分米级时，SLR 观测资料可用于地球固体潮和极移场的研究；当测距精度为厘米级时，SLR 观测资料可用于地球板块构造和断层活动的研究；当测距精度为亚厘米级时，SLR 观测资料可用于地球板块间的形变的研究。

1972 年，Smith 等人曾先应用 SLR 资料求解了纬度变化，精度约为 0.03″，这一工作的可行性得到 Dum 等人的进一步证实。1978 年，Schutz、Smith 等人则直接求解了极移，从而为 SLR 作为替代经典技术在地球自转服务方面奠定了基础。1980 年，国际天文学联合会（IAU）和国际大地测量与地球物理联合会（IUGG）组织了 MERIT 联测，这一联测充分显示了新技术比经典技术的优越性，新技术的精度比经典方法提高 1~2 个数量级，如 SLR 测定的自转参数的精度达到 0.01″，而经典 BIH 只有 0.1″。至 1988 年 1 月 1 日起，地球自转服务（IERS）就主要依靠 VLBI、SLR、LLR 和 GPS 技术来维持，它包括了地球自转参数（ERP）的确定和高精度的参考系统及台站坐标的确定与维持。与此同时，一些与地球自转相联系的问题也因此得到了深入的研究，如日长变化与大气角动量的激发变化及地球水分布的变化的相互关系取得了显著进展，观测证明，地球自转速率与大气角动量存在着强耦合关系，说明大气是地球自转速率变化的主要激发源，研究同时证实日长的变化也与厄尔尼诺事件紧密相关。

早在 1979 年，NASA 的 Smith 等人已利用圣安德烈斯断层两侧的相距 1 000km 的两个台站的 SLR 观测计算出其基线的变化率为 9 ±3cm/年，而随后 Taplay 等人在研究全球 SLR 资料中给出了 5 条基线的变化率，与地质学上的 M-J 模型比较符合很好，这些证明了 SLR 可以用于区域性及全球板块运动监测。

20 世纪 70 年代末开始，NASA 就利用 SLR 和 VLBI 技术组成了全球规模的地壳动力学观测计划（CDP），对全球板块相对运动的实测结果证实，不论是 VLBL 技术，还是 SLR 技术，所得结果与地质资料得到的全球板块相对运动模型 NUVEL-1 模型比较符合率都达 95% 左右，同时也测定各板块内的运动很小，这表明板块的钢性假设基本成立。1992 年，NASA 在完成了 CDP 计划，取得了一批具有世界影响的重要成果后，又以固体地球动力学（DOSE）计划作为 CDP 计划的后续。

20 世纪 80 年代中期，西欧也提出了 WEGENER-MEDL.AS 计划，主要利用地中海地区的 SLR 网研究该地区的地壳运动，包括欧亚、印澳、非洲和阿拉伯板块的相互作用，并在近年来延伸到了中亚。而由澳大利亚、日本、中国和俄罗斯等国的 SLR 组成的西太平洋网在近几年成立并得到了很大发展。1991 年起，为期 5 年的我国国家攀登计划（现代地壳运动和地球动力学研究)起动成功用于对地球自转变化、精密地球参考系的建立与维持、板块运动和区域性地壳运动的监测,SLR 也是其中主要的手段之一。所有这些计划都取得了丰富的成果,大大增加了我们对全球板块运动及区域地壳形变的认识与理解,而这些是传统技术难以取得的。

地球重力场的变化引起卫星轨道的变化,而地球重力场变化是地球质量重新分布的反映,因此,由卫星轨道摄动所得到的地球引力场变化可以用来研究地球质量的变化。由于激光卫星的定轨精度高,目前只能由这些卫星的轨道分析来确定各种因素引起的引力场时变。现在利用 SLR 技术来研究地球质量 GM 值、地球重力场系数、固体潮、海潮等也取得了一系列重要的研究成果,如 1978 年利用 4 颗近地激光卫星测距结果求解 GM,结果为 $398\ 600.44 \pm 0.02 \mathrm{km}^3/\mathrm{s}^2$;1985年,由8年Lageos-1资料得出 $GM = 398\ 600.00 \pm 0.02 \mathrm{km}^3/\mathrm{s}^2$;而此后利用 14 颗近地卫星的激光、多普勒和测高数据的联合解算,得到 $GM = 398\ 600.440\ 9 \pm 0.009 \mathrm{km}^3/\mathrm{s}^2$;而经卫星质心改正后,由 5 年 Lageos-1 激光测距资料得到 $GM = 398\ 600.441\ 5 \pm 0.008 \mathrm{km}^3/\mathrm{s}^2$,这一结果为 IERS 规范 1992 采用。改进更为明显的是地球引力场模型,如由激光卫星资料得到的 20×20 阶 GEM-9(1977),由卫星资料加地面重力资料的 22×22 阶 GEM-10(1977),由卫星资料加地面重力资料加测高仪资料的 180×180 阶 GEM-10C(1978) 及 50×50 阶 GEM-T3(1991) 等,它们分别适用于不同的目标,而由美国哥达德宇航中心(GSFC)、得克萨斯大学空间研究中心以及法国空间研究中心(GSFC)合作利用卫星轨道摄动资料、地面重力资料、卫星测高仪资料联合分析得到的 JGR-3 模型的球谐展开系数达到了 360×360 阶,中国科学院测量与地球物理研究所的陆洋博士加入中国地区地面重力资料后,将其扩展到了 720×720 阶,这一成果得到了广泛的注意。在重力卫星成功运行后,地球低阶重力场也需要用激光测距资料的解算结果作约束,特别是 C_{20} 项。

总之,SLR 资料已在以下的地球动力学中得到广泛和深入的应用:
(1)高精度的地球自转参数测定;
(2)高精度的地面参考系的建立与维持;
(3)板块运动与区域型地壳型变监测;
(4)地球引力场的测定与精化;
(5)地球潮汐研究;
(6)人造卫星的精密定轨;
(7)地球内部物理学研究;
(8)地球各圈层的影响与作用;
(9)其他定轨技术精度比较的参考。

随着 SLR 资料的观测精度的提高、观测资料时段的加长、观测密度的提高、观测目标的加多、测站数的增加及测站位置几何分布合理化,更是显现出了这一空间大地测量技术在地球动力学研究方面的巨大潜力,上述多方面的研究将得到更进一步的深入,如利用人卫激光测距资料及其他技术的资料解算地心变化、台站垂直位置变化、海平面变化、冰后回升的监测、ERP 精细结构、低阶地球引力系数变化,探讨地球各圈层间的相互作用的研究已成为热点和重点。

我国科研人员也利用 SLR 资料作过不少地球动力学和大地测量学方面的研究,如上海天文台的何妙福、黄诚、朱文耀等人利用 SLR 资料解算过基线距离、地球自转参数与全球板块运动等,中国科学院测量与地球物理研究所在这方面也利用 SLR 资料作过全球海潮参数、基线长度、武汉 SLR 站基准站坐标解算、地球滞弹、地心变化、低阶重力场解算等的研究工作。这些研究工作都紧跟着国际科研前沿。

5.2.1 激光测卫中的观测模型及其偏导数计算

人卫激光测距观测模型包括观测量、测站坐标和观测量的系统误差改正。

测站坐标可取自 IERS(国际地球自转服务)提供的国际地球参考框架,现在主要用 ITRF2000,也可将测站坐标作为待估参数进行解算改进。

观测量为测站至卫星距离,实际上式(5-4)中还应加上以下改正:测站位置潮汐位移改正 Δd_{et}、测站距离偏差改正 Δd_e、测站时间偏差改正 Δd_t、卫星偏心改正 Δd_s(也称作质心补偿改正)、地面系统信号延迟 Δd_b、大气折射改正 Δd_r、广义相对论改正 Δd_{rel}、测站板块运动改正。观测量式(5-4)可改写为:

$$\rho_o = \frac{\Delta t}{2}c - \Delta d_{et} - \Delta d_e - \Delta d_t - \Delta d_s - \Delta d_b - \Delta d_r - \Delta d_{rel} + \Delta d_c + \varepsilon \quad (5\text{-}19)$$

式中,ε 为观测系统和随机误差。

1. 测站位置潮汐位移改正

测站位置潮汐位移改正包括固体潮位移改正、海洋负荷潮位移改正、极潮位移改正以及大气、地表水负荷位移。

① 固体潮位移改正

由于日月的引潮作用,固体地球产生形变,从而改变了测站的位置,影响到观测的距离。通常采用 Wahr 固体潮模型,考虑与频率无关的标称勒夫数的固体潮改正,再加上 k_1 频率项引起的径向位移改正,

$$\Delta R = \sum_{j=1}^{2} \frac{GM_j a^4}{GE r_j^3} \left\{ 3l_2 \left(\frac{\bm{r} \cdot \bm{r}_j}{rr_j^2} \right) r_j + \left[3\left(\frac{h_2}{2} - l_2 \right) \frac{(\bm{r} \cdot \bm{r}_j)^2}{r^2 r_j^2} - \frac{h_2}{2} \right] r \right\} \quad (5\text{-}20)$$

式中,$j=1,2$ 分别表示月亮和太阳;$\bm{r}$ 和 $\bm{r}_j$ 为测站和月亮、太阳在地固系中位置矢量;GM 为引力常数;r 为月亮、太阳在地固系中位置单位矢量;l_2、h_2 为勒夫数和志田数。

$$\delta h_1(\text{m}) = -0.025\,3\sin\phi\cos\phi\sin(\vartheta_g + \lambda) \quad (5\text{-}21)$$

式中,ϕ、λ 为测站地心经纬度;ϑ_g 为格林尼治恒星时 GAST。

此外,上述改正包含了零频率影响即永久潮汐形变,需作进一步改正。这一改正主要为站心坐标系中的径向与北向改正,分别为:

$$\delta h_2(\text{m}) = -0.120\,6\left(\frac{3}{2}\sin^2\phi - \frac{1}{2} \right) \quad (5\text{-}22)$$

$$\delta N(\text{m}) = -0.050\,4\sin\phi\cos\phi \quad (5\text{-}23)$$

更高精度的改正可参考 IERS 规范 2003,其中给出了更精确的改正公式和相关程序。

② 海潮负荷潮位移改正

海洋负荷潮引起的测站位移可以达到厘米级,因此必须加以改正。IERS 规范给出了 11 个主要海潮波的各测站的负荷形变的振幅和相位,包括了径向、东向和北向三个方向分量,并给出了相应的计算程序,用来计算测站海潮负荷潮位移 δh_{ot}、δE_{ot} 和 δN_{ot}。

③ 极潮改正

地球自转产生的地球离心力使地球发生形变,由极移变化导致测站坐标变化,称为极潮,其影响可达厘米级,因此也必须加以改正。改正公式为式(5-24)(取 $h_2 = 0.609\,0$,$l_2 =$

0.083 6):

$$\begin{cases} \delta h_p = -0.032\sin(2\theta)(m_1\cos\lambda + m_2\sin\lambda) \\ \delta N_p = 0.009\cos(2\theta)(m_1\cos\lambda + m_2\sin\lambda) \\ \delta E_p = 0.009\sin\theta(m_1\sin\lambda - m_2\cos\lambda) \end{cases} \quad (5\text{-}24)$$

其中，$m_1 = x_p - \bar{x}_p$，$m_2 = y_p - \bar{y}_p$，为瞬时极移与平均值之差；θ、λ 为测站余纬和经度。

④大气、地表水负荷位移

大气、地表水（包括冰、雪、海底压力）变化产生的负荷形变同样引起测站位移变化，其影响也可达到厘米级。为确定这一改正，2002年2月，IERS成立了SBL（Special Bureau on Loading），有关改正方法和改正值可从SBL取得。

2. 测站距离偏差和时间偏差改正

测站本身在测距过程中存在的系统误差，由ILRS同一分析确定，并返回测站在观测值中加以改正，也可在定轨同时作为待估参数解算。

3. 卫星偏心改正

在激光测卫中，由激光击中卫星的往返时间间隔换算得到的距离是测站到卫星表面后向反射镜的距离，而精密星历表的卫星位置是卫星的质心的位置，因此，必须对卫星表面到质心的距离加以改正。

每颗卫星在上天以前，就已通过地面手段确定了激光观测的卫星偏心改正，如对球形Lageos卫星来说，$\Delta d_s = -251\text{cm}$。

4. 地面系统信号延迟改正

地面信号延迟通过对地标靶的观测直接加以改正。

5. 大气折射改正

光线在非均匀的介质中的传播不是沿直线的，其传播速率也小于真空中的光速。由于上述原因，激光脉冲在往返通过大气层时就与真空情形不同，因此要加以改正。在激光测距中，通常采用由Marimi等人给出的大气延迟改正公式：

$$\Delta d_r = \frac{f(\lambda)(A+B)}{f(\phi,H)\left[\sin E + \dfrac{B}{(A+B)(\sin E + 0.01)}\right]} \quad (5\text{-}25)$$

式中，

$$f(\lambda) = 0.965\,0 + \frac{0.016\,4}{\lambda^2} + \frac{0.000\,228}{\lambda^4}$$

$$f(\varphi,H) = 1 - 0.002\,6\cos^2\varphi - 0.31H$$

$$A = 0.002\,357P + 0.000\,14W_1$$

$$W_1 = 0.061\,1W$$

$$B = 1.084 \times 10^{-8} \times P \times T \times K + \frac{9.648 \times 10^{-8} P^2}{T \times (3 - 1/K)}$$

$$K = 1.163 - 0.009\,68\cos(2\varphi) - 0.001\,04T + 0.000\,014\,35P$$

其中，E 为卫星的仰角；φ、H 为测站的大地纬度和高度(m)；W、T、P 为测站的大气湿度(%)、温度(K)和压强(mb)；λ 为激光的波长，对红宝石激光器，$\lambda = 6\,943\mu m$，$f(\lambda) = 1$；对 ND:YAG 激光器，$\lambda = 0.532\,0\mu m$，$f(\lambda) = 1.025\,79$。

6. 广义相对论改正

光线在引力场中传播要比在平直空间中传播的时间长,其差额称为引力时延(夏皮罗时延),激光动力学卫星(Lageos)在地球引力场中的这一效应可达厘米级,因此也需要加以改正。引力时延简单近似公式为:

$$\Delta t_{\text{rel}} = \frac{2GM}{c^3} \ln \frac{r + R + \rho}{r + R - \rho} \tag{5-26}$$

其中,M 为引力场源的质量;G 为万有引力常数;r、R 为引力源到光源和观测者的距离;ρ 为光源到观测者的距离。

7. 测站板块运动改正

由 ITRF 提供的测站坐标已给定了测站运动速度和初始历元,由速度、初始历元和观测历元就可得到相应的站坐标运动改正。若没有给出,则需通过所在板块运动规律计算得到,也可通过长期观察,作为待估参数解算。

8. 观测量中有关偏导数

下面公式中有关计算量除注明外,都应转换至惯性系下。

①观测值对测站时间偏差的偏导数:

$$\begin{aligned}\frac{\partial \rho}{\partial t} &= \frac{\partial \rho}{\partial x_s}\frac{\partial x_s}{\partial t} + \frac{\partial \rho}{\partial y_s}\frac{\partial y_s}{\partial t} + \frac{\partial \rho}{\partial z_s}\frac{\partial z_s}{\partial t} + \frac{\partial \rho}{\partial x_e}\frac{\partial x_e}{\partial t} + \frac{\partial \rho}{\partial y_e}\frac{\partial y_e}{\partial t} + \frac{\partial \rho}{\partial z_e}\frac{\partial z_e}{\partial t} \\ &= \frac{1}{\rho}[(x_s - x_e)(\dot{x}_s - \dot{x}_e) + (y_s - y_e)(\dot{y}_s - \dot{y}_e) + (z_s - z_e)(\dot{z}_s - \dot{z}_e)]\end{aligned} \tag{5-27}$$

式中,s 代指卫星;e 代指测站,统一在地固系中。

②观测值对测站距离偏差的偏导数:

$$\frac{\partial \rho}{\partial \rho_e} = 1 \tag{5-28}$$

式中:ρ_e 代指某一测站观测距离偏差。

③观测值对测站坐标的偏导数:

$$\begin{cases}\dfrac{\partial \rho}{\partial x_e} = -\dfrac{1}{\rho}[Q_{11}(x_s - x_e) + Q_{12}(y_s - y_e) + Q_{13}(z_s - z_e)] \\[6pt] \dfrac{\partial \rho}{\partial y_e} = -\dfrac{1}{\rho}[Q_{21}(x_s - x_e) + Q_{22}(y_s - y_e) + Q_{23}(z_s - z_e)] \\[6pt] \dfrac{\partial \rho}{\partial z_e} = -\dfrac{1}{\rho}[Q_{31}(x_s - x_e) + Q_{32}(y_s - y_e) + Q_{33}(z_s - z_e)]\end{cases} \tag{5-29}$$

因为,

$$\begin{pmatrix} x_e \\ y_e \\ z_e \end{pmatrix} = \begin{pmatrix} (N + h)\cos\varphi\cos\lambda \\ (N + h)\cos\varphi\sin\lambda \\ (N(1 - e^2) + h)\sin\varphi \end{pmatrix} \tag{5-30}$$

$$N = \frac{R_e}{\sqrt{1 - e^2 \sin^2\varphi}} \tag{5-31}$$

$$e^2 = 2f - f^2 \tag{5-32}$$

所以,

$$\begin{cases}\dfrac{\partial x_e}{\partial \lambda}=-R\cos\varphi\sin(\lambda s)\\ \dfrac{\partial y_e}{\partial \lambda}=R\cos\varphi\cos(\lambda c)\\ \dfrac{\partial z_e}{\partial \lambda}=0\\ \dfrac{\partial x_e}{\partial \varphi}=-R\sin\varphi\cos(\lambda c)\\ \dfrac{\partial y_e}{\partial \varphi}=-R\sin\varphi\sin(\lambda s)\\ \dfrac{\partial z_e}{\partial \varphi}=R\cos\varphi\\ \dfrac{\partial x_e}{\partial h}=\cos\varphi\cos(\lambda c)\\ \dfrac{\partial y_e}{\partial h}=\cos\varphi\sin(\lambda s)\\ \dfrac{\partial z_e}{\partial h}=\sin\varphi\end{cases} \quad (5\text{-}33)$$

$$\begin{cases}\dfrac{\partial \rho}{\partial h}=\dfrac{\partial \rho}{\partial x_e}\dfrac{\partial x_e}{\partial h}+\dfrac{\partial \rho}{\partial y_e}\dfrac{\partial y_e}{\partial h}+\dfrac{\partial \rho}{\partial z_e}\dfrac{\partial z_e}{\partial h}\\ \dfrac{\partial \rho}{\partial \lambda}=\dfrac{\partial \rho}{\partial x_e}\dfrac{\partial x_e}{\partial \lambda}+\dfrac{\partial \rho}{\partial y_e}\dfrac{\partial y_e}{\partial \lambda}+\dfrac{\partial \rho}{\partial z_e}\dfrac{\partial z_e}{\partial \lambda}\\ \dfrac{\partial \rho}{\partial \varphi}=\dfrac{\partial \rho}{\partial x_e}\dfrac{\partial x_e}{\partial \varphi}+\dfrac{\partial \rho}{\partial y_e}\dfrac{\partial y_e}{\partial \varphi}+\dfrac{\partial \rho}{\partial z_e}\dfrac{\partial z_e}{\partial \varphi}\end{cases} \quad (5\text{-}34)$$

式中,h、λ、φ 为测站站高与大地经纬度;x_e、y_e、z_e 为测站在地固系中坐标;Q 为惯性系到地固系坐标转换矩阵;R 为测站地心距;f 为地球扁率;R_e 为参考地球长半径。

④观测值对地球自转参数的偏导数

略去岁差章动的影响有:

$$\begin{pmatrix}x_e\\y_e\\z_e\end{pmatrix}=\begin{pmatrix}1 & 0 & x_p\\0 & 1 & -y_p\\-x_p & y_p & 1\end{pmatrix}\begin{pmatrix}x'\\y'\\z'\end{pmatrix}$$

$$\begin{pmatrix}x'\\y'\\z'\end{pmatrix}=\begin{pmatrix}\cos\theta_g & \sin\theta_g & 0\\-\sin\theta_g & \cos\theta_g & 0\\0 & 0 & 1\end{pmatrix}\begin{pmatrix}x_T\\y_T\\z_T\end{pmatrix} \quad (5\text{-}35)$$

式中,$x_p=x_{p0}+\dot{x}_p(t-t_0)$,$y_p=y_{p0}+\dot{y}_p(t-t_0)$ 为极移;θ_g 为格林尼治恒星时角;T 代指瞬时真赤道地心坐标系(True of Date);x'、y'、z' 为准地固系坐标。

$$\frac{\partial \rho}{\partial x_{p0}}=\frac{\partial \rho}{\partial \boldsymbol{R}}\frac{\partial \boldsymbol{R}}{\partial x_p}\frac{\partial x_p}{\partial x_{p0}}=z_s\frac{x_s-x_e}{\rho}-x_s\frac{z_s-z_e}{\rho}$$

$$\frac{\partial \rho}{\partial \dot{x}_p} = \frac{\partial \rho}{\partial x_{p0}}(t - t_0) \tag{5-36}$$

$$\frac{\partial \rho}{\partial y_{p0}} = x_p y'_s \frac{x_s - x_e}{\rho} - (z'_s + y_p y'_s)\frac{y_s - y_e}{\rho} + y_s \frac{z_s - z_e}{\rho}$$

$$\frac{\partial \rho}{\partial \dot{y}_p} = \frac{\partial \rho}{\partial y_{p0}}(t - t_0)$$

$$\theta_g = 2\pi(\mathrm{GMST0}^h + (1 + k)\mathrm{UT1}) + \Delta\psi\cos(\bar{\varepsilon} + \Delta\varepsilon) \tag{5-37}$$

$$\frac{\partial \rho}{\partial \mathrm{UT1}} = 2\pi(1 + k)\left[(y'_s - y'_e)\frac{x_s - x_e}{\rho} - (x'_s - x'_e)\frac{y_s - y_e}{\rho}\right.$$

$$\left. - (x_p(y'_s - y'_e) + y_p(x_s - x'_e))\frac{z_s - z_e}{\rho}\right] \tag{5-38}$$

式中，

$$1 + k = 1.002\,737\,909\,350\,795 + 5.900\,6 \times 10^{-11}T_u - 5.9 \times 10^{-5}T_u^2$$

$$T_u = \frac{\mathrm{TJD}(\mathrm{UT1}) - 2\,451\,545.d0}{36\,525}$$

⑤观测值对勒夫数的偏导数：

$$\frac{\partial \rho}{\partial l_2} = \frac{\partial \rho}{\partial \boldsymbol{r}}\frac{\partial \boldsymbol{R}}{\partial l_2} = \frac{\partial \rho}{\partial \boldsymbol{R}}\sum_{j=1}^{2}\frac{GM_j a^4}{GEr_j^3}\left\{3\left(\frac{\boldsymbol{r}\cdot\boldsymbol{r}_j}{rr_j^2}\right)\boldsymbol{r}_j - 3l_2\frac{(\boldsymbol{r}\cdot\boldsymbol{r}_j)^2}{r^2r_j^2}\boldsymbol{r}\right\} \tag{5-39}$$

$$\frac{\partial \rho}{\partial h_2} = \frac{\partial \rho}{\partial \boldsymbol{R}}\frac{\partial \boldsymbol{R}}{\partial h_2} = \frac{\partial \rho}{\partial \boldsymbol{R}}\sum_{j=1}^{2}\frac{GM_j a^4}{GEr_j^3}\left\{\left[\frac{3h_2}{2}\frac{(\boldsymbol{r}\cdot\boldsymbol{r}_j)^2}{r^2r_j^2} - \frac{h_2}{2}\right]\boldsymbol{r}\right\} \tag{5-40}$$

5.2.2 激光测卫中的动力学模型及其偏导数计算

在一定的时空坐标系里，选择适当的力学模型，并积分运动方程就可得到理论计算的卫星星历及偏导数。对力学模型的选择，一般要顾及摄动力与中心引力之比的量级、积分弧段长度和定轨精度，简单关系可表示为：

$$\Delta = \left(\frac{3}{2}\varepsilon n^2 (t - t_0)^2, \quad 2\varepsilon n(t - t_0)\right) \tag{5-41}$$

上式中在轨道半长径有长期变化时，如耗散力摄动时，取 $(t - t_0)^2$ 项，对短周期摄动，取 $(t - t_0)$ 项。其中，Δ 为轨道摄动量级，也可认为所需定轨的精度与轨道半长径之比，$\varepsilon = f/f_c$，为摄动力与中心引力之比；n 为轨道平均角速度；t 和 t_0 为轨道积分结束和起始时刻。

通常考虑的作用力主要有地球中心引力（f_c）、地球形状摄动（f_F）、太阳直接辐射压力（f_{pr}）、日月和大行星的三体摄动（f_s，f_l 和 f_p）、固体潮、海潮和大气潮摄动（f_{T_1}、f_{T_2} 和 f_{T_3}）、阻尼摄动（f_D）、广义相对论摄动（f_{rel}）等。考虑到上述力的作用，卫星在惯性系中的运动方程为：

$$\ddot{\boldsymbol{r}} = \boldsymbol{f}_c + \boldsymbol{f}_F + \boldsymbol{f}_{T_1} + \boldsymbol{f}_{T_2} + \boldsymbol{f}_{T_3} + \boldsymbol{f}_s + \boldsymbol{f}_L + \boldsymbol{f}_P + \boldsymbol{f}_{Pr} + \boldsymbol{f}_D + \boldsymbol{f}_{rel} \tag{5-42}$$

1. 地球中心引力和形状摄动

地球中心引力和形状摄动可统一表示为地球引力场作用，地球外部引力位为：

$$U = \frac{GM}{r'} - \sum_{n=2}^{\infty}\left(\frac{a_e}{r'}\right)^n \left[J_n\overline{P}_n(\sin\varphi') + \sum_{m=1}^{n}(J_{nm}\cos m\lambda' + K_{nm}\sin m\lambda' + \overline{P}_{nm}(\sin\varphi))\right] \tag{5-43}$$

其中,GM/r'为地球中心引力项;ϕ'、λ'、r'为地固坐标系中的卫星的纬度、经度及地心距;J_n、J_{nm}、K_{nm}为地球引力场规格化系数,$J_n=-\bar{C}_{n0}$,$J_{nm}=-\bar{C}_{nm}$,$K_{nm}=-\bar{S}_{nm}$。

引力位与引力关系为:

$$\boldsymbol{f}'_c+\boldsymbol{f}'_F=\left(\frac{\partial U}{\partial X'}\mathbf{i}+\frac{\partial U}{\partial Y'}\mathbf{j}+\frac{\partial U}{\partial Z'}\mathbf{k}\right) \tag{5-44}$$

这里,X'、Y'、Z'是地固系中的直角坐标。如果在地固系中以球坐标表示,则有:

$$\begin{cases}\dfrac{\partial U}{\partial X'}=\dfrac{X'}{r'}\dfrac{\partial U}{\partial r'}-\dfrac{\sin\varphi'}{\cos\varphi'}\dfrac{X'}{r'}\dfrac{\partial U}{\partial\varphi'}-\dfrac{Y'}{\cos\varphi'r'^2}\dfrac{\partial U}{\partial\lambda'}\\[4pt]\dfrac{\partial U}{\partial Y'}=\dfrac{Y'}{r'}\dfrac{\partial U}{\partial r'}-\dfrac{\sin\varphi'}{\cos\varphi'}\dfrac{Y'}{r'}\dfrac{\partial U}{\partial\varphi'}-\dfrac{X'}{\cos\varphi'r'^2}\dfrac{\partial U}{\partial\lambda'}\\[4pt]\dfrac{\partial U}{\partial Z'}=\dfrac{Z'}{r'}\dfrac{\partial U}{\partial r'}+\dfrac{\cos\varphi'}{r'}\dfrac{\partial U}{\partial\varphi'}\end{cases} \tag{5-45}$$

通常,卫星轨道积分是在 J2000.0 地心赤道坐标系中,故必须把 $\boldsymbol{f}'$ 和 $\boldsymbol{f}'_F$ 表示在 F 坐标系中的力 $\boldsymbol{f}_c$ 和 $\boldsymbol{f}_F$。

$$\boldsymbol{f}'_c+\boldsymbol{f}'_F=\boldsymbol{F}' \tag{5-46}$$

$$\boldsymbol{f}_c+\boldsymbol{f}_F=\boldsymbol{F} \tag{5-47}$$

$$\boldsymbol{F}=\boldsymbol{Q}^{\mathrm{T}}\boldsymbol{N}^{\mathrm{T}}\boldsymbol{E}^{\mathrm{T}}\boldsymbol{P}^{\mathrm{T}}\boldsymbol{F}' \tag{5-48}$$

式中,$\boldsymbol{Q}$、$\boldsymbol{N}$、$\boldsymbol{E}$、$\boldsymbol{P}$ 为岁差、章动、地球自转、极移坐标转换矩阵。

根据实际精度要求,可选取相应的地球引力场模型阶次。对 $\bar{C}_{20}$、$\bar{C}_{21}$、$\bar{S}_{21}$ 的处理可参看 IERS 规范。

2.固体潮摄动

地球并非刚体,在日月引力作用下产生形变,形成固体潮,引起地球外部引力场变化,进而对卫星轨道产生摄动。通常,固体潮摄动以 Wahr 理论模型为基础,分两步考虑固体潮摄动:先不考虑勒夫数的频率响应,取标称的值 $k_2=0.3$,$k_3=0.093$。采用直接法摄动,然后顾及二阶勒夫数的频率响应。

固体潮对卫星的摄动位为:

$$U_T=\sum_{j=1}^2 U_j=\sum_{j=1}^2\frac{GM_j}{r_j}K_l\left(\frac{a_e}{r}\right)^{2l+1}P_l(\cos Z_j) \tag{5-49}$$

这里,下标 $j=1,2$ 分别对应于月球和太阳;M_j 为引潮天体的质量;r_j 为引潮天体的地心距;K_l 为 l 阶的勒夫数;Z_j 为引潮天体的地心矢径与卫星的地心矢径的夹角。

通常,月球的固体潮位取到三阶项,对太阳的固体潮位取到二阶项。如果仅考虑到日、月的二阶引潮位,它占整个引潮位 UT 的 98%,若再加上月球的三阶项,几乎达到 100%。

对二阶位有:

$$U_{j2}=\frac{k_2GM_ja^5}{r^3r_j^3}P_2(\cos z_j) \tag{5-50}$$

由 $\cos Z_j=\dfrac{\boldsymbol{r}\cdot\boldsymbol{r}_j}{|\boldsymbol{r}||\boldsymbol{r}_j|}$ 及 $P_2(\cos Z_j)=\dfrac{3}{2}\cos^2 Z_j-\dfrac{1}{2}$,有:

$$U_{j2}=\frac{K_2GM_ja^5}{2r^3r_j^3}\left[3\frac{(\boldsymbol{r}\cdot\boldsymbol{r}_j)^2}{r^2r_j^2}-1\right] \tag{5-51}$$

卫星受到的摄动力为：

$$f'_{T_2} = \sum_{j=1}^{2} \nabla U_{2j} = \sum_{j=1}^{2} \frac{K_2 GM_j a^5}{2r^3 r_j^3} \left[3\frac{r}{r} - 15\frac{(r \cdot r_j)^2}{r^2 r_j^2}\frac{r}{r} + 6\frac{(r \cdot r_j)}{r r_j}\frac{r_j}{r} \right] \quad (5\text{-}52)$$

对三阶位，同样可得：

$$\bar{f}''_T = \sum_{j=1}^{2} \nabla U_{3j} = \frac{K_3 GM_j a^7}{2r^5 r_j^4} \left[-35\frac{(r \cdot r_j)^3}{r^3 r_j^3}\frac{r}{r} + 15\frac{(r \cdot r_j)}{r r_j}\frac{r}{r} - 3\frac{r_j}{r_j} \right.$$
$$\left. + 15\frac{(r \cdot r_j)^2}{r^2 r_j^2}\frac{r_j}{r_j} - 3\frac{r_j}{r_j} \right] \quad (5\text{-}53)$$

顾及勒夫数的频率响应对卫星摄动的影响是把这一影响表述为地球重力场系数的修正：

$$\begin{cases} (\Delta \bar{C}_{nm})_{et} = A_m \sum_{\beta nm} \delta K_\beta H_\beta \begin{pmatrix} \cos Q_\beta \\ \sin Q_\beta \end{pmatrix}, n+m \text{ 为偶} \\ (\Delta \bar{S}_{nm})_{et} = A_m \sum_{\beta nm} \delta K_\beta H_\beta \begin{pmatrix} -\sin Q_\beta \\ \sin Q_\beta \end{pmatrix}, n+m \text{ 为偶} \end{cases} \quad (5\text{-}54)$$

其中，δK_β 为不同频率的波 $\beta(n,m)$ 的二阶勒夫数的改正，即 $K_{2\beta} - K_2$；K_β 为分潮波 $\beta(n,m)$ 的潮高；

$$Q_\beta = n_1 \tau + n_2 S + n_3 h + n_4 n + n_5 N' + n_6 P' \quad (5\text{-}55)$$

式中，τ、S、h、P、N、N'、P' 为 Doodson 变量，n_1、n_2、n_3、n_4、n_5、n_6 为 Doodson 常数。

由于在公式中是直接计算固体潮摄动，没有扣除固体潮的零频率项，因此需要在读取重力场时扣除 $(\Delta \bar{C}_{20})_{et}$ 项。

综上所述，在考虑固体潮摄动时，先求 f_{T_1}，f'_{T_1}，然后在重力场系数中扣除 $((\Delta \bar{C}_{20})_{et})$，再在 $\bar{C}_{nm}$、$\bar{S}_{nm}$ 上加上 $(\Delta \bar{C}_{nm})_{et}$、$(\Delta \bar{S}_{nm})_{et}$。

3.海潮和大气潮摄动

海洋潮汐引起的地球外部引力位变化，在计算中为了方便，通常把海潮的摄动表示成地球引力系数的修正形式：

$$(\Delta \bar{C}_{nm})_{ot} - i(\Delta \bar{S}_{nm})_{ot} = \sum_{\beta nm} F_{nm}(C^{\pm}_{\beta nm} \mp i S^{\pm}_{\beta nm}) e^{\pm i\theta_\beta} \quad (5\text{-}56)$$

式中，$F_{nm} = \frac{4\pi G \rho_w}{g_e} \left[\frac{(n+m)!}{(n-m)(2-\delta_{0m})} \right]^{1/2} \frac{1+K'_n}{2n+1}$，$g_e$ 为地表平均重力加速度；G 为万有引力常数；ρ_w 为海水平均密度；K'_n 为 n 阶负荷勒夫数；$C^{\pm}_{\beta nm}$、$S^{\pm}_{\beta nm}$ 为海洋潮汐系数，可从 IERS 取得；θ_β 为海潮分潮波相位。

同样，大气压强也使地球产生形变附加位，这一附加位会使卫星产生摄动。根据大气潮的情况，只取对应于 S_2 波的一项，$n=2, m=2$，并且直接加在海潮的 C^+_{22} 和 S^+_{22} 系数上。

考虑到大气潮摄动后有：

$$C^+_{22} = -0.537 \text{cm}, \qquad S^+_{22} = 0.321 \text{cm} \quad (5\text{-}57)$$

4.日月和大行星的三体摄动

根据万有引力定律，人造卫星和地球这一系统受到月球、太阳和大行星的吸引，如图 5-2 所示，r 为第三天体的地心矢径，r 为卫星的地心矢径。

卫星受到 P_j 的吸引力为 f，产生的加速度为 $\ddot{r}$，地球受到 P_j 的吸引力为 f_E，产生的加速度

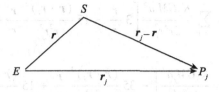

图 5-2 人造卫星和地球的第三体吸引

为 $\ddot{\boldsymbol{r}}_E$,则在惯性系中,卫星相对于地心受到的加速度为 $\ddot{\boldsymbol{r}}_s - \ddot{\boldsymbol{r}}_E$,$\boldsymbol{f}_S - \boldsymbol{f}_E$ 为 P_j 对卫星的摄动力。

$$\ddot{\boldsymbol{r}}_s - \ddot{\boldsymbol{r}}_E = -GM_j\left[\frac{\boldsymbol{r}-\boldsymbol{r}_j}{|\boldsymbol{r}-\boldsymbol{r}_j|^3}+\frac{\boldsymbol{r}_j}{r_j^2}\right] \tag{5-58}$$

则

$$\boldsymbol{f}_L + \boldsymbol{f}_S + \boldsymbol{f}_P = \sum_j - m_e GM_j\left[\frac{\boldsymbol{r}-\boldsymbol{r}_j}{|\boldsymbol{r}-\boldsymbol{r}_j|}+\frac{\boldsymbol{r}_j}{r_j^2}\right] \tag{5-59}$$

式中,j 分别对应于月球、太阳和行星,它们的位置距离可从有关历表中取得,如 DE200、DE403/LE403 历表。

5.太阳直接辐射摄动

当太阳直接照射在卫星上时,就会在太阳和卫星连线方向对卫星产生辐射压力,对球形卫星太阳辐射压表示为:

$$\boldsymbol{f}_{PR} = f\pi\left(\frac{a'}{r}\right)^2 C_R\left(\frac{A}{m}\right)\frac{\boldsymbol{r}}{|\boldsymbol{r}|} \tag{5-60}$$

其中,a' 为天文单位长度;r 为卫星日心矢径;$\frac{A}{m}$ 为卫星面质比;C_r 为卫星表面反射系数,可以作为待估参数;f 为地影因子,对于卫星在本影里,取 $f=0$;对于卫星不在阴影里,取 $f=1$;对于卫星在半影里,$f=1-$ 太阳被蚀面积/太阳蚀面积;π 为太阳辐射压强。

对于非球形卫星,可以对各部分分别加以考虑。

6.大气阻尼经验摄动

卫星并非在真空中运行,大气会对卫星产生阻尼效应,对球形卫星,一般用阻尼的经验项描述:

$$\boldsymbol{f}_D = -\frac{1}{2}\rho_a(C_D + \dot{C}_D t)\frac{A}{m}\dot{r}\dot{\boldsymbol{r}} \tag{5-61}$$

其中,ρ_a 为大气密度,可通过大气模型得到;$\frac{A}{m}$ 为卫星面质比;C_D 与 $\dot{C}_D$ 为阻尼系数与其变率,通常把 C_D 及 $\dot{C}_D$ 作为待调整参数。同样对于形状复杂的卫星,也可将各部分分开来考虑。

7.广义相对论摄动

由于广义相对论效应,卫星在以地球质心为原点的局部惯性坐标系中的运动与牛顿动力学产生了差异,这种差异可看作卫星受到一个附加摄动的影响,通常只考虑卫星在地球周围运动产生的"一体问题"的附加摄动:

$$\boldsymbol{f}_{\mathrm{rel}} = \frac{GM_e \boldsymbol{r}}{r^3}\left[\frac{2(\beta+\gamma)}{C^2}\frac{GM_e}{r}-\frac{\gamma}{C^2}(\dot{\boldsymbol{r}}\cdot\dot{\boldsymbol{r}})\right]+\frac{GM_e\dot{\boldsymbol{r}}}{r^3}\frac{2(1+\gamma)}{C^2}(\boldsymbol{r}\cdot\dot{\boldsymbol{r}}) \tag{5-62}$$

式中，β、γ 为相对论参数。

5.2.3 运动方程的积分

经典的牛顿力学给出的卫星轨道动力学方程为：

$$\ddot{r} = f(q_i, t) \tag{5-63}$$

q_i 为卫星动力学参数包括卫星的光压参数、大气阻尼参数、地球引力场参数、潮汐参数等。

对动力学方程积分可得到卫星星历，在积分同时也积分相关的偏导数。积分后：

$$r = G(q_i, t_0, t_i, r_0, \dot{r}_0) \tag{5-64}$$

r_0 和 $\dot{r}_0$ 分别为 t_0 时刻卫星的初始位置和速度。

得到卫星的星历后，就可通过下式得到理论距离 ρ_c：

$$\rho_c = |r - QR_i| \tag{5-65}$$

其中，R_i 为第 i 个测站在地固参考系中的站坐标；Q 为转换矩阵，包含有岁差、章动常数、地球自转参数等。

最终将观测值、理论值、各偏导数代入方程(5-3)，就估算待求参数 ΔP，达到定轨和解释参数的目的。

可采取的积分方法有很多种，在现代计算机的高速发展下，一般短弧积分都可达到相应的精度。

5.2.4 动力学偏导数

1.地球引力场系数，海潮参数的偏导数

由地球引力场模型可得出：

$$\begin{cases} \ddot{X} = -AX + \beta \\ \ddot{Y} = -AY - \gamma \\ \ddot{Z} = -AZ + D \end{cases} \tag{5-66}$$

这里，

$$A = \frac{GM}{r^3} \left[1 - \sum_{n=2}^{\infty} J_n \left(\frac{a_e}{r}\right)^n P_n'(\sin\varphi) + \sum_{n=2}^{\infty} \sum_{m=1}^{n} \left(\frac{a_e}{r}\right)^n K_{nm} P_n^{m+1}(\sin\varphi)(C_{nm}a_m + S_{nm}\beta_m) \right] \tag{5-67}$$

$$\beta = \frac{GM}{r^2} \sum_{n=2}^{\infty} \sum_{m=1}^{n} \left(\frac{a_e}{r}\right)^n K_{nm} M P_n^m (C_{nm}a_{m-1} + S_{nm}\beta_{m-1}) \tag{5-68}$$

$$\gamma = \frac{GM}{r^2} \sum_{n=2}^{\infty} \sum_{m=1}^{n} \left(\frac{a_e}{r}\right)^n K_{nm} M P_n^m (C_{nm}a_{m-1} - S_{nm}\beta_{m-1}) \tag{5-69}$$

$$D = \frac{GM}{r^2} \left[-\sum_{n=2}^{\infty} J_n \left(\frac{a_e}{r}\right)^n P_n' + \sum_{n=2}^{\infty} \sum_{m=1}^{n} \left(\frac{a_e}{r}\right)^n K_{nm} P_n^{m+1}(C_{nm}a_m + S_{nm}\beta_m) \right] \tag{5-70}$$

$$P_n^m(\sin\varphi) = \frac{d^m}{d\sin^m\varphi} P_n(\sin\varphi)$$

$$\alpha_m = \cos^m\varphi \sin^m\lambda \tag{5-71}$$

$$\beta_m = \cos^m\varphi \sin^m \lambda \tag{5-72}$$

令

$$\ddot{X} = f_1, \ddot{Y} = f_2, \ddot{Z} = f_3 \tag{5-73}$$

则有：

$$\begin{cases} \dfrac{\partial f_1}{\partial J_n} = -X\dfrac{\partial A}{\partial J_n} + \dfrac{\partial \beta}{\partial J_n} \\ \dfrac{\partial f_2}{\partial J_n} = -Y\dfrac{\partial A}{\partial J_n} + \dfrac{\partial r}{\partial J_n} \\ \dfrac{\partial f_3}{\partial J_n} = -Z\dfrac{\partial A}{\partial J_n} + \dfrac{\partial D}{\partial J_n} \end{cases} \tag{5-74}$$

$$\begin{cases} \dfrac{\partial f_1}{\partial C_{nm}} = -X\left(\dfrac{\partial A}{\partial C_{nm}}\right) + \dfrac{\partial \beta}{\partial C_{nm}} \\ \dfrac{\partial f_2}{\partial C_{nm}} = -Y\left(\dfrac{\partial A}{\partial C_{nm}}\right) - \dfrac{\partial r}{\partial C_{nm}} \\ \dfrac{\partial f_3}{\partial C_{nm}} = -Z\left(\dfrac{\partial A}{\partial C_{nm}}\right) \mp \dfrac{\partial D}{\partial C_{nm}} \end{cases} \tag{5-75}$$

$$\begin{cases} \dfrac{\partial f_1}{\partial S_{nm}} = -X\left(\dfrac{\partial A}{\partial S_{nm}}\right) + \dfrac{\partial \beta}{\partial S_{nm}} \\ \dfrac{\partial f_2}{\partial S_{nm}} = -Y\left(\dfrac{\partial A}{\partial S_{nm}}\right) - \dfrac{\partial r}{\partial S_{nm}} \\ \dfrac{\partial f_3}{\partial S_{nm}} = -Z\left(\dfrac{\partial A}{\partial S_{nm}}\right) \mp \dfrac{\partial D}{\partial S_{nm}} \end{cases} \tag{5-76}$$

将 $A、\beta、\gamma、D$ 代入上面的式子有：

$$\begin{cases} \dfrac{\partial A}{\partial J_n} = -\dfrac{GM}{r^3}\left(\dfrac{a_e}{r^3}\right)^n P'_{n+1} \\ \dfrac{\partial \beta}{\partial J_n} = \dfrac{\partial r}{\partial J_n} = 0 \\ \dfrac{\partial D}{\partial J_n} = -\dfrac{GM}{r^2}\left(\dfrac{a_e}{r^3}\right)^n P'_n \end{cases} \tag{5-77}$$

$$\begin{cases} \dfrac{\partial A}{\partial c_{nm}} = \dfrac{GM}{r^3}\left(\dfrac{a_e}{r}\right)^n K_{nm} P_{n+1}^{m+1} \alpha_m \\ \dfrac{\partial \beta}{\partial c_{nm}} = \dfrac{GM}{r^2}\left(\dfrac{a_e}{r}\right)^n K_{nm} M P_n^m \alpha_{m-1} \\ \dfrac{\partial r}{\partial c_{nm}} = \dfrac{GM}{r^2}\left(\dfrac{a_e}{r}\right)^n K_{nm} M P_{n+1}^{m+1} \beta_{m-1} \\ \dfrac{\partial D}{\partial c_{nm}} = \dfrac{GM}{r^2}\left(\dfrac{a_e}{r}\right)^n K_{nm} P_n^{m+1} \alpha_m \end{cases} \tag{5-78}$$

$$\begin{cases} \dfrac{\partial A}{\partial S_{nm}} = \dfrac{GM}{r^3}\left(\dfrac{a_e}{r}\right)^n K_{nm} P_{n+1}^{m+1}\beta_m \\ \dfrac{\partial \beta}{\partial S_{nm}} = \dfrac{GM}{r^2}\left(\dfrac{a_e}{r}\right)^n K_{nm} M P_n^m \beta_{m-1} \\ \dfrac{\partial r}{\partial S_{nm}} = \dfrac{GM}{r^2}\left(\dfrac{a_e}{r}\right)^n K_{nm} M P_n^m \alpha_{m-1} \\ \dfrac{\partial D}{\partial S_{nm}} = \dfrac{GM}{r^2}\left(\dfrac{a_e}{r}\right)^n K_{nm} P_n^{m+1}\beta_m \end{cases} \quad (5\text{-}79)$$

当我们将海潮参数表示成地球引力场系数,且只考虑顺行项时有:

$$\begin{cases} \Delta J_n = -\sqrt{(n+1)}\, F_{no} \sum_{\beta no}(c^+_{\beta no}\cos\theta_\beta + S^+_{\beta no}\sin\theta_\beta) \\ \Delta \overline{C}_{nm} = F_{nm}\sum_{\beta nm}(c^+_{\beta nm}\cos\theta_\beta + S^+_{\beta nm}\sin\theta_\beta) \\ \Delta \overline{S}_{nm} = F_{nm}\sum_{\beta nm}(S^+_{\beta no}\cos\theta_\beta - C^+_{\beta nm}\sin\theta_\beta) \end{cases} \quad (5\text{-}80)$$

最后求出 f_1、f_2、f_3 对海潮参数的导数有:

$$\left(\dfrac{\partial f_i}{\partial C^+_{\beta no}},\dfrac{\partial f_i}{\partial S^+_{\beta no}}\right)^T = \left(\dfrac{\partial f_i}{\partial \Delta j_n},\dfrac{\partial \Delta J_n}{\partial C^+_{\beta no}},\dfrac{\partial f_i}{\partial \Delta j_n},\dfrac{\partial \Delta J_n}{\partial S^+_{\beta no}}\right)^T = \left(\dfrac{\partial f_i}{\partial J_n}\cos\theta_\beta,\dfrac{\partial f_i}{\partial J_n}\sin\theta_\beta\right)^T \quad (5\text{-}81)$$

$$\left(\dfrac{\partial f_i}{\partial C^+_{\beta nm}},\dfrac{\partial f_i}{\partial S^+_{\beta nm}}\right)^T = \begin{pmatrix} \dfrac{\partial f_i}{\partial \Delta C_{nm}}\dfrac{\partial \Delta C_{nm}}{\partial C^+_{\beta snm}} + \dfrac{\partial f_{1i}}{\partial \Delta S_{nm}}\dfrac{\partial \Delta S_{nm}}{\partial C^+_{\beta nm}} \\ \dfrac{\partial f_i}{\partial \Delta C_{nm}}\dfrac{\partial \Delta C_{nm}}{\partial S^+_{\beta snm}} + \dfrac{\partial f_i}{\partial \Delta S_{nm}}\dfrac{\partial \Delta S_{nm}}{\partial S^+_{\beta nm}} \end{pmatrix}$$

$$= \begin{pmatrix} \dfrac{\partial f_i}{\partial C_{nm}}\cos\theta_\beta - \dfrac{\partial f_i}{\partial S_{nm}}\sin\theta_\beta \\ \dfrac{\partial f_i}{\partial C_{nm}}\sin\theta_\beta - \dfrac{\partial f_i}{\partial S_{nm}}\cos\theta_\beta \end{pmatrix} \quad (i = 1,2,3) \quad (5\text{-}82)$$

上面的式子并非是距离对引力场参数和海潮参数的偏导,实际上是 $\dfrac{\partial \ddot{r}}{\partial P}$ 的形式,P 为海潮参数,要求出 $\dfrac{\partial r}{\partial P}$,必须对 $\dfrac{\partial \ddot{r}}{\partial P}$ 进行积分,这与运动方程的积分是一样的,因此,采用与运动方程同样的数值积分方法。

2.地球质心参数的偏导数

$$V_1 = \dfrac{GM}{r^2}(c_0\sin\varphi + a_0\cos\varphi\cos\lambda + b_0\cos\varphi\sin\lambda) \quad (5\text{-}83)$$

而由 V_1 引起的摄动加速度为:

$$\begin{cases} \ddot{x} = \dfrac{\partial V_1}{\partial x} = \dfrac{GMa_0}{r^3} - \dfrac{3GMx}{r^5}(c_0z + a_0x + b_0y) \\ \ddot{y} = \dfrac{\partial V_1}{\partial y} = \dfrac{GMb_0}{r^3} - \dfrac{3GMy}{r^5}(c_0z + a_0x + b_0y) \\ \ddot{z} = \dfrac{\partial V_1}{\partial z} = \dfrac{GMz_0}{r^3} - \dfrac{3GMz}{r^5}(c_0z + a_0x + b_0y) \end{cases} \quad (5\text{-}84)$$

由此有：

$$\begin{cases} \dfrac{\partial \ddot{x}}{\partial a_0} = \dfrac{GM}{r^3} - \dfrac{3GMx^2}{r^5} \\ \dfrac{\partial \ddot{x}}{\partial b_0} = -\dfrac{3GMxy}{r^5} \\ \dfrac{\partial \ddot{x}}{\partial c_0} = -\dfrac{3GMx^2}{r^5} \end{cases} \quad (5\text{-}85)$$

$$\begin{cases} \dfrac{\partial \ddot{y}}{\partial b_0} = -\dfrac{3GMxy}{r^5} \\ \dfrac{\partial \ddot{y}}{\partial b_0} = \dfrac{Gm}{r^3} - \dfrac{3GMy^2}{r^5} \\ \dfrac{\partial \ddot{y}}{\partial c_0} = -\dfrac{3GMy_2}{r^5} \end{cases} \quad (5\text{-}86)$$

$$\begin{cases} \dfrac{\partial \ddot{z}}{\partial a_0} = -\dfrac{3GMx^2}{r^5} \\ \dfrac{\partial \ddot{z}}{\partial b_0} = -\dfrac{3GMy^2}{r^5} \\ \dfrac{\partial \ddot{z}}{\partial c_0} = \dfrac{GM}{r} - \dfrac{3GMz^2}{r^5} \end{cases} \quad (5\text{-}87)$$

上式积分后即可得轨道摄动对质心的偏导数。另外，地球质心变化也可作为观测模型量改正求解，即所有观测站共同的变化量，理论上可以证明与动力法是一致的，但这一方式与观测站分布、观测弧段等有关系，解算精度逊于动力法。

5.2.5 人卫激光测距技术的应用

1. 人卫激光测距用于地球自转参数测定

所谓地球自转参数是指地球自转轴在地球本体和惯性空间的运动矢量，由于受太阳、月亮、大行星引力力矩以及地球内部动力学变化引起的位移影响，导致地球自转参数变化，这些变化可通过多种技术来观测。通常用测定的极移、日长变化(世界时)、岁差和章动序列来表示地球自转参数。IERS 采用的测定地球自转参数的观测技术包括 VLBI、SLR、GPS 和 DORIS，岁差和章动测定主要来自 VLBI 技术，一般地球自转参数主要指极移和日长变化，由 VLBI、SLR、GPS 和 DORIS 联合测定。自 1976 年起，人卫激光测距就开始用于地球自转参数的日常测定,有着超过30年的观测资料累积,比起其他技术资料累积时间跨度要长(如图5-3所示),因此,人卫激光测距资料常用于长周期变化分析,同时,地球自转参数解算都是基于一定的地球参考框架和一定的时间资料序列,由不同参考框架和时间序列资料解算的地球自转参数序列是存在着差异的,人卫激光测距的长期资料积累可作为其他短时间序列地球自转参数研究参考的背景。

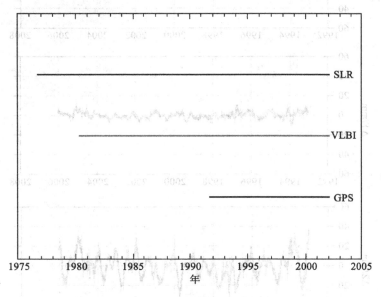

图5-3 SLR、VLBI、GPS观测覆盖(统计至2005年)

2.人卫激光测距用于地球质心测定

地球参考系的原点可从两方面来定义,一是几何方面,如大地参考系;另一方面,则是更加通用的从动力学方法来定义的,即地球的质量中心。地球质心位置为确定地球表面、大气以及空间位置的相对运动提供了参考原点。但它在地球内部的位置是无法直接确定的,需要通过地球固体表面的参考框架来反映。虽然理论上我们可以将参考框架原点建立在地球质心上,实际的参考框架原点是通过地面测站网对卫星轨道长时间观测的平差结果,也受到观测误差的影响,因此,参考框架原点和地球质心是有所不同的。反过来,也可通过地面测站网对卫星轨道观测确定地球质心及其变化如图5-4所示,进而研究其变化的地球物理机制。ITRF2005参考框架原点定义是基于13年人卫激光测距得到的地球质心,并使平均地球质心的变化和变率为零。到目前为止,测定的地球质心变化大致为每年2~5mm,将来对地球质心变化的测定精度要求在位置上优于1mm,变率优于0.1mm/年,以满足进一步实际应用的需求,这也将促进对地球质心的进一步观测和研究。

3.人卫激光测距用于地球低阶重力场测定

在重力卫星资料应用以前,地球重力场测定主要靠卫星地面跟踪资料和地面重力测量资料联合确定。地球重力场的中长波部分主要由卫星跟踪资料确定,卫星跟踪资料也主要来源于人卫激光测距资料。重力卫星出现后,由于其卫星数目、轨道及资料累积的局限,其低阶部分结果仍然分离不好,需要人卫激光测距资料结果来补充,特别是2阶项。同时,30多年累积的人卫激光测距资料也有其利用优势,如J_2长期变化项、18.6年周期项确定以及用于GRACE重力卫星资料分离海洋和水的质量变化如图5-5、图5-6、图5-7所示。另外,从

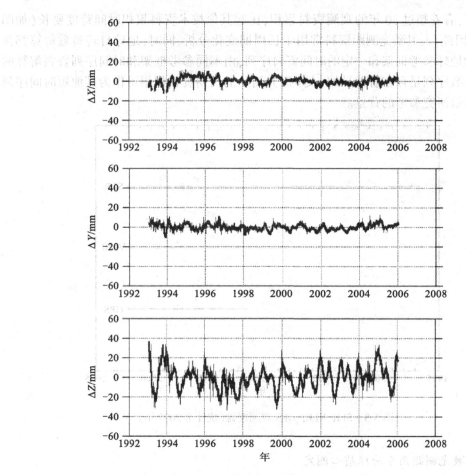

图 5-4 LAGEOS 卫星 SLR 测定地心变化

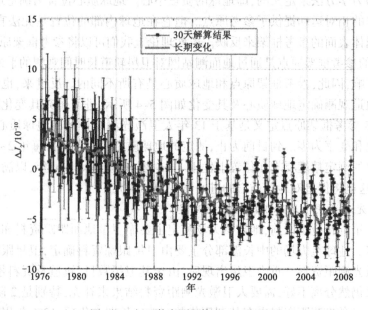

图 5-5 人卫激光测距资料 J_2 项月解

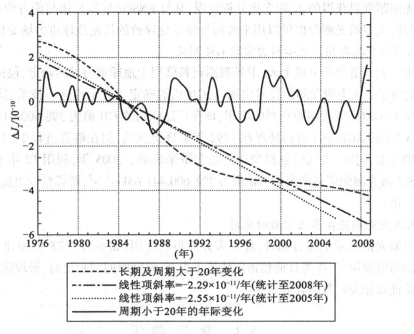

图 5-6 人卫激光测距资料 J_2 项长期变化结果

——— 长期及周期大于20年变化
—·— 线性项斜率=-2.29×10^{-11}/年(统计至2008年)
······ 线性项斜率=-2.55×10^{-11}/年(统计至2005年)
——— 周期小于20年的年际变化

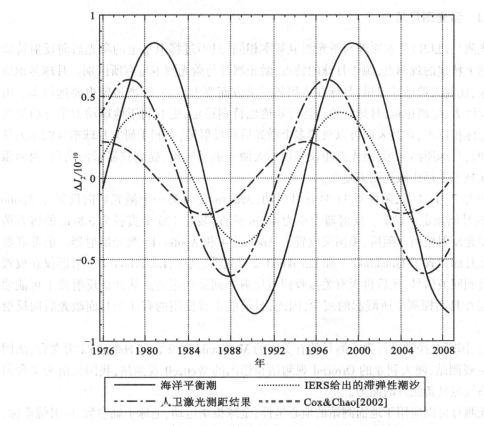

——— 海洋平衡潮　　······ IERS给出的滞弹性潮汐
—·— 人卫激光测距结果　——— Cox&Chao[2002]

图 5-7 人卫激光测距资料 J_2 项中 18.6 年潮汐项结果

人卫激光测距资料获得的 J_2 项变化分析发现,其与 ENSO(厄尔尼诺与南方涛动)现象密切相关,因此,人卫激光测距也可以用来监测气候变化导致的长期地球重力场变化。

4.人卫激光测距用于地心引力常数 GM 测定

自第一颗人造地球卫星上天,卫星观测资料就用于地球重力场的确定,包括地心引力常数 GM 的测定。人卫激光测距技术出现后,GM 值的确定主要采用这一技术,特别是地球动力学卫星 LAGEOS 激光测距资料的应用,现在广泛应用的 GM 值为 398 600.441 5km^3/s^2,就是通过 5 年的 LAGEOS-1 资料处理在 1992 年解算得到的,但在解算过程中,卫星质心误差没有仔细考虑,同时,大气折射模型误差也会带来影响。2005 年,利用 12 年 LAGEOS-1 和 LAGEOS-2 激光测距资料确定的 GM 值为 398 600.441 63km^3/s^2,解算精度也比 1992 年结果提高了一倍。

5.人卫激光测距在其他方面的应用

人卫激光测距除上述方面外,还在多方面得到应用,如参与 ITRF 框架建立与维持、地球固体潮与海潮研究、作为其他精密定轨技术参考、站间时间同步比对、板块运动监测、广义相对论验证及相关常数解算等。

5.3 激光测月

5.3.1 激光测月简介

激光测月(LLR)技术原理与激光测卫基本相同,只不过将卫星上的激光后向反射镜放置在月球上特定的观测点,源于月球的特点,激光测月与激光测卫也有所区别。月球是地球天然卫星,比起人造地球卫星,月球在体积和质量方面要大得多,距离地球也要远得多。由于其质量巨大、距离也远,月球绕地球运行轨道也特别稳定,更有利于地球动力学方面的研究。月球体积巨大,在其表面可以放置多个激光后向反射镜,有利于研究月球本身的动力学性质,同时,月球距离遥远,激光测距仪必须加大激光能量输出、提高仪器指向精度,因而激光测月在技术上远比激光测卫复杂。

1969 年 7 月 21 日,阿波罗 11 号登月成功,Armstrong 将第一个激光后向反射器 Apollo 11 放置在月面预定位置上。反射器大小为 46cm 见方,装有 100 个直径为 3.8cm 的熔石英材料的激光反射棱镜。随后,美国又放置了 Apollo 14 和 Apollo 15 激光反射器。前苏联登月舱也在月面放置了 Lunakhod 1 和 Lunakhod 2 反射器,其中,Lunakhod 1 反射器仅在放置之初接收到回波信号,此后再无有关接收到该反射器回波的报道。估计该反射器上可能蒙上了一层在月面探测中所溅起的灰尘,因此,目前能正常使用的有 4 个月面激光后向反射器。

目前,国际上经常进行激光测月的有美国的 McDonald 天文台和 Haleakala 天文台、法国的 Grasse 观测站、澳大利亚的 Orroral 观测站和德国的 Wettzell 观测站,我国云南天文台激光测距系统也具备测月的能力。

激光测月可以应用于地面测站的地心坐标、全球板块运动、地球主轴参数、反射镜坐标、月球轨道、月球天平动、低阶月球引力场系数、地月系潮汐阻力、地月系质量、相对论等方面确定与研究,目前已获得众多研究成果并得到广泛应用。

5.3.2 激光测月观测方程

由于地球和月球轨道星历是以太阳系质心坐标系给出的,因此激光测月的观测方程通常是在太阳系质心坐标系中建立的。图5-8给出了激光测月技术中的几何关系,S为太阳系质心,O_e为地球质心,O_m为月球质心,P为观测站,Q为月球激光后向反射镜,R为地球质心至太阳系质心距离,r为月球质心至太阳系质心距离,R_p为观测站至太阳系质心距离,r_q为月球激光后向反射镜至太阳系质心距离,R_e为观测站至地球质心距离,r_m为激光后向反射镜至月球质心距离,ρ为观测站至月球激光后向反射镜距离,即观测距离,则观测距离在太阳系质心坐标系可表示为:

$$\boldsymbol{\rho} = \boldsymbol{R}_p - \boldsymbol{r}_q \tag{5-88}$$

其中,

$$\boldsymbol{R}_p = \boldsymbol{R} + \boldsymbol{R}_e \tag{5-89}$$

$$\boldsymbol{r}_q = \boldsymbol{r} + \boldsymbol{r}_m \tag{5-90}$$

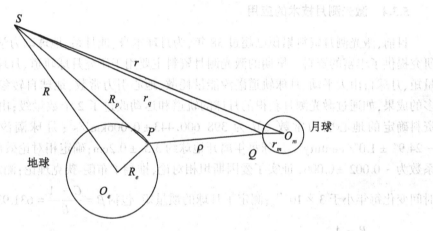

图5-8 月球激光测距几何关系

将距离方程线性化后可得观测方程:

$$\rho'_o - \rho'_c = \sum_i \frac{\partial \rho}{\partial P_i} \Delta p_i \tag{5-91}$$

注意上式中ρ'_o为单程距离,实际测量为双程距离,且激光往返地月时间在2.5s左右,可以认为这期间偏导数的变化可忽略,上式改写为:

$$\rho_o - \rho_c = 2 \sum_i \frac{\partial \rho}{\partial P_i} \Delta p_i \tag{5-92}$$

激光测月所观测的距离除与地球相关的因素有关外,还对月球自转、月球自转轴方向、反射镜潮汐位移、月球内部结构、月球物理特性、月球能量耗散等敏感。

5.3.3 与月球相关的改正

(1) 月球激光后向反射镜改正

月球坐标系的原点取月球质心,z轴为月球自转轴,当月球平黄经等于轨道升交点黄经时,通过地心的月面子午圈与月球赤道的交点为 x 轴指向,以右手法则确定 y 轴。月球激光后向反射镜在月球坐标系中的位置通过坐标变换到太阳系质心坐标系,可求得观测站至反射镜的距离,经过简单推导可得到距离对反射镜位置的偏导数。

(2) 月球天平动改正

一般称月球旋转速率的变化为经度方向上的自由天平动,旋转轴绕它的 Cassini 位置和惯量主轴的运动称为纬度方向上的自由天平动,它们类似于地球运动中的岁差和章动现象。另外,月球非对称性产生的受迫天平动都会对反射镜的位置带来影响,需要加以改正,相关参数也可作为待估参数求解。

(3) 月球轨道改正

从距离方程可知,月球轨道运动对所观测的距离产生影响,而月球质心的位置由月球星历给出,其位置不准确必然带来影响,因此,需要将月球轨道相关的参数作为待估参数求解,它们包括月球平黄经、平近点角、升交点角距、月球轨道偏心率、月球轨道倾角、地月平均距离、月球平均运动、日月角距等,并作相对论效应改正。

5.3.4 激光测月技术的应用

目前,激光测月资料累积已超过 38 年,为月球本身、地月系、地球动力学、日地系的相关研究提供了丰富的资料。早期的激光测月资料主要用于研究月球轨道、月球引力场系数、惯量矩、月球自由天平动、月球轨道潮汐能量耗散、地心引力常数、地球自转参数等,已取得众多的成果,如通过激光测月获得的月球的轨道和运动改进了 2 个数量级;由 15 年激光测月资料确定的地心引力常数 GM 为 $398\ 600.443 \pm 0.006 \mathrm{km}^3/\mathrm{s}^2$;月球潮汐加速度测定为 $-24.9'' \pm 1.0''/\mathrm{century}^3$,月球每年离开地球约 $3.5 \pm 0.2 \mathrm{cm}$;确定相对论效应 Nordvedt 项的系数为 -0.002 ± 0.006,证实了爱因斯坦相对论,推翻了布朗-狭克理论;测定引力常数 G 的时间变化每年小于 3×10^{-11};测定了月球的惯量矩,包括 $\beta = \dfrac{C-A}{B} = 631.931 \pm 0.756$(单位 10^{-6}),$\gamma = \dfrac{B-A}{C} = 227.951 \pm 0.064$(单位 10^{-6}),证实撞击不能是生产自由天平动的原因,三轴月球引力场模型不再适合计算物理天平动;利用激光测月资料确定地面观测台站坐标和基线长度,精度为 $10\sim20\mathrm{cm}$,确定的月面反射器坐标的精度为米级,确定的地球自转参数的精度达 $\pm 0.000\ 32''$。此外,还确定了地球弹性形变参量、月球的勒夫数、交角和赤经章动的 18.6 年和 1 年项、岁差常数等。

随着高精度观测资料的出现(如图 5-9 所示),用激光测距资料可开展更深入的研究。

(1) 月球潮汐的测量

月球在潮汐力的作用下产生的弹性形变也用勒夫数来表示。月球潮汐二阶项振幅是最强的,由其导致的形变对形变勒夫数 h_2 和 l_2 最大,而月球自转变化对引力位勒夫数 k_2 最敏感。事实上,激光测月观测距离对 k_2 更敏感。2004 年,Williams、Boggs 和 Ratcliff 利用 1970~2003 年的激光测月资料解算得到的月球勒夫数为:

$$k_2 = 0.022\ 7 \pm 0.002\ 5, \quad h_2 = 0.039 \pm 0.010$$

(2) 月球液核的研究

通过激光测月资料对月球能量耗散分析显示月球存在一个较小的液核。由于液核的存在,导致液核和核幔边界之间的潮汐耗散,同时,液核的存在及月球的自转导致液核存在扁

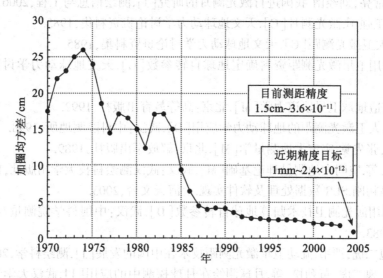

图 5-9 月球激光测距精度历史变迁

率边界,进而使得 k_2 变小。有关月球液核、核幔边界、核幔边界扁率、固体内核的研究正在进一步展开。

(3) 月面位置坐标

目前,月球探测又成为全球热点,计划中的登月项目将会给利用月面激光后向反射镜的精确坐标带来更多的机会。这几个激光后向反射镜是现今所知的最精确的月面坐标点,作为月面大地测量的控制点,将有望在不远的将来得以扩展。

(4) 引力常数变化测定

月球轨道运行非常稳定,激光测月得到的月球轨道特别有利于确定引力常数,目前,测定引力常数 G 的时间变化每年小于 3×10^{-11}。

(5) 等效原理

等效原理是爱因斯坦引力理论的基础,可通过检验月球和地球在太阳引力场的加速度是否相同来验证等效原理,如果等效原理有效,月球轨道将沿地球太阳连线变化,产生一个周期为 29.53 天的距离变化信号。激光测月分析显示月球和地球受太阳引力加速相同度为:

$$\Delta \text{acceleration}/\text{acceleration} = (-1.0 \pm 1.4) \times 10^{-13}。$$

参 考 文 献

[1] Günter Seeber. Satellite geodesy. Walter de Gruyter,1993.

[2] IERS convention 23,2003.

[3] International workshop proceedings on laser ranging, multi workshops.

[4] 胡明城.空间大地测量的最新进展[J].测绘科学,2001,26(4).

[5] 陈俊勇.空间大地测量技术对确定地面坐标框架、地形变与地球重力场的贡献和进展[J].地球科学进展,2005,20(10).

[6] 金文敬,许冠华.全球激光测月技术的进展[J].天文文献情报,1990,3(3).

[7] 魏二虎,常亮,刘经南.我国进行激光测月的研究[J].测绘信息与工程,2006,31(3).

[8] 金文敬,王强国.激光测月[C].天文地球动力学讨论班资料集,1985.

[9] 谭德同.人卫激光测距[C].天文地球动力学讨论班资料集,1985.

[10] 黄珹.利用卫星激光测距资料确定地球自转参数[C].天文地球动力学讨论班资料集,1985.

[11] 刘林.人造地球卫星轨道力学[M].北京:高等教育出版社,1992.

[12] 彭碧波.人卫激光测距的地球动力学应用[D].武汉:中科院测地所,1998.

[13] 温学龄,张先觉.宇宙大地测量学[M].北京:解放军出版社,1989.

[14] 李征航,等.空间大地测量理论基础[M].武汉:武汉测绘科技大学出版社,1998.

[15] 黄珹,冯初刚.SLR数据处理及软件实现.上海天文台,2003.

[16] 吴斌.利用激光测卫技术归算地球自转参数[D].武汉:中国科学院测量与地球物理研究所,1983.

[17] 秦宽,魏二虎,严韦.流动卫星激光测距技术在中国的发展[J].测绘科学,2007,32(2).

[18] 刘经南,魏二虎,黄劲松,等.月球测绘在月球探测中的应用[J].武汉大学学报(信息科学版),2005,30(2).

[19] 魏二虎,刘经南,黄劲松.中国深空测控网建立方案的研究[J].武汉大学学报(信息科学版),2005,30(7).

第6章 卫星测高

6.1 引 言

卫星测高的概念是在1969年Williamstown召开的固体地球和海洋物理大会上由美国著名大地测量学者考拉(W.M.Kaula)首次提出的。它以卫星为载体,借助于空间、电子和微波、激光等高新技术来量测全球海面高。经过近40年的不断发展,卫星测高已由最初的单一目的——从空中采用遥测的方法确定海面高,发展到成为大地测量工作者和海洋、地球物理研究人员用来研究全球海平面及其变化、地球重力场、海底地形、海洋岩石圈、海洋环流等相关领域的主要手段和信息源,在地球物理学、大地测量学和海洋学等领域得到了广泛的应用。

自1973年美国宇航局(NASA)发射天空实验室卫星(SKYLAB),首次进行海洋卫星雷达测高实验开始,30多年来,国际上先后陆续发射了多颗多代测高卫星,包括美国宇航局(NASA)等部门发射的地球动力卫星 GEOS-3(1975年)、海洋卫星SEASAT(1978年)、大地测量卫星 GEOSAT(1985年);欧洲空间局(ESA)发射的遥感卫星 ERS-1(1991年)和 ERS-2(1994年);NASA和法国空间研究中心(CNES)合作发射的海面地形实验/海神卫星 Topex/Poseidon(T/P,1992年);1998年,美国又发射了 GEOSAT 后续测高卫星计划GFO(GEOSAT Follow On);21世纪初,为了延续各测高任务,T/P的后续卫星JASON-1和ERS的后续环境卫星 ENVISAT-1(Environmental Satellite)分别于2001年12月和2002年3月成功发射;冰、云和地面高程卫星ICESat(Ice, Cloud and Land Elevation Satellite)是第一颗近极轨观测的激光雷达高度计卫星,于2003年1月13日成功发射。到目前为止,共有4颗微波雷达高度计卫星(ERS2、GFO、JASON-1和ENVISAT-1)和一颗激光雷达高度计卫星(ICESat)同时运行。鉴于卫星测高技术所取得的巨大成就和其广阔的应用前景,同时为了延续对全球环境的监测,更多新的卫星测高计划,包括JASON-2、Cryosat、AltiKa、NPOESS和Sentinel3等将会陆续发射。此外,像Wittex、GPS测高和WSOA等多种概念性测高卫星也正在研制和付诸实施之中。

近40年来,卫星测高技术在历经试验、改进和完善的过程中,技术和性能日趋成熟,测高精度由最初的米级提高到目前的厘米级,分辨率由原来的上百公里提高到现在的几公里,并且观测对象也由最初的海洋扩展到冰面、陆地沙漠等全球区域的覆盖。卫星测高在全球范围内全天候地多次重复、准确地提供海洋、冰面等表面高度的观测值,改变了人类对地球特别是海洋的认识和观测方式,使我们有能力并且系统地进行与之相关的各种研究。现在,这些测高任务已成为国际海洋和气象计划的组成部分,如世界海洋环流实验 WOCE(World Ocean Circulation Experiment)、气候变化及预测 WCRP(World Climate Variability and Predictability)、全球海洋观测系统 GOOS(Global Ocean Observation System),以及其他观测厄尔尼诺(El Niño)现象的热带海洋-全球大气 TOGA(Tropical Ocean-Global Atmosphere)和全球海洋数据同化实验 GODAE(Global Ocean Data Assimilation Experiment)等海洋计划都在利用卫星测高数据。在上述计划中,卫星测高数据与这些计划观测数据的融合处理可以获取更多的相关信息,大大拓展了原有计划的研究领域。目前,卫星测高已成为全球气候观测系统 GCOS(Global Climate Observing System)和全球大地测量观测系统 GGOS(Global Geodetic Observing System)的一个重要组成部分。

6.2 卫星测高基本原理

卫星测高仪是一种星载的微波雷达,它通常由发射机、接收机、时间系统和数据采集系统组成。卫星测高技术就是利用这种测高仪来实现其功能。它的基本原理是:利用星载微波雷达测高仪,通过测定微波从卫星到地球海洋表面再反射回来所经过的时间来确定卫星至海面星下点的高度,根据已知的卫星轨道和各种改正来确定某种稳态意义上或一定时间尺度平均意义上的海面相对于一个参考椭球的大地高或海洋大地水准面高(见图6-1)。

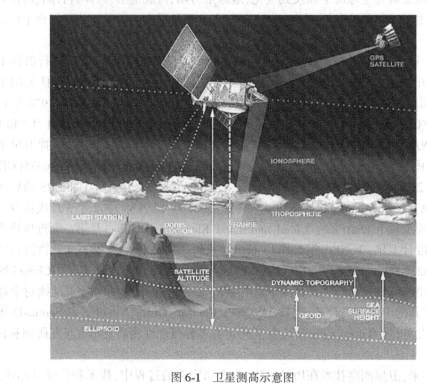

图 6-1 卫星测高示意图

卫星作为一个运动平台,其上的雷达测距仪沿垂线方向向地面发射微波脉冲,并接收从地面(海面)反射回来的信号,卫星上的计时系统记录雷达信号往返传播时间 Δt,已知光速值 c,则雷达天线相位中心到瞬时海面的垂直距离 h_a 为:

$$h_a = c \times \frac{\Delta t}{2} \tag{6-1}$$

由于卫星发射的雷达波束宽角 $\varepsilon = 1.5° \sim 3.0°$,所以到达海面的波迹半径约为 3~5km。

因此,测高仪测得的距离 h_a 相当于卫星天线相位中心到这个半径为 3~5km 圆形面积内海面的平均距离。

卫星测高的基本观测方程为:

$$h_a = r - r_p + \frac{r}{8}\left(1 - \frac{r_p}{r}\right)e^4 \sin^2 2\varphi - (N + \delta h_i + \delta h_s) \tag{6-2}$$

式中,e 为椭球第一偏心率;h_a 为卫星相对瞬时海面的高度;r 为卫星的地心距(由卫星的位置取得);r_p 为卫星星下点(卫星在平均地球椭球面的投影点)P 的地心距;δh_i 为瞬时海面和似静海面之间的差距;δh_s 为似静海面至大地水准面间的差距;φ 为地理纬度;N 为大地水准面高;其相对关系如图 6-2 所示。

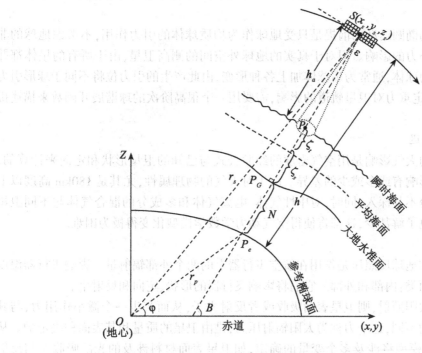

图 6-2 卫星测高几何原理图

由于测高卫星在运行和工作过程中时刻受着各种客观因素的影响,其观测值不可避免地存在误差,因此要使用观测值,必须先对其进行相应的各种地球物理改正以消除误差源的影响。这些改正包括仪器校正、海面状况改正、对流层折射改正、电离层效应改正以及周期性海面影响改正等。只有经过改正之后的 h_a 才具有实际意义。

卫星至所选定的平均地球椭球面之间的距离(即大地高)h 可以根据卫星的精密轨道数据得出,当精确求得 h_a 值后,可确定海面高 h_0:

$$h_0 = h - h_a \tag{6-3}$$

6.3 卫星测高误差分析

在理想的情况下,卫星测高仪的测量值应该等于卫星质心到海洋表面的瞬时距离,然而由于测高仪发射的脉冲信号在经过海洋表面反射返回接收机之前受到多种因素的影响,包括卫星轨道误差、仪器误差以及大气对微波信号的散射与折射等,因此,必须对卫星测高仪的测量值施以各项改正,才能得到卫星质心到海洋表面的瞬时距离。

根据误差来源的不同,将误差改正项分为三类:卫星轨道误差、环境误差、仪器误差。下面分别对这几个方面的误差进行具体分析。

6.3.1 卫星轨道误差

卫星轨道是测高仪进行测量的参考基准,任何轨道的测量误差都将直接引入海面高测量中。引起轨道误差的主要误差源可以分为四类,即地球重力场模型、大气传播延迟、光压以及跟踪站坐标误差,且其影响都具有长波性质,其中影响最大的是重力场模型误差。

1. 重力场模型

卫星的开普勒椭圆运动的前提是只受地球作为均质球体的引力作用,不考虑地球的非球形引力和其他外力的影响。但对于真实的地球外空间的测高卫星,由于所有的星体都并非均匀密度分布的球体,通常为扁球体加上各种形变,由此产生的引力位将不同于球形引力位,为了精确地确定重力对卫星轨道的影响,需要用一个很高阶次的球谐展开函数来描述摄动的周期性特征。

2. 大气传播延迟

轨道高度处的大气影响是用空气密度的经验公式与已知的卫星形状和定向来计算的,这与实际的大气影响有或多或少的差异。由于对大气的物理属性,尤其是180km高度以上的大气密度了解得不甚深入,同时,对中性气体、电离气体和多成分的混合气体与不同卫星表面的相互作用也了解甚少,这都将使得空气动力学数学模型化变得极为困难。

3. 光压

太阳辐射压和地球反照压是作用在航空飞行器上的两个外部辐射量。影响飞行器温度的辐射可以分为两类:内部和外部。它们将影响飞行器的形状、定向和反射率。

当卫星受到太阳照射,则卫星表面吸收或者反射光子,从而产生一个微小作用力,与其他的非保守力摄动不同,这个力称为太阳辐射压力,是由卫星的质量和其表面积决定的。从理论上分析,光压模型将涉及多个变量的确定,如卫星表面材料涉及的光的吸收率与反射率、太阳光线与卫星表面的角度,但对于实际的应用,通常认为卫星的光吸收面总是垂直于太阳光线,并且预先已知卫星的反射率,从而可以近似地计算其影响。

由于地球受到太阳辐射,除了自身吸收一部分热量外,地面或海洋面将反射一部分太阳能量返回太空,同时由于地球自身的热辐射,卫星将受到地球光辐射压力(来自太阳的反射)和红外辐射压力。前者主要与太阳的位置和反射面的属性有关,当卫星与太阳、地球在一直线时,卫星将受到最大径向摄动压力;当卫星运行到昼夜交界处,则切向加速度达到最大;当卫星处在地球黑夜一面时,则地球光辐射压力为零。对于红外辐射压力,可认为地球自身是一个辐射源,对卫星将产生一个径向摄动力,这对于卫星轨道有较大的影响。

4. 跟踪站坐标误差

不能准确确定跟踪站相对于地球中心的位置是这种误差最主要的问题。随着SLR的出现,准确确定跟踪站坐标相对于地球中心的位置不再是一个难题,唯一的例外是气候恶劣导致数据中断。此外,大多数SLR站集中在北半球和大陆上,而不是全球均匀分布,这也是一个值得注意的问题。利用DORIS跟踪系统与SLR一起,将大大减少跟踪站的坐标误差。

除了上面的影响外,由于地球近似为一弹性体,日、月等行星对地球的引力再加上地球自转的不均匀性,使得地球产生弹性响应,发生形变。前者由于外部引力作用产生的形变称为潮汐形变,后者称为自转形变,其中潮汐形变又包括地球固体部分的固体潮和海洋部分的海潮以及大气潮汐。这些潮汐和地球的形变将引起地球引力位展开式中系数的变化,从而地球的真实位将产生一个形变附加位,这个附加位将直接影响卫星的运动轨迹。

5. 固体潮汐

固体潮汐可以用一个二阶调和球谐函数来确定,其平均振幅小于 10cm。其影响 Δh_{set} 主要包括月亮引起的改正量 h_L、太阳引起的改正量 h_S 和其他的改正量。对于 ERS1/2 卫星,其计算公式为:

$$\Delta h_{set} = 1\ 000 \cdot (h_L + h_S + h_W + h_p) \tag{6-4}$$

式中,h_W 为 Wahr 径向改正量;h_P 为固定形变的相反量。

6. 海洋潮汐

海洋潮汐可包括两个部分:弹性海洋潮汐(Elastic Ocean Tide)Δh_{eot} 和负荷潮汐(Tidal Loading Effect)Δh_{lt}。其中,Δh_{eot} 可由 13 个潮波(M_2、S_2、N_2、K_2、K_1、O_1、P_1、Q_1、L_2、T_2、$2N_2$、v_2、μ_2)相应的潮高来计算,具体公式为:

$$\Delta h_{eot} = \sum_{i=1}^{13} f_i [a_i \cdot \cos(\sigma_i \cdot t + \chi_i + u_i) + b_i \cdot \sin(\sigma_i \cdot t + \chi_i + u_i)] \tag{6-5}$$

式中,σ_i 为波 i 的频率;χ_i 为波 i 的天文变量(Astronomical Argument);f_i 为波幅节点(Amplitude Nodal)改正;u_i 为相位节点(Phase Nodal)改正;t 为量测时的时间;$a_i = A_i \cos\varphi_i$;$b_i = A_i \sin\varphi_i$,A_i、φ_i 分别为振幅和相位。

负荷潮汐 Δh_{lt} 与弹性海洋潮汐类似,可用 8 个潮波(M_2、S_2、N_2、K_2、K_1、O_1、P_1、Q_1)来计算:

$$\Delta h_{lt} = \sum_{i=1}^{8} f_i [c_i \cdot \cos(\sigma_i \cdot t + \chi_i + u_i) + d_i \cdot \sin(\sigma_i \cdot t + \chi_i + u_i)] \tag{6-6}$$

式中,$c_i = B_i \cos\psi_i$,$d_i = B_i \sin\psi_i$,B_i、ψ_i 分别为振幅和相位。

在开阔的海洋,潮汐的平均振幅可达 50cm。目前,潮汐模型的精度可达几个厘米,如 Geosat 卫星采用的是 Schwidersk 模型,其精度在全球为 4cm,但在近海和浅水区,精度相对来说会差一点。

6.3.2 环境误差

1. 海况(电磁偏差)影响

雷达测高仪量测的是卫星至海面的距离,这个值是相对于反射海面的平均值。由于海面波谷反射脉冲的能力优于波峰,造成回波功率的重心偏离于平均海面而趋向于波谷,此偏移称为电磁偏差或海况偏差。这种改正是由于平均海面与平均散射面之间存在高度差产生的。它与海面上的有效波高是相联系的,它们之间的关系被假设为简单的线性相关:

$$\Delta h_{EMBias} = k \cdot SWH \tag{6-7}$$

式中,Δh_{EMBias} 为电磁偏差;SWH 为有效波高;k 是以百分比表示的常量,如 Geosat 为 2.0%±0.6%,ERS-1 为 5.951%±5.57%。对于 T/P 卫星,其改正为一个四参数模型:

$$\Delta h_{EMBias} = a \cdot SWH(b \cdot U + c \cdot U \cdot U + d \cdot SWH) \tag{6-8}$$

式中,U 为由测高仪量测海面粗糙程度估算得到的风速,对于 Topex,参数 a、b、c、d 分别是

1.93、0.368、-0.014、-0.268；对于 Poseidon，分别是 5.12、0.233、-0.011、-0.176。

2. 电离层折射误差

电离层分布于地球大气层的顶部，约在地面向上 70km 以上的范围，主要由太阳和其他天体的各种射线对空气电离作用而形成的带电等离子体组成。当测高卫星信号穿过电离层时，会产生各种物理效应，其中最主要的是折射效应，其结果对传播信号产生时延。电离层的折射率与大气电子密度成正比，与通过的电磁波频率的平方成反比。电离层的电子密度随太阳及其他天体的辐射强度、季节、时间以及地理位置等因素的变化而变化，其中，太阳黑子活动强度的强弱对其影响最大。电离层改正可用双频微波仪器直接量测得到。

目前已发射的测高卫星中，只有 T/P 卫星采用了双频微波仪（6GHz 和 13.5GHz）。比较 T/P 卫星，Ku 波段和 C 波段所返回的时间可以准确估计 TEC（电子总量），并因此确定距离的改正量。具体为：

$$h_{Ku} = h_0 + A \frac{N_e}{f_{Ku}^2} \tag{6-9}$$

$$h_C = h_0 + A \frac{N_e}{f_C^2} \tag{6-10}$$

$$h_0 = \frac{f_{Ku}^2 h_{Ku} - f_C^2 h_C}{f_{Ku}^2 - f_C^2} \tag{6-11}$$

其中，h_{Ku}、h_C 分别为 Ku 波段和 C 波段所量测的高度；N_e 为电离层总电子含量（$10^{16} \sim 10^{18}$）；$A = 40.3 \text{m}^3 \cdot \text{s}^{-2}$；$f$ 为电磁波频率；h_0 为测高卫星的实际高度。

而对于其他测高卫星，TEC 可以由监测太阳的活跃性和描述太阳辐射对电离层影响的模型得出。TEC 也可由双频跟踪系统如 DORIS 或 PRARE 得出。

3. 对流层影响

对流层是指从地球表面向上延伸约 40km 范围内的大气底层，大约含 90% 以上的大气层质量。当电波信号通过地球大气层时，由于大气折射率的变化，传播路径会产生弯曲。由于对流层中的物质分布在时间和空间上具有较大的随机性，因而使得对流层折射延迟亦具有较大的随机性。为了研究的方便，通常将对流层折射影响分为由干燥气体和水蒸气产生的影响共同组成的，其中干燥气体产生的延迟量比较稳定，这部分可通过模型改正得到较好的消除，而由水蒸气产生的延迟量却不稳定，其天顶方向的折射量随时间和空间的变化率却比干分量的要大 3~4 倍。

考虑地理位置（纬度 φ），干分量对流层造成的路径延迟 Δh_{dry} 可表示为：

$$\Delta h_{dry} = 2.277 \times 10^{-3} \cdot P \cdot [1 + 0.026\cos(2\varphi)] \tag{6-12}$$

湿分量改正极不稳定，它依赖于信号所穿过路径的水汽含量。它可以由两种途径得到：一种是在测高的同时，由测高卫星上载有的多波段微波辐射计进行水汽测量；另外一种就是利用水汽含量的模型计算得出。湿项对流层造成的路径延迟 Δh_{wet} 可表示为：

$$\Delta h_{wet} = 2.277 \times 10^{-3} \left[0.05 + \frac{1255}{T} \right] \cdot e \tag{6-13}$$

e 为大气中的水汽压（mbar）；P 为大气压（mbar）；T 为温度（K）。

Geosat 卫星的主要目的是确定海洋大地水准面，并未安置水汽辐射仪，其湿分量的改正需要用模型来改正。其后的测高卫星上都安置了水汽辐射仪，提供的改正量大约为 35cm。

4.逆气压改正

大气压的变化将引起海面变化,而且是逆压的,即气压增高,海面降低,反之亦然。它们之间的关系假设为:海面上的气压变化为1mPa时,海面高的变化为1cm。海面气压 P 可利用 Saastamoinen 模型由对流层的干分量导出:

$$P = \Delta h_{\text{dry}} / (- 2.277 \cdot (1 + 0.002\ 6 \cdot \cos(2\varphi))) \tag{6-14}$$

逆气压效应是海水面对大气压的简单反映。逆气压改正(以 mm 为单位)可以由下式计算得到:

$$\text{IB} = - 9.948 \cdot (P - 1\ 013.25) \tag{6-15}$$

有学者利用 T/P 两年轨迹交叉点数据研究它们之间的地理变化,所得的结果是:在距地极 20°范围内,海面上的气压变化与海平面变化的关系是 0.8~1.0cm/mb,在赤道海域,则为 0.5cm/mb。

6.3.3 仪器误差

1.跟踪系统偏差

这种偏差是由于回波信号波形中离散采样点的校准偏差引起的。这种回波信号波形使用机载跟踪算法,该算法假设测高仪的高度(匀速)成线性变化。而实际情况并非如此,当测高仪的高度有一个加速度时,如测高仪经过一个窄的海沟上空时,必须补偿一个相应的高度误差。

2.波形样本放大校准偏差

这种改正是由于接收信号的放大程度是随着监视表面的剖面变化而变化引起的。一种自动放大控制器用于信号衰减校正,但回波信号强度的快速变化将使得跟踪脉冲的上升边位置的回路产生错误,从而导致了这一校正误差。

3.平均脉冲形状的不确定性与时间标志偏差

用于计算平均回波的脉冲是随机变化的,且不确定的,返回脉冲形状的偏差就是因此而产生的。平均后所剩的残差将导致量测产生噪声,而且微波仪部件的老化和长期的钟漂也将导致测量误差。钟漂可以将测高仪上的钟同一些参考钟比较得到。由于仪器老化而导致的高度测量偏差可利用测高仪内部校正模式采取补差。

此外,仪器偏差还包括定点误差(Pointing Errors)和天线采集模式偏差(Antenna Gain Pattern Bias)等。

6.3.4 卫星测高误差改正公式

由上所述,卫星测高观测值客观上受着众多因素的影响,必须对其进行改正,才能在实际中得到应用。综合上述各项误差的影响,精确的海面高计算公式为:

$$h_0 = h - (h_a + \Delta h_{\text{sg}} + \Delta h_i + \Delta h_a + \Delta h_{\text{EMBias}} + \Delta h_t + \varepsilon) \tag{6-16}$$

式中,h 为卫星质心到参考椭球面的距离;h_a 为卫星相对瞬时海面的高度;h_0 为计算的海面高;Δh_{sg} 为质心改正;Δh_i 为仪器改正;Δh_a 为大气传播改正,包括电离层延迟改正和对流层延迟改正;Δh_{EMBias} 为电磁偏差改正;Δh_t 为潮汐改正,包括固体潮和海洋潮汐;ε 为残余的误差。表 6 1 给出了几个测高卫星误差改正项的数量大小。

表 6-1 测高卫星误差改正项 (单位:cm)

误差	卫星名称	Geos-3	Seasat	Geosat	ERS-1	Topex/Poseidon
仪器误差	仪器噪声	50	10	5	3	<2
	仪器偏差	-	7	5	3~5	2
	时钟偏差	-	5ms	3~5ms	1~2ms	<1ms
	总误差	50	15	7	5	2
环境误差	EM 偏差	10	5	2	2	<2
	波形失真	2	1	1	1	1
	干对流层	2	2	1	1	1
	湿对流层	2	2	1	1	1
	电离层	2~3	2~3	2~3	2~3	1.3
	总误差	20	10	6	4	3.5
轨道误差	重力场	50	25	15	15	<2
	辐射压	-	15	10	6	<2
	大气阻力	-	15	10	6	<2
	GM 常数	-	-	-	2	1
	潮汐	-	12	5	5	<2
	对流层	-	5	4	2	<2
	测站位置	-	10	5	3	1
	总误差	50	30	20	18	3.5
总的均方根误差		67	33	22	19	<5

6.4 测高卫星与数据预处理

6.4.1 GEOSAT

Geosat 卫星(如图 6-3 所示)是于 1985 年 3 月 12 日由美国海军发射的用于军事、大地测量以及海洋学研究目的的测高卫星,其轨道高度约 800km,轨道倾角 108°。在 1985 年 3 月至 1986 年 9 月头 18 个月期间,执行主大地测量任务(Primary Geosat Geodetic Mission,Geosat/GM),卫星在设计的轨道上进行漂移,因而在海洋面上的轨道不是重复的。GM 任务共计运行了 25 个周期,其近似周期为 23.07 天(平均为 6 039.84 秒)、绕地球运行 330 圈、平均轨迹距离约 4km,在纬度 60°处时仅为 2~3km(Cheney 等,1987)。出于军事考虑,起初这些数据只有南纬 30°以南可供民用。GM 数据直到 1995 年才全部公开,但在公开的 CDROM 中海面高没有直接给出,用户可以通过每秒的十个观测记录中得出。Geosat 完成主大地测量任务后,自 1986 年 11 月 8 日起,执行以 17.05 天为周期的精密重复任务(Exact Repeat

Mission,GeosatT/ERM),每周期绕地球运行244圈、数据在赤道上的间距为160km,在纬度60°处为75km。该任务共持续了大约3年(68个周期)。Geosat全部任务(GM、ERM)于1989年结束,累计运行时间约5年,其中ERM任务约为3年。Geosat/ERM数据主要用于海洋学目的。1997年4月30日,Geosat的后续卫星GFO从美国的Vandenberg AFB发射升空,继续执行Geosat的使命。Geosat卫星在其运行的5年期间,完成了18个月的大地测量任务和其后的精确重复观测任务,前者利用飘移轨道获取了高分辨率的海面高数据,后者基于17天的重复轨道获取高质量的重复监测数据。两种任务的结合使得首次实现了对海洋的高分辨率、重复性、长时间周期的高精度观测。Geosat卫星成功发射与运行标志着卫星测高技术进入成熟阶段。

最初Geosat资料所用的轨道是由美国海军海面武器中心(NWSC)利用美国国防制图局(NMA)46个跟踪站的数据计算得到的,精度在60cm左右,径向精度更差,可达2~3m。后来,由NASA用改进的重力场模型GEM-T2替代了原GEM-10模型重新解算,使局部地区可达10~25cm。1997年公布的经过最新处理的Geosat测高数据,由于采用了1993年多普勒跟踪数据和利用当时最新的JGM3重力位模型改进了卫星的轨道,使径向轨道误差提高到10cm的水平。

最新公布的Geosat数据是美国NOAA于1997年发布JGM3-GDR最新测高数据,其交叉点的中误差只有13cm,总体的轨道精度优于10cm,由于全部的GM和ERM数据的轨道计算基于精度较高的JGM3重力场模型,并且提高了各项地球物理方面的改正精度(NOAA,1997),测高数据质量较以前的版本有了很大的提高。

Geosat数据的精化预处理包括依据编辑准则的数据剔除和各项地球物理改正。

数据编辑标准是在参考NOAA提供的用户手册的基础上,借鉴国际目前通用的标准和经验,给出具体编辑、删除标准为:

● 参考标志位2、3、4、5、6、7、8;
● 删除陆地/海冰的数据(标志位0为0且海平面高观测值为0);
● 海平面高观测值标准差$\sigma H>10cm$或$\sigma H<0$;
● 有效波高SWH>1 000cm或<-50cm;
● 有效波高标准差$\sigma SWH<100cm$;
● 卫星姿态角大于1.3°;
● 海洋潮汐改正绝对值大于100cm;
● 每秒10个海面高与每秒海面高平均值间最大差值$\Delta h_{max} \geq 100cm$;
● 改正后的海面高与OSU MSS95平均海面高的差值绝对值$\Delta H \geq 1\,000cm$。

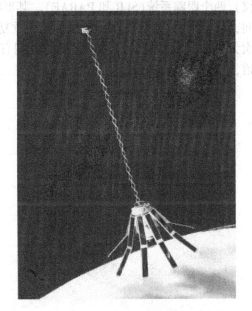

图6-3 Geosat卫星示意图

同时对经过编辑的测高记录中的海平面高作相应的地球物理改正,有:

$$H_{corrected} = H - WET\_NCEP - DRY\_NCEP - IONO - O\_TID \\ - S\_TID - L\_TID - SSB - IB - glo\_ib - hcal - uso \quad (6-17)$$

其中包括基于 NCEP/NCAR 模型的对流层干、湿项改正(DRY_NCEP、WET_NCEP)、电离层改正(IONO)、海洋潮汐影响(O_TID)、固体地球潮汐影响(S_TID)、负荷潮改正(L_TID)、海况偏差改正(SSB)、逆气压改正(IB)、全球逆气压影响(glo_ib)、电磁偏差改正(hcal)和振荡器钟漂影响(uso)。各项地球物理改正均采用了用户手册所给出的值(NOAA,1997),但电磁偏差改正采用了有效波高的 2%(Cheney,et.al,1987,Denker 和 Rapp,1990)。另外,逆气压改正公式以一个周期的平均大气压值代替标准大气压(Rapp,1994):

$$\overline{IB} = -10.1(P - \overline{P}) \tag{6-18}$$

$$P(\text{mbar}) = \frac{-DRY\_NCEP(\text{mm})}{(2.277 \times (1.0 + 0.0026 \cdot \cos(2.0 \cdot LAT)))} \tag{6-19}$$

式中,$\overline{P}$ 为一个周期的平均大气压。

经过上述处理过程,剔除符合标准的各种伪观测值(总剔除率约为总数据量的 15%)、测高数据中绝大部分观测粗差也被予以消除、各项环境偏差(如潮汐、大气等影响)得到改正,此数据已满足较高精度范围内的使用。

6.4.2 ERS1/2

ERS 系列是欧空局研制和发射的地球遥感卫星,利用搭载的多个传感器,主要实现地球大气和海洋的监测。ERS1 发射于 1991 年 7 月 17 日,卫星轨道高度约 785km,轨道倾角为 98.52°。上载有一个主动式微波雷达测高仪(包括一个 SAR 和一个风速扫描仪)、一个被动式沿轨迹方向的雷达仪(包括一个用于测量海面温度的带有微波 SOUNDER 的红外线雷达仪)、两个跟踪系统(SLR 和 PARAE)。其形状示意图如图 6-4 所示。在 9 年的任务执行期间,共进行过三次变轨,第一次是 3 天的重复轨道,主要用于卫星姿态校正和海冰观测;第二次为 35 天重复周期轨道,主要用于多学科任务的海洋观测;第三次为 168 天的重复周期轨道,主要是大地测量应用。

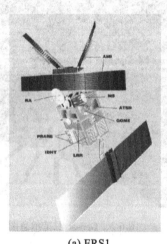
(a) ERS1

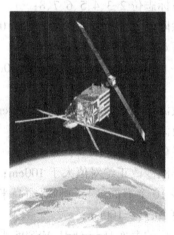
(b) ERS2

图 6-4 ERS 系列卫星示意图

ERS1 主要用于全球范围的重复性环境监测,包括全球海浪动态情况、海面风场及其变化、大洋环流、两极冰山及全球海平面变化、海洋及陆地影像、海洋大地水准面及海面地形、海面温度以及海面水汽等。由于采用了先进的微波技术，ERS 卫星在多云和强烈阳光环境下仍能正常获取观测数据和影像。

按照时间顺序和执行的任务排列，则 ERS1 的运行可分为表 6-2 所示的 7 个阶段。

表 6-2　　　　　　　　　　　　ERS1 卫星的运行模式

任务	执行任务	起止时间(UTC)	周期/天
A	授权阶段任务	1991.07.25~1991.12.10	3
B	第一次测冰任务	1991.12.28~1992.03.30	3
C	第一次多学科任务	1992.04.14~1993.12.20	35
D	第二次测冰任务	1993.12.23~1994.04.10	3
E	第一次大地测量任务	1994.04.10~1994.09.26	168
F	第二次大地测量任务	1994.09.28~1995.03.21	168
G	第二次多学科任务	1995.03.21~1995.04.09	35

ERS2 是 ERS1 的后续卫星，发射于 1995 年 4 月，其轨道高度、倾角以及星载设备的基本参数与 ERS1 一致，其执行的任务与 ERS1 略有不同，只执行轨道重复周期为 35 天任务。在 1995 年 8 月到 1996 年 6 月期间，ERS2 与 ERS1 构成了一前一后的并具有相同轨道(65 天)的卫星观测系统，飞过地面同一轨道之间相差 1 天。

ERS1/2 数据的精化与 GEOSAT 基本相似。其编辑方法在采用 ESA 所提供的数据编辑标准的基础上，参照国外(Y.M.Wang, R.H.Rapp 等人)的标准，综合 JPL 和其他国际同行所作的一些方法，具体删除标准为：

- 机动标志(Manoeuvre Flag)；
- 辐射计陆地标志；
- 冰标志；
- 海面高 H>100m 或<-130m；
- 每秒观测值个数小于 10；
- 20 个海面高观测值标准差 σH>450cm 或<0cm；
- 干对流层改正大于-1 900mm 或小于-2 500mm；
- 辐射计湿对流层改正大于-1mm 或小于-500mm；
- 电离层改正大于-1mm 或小于-200mm；
- 有效波高大于 10m 或小于 0m；
- 反向散射计改正大于 30 分贝或小于 6 分贝；
- 海潮改正大于 5 000mm 或小于-5 000mm；
- 固体潮改正大于 1 000mm 或小于-1 000mm。

ERS1/2 有效观测值的各项地球物理及环境改正与 Geosat 数据相似，以 CERSAT 用户手册为基础，标准逆气压改正中以每个周期的平均大气压值($\overline{P}$)代替标准大气压。

6.4.3 Topex/Poseiden

Topex/Poseidon 卫星是由美国宇航局和法国空间局联合研制发射的迄今为止定轨精度及测高精度最高的卫星之一。它发射于 1992 年 8 月 10 日,卫星轨道为 1 336km,轨道倾角为 66°,重复周期为 10 天,其主要目的在于观测和认识海洋环流。如图 6-5 所示。

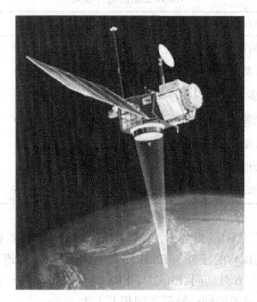

图 6-5 Topex/Poseidon 卫星示意图

T/P 卫星携带了两个雷达高度计,一个是 Topex 高度计,即 NASA 的雷达高度计(NASA Radar Altimeter, NRA),另一个是固态雷达高度计(Solid State Altimeter, SSALT),又叫作 Poseidon-1。除此以外,高度计还搭载了新的精密轨道确定系统,包括全球定位系统、多普勒轨道跟踪和无线电定位定轨系统(Doppler Orbit and Radio Positioning Integrated by Satellite, DORIS)。特别需要指出的是,T/P 卫星是首个成功实现动态 GPS 连续跟踪的测高卫星,由于采用了多种跟踪系统和精密的重力场模型,其轨道的径向精度可达 3~4cm。T/P 首要的科学目的是通过精确测定海面形状,提高人类对全球海洋环流及其与地球大气层关系的认识。T/P 卫星在设计时,很好地考虑了时空分辨率的关系。T/P 的重复任务周期约为 10 天,其在赤道的轨迹间距为 316km,因而保证其可以覆盖全球海洋面积的 90% 以上,并且每年有 35 组测高重复数据。T/P 卫星任务结束于 2006 年 1 月 18 日,在此期间,T/P 卫星实现了长达 13 年的海洋动态监测,以前所未有的精度每 10 天一个重复周期提供全球动力海洋地形和海面高度,对海洋环流特别是涡流的研究有巨大贡献。

Topex/Poseidon 数据的编辑以 AVISO 用户手册给出的编辑准则为基础,并结合 OSU (Rapp 等,1994)的编辑标准,除常规标准以外,还修改和增加了以下内容:

- 改正的海面高与 OSU MSS95 平均海面高之差 $\Delta H > 1$m 或有效波高等于或大于 9m;
- $3\text{m} \leqslant \Delta \leqslant 5\text{m}$ 且有效波高均方差大于 4m;
- $\Delta \geqslant 5\text{m}$。

地球物理及环境改正采用了干、湿对流层改正;Topex 双频电离层改正和 DORIS 电离层改正分别用于 Topex 和 Poseidon 数据中海洋状态(K_1)改正以及海潮(CSR3.0)、固体潮和极潮改正;逆气压改正采用了以每个周期平均大气压计算的改正数。

6.4.4 GFO

GFO(Geosat Follow-On)是 GEOSAT 的后续卫星,发射于 1998 年 2 月 10 日,其轨道高度为 880km,轨道倾角 108°,重复轨道周期为 17 天,与 GEOSAT 的 ERM 任务一致。GFO 的主要星载仪器就是雷达高度计,属于专门为测高目的设计的卫星,主要任务是为美国海军提供近实时的海洋地形数据。如图 6-6 所示。

图 6-6 GFO 卫星示意图

6.4.5 JASON-1

作为 T/P 卫星的后续计划,美国宇航局和法国空间局联合于 2001 年 12 月 7 日发射了 JASON-1 测高卫星。其主要特征(卫星轨道、仪器和观测精度等)与 T/P 卫星基本一致,但其搭载了更多的传感器,主要有 Poseidon2 高度计、微波辐射计(Jason-1 Microwave Radiometer,JMR)、DORIS 系统、TRSR(Turbo Rogue Space Receiver)定位系统、激光跟踪系统 LRA(Laser Retroreflector Array)。其中,JMR 用来测量大气中水汽的扰动,另外三个为定位系统,Poseidon2 为主要仪器,用来观测海面高度,以 10 天重复周期提供全球海洋 90% 以上大尺度范围的海面信息。如图 6-7 所示。

JASON-1 数据的编辑首先根据手册的编辑准则,删除质量较差、有缺损或标志误读数据,进而实施下列准则作进一步精化:

- Ku 波段 1Hz 有效距离点数大于 10;
- Ku 波段 1Hz 距离标准差 0mm<σ_R<200mm;
- 卫星高度减观测距离满足-130 000mm<(altitude_range_ku)<100 000mm;
- 对流层干项改正满足-2 500mm<model_dry_tropo_corr<-19 000mm;
- 对流层辐射计湿项改正-500mm<rad_wet_tropo_corr<-1mm;

图 6-7 JASON-1 卫星示意图

- 高度计电离层改正满足 $-400mm<iono\_corr\_alt\_k<40mm$；
- Ku 波段海况偏差改正 $-500mm<sea\_state\_bias\_ku<0mm$；
- 海洋潮汐改正满足 $-5\,000mm<ocean\_tide\_sol1<5\,000mm$；
- 固体潮汐改正满足 $-1\,000mm<solid\_earth\_tide<1\,000mm$；
- 极潮改正满足 $-150mm<pole\_tide<150mm$；
- Ku 波段有效波高满足 $0mm<swh\_ku<1\,100mm$；
- 后向散射系数 $7dB<sig0\_ku<30dB$；
- 高度计风速 $-0.2\,deg^2<off\_nadir\_angle\_ku\_wvf<0.16deg^2$；
- 由波形计算的指向角误差 $0m/s<altimeter\ wind\ speed<30m/s$。

根据 JASON-1 的 2005 年年报(CNES)，其微波辐射计改正存在异常变化的影响。另外，加海况偏差改正后误差变大，故编辑后的地球物理改正包括对流层干分量改正、ECMWF 模型湿分量改正、双频电离层改正、海潮改正、负荷潮改正、固体潮改正、极潮改正以及逆气压改正。

6.4.6 ENVISAT-1

ENVISAT-1 属于 ERS1/2 的后续卫星(见图 6-8)，由 ESA 研制并于 2002 年 3 月 1 日发射，其轨道与 ERS2 相似，轨道重复周期为 35 天，轨道高度约 800km，轨道倾角为 98.55°。ENVISAT-1 属极轨对地观测卫星系列之一(ESA Polar Platform)，总共携带了 10 种不同传感器，主要有第二代雷达高度计(Radar Altimeter2, RA2)、微波辐射计(MicroWave Radiometer, MWR)、DORIS 系统、LRA 系统。利用 ENVISAT 卫星提供的数据可生成海洋、海岸、极地冰冠和陆地的高质量图像，为科学家提供更高分辨率的图像来研究海洋的变化。它还可以用于研究地球大气层及大气密度，用于监视环境，即对地球表面和大气层进行连续的观测，供制图、资源勘查、气象及灾害判断之用。主要是观测地球大气与地面，用于进行环境研究，特别是研究气候的变化。

ENVISAT-1 的数据的精化主要有四个步骤：①根据数据的标志位进行判定；②根据一定的参数，对各观测值使用阈值编辑；③使用三次样条函数对 ENVISAT-1 海面高 SSH 进行平差，以探测残存的伪观测值；④在整个 pass 中，剔除当 SSH-MSS 的平均值和标准偏差没有达

图 6-8　ENVISAT-1 卫星示意图

到期望值的观测值。具体如下:

1. 标志位判断

在 ENVISAT 数据中,使用了三个标记:陆/海辐射计标记、冰标记和 S-波段异常标记。如下:

◆测高仪陆地标志;

◆辐射计陆地标志;

◆冰面标志,即当纬度大于 50°,且下列三个条件满足其一者:

①每秒观测值个数小于 17 个;

②对流层湿分量改正的模型值与辐射计改正值之差的绝对值大于 10cm;

③1Hz 的 Ku 波段 peakness 大于 2。

◆S 波段异常值,即 Ku 波段与 S 波段的后向散射系数差值的绝对值大于 5dB。

2. 阈值编辑

基于 Topex 经验,相对于 MSS 的可变性以及 18Hz 距离标准偏差,为 ENVISAT 数据质量评估每个参数选定最小和最大阈值,列出如下:

−130<海面高 SSH(m)<100

−2<相对于平均海面 MSS 的变化(m)<2

10<18Hz 有效点数

0<18Hz 距离标准偏差(m)<0.25

−0.200<偏离星下点角(deg^2)<0.160

−2.500<干对流层改正(m)<−1.900

−2.000<逆气压改正(m)<2.000

−0.500<MWR 湿对流层改正(m)<0.001

−0.200<双频对流层改正(m)<−0.001

0.0<有效波高(m)<11.0

−0.5<海况偏差(m)<0

7<后向散射系数(dB)<30

−5<海洋潮高(m)<5

−0.500<长期潮高(m)<0.500

−1.000<固体潮(m)<1.000

−5.000<极潮(m)<5.000

0.000<RA2风速(m/s)<30.000

参考ENVISAT-1的2005年年报(CNES),其微波辐射计湿分量改正存在异常变化,故地球物理改正包括对流层干分量改正、ECMWF模型湿分量改正、双频电离层改正、海况偏差改正、海潮改正、固体潮改正、极潮改正以及逆气压改正,并对其钟漂(USO)进行改正(Martini,2003)。

USO改正采用ESA网站发布的数据,其格式为1Hz估计一个改正,为了计算方便,且由于每天的改正差距不大(不到1mm),故将其数据合并为一天估计一个改正参数。其中,时间为相对ENVISAT-1的参考时间2000.1.1的天数。

除了上述编辑之外,还需要根据各个pass之间的海面异常SLA进行统计分析,进一步提高数据质量和精度。

6.4.7 ICESat

由于卫星轨道倾角的限制,在两极仍有巨大空白地区未有卫星观测,鉴于此,NASA于2003年1月13日发射的一颗近极轨观测卫星ICESat,卫星轨道高度大约为600km,轨道倾角为94°,卫星观测数据可覆盖地球表面包括南极大陆的大部分地区。如图6-9所示,ICESat上搭载了由美国宇航局的戈达德宇航中心(Goddard Space Flight Center,GSFC)研制的地学激光测高系统(Geoscience Laser Altimeter System,GLAS),这个系统主要用来测量冰盖高程、冰床质量平衡、云、浮尘高度、地貌以及植被特征等。GLAS使用的是Nd-YAG激光器,每秒发射40次波长分别为1064nm和532nm的脉冲,前者用于地面测高,后者用于大气后向散射测量。ICESat的观测数据为全球极地冰盖和高原冰川的研究提供了宝贵的资料。

GLAS测高基本原理与雷达高度计相同,但GLAS是光学遥感器,工作频段是可见(蓝光)和近红外光,而雷达高度计是微波遥感器,工作频段是微波频段,如Ku频段,所以GLAS的工作频率比雷达高度计要高得多(10 000~100 000倍)。GLAS如同雷达高度计,采用星下点指向方式,即先由激光发送器向星下点方向发送窄脉冲,后经地面或大气分子散射后的返回脉冲由GLAS接收望远镜(口径1m)送至光电倍增管接收,再在地面对返回脉冲的时延以及其他特征进行处理,得到所需要的测量高程。GLAS激光测高需要的改正包括:

1) 对流层延迟

测距改正主要是依靠光斑位置表面气压来确定的。同时也依据温度以及沿着光线方向的水蒸气的分布来确定。表面气压的影响大概是2mm/mb,由于国际环境预测实验可以获得表面气压的精度优于5mb,因此可以得到一个优于1cm的对流层延迟误差模型。内插出位置和时延,这项改正为Δh_{trop}。

2) 固体潮和海洋潮改正

海面数据和TP使用的海洋潮汐改正一致。这些改正基于CSR3.0全球海洋潮模型。

图 6-9 ICESat 卫星示意图

这项改正包括所有的潮汐影响和地壳回弹 Δh_{tides}。

3) 距离偏差改正

高度计所测得的高 h 通过一系列的改正得到一个修正高 h_c：

$$h_c = h - \Delta h_{\text{trop}} - \Delta h_{\text{tides}} - \rho_c \tag{6-20}$$

激光指向受到安装在卫星固定轴发射光学装备的影响，温度等其他因素也会影响激光指向的稳定性。此外，发射前的火箭负荷也能引起激光指向的测量误差。这种误差必须经过适当的有效性试验来修正。激光指向预先用一个单位矢量 u_p 来描述，作为设计激光方向。在卫星固定轴上，正确的激光高度矢量是：

$$h_c = h_c u_p \tag{6-21}$$

单位矢量 u_p 可以用固定轴元素来表达：

$$u_p = C_x u_x + C_y u_y + C_z u_z \tag{6-22}$$

式中，$u_x u_y u_z$ 是空固系下 x、y、z 的分量，相应的系数 $C_X C_Y C_Z$ 为卫星设计的激光光束方向的余弦；h_c 为 t_m 时刻空固系下的瞬时矢量。

6.5 卫星测高数据的基准统一与平差

6.5.1 测高数据的基准统一

不同的测高卫星由于所采用的椭球参数、椭球定位和定向存在一定的差别，因此，不同的测高卫星数据采用的坐标系是不同的。此外，由于海平面的时变效应、卫星轨道误差、测高仪偏差、参考框架的不一致以及各种地球物理改正误差的存在，不同的测高数据所得到的平均海平面之间存在一定的系统偏差。由上述两种因素造成的测高海平面高的系统偏差称为参考框架偏差，当对两种或两种以上测高卫星的海面高数据联合处理时，首先应统一测高数据的基准，消除参考框架偏差。

1. 不同参考椭球基准的统一

在现有的测高卫星中,因为 T/P 卫星的精度迄今为止是公认最好的,所以在数据处理中,一般都把其他测高卫星的海面高转换到 T/P 卫星海面高所位于的参考椭球和框架中来。每颗测高卫星的参考椭球都是已知的(见表6-3),那么,对于选定的测高卫星来说,由于参考椭球的不一致引起的海面高变化都能在比较各卫星海面高之前得到。

表6-3　　　　　　　　各测高卫星所用参考椭球参数表

	长半轴/m	扁率($1/f$)
Geosat	6 378 136.3	298.257
ERS1/2	6 378 137	298.257 223 563
T/P	6 378 136.3	298.257
Jason-1	6 378 136.3	298.257
Envisat-1	6 378 137	298.257 222 101

令参考椭球不一致引起的海面高变化为 dh,则有:

$$dh = -Wda + \frac{a}{W}(1-f)\sin^2\varphi df \qquad (6-23)$$

式中,a 是参考椭球的长半轴;f 是参考椭球的扁率;φ 是大地纬度;$W = \sqrt{1-e^2\sin^2\varphi}$;$e$ 为椭球的第一偏心率;da、df 分别为椭球的长半轴改正和扁率改正,$da = a_0 - a$,$df = f_0 - f$。

2. 参考框架的转换

不同任务测高卫星的 SSH 在进行时间平均后,获得的时间平均 SSH 之间可能存在系统性的误差或 SSH 长波部分的差异。这是由于残余的轨道误差、海洋时变、测高仪的偏差、参考框架的不一致性、各种物理改正误差等引起的,并且这种系统误差可以用一个四参数模型来表示:Δx、Δy、Δz 和 B。它们分别为原点的三个平移参数和一个偏差因子(Rapp et al, 1994)。如为了将 ERS-1 的海面高统一到 Topex/Poseidon 的框架(参考椭球已经统一),数学模型如下:

$$H_{T/P} = H_{ERS} + \Delta x\cos\varphi\cos\lambda + \Delta y\cos\varphi\sin\lambda + \Delta z\sin\varphi + B \qquad (6-24)$$

式中,$H_{T/P}$ 为 T/P 卫星框架下的海面高;H_{ERS} 为相应点上的 ERS 框架下平均海平面高;λ、φ 为对应点的经纬度;Δx、Δy、Δz 为三个平移参数;B 为偏差因子。利用最小二乘平差即可以求得4个转换参数。

观测方程为:

$$H_{T/P} + v = H_{ERS} + \Delta x\cos\varphi\cos\lambda + \Delta y\cos\varphi\sin\lambda + \Delta z\sin\varphi + B \qquad (6-25)$$

Y.Yi(1995)利用最小二乘法分别计算了 ERS-1 35、ERS-1 168、Geosat 的海面高与 Topex/Poseidon 的海面高之间的四个参数,它们之间的关系为(姜卫平,2002):

$$\text{ERS-1 35 SSH (Topex frame)} =$$
$$\text{ERS-1 35 SSH (ERS-1 frame)} + (-2.38\text{cm})\cos\varphi\cos\lambda \qquad (6-26)$$
$$(3.40\text{cm})\cos\varphi\sin\lambda + (3.31\text{cm})\sin\varphi + (-5.41\text{cm})$$

$$\text{ERS-1 168 SSH (Topex frame)} =$$
$$\text{ERS-1 168 SSH (ERS-1 frame)} + (-2.38\text{cm})\cos\varphi\cos\lambda \qquad (6-27)$$
$$(1.97\text{cm})\cos\varphi\sin\lambda + (5.37\text{cm})\sin\varphi + (-6.15\text{cm})$$

$$\text{Geosat SSH (Topex frame)} =$$
$$\text{Geosat SSH (Geosat frame)} + (-0.31\text{cm})\cos\varphi\cos\lambda \qquad (6\text{-}28)$$
$$(8.96\text{cm})\cos\varphi\sin\lambda + (7.74\text{cm})\sin\varphi + (-28.24\text{cm})$$

利用上式便可以将不同任务测高卫星的 SSH 数据的参考框架统一到 Topex/Poseidon 上去。

6.5.2 测高数据的平差方法

在不同任务的测高卫星数据经过参考椭球统一和四个参数转换统一到 T/P 数据的基准后,还应进行多种测高数据联合交叉点平差和共线平差,其目的不仅是进一步削弱残余的轨道误差、海洋时变、各种物理改正误差对 SSH 的影响,而且还为了进一步将其他测高数据的基准与 T/P 基准统一。

1. 交叉点平差

卫星从南半球向北半球运行在地面的投影轨迹称为升弧,从北半球向南半球运行的轨迹称为降弧。卫星绕地球运行经过一定的周期将在地面形成一个由升弧和降弧织成的菱形轨迹网络,并覆盖由卫星倾角确定的对称于赤道的球带区域,通常将升弧与降弧相交的点称交叉点,即轨迹网络的结点(见图 6-10)。在交叉点上,分别用升弧和降弧的测高数据可算出两个海面高值,若没有任何误差影响,理论上这两个值应严格相等,实际上,测高过程和采用的计算模型存在多种误差源,这两个海面高必然出现不符值。大部分误差影响可以用模型对测高值进行改正,但其中的轨道径向误差没有改正模型,因为只有当用于定轨的力模型,特别是重力位模型有了新的更精密的模型代替原有模型才能改正或重新计算轨道。假定已对测高数据作了除径向轨道误差外的其他物理环境的改正,包括潮汐改正,那么交叉点上海面高的不符值主要反映径向轨道误差。

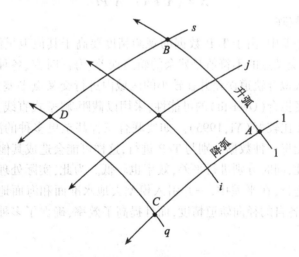

图 6-10 交叉点平差示意图

交叉点平差可分为区域平差和全球平差,对区域交叉点平差,给出以下径向轨道误差模型(Wagner,1985;Rummel;1993)

$$\begin{cases} \Delta r = x_0 + x_1\sin\mu + x_2\cos\mu, \text{长弧} \\ \Delta r = x_0 + x_1\mu, \text{中长弧} \\ \Delta r = x_0, \text{短弧} \end{cases} \quad (6\text{-}29)$$

式中,x_0、x_1 和 x_2 为与轨道长半径 a、偏心率 e 和平近点角 M 的摄动 Δa、Δe 和 ΔM 有关的参数,在区域范围内假定是常数,是交叉点平差的待估参数;μ 为相对一个参考时间的关于 M 的时间变量,由观测时间确定。在实用中,通常采用适于中长弧的模型,其中包括一个偏差项 x_0 和一个倾斜项 $x_1\mu$,据此可建立平差的观测方程。

将交叉点海面高的不符值作为观测量,采用式(6-29)的线性模型,对于升弧:

$$\hat{H} = H^a_{\text{obs}} + x^a_0 + x^a_1 \Delta t^a \quad (6\text{-}30)$$

对于降弧:
$$\hat{H} = H^d_{\text{obs}} + x^d_0 + x^d_1 \Delta t^d \quad (6\text{-}31)$$

式中,$\Delta t = t - t_0$,t_0 为弧段起始观测时刻,t 为观测时刻;$\hat{H}$ 为海面高的平差值;H_{obs} 为海面高的观测值;上标 a 和 d 分别表示升弧和降弧;x_0 和 x_1 是待估径向轨道误差参数。以上两式相减,得观测方程:

$$\begin{aligned} l^{ij}_k &= (H^a_{\text{obs}})^i_k - (H^d_{\text{obs}})^j_k \\ &= (x^d_0)^j - (x^a_0)^i + (x^d_1)^j (\Delta t^d)^j - (x^a_1)^i (\Delta t^a)^i \end{aligned} \quad (6\text{-}32)$$

式中,上标 i 为升弧编号,j 为降弧编号;下标 k 为交叉点编号。上式相应的误差方程的矩阵形式为:

$$V = A\hat{X} - L \quad (6\text{-}33)$$

式中,A 为系数矩阵;L 为观测值向量;$\hat{X}$ 为未知参数向量,其最小二乘解为:

$$\hat{X} = (A^{\text{T}}PA)^{-1}A^{\text{T}}Pl \quad (6\text{-}34)$$

式中,P 为观测值的权阵。

在联合交叉点平差中,由于 T/P 数据的观测精度要高于其他卫星测高数据,因而将其全部固定,并且认为交叉点的不符值是残余的轨道误差、海洋时变、各种物理改正误差引起的。采用高阶多项式拟合轨道误差并在较小的区域内进行交叉点平差会获得更好的效果。但为了避免造成过度拟合(Over-fit)的可能性,采用以截距-斜率式直线方程拟合轨道,即轨道误差参数个数为 2 比较好(Yi,1995)。如要联合三种甚至更多种的测高数据进行处理,双星交叉点平差只能将一种数据分别与 T/P 进行,这样可能会造成其他两种(或多种)测高数据之间的不协调性,同时分别进行平差,效率也较低。为此,实际处理办法是采用多星交叉点平差一步同时进行,在平差中,一并引入模型大地水准面和海面地形等先验数据。这样,不仅提高了多星各自的径向轨道精度,而且提高了效率,确保了多种数据联合处理的统一性及协调性。

2.共线平差

测高卫星的轨道设计除要求形成有一定分辨率的地面轨迹交叉点网络外,还要求形成有一定重复周期的重复轨迹,这对检核观测数据的可靠性和分析各种误差影响(主要是径向轨道误差)以及研究海面变化和提高平均海面的精度都有非常重要的作用,是测高卫星的显著特点。重复轨道的设计要求卫星从一个初始轨道上相对地球某一初始位置出发开始运行,当卫星运行了一个确定的周期(天数)后,卫星又回到初始轨道和初始位置,在第二个周期又重复第一个周期的运动,由此形成覆盖全球的一系列重复轨迹,这样沿海面重复轨迹可获得大量的海面高重复观测,提供了海面变化的丰富信息,由此确定的平均海面将达到很高的精度。

在理想的状态下,测高卫星每一周期相对应的弧的地面轨迹应该吻合。然而,由于引力、电离层、仪器等种种原因,卫星的地面轨迹并不能精确共线,轨迹之间的最大距离可达1km。由此,通过固定一条轨迹为参考轨迹,来确定其他周期相对应弧的相同纬度点的经度及其海面高,即得到海平面高的异常变化。

数学模型如下:

对于上升弧(以轨道倾角小于90°为例),如图6-11(a)所示,O 为参考轨道的观测点,O' 为不同周期对应轨迹相同纬度点,显然,这个点不可能有直接卫星观测记录。因此,这个点的海面高可以通过 O' 点相邻两观测点 P、Q 的记录通过线性内插求得。与 O 相对应的 O' 的经度为:

$$\lambda = \lambda_P - (\varphi_P - \varphi_O)/(D_1 \cdot \cos\varphi_O) \tag{6-35}$$

这里,D_1 为共线弧的斜率,可由 P、Q 两点的经、纬度确定:

$$D_1 = (\varphi_P - \varphi_Q)/[(\lambda_P - \lambda_Q)\cos\varphi_Q] \tag{6-36}$$

对于下降弧,如图6-11(b)所示,同样可以用类似方法求出:

$$\lambda = \lambda_P - (\varphi_O - \varphi_P)/(D_2 \cdot \cos\varphi_O) \tag{6-37}$$

$$D_2 = (\varphi_Q - \varphi_P)/[(\lambda_P - \lambda_Q)\cos\varphi_Q] \tag{6-38}$$

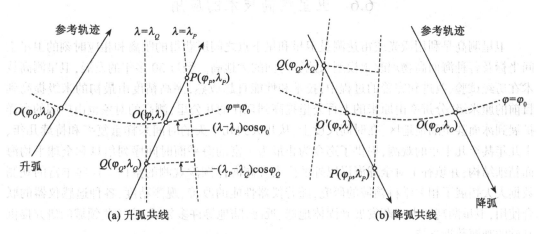

图6-11 共线平差示意图

轨道倾角大于90°的情况,同理可以导出对于上升弧和下降弧的共线方程分别为:

$$\lambda = \lambda_P + (\varphi_P - \varphi_O)/(D_1 \cdot \cos\varphi_O) \tag{6-39}$$

$$D_1 = -(\varphi_P - \varphi_Q)/[(\lambda_P - \lambda_Q)\cos\varphi_Q] \tag{6-40}$$

和

$$\lambda = \lambda_P + (\varphi_O - \varphi_Q)/(D_2 \cdot \cos\varphi_O) \tag{6-41}$$

$$D_2 = (\varphi_P - \varphi_O)/[(\lambda_P - \lambda_Q)\cos\varphi_Q] \tag{6-42}$$

综合以上各式,可以得到内插同纬度对应共线点海面高的统一表达式为:

$$\lambda = \lambda_P - (\varphi_P - \varphi_O)/(D \cdot \cos\varphi_O) \tag{6-43}$$

$$D = (\varphi_P - \varphi_Q)/[(\lambda_P - \lambda_Q)\cos\varphi_Q] \qquad (6\text{-}44)$$

与 O 相对应的 O' 的海面高为：

$$H = H_Q + (H_P - H_Q)\frac{\varphi_O - \varphi_Q}{\varphi_P - \varphi_Q} \qquad (6\text{-}45)$$

由于重复轨迹的共线精度为 1km 左右，对 $2'\times2'$ 的格网分辨率（约 3.6km），可认为各周期同纬度点的观测值对确定相应格网点值的贡献大致是等效的，取同纬圈上各重复轨迹测高值的平均，即时间平均海面高。

共线法平差利用重复轨迹上同纬度点海面高的时间平均，可有效地消除周期短于所用共线轨迹时间跨度的时变海面高影响，如海潮潮汐的影响。当然，其中还包括具有随机特性的时变量。所求得的平均海面可以认为至少在观测时间跨度（如几个月、几年或更长）内的稳态平均海面。

通过对各类卫星测高观测数据进行预处理精化，包括数据的编辑，统一参考椭球和参考框架，部分消除残余系统偏差，用共线法确定所有重复共线轨迹的时间平均海面高，以初步削弱轨道误差和海洋时变等残余系统误差，并可显著减小交叉点不符值；最后对所有各类测高轨迹进行近于全组合式扩大的多星组合交叉点平差，进一步削弱径向轨道误差。经过这三步，即可获得整个海域各类测高卫星轨迹上的离散点精密海面高，为进一步计算垂线偏差、重力异常、海洋大地水准面和其他应用准备了高精度的卫星测高数据。

6.6 卫星测高技术的应用

卫星测高是利用激光或雷达测量卫星和星下点之间所获得的距离和相应时刻的卫星空间坐标及各种海面高物理改正模型来测算海面的大地高。经过 30 多年的发展，卫星测高技术在历经试验、改进和完善的过程中，技术和性能日趋成熟，测高精度由最初的米级提高到目前的厘米级，分辨率由原来的上百公里提高到现在的几公里，测高的对象也由广阔的海洋扩展到冰面甚至陆地地区，在时间尺度上，从几天到几十天的时间采样重复率和持续几年、十几年甚至几十年的观测，提供了迄今为止最为丰富的海平面时间序列信息和全球平均海面精细结构，并填补了对全球海岸以外的广大开阔海洋潮汐观测的空白。这些丰富的观测数据大大拓展了相关学科领域的研究，随着仪器性能的改善、观测精度、各种遥感仪器的联合使用，卫星测高技术逐渐发展到固体地球、近海、陆地等许多领域，为这些领域的研究提供基础的观测数据支持。

6.6.1 大地测量学

确定地球形状及其外部重力场是大地测量学的基本任务之一，也是其科学目标。海洋占地球表面积的 71%，全球重力场的确定在很大程度上取决于海洋重力场的确定。卫星测高的出现提供了确定海洋重力场精细结构的最经济又有效的手段。利用卫星测高数据可确定高分辨率的大地水准面，意味着精密确定地球形状，使其实现全球高程基准统一成为可能；利用卫星测高数据又可间接或直接确定海洋重力场的其他参考量，如重力异常、垂线偏差等，这些成果使得大地测量在实现其基本任务和科学目标的进程中有了突破性进展。

前文内容给出了卫星测高技术观测的海面高的精化处理方法，基于这些海面高数据，为恢复海洋重力场提供了一种有利手段，顾及海洋动力海面地形可以求得大地水准面高，利用测高卫星的升弧、降弧结合时间信息可得到垂线偏差。由卫星测高技术间接获得的重力场参量,大地水准面高和垂线偏差可以利用最小二乘配置(Rapp,1983)、逆 Stokes 公式(Wang,1999)、Laplace 方程(Sandwell,1992)和逆 Vening-Meinesz 公式等方法反演重力异常(Hwang,1998;李建成,晁定波,1997),这些重力异常数据是目前实现重力场确定的最为重要的数据源。

1.测高数据剖面计算垂线偏差的方法

Sandwell(Sandwell,1984,1992)最先提出了根据卫星测高观测量计算卫星轨道上升弧与下降弧的星下点轨迹,即卫星测高交叉点处的垂线偏差的方法。大地水准面沿升弧和降弧对时间 t 的导数分别为:

$$\begin{cases} \dot{N}_a \equiv \dfrac{\partial N_a}{\partial t} = \dfrac{\partial N}{\partial \varphi}\dot{\varphi}_a + \dfrac{\partial N}{\partial \lambda}\dot{\lambda}_a \\ \dot{N}_d \equiv \dfrac{\partial N_d}{\partial t} = \dfrac{\partial N}{\partial \varphi}\dot{\varphi}_d + \dfrac{\partial N}{\partial \lambda}\dot{\lambda}_d \end{cases} \quad (6\text{-}46)$$

式中,λ 与 φ 分别为经度和纬度;$\dot{\varphi}_a$、$\dot{\lambda}_a$、$\dot{\varphi}_d$、$\dot{\lambda}_d$ 分别表示卫星地面升弧轨道与降弧轨道在纬度、经度方向上的速度;$\dot{N}_a$、$\dot{N}_d$ 分别为上升轨道与下降轨道上大地水准面高相对于时间的导数。卫星地面轨道在经度、纬度方向上的速度和相应方向上的大地水准面高的变化率都可以利用卫星观测值计算得到,因此通过以上两式就可以根据卫星地面轨道在经度、纬度方向上的速度和相应方向上的大地水准面高的变化率来计算大地水准面高在卫星地面轨道方向上的变化率。

当卫星的轨道近似圆轨道时,有:

$$\begin{cases} \dot{\varphi}_a = -\dot{\varphi}_d \\ \dot{\lambda}_a = \dot{\lambda}_d \end{cases} \quad (6\text{-}47)$$

将上两式分别代入式(6-46),可得大地水准面分别在经度方向和纬度方向上的导数:

$$\begin{cases} \dfrac{\partial N}{\partial \lambda} = \dfrac{1}{2\dot{\lambda}}(\dot{N}_a + \dot{N}_d) \\ \dfrac{\partial N}{\partial \varphi} = \dfrac{1}{2\dot{\varphi}}(\dot{N}_a - \dot{N}_d) \end{cases} \quad (6\text{-}48)$$

其中,$\dot{\varphi}$、$\dot{\lambda}$、$\dot{N}_a$、$\dot{N}_d$ 可由测高观测数据计算得到。

由于 $\dfrac{\partial N}{\partial \varphi}$ 和 $\dfrac{\partial N}{\partial \lambda}$ 分量可由上式计算得到,因此,垂线偏差的子午圈方向分量 ξ 和卯酉圈方向分量 η 可以确定:

$$\begin{cases} \xi = -\dfrac{1}{R}\dfrac{\partial N}{\partial \varphi} \\ \eta = -\dfrac{1}{R\cos\varphi}\dfrac{\partial N}{\partial \lambda} \end{cases} \quad (6\text{-}49)$$

2.测高数据反演海洋重力异常的方法

测高数据反演海洋重力异常的方法和实用模型随着测高数据的日益丰富多样、数据分辨率的大大提高不断发展。早期时候,人们忽略海面地形的影响,将测高平均海面高看做大地水准面高,利用逆 Stokes 公式反演重力异常,虽然这种方法仍在使用,但目前的计算过程已趋于精细,利用波数相关滤波方法、方向敏感滤波方法等,力求排除测高数据中的各种非静态信号和海面地形影响,以求得到比较纯净的测高大地水准面"观测值",再用逆 Stokes 公式求解重力异常;随后,最小二乘配置法也被用来计算海洋重力异常,通常用于局部海域的计算;用测高垂线偏差计算重力异常的方法是目前最为常用的方法,Sandwell(1992),从 Laplace 方程出发导出重力异常和垂线偏差的一阶微分方程,其中略去了重力异常与扰动重力的差别,利用 Fourier 变换式求解重力异常,自 20 世纪 90 年代中期开始,采用严密的逆 Vening Meinesz 公式由垂线偏差反演重力异常,经典公式是 Molodensky(1962)的逆 Vening Meinesz 公式。

逆 Vening Meinesz 公式为(Molodenskii 等,1960):

$$\Delta g = \frac{\gamma}{4\pi R}\iint_{\sigma}\left(3\csc\psi - \csc\psi\csc\frac{\psi}{2} - \tan\frac{\psi}{2}\right)\frac{\partial N}{\partial \psi}d\sigma \tag{6-50}$$

式中,Δg 是空间重力异常;σ 是单位球面;R 是地球平均半径;ψ 是计算点 P 与流动点间的球面距离;N 为大地水准面高;$\frac{1}{R}\frac{\partial N}{\partial \psi}$ 为 ψ 方向上的垂线偏差分量。

若令计算点 P 与流动点间的方位角,即 ψ 方向上的方位角是 α,有:

$$\begin{cases} \sin\alpha = -\dfrac{\cos\varphi\sin(\lambda_P - \lambda)}{\sin\psi} \\ \cos\alpha = \dfrac{\cos\varphi_P\sin\varphi - \sin\varphi_P\cos\varphi\cos(\lambda_P - \lambda)}{\sin\psi} \end{cases} \tag{6-51}$$

则由 $\frac{1}{R}\frac{\partial N}{\partial \psi} = \xi\cos\alpha + \eta\sin\alpha$,式(6-50)可化为:

$$\begin{aligned}\Delta g(\varphi_P,\lambda_P) &= \frac{\gamma}{4\pi}\iint_{\sigma}\left(3\csc\psi - \csc\psi\csc\frac{\psi}{2} - \tan\frac{\psi}{2}\right)(\xi\cos\alpha + \eta\sin\alpha)d\sigma \\ &= \frac{\gamma}{4\pi}\iint_{\sigma}\left\{\xi\cos\alpha\left(3\csc\psi - \csc\psi\csc\frac{\psi}{2} - \tan\frac{\psi}{2}\right)\right. \\ &\quad \left. + \eta\sin\alpha\left(3\csc\psi - \csc\psi\csc\frac{\psi}{2} - \tan\frac{\psi}{2}\right)\right\}d\sigma\end{aligned} \tag{6-52}$$

顾及式(6-51)中的 $\sin\alpha$、$\cos\alpha$,上式可写为:

$$\Delta g(\varphi_P,\lambda_P) = \frac{\gamma}{4\pi}\iint_{\sigma}(\xi IV_{\xi} + \eta IV_{\eta})d\sigma \tag{6-53}$$

式中,

$$\begin{aligned}IV_{\xi} &= \cos\alpha\left(3\csc\psi - \csc\psi\csc\frac{\psi}{2} - \tan\frac{\psi}{2}\right) \\ &= \left[\frac{\cos\varphi_P\sin\varphi - \sin\varphi_P\cos\varphi\cos(\lambda_P - \lambda)}{\sin\psi}\right]\left(3\csc\psi - \csc\psi\csc\frac{\psi}{2} - \tan\frac{\psi}{2}\right)\end{aligned} \tag{6-54}$$

$$\begin{aligned}IV_{\eta} &= \sin\alpha\left(3\csc\psi - \csc\psi\csc\frac{\psi}{2} - \tan\frac{\psi}{2}\right) \\ &= -\frac{\cos\varphi\sin(\lambda_P - \lambda)}{\sin\psi}\left[3\csc\psi - \csc\psi\csc\frac{\psi}{2} - \tan\frac{\psi}{2}\right]\end{aligned} \tag{6-55}$$

且

$$\sin(\psi/2) = \left[\sin^2\frac{1}{2}(\varphi_P - \varphi) + \sin^2\frac{1}{2}(\lambda_P - \lambda)\cdot\cos\varphi_P\cos\varphi\right]^{\frac{1}{2}} \quad (6\text{-}56)$$

式(6-53)给出了基于逆 Vening-Meinesz 公式利用垂线偏差确定重力异常的积分公式，实际计算时，通常利用 FFT 算法加速积分的运算。FFT 算法分一维(1-D)算法和二维(2-D)算法两种，两种算法都要求首先将逆 Vening-Meinesz 公式写成卷积的形式，2-D FFT 算法速度较快，但由于在其卷积表达式中需用平均纬度近似表示进行积分的纬线圈的纬度，因此，2-D FFT 算法的精度不如 1-D FFT 算法高。1-D FFT 算法介于普通积分法与 2-D FFT 算法之间，是普通积分与 FFT 的混合算法，即首先在同一条纬线上利用 FFT 算法，然后对不同的纬线进行普通积分。因此在 1-D FFT 算法中，一条纬线上的所有点的重力异常值一次算出，不同纬线上的重力异常值则分别算出。不加推导分别给出式(6-53)的一维和二维卷积表达式。

其中一维卷积表达式为(李建成，2002)：

$$\begin{aligned}
\Delta g(\varphi_i, \lambda_P) &= \frac{\gamma}{4\pi}\iint_\sigma [\xi(\varphi,\lambda) IV_\xi(\varphi_i,\varphi,\lambda_P-\lambda) + \eta(\varphi,\lambda) IV_\eta(\varphi_i,\varphi,\lambda_P-\lambda)]\mathrm{d}\sigma \\
&= \frac{\gamma}{4\pi}\int_\varphi \{[\xi(\varphi_i,\lambda)\cos\varphi] * IV_\xi(\varphi_i,\varphi,\lambda_P-\lambda) \\
&\quad + [\eta(\varphi_i,\lambda)\cos\varphi] * IV_\eta(\varphi_i,\varphi,\lambda_P-\lambda)\}\mathrm{d}\varphi \\
&= \frac{\gamma}{4\pi}F_1^{-1}\left\{\int_\varphi \{F_1[\xi(\varphi_i,\lambda)\cos\varphi]F_1[IV_\xi(\varphi_i,\varphi,\lambda_P-\lambda)] \right. \\
&\quad \left. + F_1[\eta(\varphi_i,\lambda)\cos\varphi]F_1[IV_\eta(\varphi_i,\varphi,\lambda_P-\lambda)]\}\mathrm{d}\varphi\right\}
\end{aligned} \quad (6\text{-}57)$$

令

$$\begin{aligned}
\mathrm{cs} &= \cos\varphi_P\sin\varphi = \frac{1}{2}[\sin(\varphi_P+\varphi) - \sin(\varphi_P-\varphi)] = \frac{1}{2}[\sin(2\varphi_M) - \sin(\varphi_P-\varphi)] \\
\mathrm{sc} &= \sin\varphi_P\cos\varphi = \frac{1}{2}[\sin(\varphi_P+\varphi) + \sin(\varphi_P-\varphi)] = \frac{1}{2}[\sin(2\varphi_M) + \sin(\varphi_P-\varphi)]
\end{aligned} \quad (6\text{-}58)$$

二维球面卷积表达式可写为：

$$\Delta g(\varphi_P, \lambda_P) = \frac{\gamma}{4\pi}\iint_\sigma (\xi IV_\xi + \eta IV_\eta)\mathrm{d}\sigma \quad (6\text{-}59)$$

式中，

$$\begin{aligned}
IV_\xi &= \cos\alpha\left(3\csc\psi - \csc\psi\csc\frac{\psi}{2} - \tan\frac{\psi}{2}\right) \\
&= \left[\frac{\mathrm{cs} - \mathrm{sc}\cos(\lambda_P-\lambda)}{\sin\psi}\right]\cdot\left(3\csc\psi - \csc\psi\csc\frac{\psi}{2} - \tan\frac{\psi}{2}\right)
\end{aligned} \quad (6\text{-}60)$$

$$IV_\eta = -\frac{\sin(\lambda_P-\lambda)}{\sin\psi}\left(3\csc\psi - \csc\psi\csc\frac{\psi}{2} - \tan\frac{\psi}{2}\right) \quad (6\text{-}61)$$

$$\Delta g(\varphi,\lambda) = \frac{\gamma}{4\pi} \iint_\sigma [\xi(\varphi,\lambda) IV_\xi(\varphi_P - \varphi, \lambda_P - \lambda) + \eta(\varphi,\lambda) IV_\eta(\varphi_P - \varphi, \lambda_P - \lambda)] d\sigma$$

$$= \frac{\gamma}{4\pi} \{ [\xi(\varphi,\lambda)\cos\varphi] * IV_\xi(\varphi_P - \varphi, \lambda_P - \lambda)$$
$$+ [\eta(\varphi,\lambda)\cos^2\varphi] * IV_\eta(\varphi_P - \varphi, \lambda_P - \lambda) \}$$
$$= \frac{\gamma}{4\pi} F_2^{-1} \{ F_2[\xi(\varphi,\lambda)\cos\varphi] F_2[IV_\xi(\varphi,\lambda)]$$
$$+ F_2[\eta(\varphi,\lambda)\cos^2\varphi] F_2[IV_\eta(\varphi,\lambda)] \} \quad (6\text{-}62)$$

考虑到 2D 卷积表达的高效计算特性，李建成(1997)推导了逆 Vening Meinesz 公式的严密二维平面坐标形式卷积表达式，在保证速度的同时确保了积分的数值精度。定义一个局部切平面直角坐标系，以计算点 P 为原点，X 轴指向北极，Y 轴指向东，XY 平面过 P 点与地球相切，有：

$$\sin\frac{\psi}{2} = \frac{l}{2R} = \frac{1}{2R}\sqrt{(x_P - x)^2 + (y_P - y)^2} \quad (6\text{-}63)$$

式中，(x,y) 和 (x_P, y_P) 分别为流动点 Q 和计算点 P 的直角坐标。因此可得：

$$\psi = 2\sin^{-1}\left[\frac{1}{2R}\sqrt{(x_P - x)^2 + (y_P - y)^2}\right] \quad (6\text{-}64)$$

对于计算点 P 和流动点 Q 方向的方位角为 α，有：

$$\begin{cases} \cos\alpha = -\dfrac{x_P - x}{\sqrt{(x_P - x)^2 + (y_P - y)^2}} \\ \sin\alpha = -\dfrac{y_P - y}{\sqrt{(x_P - x)^2 + (y_P - y)^2}} \end{cases} \quad (6\text{-}65)$$

将上面三个方程式及 $d\sigma = \dfrac{1}{R^2}dxdy$ 代入式(6-52)，得：

$$\Delta g(x_P, y_P) = \frac{\gamma}{4\pi R^2} \iint_\sigma [\xi(x,y) IV_\xi(x_P - x, y_P - y) + \eta(x,y) IV_\eta(x_P - x, y_P - y)] dxdy \quad (6\text{-}66)$$

上式的二维平面坐标形式卷积表达式为：

$$\Delta g(x_P, y_P) = \frac{\gamma}{4\pi R^2} \xi(x,y) * IV_\xi(x,y) + \eta(x,y) * IV_\eta(x,y) \quad (6\text{-}67)$$

式中，

$$\begin{cases} IV_\xi = \cos\alpha \left(3\csc\psi - \csc\psi\csc\dfrac{\psi}{2} - \tan\dfrac{\psi}{2} \right) \\ IV_\eta = \sin\alpha \left(3\csc\psi - \csc\psi\csc\dfrac{\psi}{2} - \tan\dfrac{\psi}{2} \right) \end{cases} \quad (6\text{-}68)$$

3. 测高数据计算海洋大地水准面的数学模型

由测高数据确定大地水准面的方法有很多，如简单求解法，即简单地从平均海面中扣除海面地形模型的影响，从而得到大地水准面，这种方法求得的大地水准面精度较低；纯几何求解法，从卫星测高的几何观测模型出发，利用海面高、大地水准面高与卫星高(卫星至参考椭球的距离)的几何关系求解大地水准面;整体求解法,它是从卫星轨道的力学模型和运动方程出发,同时求解大地水准面、稳态海面地形和卫星的轨道误差。更为实用的方法是逆 Stokes 方法、垂线偏差法和最小二乘配置法。

如果已知重力异常,则可利用 Stokes 公式求解大地水准面(海斯卡涅等,1979;管泽霖等,1981):

$$N = \frac{R}{4\pi\gamma} \iint_\sigma \Delta g \cdot S(\psi) \, d\sigma \tag{6-69}$$

式中,R 为地球平均半径;γ 为正常重力;$S(\psi)$ 为 Stokes 函数,其球谐表达式为:

$$S(\psi) = \sum_{n=2}^{\infty} \frac{2n+1}{n-1} P_n(\cos\psi) \tag{6-70}$$

如果已有测高数据剖面计算的垂线偏差,由垂线偏差计算似大地水准面公式为(Molodenskii 等,1960):

$$\zeta = -\frac{\gamma}{4\pi} \iint_\sigma \cot\frac{\psi}{2} \frac{\partial N}{\partial \psi} d\sigma \tag{6-71}$$

式中,ζ 为似大地水准面高;σ 为单位球面;ψ 为计算点 P 与流动点间的球面距离;$\frac{1}{R}\frac{\partial N}{\partial \psi}$ 为 ψ 方向上的垂线偏差分量,且

$$\frac{1}{R}\frac{\partial N}{\partial \psi} = \xi\cos\alpha + \eta\sin\alpha \tag{6-72}$$

式中,α 为 ψ 方向上的方位角,亦即计算点 P 与流动点间的方位角,且

$$\sin\alpha = -\frac{\cos\varphi\sin(\lambda_P - \lambda)}{\sin\psi} \tag{6-73}$$

$$\cos\alpha = \frac{\cos\varphi_P\sin\varphi - \sin\varphi_P\cos\varphi\cos(\lambda_P - \lambda)}{\sin\psi} \tag{6-74}$$

顾及式(6-73)和式(6-74),将式(6-72)代入式(6-71),得:

$$\begin{aligned}\zeta &= -\frac{R\gamma}{4\pi} \iint_\sigma \cot\frac{\psi}{2}(\xi\cos\alpha + \eta\sin\alpha) d\sigma \\ &= -\frac{R\gamma}{4\pi} \iint_\sigma \left\{\xi\cos\alpha\cot\frac{\psi}{2} + \eta\sin\alpha\cot\frac{\psi}{2}\right\} d\sigma\end{aligned} \tag{6-75}$$

一维卷积表达式可写为:

$$\zeta(\varphi_P, \lambda_P) = -\frac{R\gamma}{4\pi} \iint_\sigma (\xi IQ_\xi + \eta IQ_\eta) d\sigma \tag{6-76}$$

式中,

$$IQ_\xi = \cos\alpha\cot\frac{\psi}{2} = \frac{\cos\varphi_P\sin\varphi - \sin\varphi_P\cos\varphi\cos(\lambda_P - \lambda)}{\sin\psi} \cdot \cot\frac{\psi}{2} \tag{6-77}$$

$$IQ_\eta = \sin\alpha\cot\frac{\psi}{2} = -\frac{\cos\varphi\sin(\lambda_P - \lambda)}{\sin\psi} \cdot \cot\frac{\psi}{2} \tag{6-78}$$

且

$$\sin\frac{\psi}{2} = \left[\sin^2\frac{1}{2}(\varphi_P - \varphi) + \sin^2\frac{1}{2}(\lambda_P - \lambda) \cdot \cos\varphi_P\cos\varphi\right]^{\frac{1}{2}} \tag{6-79}$$

$$\zeta(\varphi_i,\lambda_P) = -\frac{R\gamma}{4\pi}\iint_\sigma[\xi(\varphi_i,\lambda)IQ_\xi(\varphi_i,\varphi,\lambda_P-\lambda) + \eta(\varphi_i,\lambda)IQ_\eta(\varphi_i,\varphi,\lambda_P-\lambda)]d\sigma$$

$$= -\frac{R\gamma}{4\pi}\int_\varphi\{[\xi(\varphi_i,\lambda)\cos\varphi]*IQ_\xi(\varphi_i,\varphi,\lambda_P-\lambda)$$
$$+ [\eta(\varphi_i,\lambda)\cos\varphi]*IQ_\eta(\varphi_i,\varphi,\lambda_P-\lambda)\}d\varphi \tag{6-80}$$

$$= -\frac{R\gamma}{4\pi}F_1^{-1}\left\{\int_\varphi\{F_1[\xi(\varphi_i,\lambda)\cos\varphi]F_1[IQ_\xi(\varphi_i,\varphi,\lambda_P-\lambda)]\right.$$
$$\left. + F_1[\eta(\varphi_i,\lambda)\cos\varphi]F_1[IQ_\eta(\varphi_i,\varphi,\lambda_P-\lambda)]\}d\varphi\right\}$$

令

$$cs = \cos\varphi_P\sin\varphi = \frac{1}{2}[\sin(\varphi_P+\varphi) - \sin(\varphi_P-\varphi)] = \frac{1}{2}[\sin(2\varphi_M) - \sin(\varphi_P-\varphi)] \tag{6-81}$$

$$sc = \sin\varphi_P\cos\varphi = \frac{1}{2}[\sin(\varphi_P+\varphi) + \sin(\varphi_P-\varphi)] = \frac{1}{2}[\sin(2\varphi_M) + \sin(\varphi_P-\varphi)] \tag{6-82}$$

二维球面卷积表达式可写为:

$$\zeta(\varphi_P,\lambda_P) = -\frac{R\gamma}{4\pi}\iint_\sigma(\xi IQ_\xi + \eta IQ_\eta)d\sigma \tag{6-83}$$

式中,

$$IQ_\xi = \cos\alpha\cot\frac{\psi}{2} = \left[\frac{cs - sc\cos(\lambda_P-\lambda)}{\sin\psi}\right]\cdot\cot\frac{\psi}{2} \tag{6-84}$$

$$IQ_\eta = -\frac{\sin(\lambda_P-\lambda)}{\sin\psi}\cot\frac{\psi}{2} \tag{6-85}$$

$$\zeta(\varphi,\lambda) = -\frac{R\gamma}{4\pi}\iint_\sigma[\xi(\varphi,\lambda)IQ_\xi(\varphi_P-\varphi,\lambda_P-\lambda) + \eta(\varphi,\lambda)IQ_\eta(\varphi_P-\varphi,\lambda_P-\lambda)]d\sigma$$

$$= -\frac{R\gamma}{4\pi}\{[\xi(\varphi,\lambda)\cos\varphi]*IQ_\xi(\varphi_P-\varphi,\lambda_P-\lambda)$$
$$+ [\eta(\varphi,\lambda)\cos^2\varphi]*IQ_\eta(\varphi_P-\varphi,\lambda_P-\lambda)\}$$

$$= -\frac{R\gamma}{4\pi}F_2^{-1}\{F_2[\xi(\varphi,\lambda)\cos\varphi]F_2[IQ_\xi(\varphi,\lambda)] + F_2[\eta(\varphi,\lambda)\cos^2\varphi]F_2[IQ_\eta(\varphi,\lambda)]\} \tag{6-86}$$

定义一个以计算点 P 为原点,X 轴指向北极,Y 轴指向东,且 XY 平面过 P 点与地球相切,于是有(李建成等,1997;李建成,晁定波,1999):

$$\sin\frac{\psi}{2} = \frac{l}{2R} = \frac{1}{2R}\sqrt{(x_P-x)^2 + (y_P-y)^2} \tag{6-87}$$

式中,(x,y) 和 (x_P,y_P) 分别为流动点 Q 和计算点 P 的直角坐标,因此可得:

$$\psi = 2\sin^{-1}\left[\frac{1}{2R}\sqrt{(x_P-x)^2 + (y_P-y)^2}\right] \tag{6-88}$$

计算点 P 和流动点 Q 间的方位角 α 为:

$$\cos\alpha = -\frac{y_P - y}{\sqrt{(x_P - x)^2 + (y_P - y)^2}} \tag{6-89}$$

和

$$\sin\alpha = -\frac{x_P - x}{\sqrt{(x_P - x)^2 + (y_P - y)^2}} \tag{6-90}$$

将式(6-88)、式(6-89)和式(6-90)以及 $d\sigma = \frac{1}{R^2}dxdy$ 代入式(6-75),得:

$$\zeta(x_P, y_P) = -\frac{\gamma}{4\pi R}\iint_\sigma [\xi(x,y)IQ_\xi(x_P - x, y_P - y) + \eta(x,y)IQ_\eta(x_P - x, y_P - y)]dxdy$$

垂线偏差计算似大地水准面公式的严密二维平面卷积表达式为:

$$\zeta(x_P, y_P) = -\frac{\gamma}{4\pi R}\xi(x,y) * IQ_\xi(x,y) + \eta(x,y) * IQ_\eta(x,y) \tag{6-91}$$

式中,

$$IQ_\xi = \cos\alpha\cot\frac{\psi}{2} \tag{6-92}$$

$$IQ_\eta = \sin\alpha\cot\frac{\psi}{2} \tag{6-93}$$

由卫星测高数据反演的垂线偏差、重力异常和似大地水准面,为全球海洋地区提供了高分辨率的重力场信息,填补了这一长期留下来的重力资料的空白,从而使得高阶地球重力场模型得到了迅速发展。

6.6.2 地球物理学

利用测高重力反演海底地形构造与深部地球物理特征等与地球动力学有关问题的研究是随着卫星测高技术的出现与发展逐步发展起来的,海洋重力场的长波异常或大地水准面长波起伏是由广阔的地幔对流来保持的,短波异常或大地水准面短波起伏主要来源于岩石圈内或紧接其下面的密度异常。海洋大地水准面短波起伏可以提供有关海底矿藏的信息。海底地壳密度和海水密度的显著反差仅反映在海洋大地水准面的短波起伏中,由滤去长波的海洋大地水准面或由顾及了潮汐和大气压力影响的平均海面可以检测出海底地形,如海岭、海沟、转换断层和海山等。测高重力异常可以反映研究区域板块相互作用的特点,其高频成分可以刻画各海盆的构造特征。测高空间重力异常也可勾勒陆架构造及盆地分布,反演 Moho 面埋深,再从均衡重力异常/大地水准面起伏推算小尺度地幔流应力场。

利用地球物理方法可反演海底地球深部结构、研究地幔对流及板块运动等。其方法是通过建立大地水准面形态与板块消减带的相关性研究上地幔和岩石圈的结构与对流。全球覆盖的测高数据可以系统地用于研究海洋岩石圈在表面负荷下的弯曲响应,而船载重力测量资料则做不到这一点。

卫星测高数据还可应用于研究海洋地壳构造,Rapp 等人在 1991 年构建了重力位与海面地形谐系数模型,Hwang(1999 年)根据卫星测高与测深数据建立了中国南海测深模型。卫星测高重力在此方面的应用使我们相继发现了许多一般海洋地质调查手段难以发现的地质构造现象,如火山链、洋中脊、海底断层、海沟等,并建立起海底地形与海底岩石构造数字模型。

高精度、高分辨率重力异常在深部地质与地球物理研究方面,利用重力异常配合海洋地球物理数据资料,如地震体波、面波成像及磁力异常的综合解释等,通过调和系数法来研究地壳与岩石圈的厚度与挠曲。假定岩石圈漂浮在流体状的软流圈之上,由于岩石圈的挠曲产生的密度异常会引起大地水准面起伏,把岩石圈近似地看做弹性薄板,用弹性薄板的挠曲可以描述大地水准面起伏,利用大地水准面起伏就可以模拟海沟洋坡岩石圈的挠曲。这样就可以根据弹性薄板理论导出重力异常,利用非线性最小二乘拟合得到地质剖面岩石圈有效弹性厚度。

6.6.3 海洋学

卫星测高的发展对海洋学的研究进展贡献巨大。由于海洋表面是卫星测高应用研究的最主要领域,许多卫星测高任务,如 Topex/Poseidon、JASON-1 等本身的主要目的就是为了研究海面地形和大洋环流,卫星测高在海洋学中的应用主要包括海洋自身的研究以及气候与海洋运动的相互影响。

大洋环流由海水的水平压力梯度所引起,与地球自转的偏转力达到平衡,表现为海平面高相对于大地水准面的倾斜和起伏。稳态海面地形形成地转流,决定稳态平均洋流。如果能求得海面地形,便可通过海面地形与地转流的大小、方向之间的关系来确定大洋环流的分布模式。海面地形是指海面相对于大地水准面的起伏,分为瞬时海面地形和稳态(拟稳态)海面地形两种。瞬时海面地形指瞬时海面相对于大地水准面的起伏,由海流、海洋潮汐和气象因素造成的海面变化等引起;稳态海面地形指无时变扰动因素作用的海洋面相对于大地水准面的起伏。在实际中,由于时变因素的扰动不能完全剔除,也就不可能得到完全与时间无关的稳态海面地形,总有一些长期变化存在,因此又提出了拟稳态海面地形的概念,即指在某一时间尺度内可以认为是稳定的,一般以长期平均海面或扣除潮汐和气压影响的海平面作为这种理想情况下海面的近似,统称平均海面,平均海面相对大地水准面的起伏构成拟稳态海面地形。海面地形的研究可为海洋大地水准面的精确计算和大洋环流计算提供辅助手段。由卫星测高能确定海面地形,这对于研究海洋环流特别有用。

利用测高数据建立海潮模型是卫星测高的另一重要应用。卫星测高的海面高观测数据为分布于几乎整个海域空间的时空序列。对于执行重复轨迹任务的测高卫星(如 T/P)来说,上升或下降弧段海面轨迹上的某一固定点都可视为一个验潮站,因而可以利用测高数据来改善或建立海潮模型。目前,卫星测高提供了开阔海域上精度为 2~3cm 的海面高观测值,将其融入数学潮汐预测模型的研究中,大大改进了潮汐模型精度(开阔海域可达 2cm),同时也增加了对地-月相互作用的认识和了解。

平均海面(MSS)是当今地球科学和环境科学所关注的科学问题。它包括了大地水准面和海面地形两部分信息,因而广泛地用于确定和分析大地水准面,海洋学则以平均海面为基准,用来研究瞬时海面高、大洋环流等海洋动力学问题。在平均海面高模型方面,联合多种卫星测高数据确定高精度、高分辨率平均海面高是目前该领域中的主要工作。

6.6.4 全球环境变化与监测

海洋是全球气候系统的重要组成部分,海洋在许多不同的时间尺度上放大和反映气候的变化。全球气候和长期气候演变是与大气圈和海洋之间的相互作用密切相关的,大洋环流影响大气环流。利用卫星测高可进行海面波浪分析和预报,还可反演估计海面风速场。

卫星测高已成为监测全球海洋海况的重要技术。

随着全球变暖的日益加速，目前，全球气候变化已经成为国际关注的热点问题，尤其是南北极地区冰雪消融与全球海平面变化等。卫星测高技术的发展不仅可以用来监测海平面变化，也可以用来测定冰面高改变和冰盖质量均衡。利用 Topex/Poseidon 雷达测高计测定的海平面显示了一个以 +2.1±1.3mm/年的上升趋势，这个结果比得上由潮汐观测得到的 20 世纪的整个上升。

冰盖消融与演化对全球海平面变化有较大的影响，目前它正使得平均海面高上升。由于激光具有更少的痕迹且反射一个小的表面积的优势，于是，1979 年，卫星激光测高被提出用来进行冰盖高变化的测量，2003 年 1 月发射的 ICESat 卫星上的地学激光测高系统主要用来测量冰盖的高以及高度随时间的变化、云层和气溶胶的外形、陆地高和植被的厚度以及海冰的厚度，基于长时间持续的 ICESat 观测数据，联合其他 NASA 的地球科学计划和现有的对地观测系统，将能获得冰盖和全球海平面的变化以及对未来气候的影响作出推断和预警。

卫星测高数据还可以研究大气效应、海洋气象学以及海洋的环境特征对气候的影响及其相互作用。卫星测高是监测海洋动力现象的一种极为重要的工具之一，同时也是海-气模型预测中非常重要的数据源之一，可为全球性灾害的海洋现象，如厄尔尼诺、拉尼娜、北大西洋涛动或太平洋十年涛动等预报提供分析依据。

6.7 卫星测高技术的最新发展

鉴于卫星测高技术在各个领域所取得的优异成果，为了满足对地观测和科学研究的需要，国际上众多学者和机构不断通过改进和提出新的算法模型，拓展卫星测高的应用领域，国际上也正在计划发射各测高任务的后续卫星或者新一代测高卫星，未来计划发射的测高任务主要有 JASON-2、Cryosat、Saral、NPOESS 和 Sentinel3，与此同时，陆续提出了一些全新的测高卫星概念，主要包括 WITTEX、GNSS 测高、宽刈幅海洋高度计（WSOA）等多种测高卫星计划。

6.7.1 卫星测高后续计划

1. Cryosat-2

Cryosat-2 是由欧洲空间局研制的测高卫星，于 2009 年发射，轨道高度为 717km，轨道倾角为 92°，利用 3 年半的极地观测任务，实现地球上大陆性冰盖的厚度及海冰覆盖测量，同时研究由于全球气候变暖引起的北极冰层变薄的预测。如图 6-12 所示。

Cryosat-2 的主要测量仪器为 SAR 干涉雷达高度计（SAR/Interferometric Radar Altimeter，SIRAL），其能力已经扩大，可以满足冰盖高程和海冰干舷高度的观测要求。Cryosat-2 的定姿和定位通过三个星像跟踪仪、DORIS 接收机和激光反射器实现。

图 6-12 Cryosat 测高卫星示意图

2. NPOESS

国家极轨运行环境卫星系统 NPOESS 是由几个美国政府机构与欧洲气象卫星探测组织联合研制的一个卫星星座，用来观测大气、海洋、大陆和空间环境。NPOESS 由三个极轨卫星组成，携带约 10~12 个传感器，其中就包括一个高度计。这些传感器将为全球监测、天气预报和长期性气候预测提供丰富的信息源。如图 6-13 所示。

3. Sentinel3

欧洲空间局目前正积极着力于更加准确地定义全球环境和安全监测（Global Monitoring for Environment and Security, GMES）的空间组成。Sentinel3 的主要任务就是为 GMES 提供海洋业务化服务，并支持和完善 ERS、JASON-1 和 ENVISAT-1 测高任务。如图 6-14 所示。

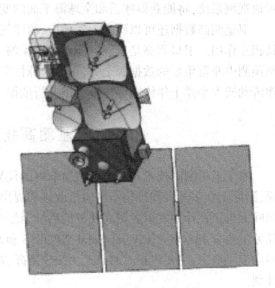

图 6-13　NPOESS 测高卫星示意图　　　　图 6-14　Sentinel3 测高卫星示意图

4. Saral

Saral（Satellite with ARgos and ALtika）是由法国空间局和印度空间研究所（Indian Space Research Organisation, ISRO）联合研制的测高卫星，其主要目的是通过执行精密、重复的全球海面高、有效波高和风速等的观测，进一步加强海洋学的研究，改进对海洋气候的认识，并增强预报能力，同时促进气象学的研究，最终目的是为了研究中尺度海洋变化、观测近海海域、内陆水域及大陆冰盖表面。

Saral 计划搭载的仪器有高分辨率具有双频功能的 AltiKa 高度计、星载数据采集和定位的 Argos 仪器、DORIS 精密轨道确定系统和激光反射器。由于该卫星的高度计 AltiKa 使用 Ka 波段，与 DORIS 仪器一样，使用这个频率可以更好地观测冰、雨、海岸带、大面积地块（如森林）和浪高。Saral 卫星发射之后，将与 JASON-2、ENVISAT-1 和 JASON-1 一起联合使用，可以进一步满足各种各样的全球性海洋和气候研究要求，进一步构建全球海洋观测系统。如图 6-15 所示。

5. JASON-2

JASON-2 测高计划由法国空间局、美国宇航局、欧洲气象卫星探测组织和美国国家海洋大气局联合研制。其目的在于接替 Topex/Poseidon 和 JASON-1 任务继续进行全球海洋观测。卫星搭载与 JASON-1 相同的仪器设备平台,包括一个经典的 Poseidon 高度计、一个辐射计和 3 个定位系统,轨道参数也与 JASON-1 基本一致。其中高度计为 Poseidon3,与 Poseidon2 基本特征一致,但是仪器的噪声功率更低。为了更好地跟踪陆地表面和冰面,将采用新的跟踪算法,同时,新的 DORIS 跟踪系统的使用将保证卫星的轨道精度优于 1cm。如图 6-16 所示。

图 6-15　Saral 测高卫星示意图　　　　图 6-16　JASON-2 测高卫星示意图

6.7.2　卫星测高概念计划

1. WITTEX 计划

WITTEX(Water Inclination Topography and Technology Experiment)是由约翰霍普金斯大学应用物理实验室提出来的一种概念测高卫星,其目的是获得精度与 Topex/Poseidon 相当的空间分辨率优于 75km、时间分辨率优于 10 天的观测覆盖。WITTEX 由 3 颗同样且具有重复轨道的共面卫星组成星座,卫星间的距离在 10km 至几百公里,卫星自身为微小卫星,重量轻于 100kg。卫星上搭载多普勒双频高度计,通过观测返回信号的延迟,取代观测双程传播时间得到卫星至海面的距离。如图 6-17 所示。

根据 WITTEX 卫星星间距离的不同,分为如下五种测量类型:

(1)高空间分辨率

卫星的轨道间隔大约 200km,时间间隔约 1min,地面轨迹间隔 24km。

(2)空间覆盖均匀

卫星的配置对于观测涡旋场是最优的,卫星轨道间隔约 900km,时间间隔约 4min,地面轨迹间隔约 50km。

(3)高时间分辨率

卫星先后排列间隔 2 600km,后一卫星的轨迹严格覆盖前一卫星的轨迹,每天有 3~6 个重复轨迹经过同一地方。

(4)特殊覆盖

固定一颗卫星的轨迹,其他卫星根据需要移动到指定区域。

(5)密集的业务化覆盖

为得到均衡密集的空间覆盖,采用 5 颗卫星的星座,卫星的轨道间隔大约 460km,时间间隔约 5min,地面轨迹间隔约 30km。

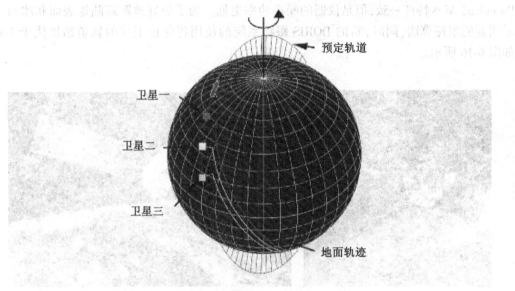

图 6-17　WITTEX 测高卫星星座示意图(AVISO)

2.GNSS 测高

GNSS 测高就是把 GNSS 卫星作为信号照射源,利用飞行器或低轨道卫星上的 GNSS 接收机,它的天线指向地面,同时接收跟踪 10 颗以上 GNSS 卫星的反射信号,得到海洋反射面的信息。其工作方式是通过向上的天线接收 GNSS 卫星的直射信号,确定接收机空间位置;利用向下的天线接收来至反射面的 GNSS 反射信号,确定反射面到参考椭球面的距离。如图 6-18 所示。

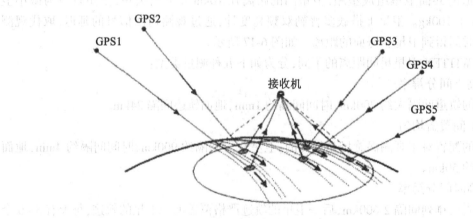

图 6-18　GPS 测高示意图(AVISO)

GNSS 测高受限于接收机的入射角和海面粗糙度,系统只有在入射角小于 10°时工作比较好。如果要提高测高精度,可以通过恢复海面同一个点上尽可能多的返回信号实现,反射信号的多少取决于GNSS星座中卫星的数量,通过携带多功能接收机,接收不同GNSS系统的卫星信号,可以大大增加信号数量。模拟结果表明,如果卫星高度为400km,一个卫星接收GPS的信号在24h内其数据可以覆盖全球,而且地面轨迹间隔达到75km,在10天内,卫星可以"看到"地球表面任何$50km^2$格网单元12次。根据这个结果,两颗卫星将提供全球覆盖,有可能在10天时间内获取精度RMS为6cm的海面高观测,分辨率可达$50km^2$;而8颗卫星可提供6cm精度,分辨率提高到$25km^2$。

这种卫星测高概念的最大优点是成本低,但其主要缺点是精度低,只有通过联合多种GNSS系统,包括使用Galileo、Glonass或者中国的Compass才能改善精度。当然,GNSS测高卫星计划可作为传统测高任务的补充,继续实现对全球海洋及其气候变化的监测。

3. 宽刈幅海洋高度计

宽刈幅海洋高度计(Wide-Swath Ocean Altimeter,WSOA)是一种广域雷达高度计,主要基于高度计和干涉计联合测量的技术,能够沿着卫星地面轨迹中心的刈幅进行海面高测量。WSOA的工作方式为:每个干涉计发射一个微波,同时可以接收其他干涉计返回的微波信号。天线的视角宽度约4°,因此,干涉计照明的地面刈幅宽约100km,卫星近距离时,相邻轨迹间的有效地面像素大小约670m,而在远距离时约100m,沿轨迹方向像素大小约13.5km。每个干涉计的影像进行拼接,将最后观测值平均成分辨率为15km的单元格。如图6-19所示。

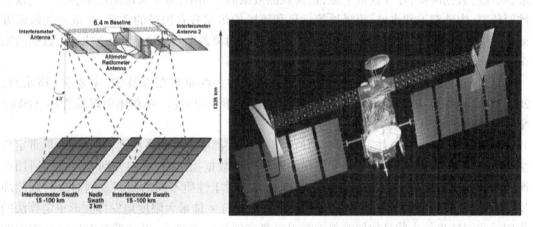

图6-19 WSOA工作原理及JASON-1卫星上的WSOA示意图(AVISO)

WSOA计划的观测误差主要有三个潜在的不确定因素:

(1)测量误差

测量误差主要取决于天线基线,基线越长,噪声越小。如果天线基线长6.4m或者10m,在近距离时,原始噪声分别为5.2cm或者4.4cm,如果偏离星下点50km,相应的噪声分别为4.5cm和3.4cm;而在远距离时,噪声分别为6.5cm和4.6cm。通过拼接技术,可以减弱这种噪声的影响。

(2)环境误差

环境误差是与电离层、对流层和海况偏差有关的误差,这些误差估计RMS为1~2cm。辐射计的宽天线波瓣使得对流层改正可以可靠地扩展到一个较好的刈副比例之内。

(3) 姿态调整误差

姿态调整误差是卫星滚动和俯仰操纵引起的误差。由于测量是通过三角形关系，因此，这对几何观测量产生直接影响，要减弱这种噪声的影响，可以通过分析和平差升降弧交叉点数据解决。

消除各种误差影响，WSOA 得到最后的拼接（15km 单元）数据的观测精度 RMS 将优于 3.2cm。

6.7.3 卫星测高波形重构技术

虽然卫星测高数据提供了密集的海面观测，但对于非纯海洋面（如冰面及陆面或冰-海、海-冰、陆-海及海-陆交接面）却并未发挥其优势。主要原因是卫星测高仪信号对于纯海洋面和非纯海洋面的反射特征不相同，在非纯海洋面时反射波形会变形；而在公布的高等级的测高数据产品中，确定波形时，一般只考虑纯海洋面的波形特征，并未考虑非纯海洋面的波形特征，因此造成了测高仪在陆地、冰面或内陆水域所观测的距离不准，精度很差，在数据预处理时，通过给定的编辑标准，大量的测高数据因此而被删除，造成了极大的数据浪费。为了弥补此缺憾，国际上众多学者开始通过利用波形复位（waveform retracking）对测高数据进行改正。波形复位是指通过重新确定波形及其位于距离阀门（range gate）的位置来求取距离改正量的一种方法。因此，如果能根据测高原始波形数据重新计算，或重新跟踪测高波形，以改进数据质量，弥补数据空隙，提高观测数据的利用率，对于大地测量学、海洋学、极地冰原研究、内陆湖泊和水域、沼泽地等学科和环境的研究有着积极的意义，在重力场研究方面，尤其可以改善和提高海陆交界位置的观测数据的覆盖率和精度，对于全球重力数据的完全分布有重要作用。

到目前为止，国内外学者们已经提出和研制的一些重新跟踪算法，主要有（褚永海，2007）β 重跟踪算法、重心偏移 OCOG 算法、阈值波形重定算法、面和体重跟踪算法、GSFC/NASA 重跟踪、海恩重跟踪算法。

但是需要注意的是，并不是所有的波形重定算法都能提高测高精度，现有的波形重定算法都是针对不同的测高环境和不同卫星的测高波形数据提出的，它们分别有各自的适用情况，因此只能部分地解决卫星测高所面临的问题，对于性质不同的测高观测对象与观测环境，还需要设计更适合于其特性的波形重定算法，这样才能最大限度地发挥波形重定算法的作用。我们这里关心的是如何改善近海卫星测高的精度和覆盖，提高近海卫星测高数据的分辨率，为此需要通过对近海卫星测高波形的数学表示方法与形成机制进行研究，对现有波形重定算法进行分析，在此基础上给出适合于近海测高的波形重定算法，并基于此，对观测数据进行重新处理，得到新的观测数据。

当卫星地面轨道从陆地穿过近岸浅海进入开阔深海时，卫星接收到的测高回波波形会从不规则高噪声逐步向有规则低噪声过渡，最后成为标准的可以进行精确跟踪的标准波形；在卫星地面轨道从开阔海洋到达近岸浅海登陆陆地过程中，卫星接收到的测高回波波形会从规则低噪声逐步向不规则强噪声过渡，登陆后成为无法精确跟踪的随机波形。因此当卫星地面轨迹发生陆海转换时，就会产生以下三种情况的波形：第一种为标准海洋波形，根据此波形，利用卫星原有的跟踪算法即可精确确定海面高；第二种为近岸浅海波形，原来的跟踪算法精度降低，经过波形重定可改善跟踪精度；第三种为陆地表面波形，目前的跟踪算法与波形重定都难以精确计算陆地散射面的高度。在近岸区域，波形包括海面反射和陆地反射两部分的贡献,这使得近岸波形相对于典型的海洋波形表现出明显不同,从而令原来基于海面反射特征而建立起来的距离计算方法出现较大的测距误差。基于近岸波形的这种成因,可以考虑联合与近岸波形邻近的海洋一侧的海洋波形和邻近区域地理环境与地形特征,从观测波形中提取观测波形的海洋贡献以计算海面高度,从而实现波形重定,改善卫星测高精度。这种方法的关键在于排除不同于大洋海面情况的近岸浅海与陆地散射造成的影响。由于陆地表面比海面复杂,具有复杂的散射特点,当其回波波形难以通过解析函数的形式表示时,可以考虑针对不同的陆地表面情况建立不同的陆地回波波形的经验模型,并引入外部数据,如陆地沿岸 DEM 模型和植被分布图进行波形重定。

通过对近海波形的特征和形成机制进行深入分析,在吸收已有波形重定算法的优点与经验基础上,综合考虑波形的回波功率采样值与波形的物理意义,常晓涛(2006 年)提出了适合近岸浅海区域卫星测高波形重定的基于波前缘识别算法的多阈值多前缘波形重定技术,其主要思想是:利用卫星测高 GDR 记录提供的部分地球物理改正数据,联合区域海潮模型、参考重力场大地水准面模型,根据与需要波形重定的卫星测高采样点位于同一弧段靠近深海一侧的具有标准海洋波形的测高观测结果,确定具有一定精度的参考海面高,然后利用波形数据及各项地球物理改正计算出多个潜在的高精度海面高,最后利用参考海面高等综合标准确定高精度海面高。

利用波形重跟踪技术,可以对测高距离进行改正,因而在很大程度上提高了数据质量,尤其在近海海域,可以大大丰富近海数据空白,弥补数据空隙。

经过上述的数据精化处理,融合十几年来的多代多颗卫星测高观测,全球海洋已经形成高分辨率、高精度的卫星观测分布,数据遍布全球纬度 $-82°\sim+82°$ 的海洋区域,分辨率达 $2'\times2'$(有些地区更高),测高精度达 $1\sim2cm$。

参 考 文 献

[1] Anzenhofer M, Shum C K, Rentsh. Coastal Altimetry and Applications[R]. Report No. 464, Geodetic and GeoInformation Science, Department of Civil and Environmental Engineering and Geodetic Science, The Ohio State University, 1999.

[2] Bamber J L, Bindschadler R A. An Improved Elevation Dataset for Climate and Ice-sheet Modelling: Validation with Satellite Imagery[J]. Annals of Glaciology, 1997, 25:438-444.

[3] Soussi B, Zanife O Z. ERS-2 RADAR Altimeter Off Pointing Impact Study Task1- Impact of the Mispointing on the Altimeters Measurements by Simulation. IFREMER CONTRACT N°99/2.210 833, 1999.

[4] Berry P A M. Topography from Land Radar Altimeter Data: Possibilities and Restrictions[J]. Phys.Chem. Earth(A), 2000, 25(1):81-88.

[5] Birkett C M. Radar Altimetry: a New Conception Monitoring Lake Level Changes[J]. EOS, Trans, AGU, 1994, 75(24):273-275.

[6] Birkett C M. The Contribution of Topex/Poseidon to the Global Monitoring of Climatically Sensitive Lakes[J]. J.Geophys.Res, 1995, 100(C12): 25179-25204.

[7] Cailliau D, Zlotnicki V. Precipitation Detection by the Topex/Poseidon Dual-frequency Radar Altimeter, Topex Microwave Radiometer[J]. IEEE Trans. on Geosci. Remote

Sens., 2000, 38: 205-213.

[8] Cazenave A, Royer J Y. Applications to Marine Geophysics, Satellite Altimetry and Earth Sciences[M]. Academic Press, 2001.

[9] Challenor P, Gommenginger C, Woolf D, et al. Satellite Altimetry: A Revolution in Understanding the Wave Climate[C]. 15 years of progress in radar altimetry Symposium, Venice, Italy, 2006.

[10] Chen G, Chapron B, Tournadre J, et al. Global Oceanic Precipitations: A Joint View by Topex and the Topex Microwave Radiometer[J]. J. Geophys. Res., 1997, 102: 10457-10471.

[11] CLS/CNES. AVISO User Handbook, Merged Topex/Poseidon Products(GDR-Ms). AVI-NT-02-101-CN, Edition 3.0, 1996.

[12] CNES/NASA. AVISO and PODAAC User Handbook. IGDR and GDR Jason Products, SMM-MU-M5-OP-13184-CN, Edition 2.0, 2003.

[13] CNES/SSALTO. JASON Real Time Processing. SMM-ST-M2-EA-11002-CN. Algorithm Definition, Accuracy and Specification, 2000, 1(3).

[14] CNES/SSALTO. CMA Altimeter Level 2 processing, SMM-ST-M2-EA-11005-CN. Algorithm Definition, Accuracy and Specification, 2001, 4(3).

[15] CNES/SSALTO. CMA Altimeter Level 1B Processing. SMM-ST-M2-EA-11003-CN. Algorithm Definition, Accuracy and Specification, 2001, 2.

[16] Davis C H. A Surface and Volume Scattering Retracking Algorithm for Ice Sheet Satellite Altimetry[J]. IEEE Trans. Geosci. Remote Sensing, 1993, 31:811-818.

[17] Davis C H. A Robust Threshold Retracking Algorithm for Measuring Ice-sheet Surface Elevation Change from Satellite Radar Altimeters[J]. IEEE Trans. Geosci. Remote Sensing, 1997, 35(4): 974-979.

[18] Deng X, Featherstone W E. A Coastal Retracking System for Satellite Radar Altimeter Waveforms: Application to ERS-2 around Australia[J]. J.Geophys.Res., 2006, 111: doi: 10.1029/2005JC003039.

[19] ESA. Overview of Instruments. PO-RS-MDA-GS-2009. ENVISAT-1 Products Specifications, 1997, 2.

[20] ESA. MWR Products Specifications. PO-RS-MDA-GS-2009. ENVISAT-1 Products Specifications, 1997, 13.

[21] ESA. Product Terms and Definitions. PO-RS-MDA-GS-2009. ENVISAT-1 Products Specifications, 1997, 3.

[22] ESA. Product Structures. PO-RS-MDA-GS-2009. ENVISAT-1 Products Specifications, 1997, 5.

[23] ESA. Level 0 Products Specification. PO-RS-MDA-GS-2009. ENVISAT-1 Products Specifications, 1998, 6.

[24] ESA. Products Overview. PO-RS-MDA-GS-2009. ENVISAT-1 Products Specifications, 2000, 4.

[25] ESA. Introduction. PO-RS-MDA-GS-2009. ENVISAT-1 Products Specifications,2001,1 (3).
[26] ESA. Datation in RA-2 Level 1b Product Technical Note. EnviSat Ground Segment ES-TEC, Noordwijk, The Netherlands, PO-TN-ESA-GS-00588,2002.
[27] ESA. ENVISAT RA2/MWR Product Handbook, European Space Agency, 2002.
[28] ESA.RA-2 Products Specifications. PO-RS-MDA-GS-2009. ENVISAT-1 Products Speci-fications,2005, 14.
[29] Faugère Y, Ollivier A. Design and Assessment of a Method to Correct the Envisat RA-2 USO anomaly. 2006.
[30] Frappart F, Calmant S, Cauhope M, et al. Preliminary Results of ENVISAT RA-2-derived Water Levels Validation over the Amazon Basin[J]. Remote Sensing of Environment, 2006, 100: 252-264.
[31] Hayne G S. Radar Altimeter Mean Return Waveforms from Near-normal-incidence Ocean Surface Scattering[J]. IEEE Transaction on Antennas and Propagation, 1980, AP-28 (5).
[32] Hayne G H, Purdy D, Callahan C. The Corrections for Significant Waveheight and Attitude Effects in the Topex Radar Altimeter[J]. Geophysical Research, 1994.
[33] Kaula W M. Theory of Satellite Geodesy. Blaisdell Publishing Company,Waltham Massachusetts, 1966.
[34] Lefèvre J M, Aouf L, Skandrani C, et al. Contribution of Satellite Altimetry to Wave Analysis and Forecasting[C]. 15 years of progress in radar altimetry Symposium, Venice, Italy,2006.
[35] Legresy B, Papa F, Remy F, et al. ENVISAT Radar Altimeter Measurements over Continental Surfaces and Ice Caps Using the ICE-2 Retracking Algorithm[J]. Remote Sens. Environ., 2005, 95: 150-163.
[36] Martin T V, Zwally H J, Brenner A C, et al. Analysis and Retracking of Continental Ice Sheet Radar Altimeter Waveform[J]. J.Geophys.Res., 1983,88:1608-1616.
[37] McMillan A C, Quartly G D, Srokosz M A, et al. Validation of Topex Rain Algorithm: Comparison with Ground-based Radar[J]. J. Geophys. Res., 2002, 107 (D4):1-10.
[38] Sandwell D T, Smith W H F. Retracking ERS-1 Altimeter Waveform for Optimal Gravity Field Recovery[J]. Geophys.J.Int, 2005, 163: 79-89.
[39] Schrama E J O, Ray R D. A Preliminary Tidal Analysis of Topex/Poseidon Altimetry [J]. J. Geophys.Res. , 1994,99: 24799-24808.
[40] Shum C K, Jekeli J Ch, Kenyon S, et al. Validation of GOCE and GOCE/GRACE Data Products, Prelaunch Support and Science Studies[C]. Int GOCE User Workshop, ESTEC, European Space Agency, Noordwijk, 2001.
[41] Sneeuw N. The Future of Satellite Gravimety[D]. Wuhan: Wuhan University, 2008.
[42] http://icesat4.gsfc.nasa.gov/data_processing/data_processing.html.
[43] http://www.jason.oceanobs.com/html/alti/altika_uk.html.
[44] http://www.jason.oceanobs.com/html/alti/gps_uk.html.

[45] http://www.jason.oceanobs.com/html/alti/wittex_uk.html.

[46] http://www.jason.oceanobs.com/html/alti/wsoa_uk.html.

[47] Wingham D J. An Automatic Tracking Mode Switching Algorithm for the ERS-1 Altimeter[C]. IGARSS' 86 Symposium, 1986.

[48] 暴景阳. 基于卫星测高数据的潮汐分析理论与方法研究[D]. 武汉：武汉大学, 2002.

[49] 常晓涛. 测高波形重定恢复重力异常及其地球动力学应用[D]. 武汉：武汉大学, 2006.

[50] 姜卫平. 卫星测高技术在大地测量学中的应用[D]. 武汉：武汉大学, 2001.

[51] 李建成, 宁津生, 晁定波. 卫星测高在物理大地测量应用中的若干问题[J]. 武汉测绘科技大学学报, 1996, 21 (1): 9-14.

[52] 李征航, 徐德宝, 董挹英, 等. 空间大地测量理论基础[M]. 武汉：武汉测绘科技大学出版社, 1998.

[53] 汪海洪. 利用卫星测高确定大洋环流模式及其变化[D]. 武汉：武汉大学, 2001.

[54] 王广运. 卫星测高原理[M]. 北京：科学出版社: 1995.

[55] 王昆杰, 王跃虎, 李征航. 卫星大地测量[M]. 北京：测绘出版社, 1990.

[56] 翟国君. 卫星测高数据处理的理论与方法[D]. 武汉：武汉测绘科技大学, 1998.

[57] 王海瑛. 中国近海卫星测高数据处理与应用研究[D]. 武汉：中国科学院测量与地球物理研究所, 1999.

第7章 重力卫星测量

7.1 引 言

卫星重力探测技术几乎与人造卫星技术同时出现于20世纪50年代末60年代初,最早采用天文光学经纬仪摄影交会的方法跟踪测量卫星的轨道摄动,70年代开始发展起来的地面站对卫星的激光测距(SLR)跟踪很快取代了普通光学观测,由轨道摄动观测量反算扰动重力场参数,建立了早期低阶(<24阶)全球重力场模型系列,满足了当时人造卫星定轨和建立全球地心大地坐标系的迫切需求,这一时期的卫星重力模型用于确定全球大地水准面的精度为米级水平。

70年代末开始出现卫星对海面的雷达测高技术,发展到今天,测高精度由最初的米级提高到厘米级,将平均海面近似看成大地水准面,由此确定海洋重力场,分辨率可高达5~10km;同时SLR的测距精度也达到了厘米级,这一时期(到20世纪末)联合SLR、卫星测高和地面重力数据,先后建立了180阶和360阶(相当于50km分辨率)高阶重力场模型系列,其中公认精度最高的模型是EGM96,相应大地水准面的精度为分米级或亚米级,重力异常的精度为几毫伽级。由于这一代技术本身固有的局限性已接近其精度的极限。这一代重力技术提供的重力场模型已在多个涉及静态重力场信息需求的相关地学领域得到相当广泛的应用,特别是在物理海洋学和海洋地球物理学领域。由于卫星测高提供了高分辨率厘米级精度平均海面,约1~2分米级精度的海洋大地水准面和2~3毫伽精度的海洋重力异常,由此可确定具有相应精度的全球海洋海面地形和对应的大尺度海洋环流系统,以及中尺度海洋动力现象(涡),这是海洋现场观测技术很难获得的结果;利用此精度水平的海洋重力场信息,不仅为海洋板块边界划分提供了独立于其他地球物理方法的解释,而且新发现了不少海底岩石圈构造(如断层)和海底地形构造(例如海山),还用海洋重力数据反演绘制了据称分辨率可达10km的海底地形图。尽管如此,当时的卫星重力技术所能提供的全球重力场参数,以EGM96模型为例,其中中、长波频段(500~4 000km)全球平均精度约为0.5~10.0cm(Lemoine et al.,1998),这就表明这一代卫星重力技术不可能分辨时间尺度在5年以下的全球重力变化。这一时间分辨率和精度水平上的局限性不仅不能满足相关学科对静态地球物理问题作重力效应解释的需求,更难以甚至不可能满足对地球动力学全球变化作重力场响应分析的需求。

经过30多年的理论研究、技术设计和试验,利用卫星跟踪卫星(SST)和卫星重力梯度测量(SGG)技术确定高精度全球重力场的计划已顺利实施,包括CHAMP、GRACE与GOCE新一代卫星重力探测计划。其中前两个属于SST模式,后一个属于SGG模式,都是轨高500km以下的低轨小卫星,恢复全球重力场的最高分辨率可达100km或略优,目标是确定具有厘米级精度的全球大地水准面和毫伽级精度的地面重力异常。CHAMP的高低卫星跟踪卫星(SST-hl)模式是通过高轨卫星跟踪低轨卫星轨道的摄动测定地球扰动位及其一阶梯度(扰动重力);GRACE 的低低卫星跟踪卫星(SST-ll)模式是测定两个同轨低轨卫星间的距离及其一阶、二阶变化率,由此确定扰动位的一阶梯度向量和二阶梯度张量;GOCE 用低轨星载悬浮式三轴差分梯度仪直接测定扰动位的二阶梯度张量,也包含 SST-hl 跟踪测量。这三个卫星重力场测量计划本身相当于一种重力传感器系统,在低轨平台上直接采集重力场信息,不需穿过低空大气层观测,且低轨卫星利用加速度计分离出非保守力的影响(大气阻力、太阳辐射压等),因而观测精度高。采集的信息是卫星轨道处的空间重力场的局部精细结构,即扰动位的一阶梯度和二阶梯度。由于高轨卫星的轨道可以精密测定,因此,SST-hl 相应于测定低轨道卫星的三维位置、速度和加速度;SST-ll 相应于两个低轨道卫星之间的距离、距离变化或者加速度差值;而 SGG 则相应于重力加速度短基线上的三维重力加速度差值。从数学上讲,它们分别是重力位的一阶导数(SST-hl)、长基线上一阶导数的差分(SST-ll)和二阶导数(SGG)。

新一代卫星重力技术突破了第二代技术的局限性,这是由于它实现了全新的重力探测模式。其特点之一是其测量信号不经过大气对流层,卫星处于大气层的暖层(F 层)与散逸层(G 层)之间,那里的大气密度只有海平面的百亿分之一,信号传播几乎不存在大气延迟误差的影响;特点之二是其卫星轨道都是偏心率很小的近极近圆轨道,轨道构成几乎包围整个地球的交叉(菱形)格网,可实现全弧段的连续高采样率的 SST 跟踪测量或 SGG 逐点测量,这是与少数地面站 SLR 跟踪卫星短弧轨道的最大区别,也是其获得高精度的最大优势。不仅恢复静态中长波(>500km)重力场的期望精度可达到厘米级或更优,其中 GRACE 卫星 LL-SST 测量可分辨 10 天时间尺度的长波时变重力场,测定大地水准面年变化的精度为 0.01mm/年,GOCE 任务恢复全球重力场的分辨率约为 100km,期望精度为 1cm。新一代卫星重力测量精度水平比前一代提高了 1~2 个量级,尤其是具备了测定高时间分辨率(10~30 天)时变重力场的能力,是地球重力场测量跨时代的重大进展。

随着新一代卫星重力探测计划的 CHAMP、GRACE 和 GOCE 任务的成功实现,标志着地球重力场测量技术发展的一个新里程碑。这将对相关地球学科的发展产生深远影响,对推动相关学科的交叉研究带来范围广泛的"冲击"效应和机遇;也将是大地测量学科发展继 GPS 之后的又一次有革命意义的新跨越,特别是将推动物理大地测量学基础理论体系的扩展,并进一步增强其参与和支持解决当今地球科学面临的重大问题的能力。

7.2 卫星重力测量原理

如果已知作用在空间一质量为 m 的质点上的力 $F(X)$,X 为质点在惯性坐标系中的位置向量,受力质点在力的作用下产生具有加速度 $\ddot{x}$ 的运动,其运动法则遵循牛顿力学第二定律,当给定了运动质点在时刻 $t=t_0$ 的初始状态 x_0 和 $\dot{x}_0$,即质点的初始位置坐标和初始速度向量,则可通过求解表达牛顿力学定律的二阶微分方程 $m\ddot{x}=F(X)$,确定质点在其运动轨迹上任一时刻 t 的运动状态 $x(t)$ 和 $\dot{x}(t)$,即质点的位置和运动速度,并可计算运动质点从时刻 t_0 到时刻 t 走过的路程长度 $s(t)$,这里,$(t_0,x_0,\dot{x}_0,x(t),\dot{x}(t),t)$ 是描述质点运动过程的参数,这些参数完全确定了质点运动的全过程。已知作用力,分析质点受力产生的运动规律,可看成解牛顿力学问题的正演过程,或称正演问题。反之,当我们已知或测定了受力质点在空间运动的上述表征其运动规律的参数,并由此确定(恢复)质点所受到的未知力源$F(x)$,是一个解牛顿力学问题逆过程,或称为反演问题。用动力法(重力仪)测定地面点的重力和用卫星技术确定(恢复)全球重力场,都是基于这一力学反演概念。对于后者,为了计算上的方便和需要,在求解反演问题的同时,常常需要设定一个先验的全球重力场和其他力模型,通过正演计算确定一个卫星的参考运动模型,即参考轨道,在这里同时用到正演和反演计算。

当我们需要测定地球外空间某一点的重力,如离地面500km高处的一点,则必需观测在此高度处的卫星在飞行轨道上的运动参数来间接反求重力值。作为原理说明,假设一种最简单的理想情况,设卫星为一单位质点,地球为一质量为M的质点,不考虑其自转,其所在空间无其他质量,则地球产生一均匀重力场$F(X) = g(X) = -GM/|X|^2$(或$g(r) = -GM/r^2, r = |X|$),其中G为引力常数,则$g(r)$可利用卫星的运动来测定,这时卫星是一个具有单位质量的检测质点,距地球质心的距离为r,运行轨道为圆或椭圆(由卫星的发射参数而定),设为圆轨道,则卫星必须有一沿轨速度v使其维持圆周运动,即其所需向心力$a_r = v^2/r$正好等于地球对卫星的引力g_r,则$g_r = v^2/r$。设想在地球上利用多站激光测距(SLR)对卫星进行跟踪测量,可测得卫星的速度v和离地心的距离r,由此可由卫星运动参数r(位置)和v(速度)反求重力值g_r。例如,在500km高度上,$v \approx 7.6$km/s,则$g_r \approx 840$伽;对一般的椭圆轨道情况,根据轨道理论中的活力公式(保守力场的能量守恒律)$V(r) = \frac{GM}{r} = \frac{1}{2}V_{(r)}^2 + \frac{GM}{2a}$,其中$V(r)$为地球的引力位,当椭圆长半径$a$和$GM$为已知,($GM/2a$为积分常数),则测定$r$和$v$可确定轨道上任一点的引力位值,由此$g(r) = \frac{dV(r)}{dr}$也随之确定。此例只是说明利用卫星技术测定地球重力场的最基本的原理,即通过观测卫星在轨道上运行的运动参数,根据牛顿力学方程反演地球重力场参数。

地球的真正形状更接近于椭球而非圆球,其质量(密度)分布也不是均匀的。因此,在分析近地卫星在地球重力场作用下的运动,取重力场模型$V(X) = \frac{GM}{|X|}$,或$g(X) = -\frac{GM}{|X|^2}$,只是地球重力场的零阶近似,即将地球看成总质量为M的均质圆球的重力场。均质圆球是一种最简单的正常地球模型,产生一种最简单的正常地球重力场,根据Kepler的理论,卫星在这种正常重力场的运动轨道是一个与地球相对位置不变的平面椭圆,即由这种正常重力场(模型)确定的正常轨道;若将地球看成总质量为M且形状和大小与全球大地水准面最接近的旋转椭球,旋转角速度等于地球自转角速度,并假设该椭球面是一重力等位面,有与大地水准面相同的重力位值,这就是目前广泛应用的更接近真实地球的一种正常地球模型,即正常地球椭球,例如国际1980年大地测量参考系采用的正常椭球模型,由此正常地球模型根据位理论可精确导出其产生的正常重力场,即正常重力位的球谐级数展开式和正常重力公式,可称为正常椭球重力场模型,由卫星轨道理论可精确计算卫星在此正常重力场的运动轨道,此轨道则与一个简单的平面椭圆有差异,其轨道面与地球的相对位置也会变化(进动)。真实地球重力场与正常重力场的差异为扰动重力场,即扰动位或扰动重力。扰动重力场使卫星的实际运行轨道偏离正常轨道,即产生轨道摄动,表现为卫星的实际运动状态(位置X和速度$\dot{X}$)与卫星的正常运动状态(X_R和$\dot{X}_R$)的偏差。因此,利用卫星技术恢复地球重力场的一种最基本的原理就是由卫星轨道的摄动观测值反演作用在卫星上的各种摄动

力场,其中主要包括待求的地球扰动重力场,这一原理仍在广泛应用。传统的利用 SLR 技术求解位系数就是基于此原理,从 20 世纪 60 年代至今,利用这一原理已发展了多代多系列低阶地球重力场模型。利用这些已知的低阶地球重力场模型(已知位系数)作为一种参考模型,可以精确计算卫星的相应轨道,即前述的参考轨道(相当于更接近于卫星真轨道的一种正常轨道),由此可观测卫星的真轨道相对于参考轨道的摄动,据此反演对参考模型位系数的改正,是目前实际采用的方法。

在物理学和力学中,正演问题的解通常是适定的(解存在、唯一且稳定),而反演问题的解大多是不适定的。例如在牛顿力学中,若已知一物体的形状及其密度分布函数,则通过一个积分算子(牛顿算子),可唯一地将密度函数变换为该物体的引力位函数,这是一个正演问题;反之,若已知该物体形状及其外部引力位函数,要反解密度函数,则牛顿算子的逆算子是不适定的,对这个反演问题,可有无穷多个密度函数解。在物理学和力学中,还有许多反演不适定的例子,其原因有的是物理学中一些物理过程本身是一个不可逆过程,但大多数情况是所涉及的物理场(或力场)不可能用有限个参数集合来描述。地球重力场就是如此,利用对卫星轨道的观测确定地球重力场,不管我们作了多大数量的观测,首先仅仅待确定的地球自转参数(极移 x、y 和 UT1 改正)就是观测时刻数的 3 倍,而待求解的位系数理论上又是一个无限集合,因此这一反演问题是一个显著的不适定问题(Reigber,1989)。为使问题适定,必须引入模型的近似处理,如在有限的时间段把地球自转参数表达为一个简单的时间函数(如由多条直线段组成的函数);再将地球位的球谐展开截断至适当的阶次;根据不同的计算目的引入已知先验信息取代某些待定参数等。经过这样的处理,通常都可将此类不适定问题转化为一个可用最小二乘平差技术求解的超定问题(ibid)。由多余观测的最小二乘平差法理论上可求得唯一解,但问题的解仍然可能是欠定的,即观测方程和相应的法方程是病态的,方程的解呈现不稳定,其物理意义可能是多方面的,如就 SLR 跟踪观测来说,不同倾角的轨道其本身频率(周期)特性不同,有的轨道对扰动重力场某些频谱成分(如带谐项或田谐项)的摄动敏感(甚至产生共振效应),对另一些频谱成分的摄动欠敏感或不敏感,则相应阶次的位系数难以得到准确可靠的解;又如将卫星重力观测数据向下延拓至地面(边值界面),由于通常下延算子有放大观测误差的作用,造成解的欠适定(不稳定);又如,若卫星重力观测值中含某种高频信息甚微,则对应的中高阶待求位系数不可能有准确解。在传统的 SLR 跟踪测定轨道摄动求解扰动位系数的模式中,由于地面 SLR 站数量有限和分布不合理,不可能对轨道进行连续的全程跟踪,造成对某些波段的采样不足,缺失信号。以上种种因素均可产生病态法方程,表现为方程的条件数偏高(不佳)。因此,常常需要引入所谓正则化算法来处理病态方程,通常用 Tikhonov 准则,即构造一种关于观测误差和待求参数范数平方和的光滑函数,在取该函数极小值的准则下建立有适定解的正则化法方程,这是一种广义最小二乘法,或等价于一种病态法方程的广义逆解,结果是一种比较合理而适定的近似解;也可以针对某种轨道的频率特性将参数限定于其敏感的频带或频域,如仅限于求解带谐系数、田谐或扇谐系数;另一种较普遍采用的方法是在观测方程中引入位系数的先验信息,如利用 Kaula 准则对相应待定位系数设定先验权约束(Kaula,1966;Reigber,1989)。

从原理上说,以上所论由卫星观测数据反演求解全球重力场位系数的不适定性是该方法本身固有的问题,只能采用适当的技术措施和方法获得适定的逼近解。新一代卫星重力计划(CHAMP、GRACE 和 GOCE)包含的新技术是高轨卫星跟踪低轨卫星(HL-SST),低轨卫星跟踪一个同轨卫星(LL-SST)以及卫星重力梯度测量(SGG)。高轨 GPS 卫星跟踪低轨

CHAMP、GRAE 和 GOCE 卫星,在此,GPS 卫星起到了传统地面 SLR 站的作用,实现了对低轨卫星的近连续全程跟踪,且这三颗卫星都是近极近圆轨道(倾角分别为 87°、89°和96.5°),其轨道(或地面轨迹)形成了一个近全球的密集网状覆盖,这就在很大程度上克服了由地面 SLR 站跟踪卫星轨道的局限性和缺陷,只要有足够长的时段观测数据,通常可形成"良适定"的法方程结构,可获得位系数高精度的稳定解。模型的最高阶次取决于卫星的轨高(如 GRACE 卫星,$l_{max} \approx 120$;GOCE 卫星,$l_{max} \approx 200$),解的高精度和稳定性得益于新卫星重力技术能提供近全球覆盖(倾角近于 90°)、连续分布(采样率 30s,无重复轨道)、重测率高(GRACE 每天绕地球约 15.4 圈)的观测数据,即平差系统的多余观测数高。如 GRACE 120 阶模型,当不考虑轨道积分卫星初始状态未知参数,10 天数据的多余观测为14 163,其数据点构成了一个近于全球分布的均匀格网,使平差系统有很强的"几何强度",这在很大程度上保证了解的精度和稳定性;同时若平差系统仅包含位系数,则通过对位系数的特殊排序可形成具有对角带结构的法矩阵,不仅可提高求逆的效率,也利于解的稳定性。

7.2.1 卫星轨道摄动

利用卫星轨道摄动确定地球重力场是卫星重力技术最经典的方法,如果利用精密定轨技术获得了重力卫星的精密轨道,则可通过数值积分技术解变分方程得到以位系数为待求参数的法方程。

对于低轨道重力卫星,已发射的 CHAMP、GRACE 和 GOCE,现在的精密定轨技术均可以实现几个厘米的高精度定轨。如果我们考虑利用各种力模型,通过数值积分得到积分轨道与 GPS 卫星观测计算的精密轨道相比较,它们之间将不会完全重合,原因即为我们采用的包括地球重力场、海潮、固体潮等各种模型不准确而引起差别。如果利用两种轨道的差别建立其与各种先验模型参数修正值间的关系,进而即可以改进先验模型的参数,考虑到恢复地球重力场模型,假设除地球重力场摄动外的所有其他各种摄动均已准确测定(非保守力)或利用模型算出(第三体引潮力),并利用先验重力场模型 EGM96,同时引入卫星在初始时刻的状态向量作为增加的未知参数,则可以通过积分得到卫星轨道,再由最小二乘平差即可获得卫星初始时刻状态向量的改正数以及相对于 EGM96 重力场模型参数的改正值,为了得到更为精确的结果,这个过程通常需要多次迭代,通过不断地改进卫星初始时刻的状态相量以及重力场模型的参数,使得积分轨道越来越接近于真实的卫星轨道,最终获得精密的卫星轨道和更为精确的地球重力场模型,这即为利用卫星摄动轨道的数值积分方法恢复地球重力场基本思想。

在惯性坐标系 CIS 下,方程 $m\ddot{r} = f$ 描述了卫星摄动运动,f 即为卫星所受的全部摄动力向量,包括保守力和非保守力,$\ddot{r}$ 为摄动加速度向量。上式为二阶常微分方程,可以等价降阶表示成两个一阶常微分方程:

$$\begin{cases} \dfrac{dr}{dt} = \dot{r} \\ \dfrac{d\dot{r}}{dt} = \dfrac{f}{m} \end{cases} \quad (7-1)$$

如果已知各种摄动力模型确定了任意时刻对应的摄动加速度 f/m，则由数值积分方法，以 t_0 时刻的初始状态矢量 X_{t_0} 为初值积分得到任意 t 时刻的状态矢量 X_t，由于力模型参数以及初始状态向量中含有近似误差，使得积分得到的轨道与已知的由星载 GPS 观测得到的卫星精密轨道不能完全重合，产生残差 ΔX，如果认为这个残差仅由力模型参数误差 ΔP 以及初始状态向量误差 ΔX_0 引起，则有：

$$\Delta X = \Phi \cdot \Delta X_0 + S \cdot \Delta P \tag{7-2}$$

式中，ΔX 为卫星积分轨道与精密轨道在每个历元的残差；Φ 和 S 为状态转移矩阵和参数敏感矩阵(王正涛，2005)，等于每个历元卫星状态向量 $X(t)$ 分别对初始状态向量 $X(t_0)$ 和力模型参数 P 的偏导数：

$$\begin{cases} \Phi = \left(\dfrac{\partial X(t)}{\partial X(t_0)}\right)_{6\times 6} = \left(\begin{array}{c} \dfrac{\partial r(t)}{\partial (r(t_0),\dot{r}(t_0))} \\ \dfrac{\partial \dot{r}(t)}{\partial (r(t_0),\dot{r}(t_0))} \end{array}\right) \\ S = \left(\dfrac{\partial X(t)}{\partial p}\right)_{6\times n_p} = \left(\begin{array}{c} \dfrac{\partial r(t)}{\partial P} \\ \dfrac{\partial \dot{r}(t)}{\partial P} \end{array}\right) \end{cases} \tag{7-3}$$

其中，$P = (p_1, p_2, \cdots, p_n)$，包括各种力模型采用的参数，对于重力场模型，则对应于截断到 $l_{\max}$ 的位系数集合 $\{\overline{C}_{lm}, \overline{S}_{lm}\}$。式(7-2)称为观测方程，其中 ΔX 视为观测量。

对于无摄动的开普勒轨道，两体问题的状态转移矩阵可以通过解析函数利用笛卡尔坐标和开普勒元素表示，但是对于低轨卫星，考虑各种摄动力的影响，此种情况下将不可能获得一个解析解，而只能通过数值方法解状态转移矩阵和参数敏感矩阵的微分方程得到。因此，如果解得由变分方程描述的关于状态转移矩阵和参数敏感矩阵的微分方程，即可得到任意时刻的 Φ 和 S。变分方程的解即是通过解具有初值

$$(\Phi(t_0), S(t_0)) = \left(\begin{array}{c} \dfrac{\partial r(t_0)}{\partial (r(t_0),\dot{r}(t_0),P(t_0))} \\ \dfrac{\partial \dot{r}(t_0)}{\partial (r(t_0),\dot{r}(t_0),P(t_0))} \end{array}\right) = (E_{6\times 6} \quad O_{6\times n}) \tag{7-4}$$

的数值积分问题。引用变分方程中的几个矩阵定义，

$$A(t) = \left(\dfrac{\partial \ddot{r}}{\partial r}\right), B(t) = \left(\dfrac{\partial \ddot{r}}{\partial \dot{r}}\right), C(t) = \left(\dfrac{\partial \ddot{r}}{\partial p_{n0}}\right), \begin{pmatrix} \Psi \\ \dot{\Psi} \end{pmatrix} = (\Phi, S) = \left(\begin{array}{c} \dfrac{\partial r(t)}{\partial (r(t_0),\dot{r}(t_0),P)} \\ \dfrac{\partial \dot{r}(t)}{\partial (r(t_0),\dot{r}(t_0),P)} \end{array}\right) \tag{7-5}$$

由各种摄动加速度的偏导数即可得出上述变量的具体解析表达式。表 7-1 给出了 GPS 卫星与重力卫星 CHAMP 和 GRACE 摄动加速度与相关偏导数量级统计。

表 7-1　　GPS 卫星与重力卫星摄动与偏导数量级统计

类别	GPS 卫星	CHAMP、GRACE 卫星
地球重力场摄动	$4.701\,93\times10^{-5} \sim 7.137\,15\times10^{-5}$ $-9.212\,42\times10^{-12} \sim 7.029\,43\times10^{-12}$	$1.076\,71\times10^{-2} \sim 2.500\,66\times10^{-2}$ $-1.461\,46\times10^{-8} \sim 9.865\,95\times10^{-9}$
太阳中心引力	$1.025\,96\times10^{-6} \sim 1.966\,27\times10^{-6}$ $-3.104\,43\times10^{-14} \sim 5.291\,28\times10^{-14}$	$2.620\,51\times10^{-7} \sim 4.355\,68\times10^{-7}$ $-3.103\,06\times10^{-14} \sim 5.288\,95\times10^{-14}$
月球中心引力	$2.256\,98\times10^{-6} \sim 4.673\,56\times10^{-6}$ $-6.442\,22\times10^{-14} \sim 1.516\,66\times10^{-13}$	$5.740\,93\times10^{-7} \sim 1.227\,82\times10^{-6}$ $-9.314\,05\times10^{-14} \sim 1.388\,48\times10^{-13}$
海潮摄动	$1.623\,16\times10^{-11} \sim 9.490\,52\times10^{-11}$ $-1.173\,82\times10^{-17} \sim 8.857\,56\times10^{-18}$	$5.114\,35\times10^{-10} \sim 1.312\,25\times10^{-7}$ $-1.227\,79\times10^{-13} \sim 1.297\,97\times10^{-13}$
固体潮摄动	$7.537\,91\times10^{-10} \sim 1.757\,82\times10^{-9}$ $-1.420\,36\times10^{-16} \sim 2.170\,83\times10^{-16}$	$2.071\,93\times10^{-7} \sim 4.443\,52\times10^{-7}$ $-1.897\,56\times10^{-13} \sim 2.421\,07\times10^{-13}$
极潮摄动	$3.348\,11\times10^{-12} \sim 1.569\,51\times10^{-11}$ $-1.740\,84\times10^{-18} \sim 1.741\,96\times10^{-18}$	$4.814\,34\times10^{-11} \sim 3.789\,30\times10^{-9}$ $-1.897\,56\times10^{-13} \sim 2.421\,07\times10^{-13}$
太阳辐射压摄动	$2.811\,59\times10^{-8} \sim 2.813\,45\times10^{-8}$ $-2.548\,45\times10^{-19} \sim 1.494\,43\times10^{-19}$	$0.000\,00 \sim 9.440\,88\times10^{-9}$ $-8.550\,05\times10^{-20} \sim 5.013\,84\times10^{-20}$
金星中心引力	$8.333\,91\times10^{-13} \sim 1.682\,73\times10^{-12}$ $-1.816\,24\times10^{-20} \sim 3.487\,14\times10^{-20}$	$2.120\,36\times10^{-13} \sim 4.194\,10\times10^{-13}$ $-1.815\,80\times10^{-20} \sim 3.485\,96\times10^{-20}$
木星中心引力	$5.457\,09\times10^{-12} \sim 1.015\,51\times10^{-11}$ $-2.010\,9\times10^{-19} \sim 3.101\,68\times10^{-19}$	$1.391\,56\times10^{-12} \sim 2.764\,22\times10^{-12}$ $-2.010\,77\times10^{-19} \sim 3.101\,49\times10^{-19}$
水星中心引力	$1.577\,22\times10^{-13} \sim 3.272\,44\times10^{-13}$ $-3.550\,39\times10^{-21} \sim 7.379\,81\times10^{-21}$	$3.982\,65\times10^{-14} \sim 7.853\,52\times10^{-14}$ $-3.548\,23\times10^{-21} \sim 7.376\,13\times10^{-21}$
火星中心引力	$2.467\,96\times10^{-14} \sim 4.983\,42\times10^{-14}$ $-5.530\,7\times10^{-22} \sim 9.923\,29\times10^{-22}$	$6.295\,39\times10^{-15} \sim 1.230\,24\times10^{-14}$ $-5.529\,86\times10^{-22} \sim 9.921\,25\times10^{-22}$
土星中心引力	$3.148\,04\times10^{-13} \sim 6.291\,48\times10^{-13}$ $-9.465\,19\times10^{-21} \sim 1.666\,98\times10^{-20}$	$8.034\,45\times10^{-14} \sim 1.611\,78\times10^{-13}$ $-9.464\,64\times10^{-21} \sim 1.666\,90\times10^{-20}$
$\partial\ddot{r}/\partial(\overline{C}_{lm},\overline{S}_{lm})$ 的量级	—	—

注：表中各摄动类第一行数据表示摄动加速度 $\ddot{r}$ 的量级，第二行为加速度对位置偏导数 $\partial\ddot{r}/\partial r$ 的量级。

对于已知初始条件

$$\begin{cases} \boldsymbol{\Psi}(t_0) = \begin{pmatrix} 1 & & & 0 & \cdots & 0 \\ & 1 & & 0 & \cdots & 0 \\ & & 1 & 0 & \cdots & 0 \end{pmatrix}_{3\times(6+n)} \\ \dot{\boldsymbol{\Psi}}(t_0) = \begin{pmatrix} & & & 1 & 0 & \cdots & 0 \\ & & & & 1 & 0 & \cdots & 0 \\ & & & & & 1 & 0 & \cdots & 0 \end{pmatrix}_{3\times(6+n)} \end{cases} \qquad (7\text{-}6)$$

的微分方程组：

$$\begin{cases} \dfrac{d^2\boldsymbol{\Psi}}{dt^2} = A(t) \cdot \boldsymbol{\Psi} + B(t) \cdot \dot{\boldsymbol{\Psi}} + C(t) \\ \dfrac{d\dot{\boldsymbol{\Psi}}}{dt} = A(t) \cdot \boldsymbol{\Psi} + B(t) \cdot \dot{\boldsymbol{\Psi}} + C(t) \end{cases} \quad (7\text{-}7)$$

上式可以看成为一个二阶微分方程组和一个一阶微分方程组,则由积分器通过数值积分得到任意历元的 $\begin{pmatrix}\boldsymbol{\Psi}\\\dot{\boldsymbol{\Psi}}\end{pmatrix}$,即状态转移矩阵 $\boldsymbol{\Phi}$ 和参数敏感矩阵 $\boldsymbol{S}$。

具体到地球重力场位系数的计算,如果假定除地球重力场模型参数外,其余保守力摄动的模型参数有足够高的精度,并且非保守力加速度由重力卫星的星载加速度计精确测得,则积分轨道与精密轨道的残差仅仅与卫星的初始状态和重力场模型参数有关,即重力场位系数,因此 $\boldsymbol{P}=\{\overline{C}_{lm},\overline{S}_{lm}\}$,$\Delta\boldsymbol{P}=\{\Delta\overline{C}_{lm},\Delta\overline{S}_{lm}\}$,因为地球引力位摄动加速度对卫星速度的偏导数为零,所以 $B(t)=0$。解具有初值条件的卫星摄动微分状态方程(7-1)得到积分轨道,即可获得每个积分历元的轨道残差 $\Delta\boldsymbol{X}$,同时解微分方程组(7-7),得到对应于轨道历元的状态转移矩阵 $\boldsymbol{\Phi}$ 和参数敏感矩阵 $\boldsymbol{S}$,最后得到时间序列的观测方程(7-2),再由经典最小二乘方法即可解得初始状态向量和重力场位系数的改正数。如果仅仅为了确定重力场球谐系数,则可以通过法方程约化消除初始状态向量参数,一般情况下,法方程系数阵是满秩的,所以表示成法方程形式为:

$$\begin{bmatrix} N_{XX} & N_{XP} \\ N_{PX} & N_{PP} \end{bmatrix} \begin{pmatrix} \Delta\boldsymbol{X}_0 \\ \Delta\boldsymbol{P} \end{pmatrix} = \begin{pmatrix} \boldsymbol{R}_X \\ \boldsymbol{R}_P \end{pmatrix} \quad (7\text{-}8)$$

对上式约化消除初始状态参数向量可得到简化的法方程如下:

$$[N_{PP} - N_{PX}N_{XX}^{-1}N_{XP}](\Delta\boldsymbol{P}) = (\boldsymbol{R}_P - N_{PX}N_{XX}^{-1}\boldsymbol{R}_X) \quad (7\text{-}9)$$

最后的法方程是由每一个弧段对应的简化法方程(7-9)叠加组成,解最终法方程即可求得位系数的改正数 $\{\Delta\overline{C}_{lm},\Delta\overline{S}_{lm}\}$。图7-1给出了动力学法解地球重力场位系数的流程。

7.2.2 卫星能量守恒

基于能量守恒原理恢复地球重力场的研究可追溯到19世纪30年代,最早于1836年由数学家C.G.J.Jacobi提出了一个用于限制三体问题的运动积分,即对于质量可以忽略的小星体,如彗星或人造卫星,则在一对点质量形成的引力场中绕它们共同的质量中心(如太阳或大行星)以椭圆轨道旋转。这就是所谓的Jacobi积分,此积分广泛应用于天文学。

Jacobi积分最早应用于大地测量学是1957年由J.A.O'Keefe提出的利用重力位与动能之间的平衡关系,通过测定卫星的速度确定地球重力场的引力位(J.A.O'Keefe,1957),O'Keefe利用改进的Jacobi积分,首次建立了卫星速度与重力位间的近似关系,忽略了潮汐摄动和大气阻力等非保守力影响而使得此法的计算结果仅对重力场球谐展开的零次项敏感。

1967年,Bjerhammar提出基于能量守恒原理利用卫星轨道数据分析地球重力场(Bjerhammar,1967),并用于恢复高于15阶次的球谐展开系数,他首次考虑了日、月引力摄动、大气阻力和太阳辐射压力的影响,同时给出了详细的公式推导,并进行了数值模拟计算。1969年,Hotine和Morrison以Bjerhammar的思想作为理论基础,并对Bjerhammar思想进行了扩

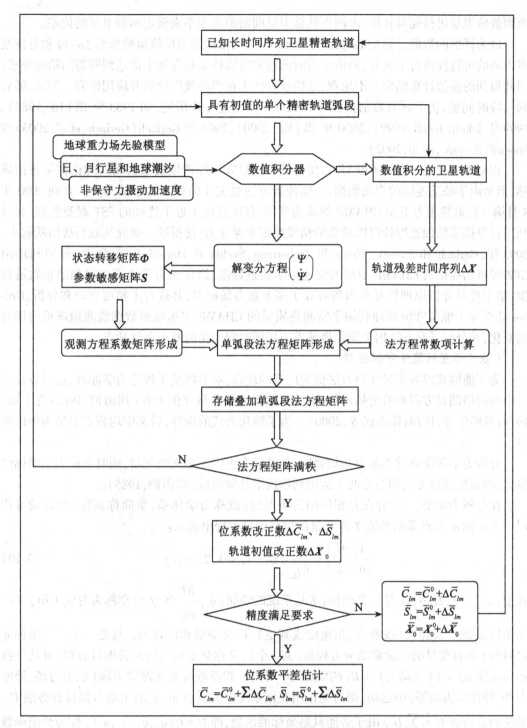

图 7-1 基于轨道数值积分的地球重力场位系数确定

充,他们将一对旋转的点质量认为是一种特殊的旋转刚体,对应于这个力学系统的哈密顿函数,如果不考虑非保守力的影响,则哈密顿函数为一常量,基于此研究了卫星运动的积分特性,分别推导了可用于地固系和惯性系的能量积分公式。

首次将能量守恒原理用于低-低卫星跟踪卫星(SST)是 Wolff 于 1969 年提出的通过对

两颗低轨卫星进行能量补偿,由两颗低低卫星间的距离变率来确定两颗卫星的位差。

最为详细的数值计算是 Reigber 于 1969 年利用模拟的卫星轨道数据对 Jacobi 积分恢复重力场的可行性进行了研究,但由于当时的精密定轨技术和方法未能达到所需的精度要求,因此得到的模拟计算结果并不乐观,致使该方法未在当时被广泛展开应用研究。但是,随后的一段时间里,仍不断有数值模拟计算和理论上的进一步研究,如 1983 年 Ilk(Ilk,1983)、1999 年 Jekeli(Jekeli,1999)、2000 年 Ilk(Ilk,2000)、2003 年 Gerlach(Gerlach,et al,2003)和 Sneeuw(Sneeuw,et al,2002)。

正是由于上述学者的不断努力,使得基于能量守恒原理恢复重力场的理论框架逐渐成熟,但是由于缺乏连续的观测数据,一度使该方法受关注的程度低于动力法。直到 2000 年 8 月第一颗低轨重力卫星 CHAMP 的成功发射,首次提供了近乎连续的 SST 观测数据,并且利用自身携带的加速度计可以较高的精度测定非保守力,使得这一研究领域再次活跃起来。2003 年,Gerlach 和 Sneeuw、Howe 和 Tscherning、Švehla 和 Han-Shum 等学者,分别利用由 GFZ 等机构提供的 CHAMP 卫星的快速科学轨道数据、简化动力学轨道数据和动态轨道数据,基于能量守恒原理恢复重力场解算了多个重力场模型,并进行了精度比较和分析,Gruber 甚至基于能量守恒原理利用丰富和高质量的 CHAMP 卫星轨道数据监测地球重力场时间变化,并分析了此方法用于研究地球重力场随时间变化的能力和优缺点。

1. 基于单星的能量守恒原理

为了能够获得对能量守恒方法更为广义的理解,本节将基于理论力学原理,通过分析力学中的拉格朗日方程和哈密顿函数,推导卫星运动的能量守恒方程(周衍伯,1985;肖士珣,1979;易照华等,1978;徐燕侯等,2000)。为了简化公式的推导,后文中均假定卫星为单位质量。

分析力学所注重的不是力和加速度,而是具有更广泛意义的能量,同时又扩大了坐标的概念,因而使这种方法和结论便于运用到物理学其他领域(周衍伯,1985)。

在分析力学中,一个存在互相作用的质点组(或称力学体系,常简称系统)的运动可用以广义坐标 q_j 和点系的动能 T 作变量的拉格朗日方程组表示:

$$\frac{\mathrm{d}}{\mathrm{d}t}\left(\frac{\partial T}{\partial \dot{q}_j}\right) - \frac{\partial T}{\partial q_j} = Q_j \quad (j=1,2,\cdots,s) \tag{7-10}$$

式中,$q_j(j=1,2,\cdots,s)$ 是广义坐标;T 是系统的动能;$\dot{q}_j$、$\dfrac{\partial T}{\partial \dot{q}_j}$ 和 Q_j 分别称为对应于第 j 个广义坐标 q_j 的广义速度(线速度、角速度或其他)、广义动量和广义力。这是一个广义坐标 q_j 以时间 t 作自变量的二阶常微分方程组(共 s 个),又称基本形式的拉格朗日方程,可从牛顿运动定律 $m\ddot{r} = F$(主动力)$+ R$(约束反力)导出。假设系统是在保守力场(如引力场、静电力场、弹性应力场等)中运动,则力场作用在该系统中的质点 m_j 上的主动力都具有势能 U_j,系统的总势能 $U = \sum\limits_j U_j$,由于势能只是坐标的函数,即 $U = U(q_1, q_2, \cdots, q_s)$,称为势能函数或简称势能,而与速度 $\dot{q}_j$ 无关,按定义,势能函数增加的方向是保守力场力的反方向,因此有:

$$Q_j = -\frac{\partial U}{\partial q_j}, \text{ 并且 } \frac{\partial U}{\partial \dot{q}_j} = 0 \tag{7-11}$$

将上式代入式(7-10),整理后得:

$$\frac{\mathrm{d}}{\mathrm{d}t}\frac{\partial}{\partial \dot{q}_j}(T-U) - \frac{\partial}{\partial q_j}(T-U) = 0 \tag{7-12}$$

势能函数也可称为位能函数,是反映保守力场本身固有能量空间分布的一个概念,势能是一个相对量,其值取决于"零势点"的选取。地球的引力势能通常取无穷远点为"零势点",因此地球引力势函数总是负值。根据保守力场对质点做功与路线无关,只与做功的起点和终点位置有关的特征,理论力学又定义了一个势函数(又称力函数或位函数)的概念,也是一个位置坐标的函数,用 $V = V(q_1, q_2, \cdots, q_s)$ 表示,按定义,势函数增加的方向就是保守力场力的方向,即力在一个微分距离上对质点做的功是势函数在此距离上的增量。因此,势函数与势能函数实质完全一样,只差一个符号,即 $V = -U$。应注意的是,在物理大地测量中,用球谐函数级数展开表示的地球引力位函数 $V(r,\varphi,\lambda)$,即力学中的势函数。在此之所以作出说明,是因为目前有些研究能量法的文献未明确区别位函数与位能函数,使用符号又不一致,容易混淆概念,同时为更准确地理解以下要引入的拉格朗日函数和哈密顿函数物理意义上的区别。在式(7-12)引入拉格朗日函数,用惯用符号 L 表示,它等于力学系统的动能与势能之差,或系统的动能与势函数之和,即

$$L(q_j, \dot{q}_j, t) = T - U = T + V \tag{7-13}$$

因此式(7-12)又常用拉格朗日函数表示。

由于拉格朗日函数中的参量是 q_j 和 $\dot{q}_j$,它们只具有运动学意义,没有动力学意义,为此引入具有动力学意义的广义动量 p_j,定义为:

$$p_j = \frac{\partial L}{\partial \dot{q}_j} = \frac{\partial T}{\partial \dot{q}_j} \tag{7-14}$$

当 q_j 是线量时,p_j 是动量;当 q_j 是角量时,p_j 是角动量。所以 p_j 是与广义坐标 q_j 共轭的广义动量,q_j 和 p_j 统称为正则参量,可以直接地表达系统动力学的某些基本特征。如果将描写系统的独立参量由 $(q_j, \dot{q}_j, t)$ 变为 (q_j, p_j, t),则表征系统动力学的拉格朗日函数必须寻找新的函数来替换。

对式(7-13)微分,由方程(7-12)和(7-14)得:

$$\begin{aligned} \mathrm{d}L &= \sum_j \left(\frac{\partial L}{\partial q_j}\mathrm{d}q_j + \frac{\partial L}{\partial \dot{q}_j}\mathrm{d}\dot{q}_j\right) + \frac{\partial L}{\partial t}\mathrm{d}t \\ &= \sum_j \left(\dot{p}_j \mathrm{d}q_j + p_j \mathrm{d}\dot{q}_j\right) + \frac{\partial L}{\partial t}\mathrm{d}t \\ &= \sum_j \left(\mathrm{d}(p_j \dot{q}_j) + \dot{p}_j \mathrm{d}q_j - \dot{q}_j \mathrm{d}p_j\right) + \frac{\partial L}{\partial t}\mathrm{d}t \end{aligned} \tag{7-15}$$

经整理有:

$$\mathrm{d}\left[\sum_j p_j \dot{q}_j - L\right] = \sum_j \left(-\dot{p}_j \mathrm{d}q_j + \dot{q}_j \mathrm{d}p_j\right) - \frac{\partial L}{\partial t}\mathrm{d}t \tag{7-16}$$

引入哈密顿函数 $H(q_j, p_j, t)$:

$$H = H(q_j, p_j, t) = \sum_j p_j \dot{q}_j - L(q_j, p_j, t) \tag{7-17}$$

依据欧拉定理,如果 f 是自变量 a_j 的 n 次齐次函数,则有:

$$\sum_j \frac{\partial f}{\partial a_j} \cdot a_j = nf \tag{7-18}$$

由于在稳定的理想约束和稳定的位场中，L 和 H 都不显含时间，则点系的动能 T 必为 $\dot{q}_j$ 的二次齐次函数，所以有：

$$\sum_j \frac{\partial L}{\partial \dot{q}_j} \cdot \dot{q}_j = \sum_j \frac{\partial T}{\partial \dot{q}_j} \cdot \dot{q}_j = 2T \tag{7-19}$$

再由 $L = L(q_j(t), \dot{q}_j(t))$ 可得：

$$\begin{aligned}
\frac{dL}{dt} &= \sum_j \frac{\partial L}{\partial \dot{q}_j} \cdot \ddot{q}_j + \sum_j \frac{\partial L}{\partial q_j} \cdot \dot{q}_j \\
&= \sum_j \frac{\partial L}{\partial \dot{q}_j} \cdot \ddot{q}_j + \sum_j \frac{d}{dt}\left(\frac{\partial L}{\partial \dot{q}_j}\right) \cdot \dot{q}_j \\
&= \frac{d}{dt}\left[\sum_j \frac{\partial L}{\partial \dot{q}_j} \cdot \dot{q}_j\right] \\
&= \frac{d}{dt}(2T)
\end{aligned} \tag{7-20}$$

因此，

$$\frac{d}{dt}(2T - L) = \frac{d}{dt}[2T - (T - U)] = \frac{d}{dt}(T + U) = 0 \quad \text{或} \quad T + U = C(\text{常数}) \tag{7-21}$$

由于拉格朗日函数 L 和哈密顿函数 H 都不显含时间，则 $\frac{dH}{dt} = \frac{\partial H}{\partial t} = -\frac{\partial L}{\partial t} = 0$，联合方程(7-17)和(7-21)有：

$$\begin{aligned}
H = H(q_j, p_j, t) &= \sum_j p_j \dot{q}_j - L = \sum_j \frac{\partial L}{\partial \dot{q}_j} \dot{q}_j - L \\
&= 2T - L = T + U = T - V = E(\text{常数})
\end{aligned} \tag{7-22}$$

在此可以看到，当一个力学系统的势能与速度无关时，描述系统动力学特征的哈密顿函数规定了该系统的机械能守恒，即系统在其运动中保持动能和势能之和不变。式(7-22)就是能量法恢复重力场的基础公式，由 $V = T - E$，当已知卫星速度 $\dot{X}(t)$ 和常数 E，可计算任意时刻 t 的位函数值 $V(t)$。

如果将作用在卫星上的总摄动力中除地球引力摄动外，所有的非保守力和第三体的引潮力摄动都通过测定或模型改正被分离排除，并假定地球具有一个均匀的自转角速度 $\boldsymbol{\omega} = \{0, 0, \overline{\omega}\}$，卫星的运动是在一个稳定的理想约束和稳定的势场中，则由式(7-13)可以得到在惯性系中表示的拉格朗日函数：

$$L = T + V = \frac{1}{2}\dot{\boldsymbol{r}}_i \cdot \dot{\boldsymbol{r}}_i + V \tag{7-23}$$

以下导出哈密顿函数的表达式，首先由式(7-14)得到系统的广义动量 $\boldsymbol{p}_e$（Visser, et al, 2003）：

$$\boldsymbol{p}_e = \frac{\partial L}{\partial \dot{\boldsymbol{r}}_e} = \dot{\boldsymbol{r}}_e + \boldsymbol{\omega} \times \boldsymbol{r}_e \tag{7-24}$$

再由式(7-17)有：

$$H = H(\boldsymbol{r}_e, \boldsymbol{p}_e, t) = \boldsymbol{p}_e \cdot \dot{\boldsymbol{r}}_e - L(\boldsymbol{r}_e, \dot{\boldsymbol{r}}_e, t) \tag{7-25}$$

式(7-23)至式(7-25)中，下标"i"表示惯性系；"e"表示旋转的地固系。因为 $\dot{\boldsymbol{r}}_i = \dot{\boldsymbol{r}}_e + \boldsymbol{\omega} \times \boldsymbol{r}_e$，所以式(7-23)变为：

$$L = \frac{1}{2}\dot{r}_e \cdot \dot{r}_e + \dot{r}_e \cdot (\boldsymbol{\omega} \times r_e) + \frac{1}{2} \cdot (\boldsymbol{\omega} \times r_e) \cdot (\boldsymbol{\omega} \times r_e) + V \tag{7-26}$$

将上式和式(7-24)代入式(7-25)可以得到:

$$\begin{aligned}H &= (\dot{r}_e + \boldsymbol{\omega} \times r_e) \cdot \dot{r}_e - \left(\frac{1}{2}\dot{r}_e \cdot \dot{r}_e + \dot{r}_e \cdot (\boldsymbol{\omega} \times r_e) + \frac{1}{2} \cdot (\boldsymbol{\omega} \times r_e) \cdot (\boldsymbol{\omega} \times r_e) + V\right)\\ &= \frac{1}{2}\dot{r}_e \cdot \dot{r}_e - \frac{1}{2} \cdot (\boldsymbol{\omega} \times r_e) \cdot (\boldsymbol{\omega} \times r_e) - V\end{aligned} \tag{7-27}$$

在旋转的地固系中描述的重力位场 V 是静态稳定的,上式等号右边第二项则表示由于地球自转而产生的离心力位。由于哈密顿函数表示了一个力学系统的机械能守恒,由上式和式(7-22),在地固系中的哈密顿函数可进一步表达为:

$$\begin{aligned}H &= \frac{1}{2}\dot{r}_e \cdot \dot{r}_e - \frac{1}{2} \cdot (\boldsymbol{\omega} \times r_e) \cdot (\boldsymbol{\omega} \times r_e) - V\\ &= \frac{1}{2}(\dot{r}_{e_x}^2 + \dot{r}_{e_y}^2 + \dot{r}_{e_z}^2) - \frac{1}{2} \cdot \overline{\omega}^2 \cdot (r_{e_x}^2 + r_{e_y}^2) - V = E\end{aligned} \tag{7-28}$$

由 $\dot{r}_e = \dot{r}_i - \boldsymbol{\omega} \times r_e$,同理可以得到在惯性系中描述卫星运动的哈密顿常数:

$$\begin{aligned}H &= \frac{1}{2}(\dot{r}_i - \boldsymbol{\omega} \times r_e) \cdot (\dot{r}_i - \boldsymbol{\omega} \times r_e) - \frac{1}{2} \cdot (\boldsymbol{\omega} \times r_e) \cdot (\boldsymbol{\omega} \times r_e) - V\\ &= \frac{1}{2}\dot{r}_i \cdot \dot{r}_i - \dot{r}_i \cdot (\boldsymbol{\omega} \times r_i) - V = \frac{1}{2}\dot{r}_i \cdot \dot{r}_i - \boldsymbol{\omega} \cdot (\dot{r}_i \times r_i) - V\\ &= \frac{1}{2}(\dot{r}_{i_x}^2 + \dot{r}_{i_y}^2 + \dot{r}_{i_z}^2) - \overline{\omega}(r_{i_x}\dot{r}_{i_y} - r_{i_y}\dot{r}_{i_x}) - V = E\end{aligned} \tag{7-29}$$

上述的推导是基于质点在保守力场中运动遵守机械能守恒原理,应用到卫星运动系统,由于地球的自转,而导致对于基本的哈密顿函数 $H_0 = \frac{1}{2}\dot{r} \cdot \dot{r} - V$ 在(旋转的)地固系中增加了一个离心力位的附加改正 $\frac{1}{2}\overline{\omega}^2(r_{e_x}^2 + r_{e_y}^2)$(Danby,1988),在惯性系中增加一个"位旋转"项 $\overline{\omega}(r_{i_x}\dot{r}_{i_y} - r_{i_y}\dot{r}_{i_x})$(Jekeli,1999)。需要注意的是,这里忽略卫星所有的非保守力以及除"位旋转"项以外的所有因潮汐力和各种物质迁移产生的地球引力场的影响及其时变效应。如果要将方程(7-28)和(7-29)应用于描述真实的卫星运动,在实际计算中,必须对上述影响的量级作出估计,并根据精度要求分别考虑应加的改正项(Reigber,1989;Jekeli,1999)。

我们将附加项分为保守力项和非保守力项两个部分,则前者包括全部的三体问题的直接和间接潮汐影响,用 V_t 表示为:

$$V_t = V_{\text{lunar}} + V_{\text{sun}} + V_p + V_s + V_o + V_a + V_{ol} + V_{al} + \Delta V \tag{7-30}$$

式中,V_{lunar} 为月亮引力位;V_{sun} 为太阳引力位;V_p 为行星引力位;V_s 为固体潮汐位;V_o 为海洋潮汐位;V_a 为大气潮汐位;V_{ol} 为海洋负荷潮汐位;V_{al} 为大气负荷潮汐位;ΔV 为地球质量的重新分布,如冰后回弹等。

对于由于非保守力造成的能量损失,它在数值上等于作用在沿卫星轨道方向上的非保守力做的功。在早期的能量法应用中,由于卫星的高度较高,对于空气阻力的影响通常可以忽略或用简单的模型近似计算,其余的非保守力项则由经验模型近似就能够保证精度;但对新一代重力卫星计划,由于卫星的轨道非常低,卫星的受力情况更加复杂,不能很好的模型化,为此,卫星上均装载了加速度计,用于实时观测作用在卫星上的非保守力。设非保守力

附加项用 ΔC 表示，星载加速度计测得的非保守力加速度为 a，则造成的能量损失 ΔC 等于沿轨道积分加速度数据，有：

$$\Delta C = \int_x a \mathrm{d}x = \int_{t_0}^t a \times \dot{r} \mathrm{d}t \qquad (7\text{-}31)$$

这里要指出的是，在理论上还应顾及在惯性空间地球引力位的时变效应，其中包括地球自转"带动"其重力场旋转以及各种直接的和间接的潮汐力场的时变效应，即 $\int_{t_0}^t \frac{\partial V}{\partial t}\mathrm{d}t$。研究表明，除前面已给出的"位旋转"项外，其余均小于 $10^{-8} O\left(\frac{\partial V_e}{\partial t}\right)$（其中 V_e 为地球位），可以"完全"地略去（Jekeli, 1999）。

至此，已经可以建立基于能量守恒关系描述卫星运动的积分方程：

$$V = \frac{1}{2}(\dot{r}_{i_x}^2 + \dot{r}_{i_y}^2 + \dot{r}_{i_z}^2) - \overline{\omega}(r_{i_x}\dot{r}_{i_y} - r_{i_y}\dot{r}_{i_x}) - V_t - \Delta C - E_0 \qquad (7\text{-}32)$$

如果将 V 分解为地球重力场的正常重力位 U_0 和扰动位 T（注意与前节中的动能相区别，后文中的符号 T 均表示扰动位）之和，则有：

$$T + E_0 = \frac{1}{2}(\dot{r}_{i_x}^2 + \dot{r}_{i_y}^2 + \dot{r}_{i_z}^2) - U_0 - \overline{\omega}(r_{i_x}\dot{r}_{i_y} - r_{i_y}\dot{r}_{i_x}) - V_t - \Delta C \qquad (7\text{-}33)$$

上式即为在惯性系中利用能量守恒原理恢复地球重力场的基本方程。同理可以得到在地固系中的表示：

$$T + E_0 = \frac{1}{2}(\dot{r}_{e_x}^2 + \dot{r}_{e_y}^2 + \dot{r}_{e_z}^2) - U_0 - \frac{1}{2} \cdot \overline{\omega}^2 \cdot (r_{e_x}^2 + r_{e_y}^2) - V_t - \Delta C \qquad (7\text{-}34)$$

方程左边为未知的扰动位 T 加上一个未知的能量常数 E_0，方程右边的各项利用卫星观测数据或现有的模型以确定，其中第一项动能需要卫星的速度 $\dot{r}$；第二项正常重力位 U_0 需要卫星的位置 r；第三项由于地球自转引起的"位旋转"项则由卫星的位置 r 和地球自转平均速度确定；第四项 V_t 包括各种三体引力位、潮汐位等可由理论模型精确计算；最后一项非保守力引起的耗散能 ΔC 则需要沿卫星轨道积分加速度计数据。

守恒方程(7-33)或(7-34)可视为一个观测方程，右边为"观测量"，左边为待求参数。将扰动位 T 用球谐展开表示为：

$$T(r,\theta,\lambda) = \frac{\mu}{R} \sum_{l=2}^{\infty} \sum_{m=0}^{l} \left[\frac{R}{r}\right]^{l+1} (\Delta \overline{C}_{lm}\cos m\lambda + \Delta \overline{S}_{lm}\sin m\lambda) \overline{P}_{lm}(\cos\theta) \qquad (7\text{-}35)$$

式中，$\Delta \overline{C}_{lm}$ 和 $\Delta \overline{S}_{lm}$ 为相对于正常重力位（本文采用 GRS80 椭球）的扰动位球谐系数，即待求未知数系数参数。能量常数 E_0 可单独作一未知参数置于观测方程，也可利用观测方程的"观测值"，在 T 的期望值为零的假设下得到 E_0 的估计值，并在所有"观测量"中事先减去此常数估值，应用通常的最小二乘平差方法即可解得地球重力场模型的位系数。如果考虑将三体摄动（太阳、月亮和行星）、固体和海洋潮汐模型中的参数作为未知参数，甚至对于加速度计的偏差、比例因子以及漂移也可作为未知数转移到方程左边一起解算，唯一的区别在于法方程结构的改变，但却扩展了能量守恒方法的应用。

2. 基于双星的能量守恒法

上节阐述了基于能量守恒原理由单颗卫星精密轨道数据恢复地球重力场的理论，对于 GRACE 低-低卫星跟踪卫星任务，两颗卫星间的瞬时位差是恢复地球重力场的重要观测量，如果可以建立起与地球重力场的直接显式关系式，则可以较高的精度确定地球重力场模型。

当卫星轨道精密确定时,两个卫星间的瞬时扰动位差 T_{AB} 可由式(7-35)得到:

$$T_{AB} = T_A(r_A, \theta_A, \lambda_A) - T_B(r_B, \theta_B, \lambda_B)$$

$$= \frac{\mu}{R} \sum_{l=2}^{\infty} \sum_{m=0}^{l} \left\{ \left[\frac{R}{r_A}\right]^{l+1} (\Delta\bar{C}_{lm}\cos m\lambda_A + \Delta\bar{S}_{lm}\sin m\lambda_A)\bar{P}_{lm}(\cos\theta_A) - \left[\frac{R}{r_B}\right]^{l+1} (\Delta\bar{C}_{lm}\cos m\lambda_B + \Delta\bar{S}_{lm}\sin m\lambda_B)\bar{P}_{lm}(\cos\theta_B) \right\} \quad (7\text{-}36)$$

为了获得更为直观的表达,调整上式的各项求和顺序,并假定球谐级数最大展开到有限阶数 $l_{\max}$,可得到如下方程:

$$T_{AB} = \frac{\mu}{R} \sum_{l=2}^{l_{\max}} \sum_{m=0}^{l} \left\{ \left[\left(\frac{R}{r_A}\right)^{l+1}\bar{P}_{lm}(\cos\theta_A)\cos m\lambda_A - \left(\frac{R}{r_B}\right)^{l+1}\bar{P}_{lm}(\cos\theta_B)\cos m\lambda_B\right]\Delta\bar{C}_{lm} + \left[\left(\frac{R}{r_A}\right)^{l+1}\bar{P}_{lm}(\cos\theta_A)\sin m\lambda_A - \left(\frac{R}{r_B}\right)^{l+1}\bar{P}_{lm}(\cos\theta_B)\sin m\lambda_B\right]\Delta\bar{S}_{lm} \right\}$$

$$= \frac{\mu}{R} \sum_{l=2}^{l_{\max}} \sum_{m=0}^{l} \left\{ [X_A^C - X_B^C]\Delta\bar{C}_{lm} + [X_A^S - X_B^S]\Delta\bar{S}_{lm} \right\} \quad (7\text{-}37)$$

式中,方程右边未知数系数中的 X^C 和 X^S 可由对应时刻 t 的卫星位置 $(r_A, \theta_A, \lambda_A, r_B, \theta_B, \lambda_B)_t$ 精确求得,如果可以精确获得沿卫星轨道的双星扰动位差 T_{AB},即可利用观测值 T_{AB} 求解未知位系数的最佳估值。

首次将低-低卫星对的观测应用于重力场恢复的概念是由 Wolff 1969 年提出的,他基于两颗同轨卫星运动的能量积分关系导出了卫星间距离变率与重力场的基本关系,之后 Rummel(1980)、Jekeli 和 Rapp(1980),Wagner(1983)、Dickey(1997)等多位学者也对此问题进行了相关研究。在 Wolff 的推导中,根据能量守恒原理,他认为沿轨速度的动能占主导性,影响了几乎全部的能量转换,而垂直于轨道面和向径的速度改变对于动能的变化贡献很小,因此被近似忽略,如果卫星的动能以速度的形式表达(Wolff,1969):

$$K \cdot E = \frac{1}{2}[(v + \Delta v_U)^2 + \Delta v_N^2 + \Delta v_W^2]$$
$$= \frac{1}{2}[v^2 + 2v\Delta v_U + \Delta v_U^2 + \Delta v_N^2 + \Delta v_W^2] \quad (7\text{-}38)$$

式中,v 表示卫星的平均速率;Δv 为小的速度增量,下标 (U,N,W) 分别表示切向、主法向和轨道面法向。显然,方程(7-38)中前两项占优,而微小量平方的后三项就可以近似忽略,因此,尽管三个方向速度的变化 Δv 是相当的,但仅有轨道切向速度及其变化对动能有最大的贡献。由式(7-22),$K \cdot E - V = E$(常数),则由上式第二项可以直接建立两颗卫星的速度差 Δv 与星间重力位差 ΔV 的近似关系:

$$\Delta V \approx v(v_1 - v_2) = v \cdot \Delta v \quad (7\text{-}39)$$

以下从理论力学原理导出上式,假设两颗卫星在相同的圆轨道跟踪飞行,如图 7-2 所示,ρ 为卫星间的距离,如果 ρ 足够小,则在重力摄动位 T 的作用下,两星间的距离变率 $\dot\rho$ 将等于卫星 B 和卫星 A 的速度增量 Δv,即 $\dot\rho \approx \Delta v$,若期间卫星在 ρ 的方向上所受的摄动力为 $\partial V/\partial \rho$,则根据质点的动量与冲量的关系有:

$$\frac{\partial V}{\partial \rho} \cdot dt = dv \quad \text{及} \quad \Delta v = \int_B^A \frac{dV}{d\rho}dt = \int_B^A \frac{\partial V}{\partial s} \cdot \left(\frac{ds}{dt}\right)^{-1}d\rho \approx \frac{\Delta V}{v} \quad (7\text{-}40)$$

若在距离 ρ 上,$\partial V/\partial \rho$ 有明显的变化,同时将 $(d\rho/dt)^{-1} \sim 1/v$ 近似视为常量,所以当两颗卫

星总能保持一定的较近距离和近似相同的运行轨道,由 $\dot{\rho} \approx \Delta v$,可得到与式(7-39)相同的表达:

$$\Delta V \approx v \cdot \dot{\rho} \tag{7-41}$$

式中,ΔV 表示卫星 A 位置与 B 位置的引力位差。

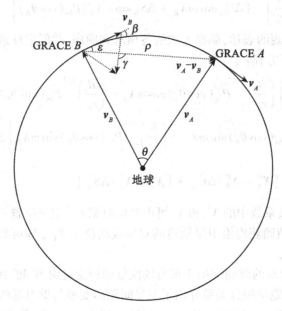

图 7-2   低-低卫星(GRACE)跟踪示意图

显然,式(7-39)和(7-41)均是概念性的近似模型,给出了两星之间的位差与其速度差(可由 K 波段微波测距(KBR)测定)的显式近似关系,其中未考虑除地球引力摄动外的其他各种摄动力影响和地球自转效应。下面以上节单星能量法模型的严格推导为基础,导出 GRACE 双星能量法严密公式。类似于单星能量法的分析,两颗卫星所受的非保守力影响引起的耗散能量损失之差为:

$$\Delta C_{AB} = \int_x \boldsymbol{a}_A \mathrm{d}x - \int_x \boldsymbol{a}_B \mathrm{d}x = \int_{t_0}^{t} (\boldsymbol{a}_A \times \dot{\boldsymbol{r}}_A - \boldsymbol{a}_B \times \dot{\boldsymbol{r}}_B) \mathrm{d}t \tag{7-42}$$

若令 $\Delta V_t = V_{tA} - V_{tB}$,考虑各种直接和间接的潮汐摄动影响,由式(7-30)可以得到:

$$\Delta V_t = \Delta V_{\text{lunar}} + \Delta V_{\text{sun}} + \Delta V_p + \Delta V_s + \Delta V_o + \Delta V_a + \Delta V_{\text{ol}} + \Delta V_{\text{al}} \tag{7-43}$$

其中略去了 $(\Delta V_A - \Delta V_B)$ 一项。同理,对地球引力场的时变效应影响,仅考虑地球自转引起两星"位旋转"之差,等于 $\overline{\omega}\left[(r_{i_x}\dot{r}_{i_y} - r_{i_y}\dot{r}_{i_x})\big|_A - (r_{i_x}\dot{r}_{i_y} - r_{i_y}\dot{r}_{i_x})\big|_B\right]$。

两颗卫星动能之差可表示为:

$$\begin{aligned}
\frac{1}{2}\left(|\dot{\boldsymbol{r}}_A|^2 - |\dot{\boldsymbol{r}}_B|^2\right) &= (\dot{\boldsymbol{r}}_A - \dot{\boldsymbol{r}}_B) \cdot (\dot{\boldsymbol{r}}_A + \dot{\boldsymbol{r}}_B)/2 \\
&= (\dot{\boldsymbol{r}}_A - \dot{\boldsymbol{r}}_B) \cdot (\dot{\boldsymbol{r}}_A - \dot{\boldsymbol{r}}_B + 2\dot{\boldsymbol{r}}_B)/2 \\
&= \dot{\boldsymbol{r}}_B \cdot \dot{\boldsymbol{r}}_{AB} + \frac{1}{2}|\dot{\boldsymbol{r}}_{AB}|^2
\end{aligned} \tag{7-44}$$

式中,$\dot{\boldsymbol{r}}_{AB} = \dot{\boldsymbol{r}}_A - \dot{\boldsymbol{r}}_B$,表示两颗卫星的速度向量之差;"·"表示向量数积。应用式(7-32),顾及以上各式和"旋转位"差,最终可以得到低-低卫星跟踪卫星利用能量守恒方法确定重力位

差的公式(Jekeli,1999):

$$V_{AB} = V_A - V_B$$
$$= \dot{r}_B \cdot \dot{r}_{AB} + \frac{1}{2}|\dot{r}_{AB}|^2 - \overline{\omega}\left[(r_{i_x}\dot{r}_{i_y} - r_{i_y}\dot{r}_{i_x})\big|_A - (r_{i_x}\dot{r}_{i_y} - r_{i_y}\dot{r}_{i_x})\big|_B\right] - \Delta V_t - \Delta C_{AB} - E_{0_{AB}}$$
(7-45)

对于 GRACE 卫星任务的最关键的重力场相关测量设备 KBR 系统,可以精密测量两颗 GRACE 卫星之间的距离变率 $\dot{\rho}$ 和距离加速度 $\ddot{\rho}$,本文提出并推导了直接利用精密的距离变率 $\dot{\rho}$ 的观测值严格恢复两颗卫星间位差的公式。

如图 7-2 所示,设两颗卫星间距为 ρ_{AB},则有:

$$\rho_{AB} = e_{AB} \cdot r_{AB} \tag{7-46}$$

式中,$r_{AB} = r_A - r_B$,e_{AB}^T 为由卫星 B 指向卫星 A 的单位向量,因为 $\dot{e}_{AB} \cdot e_{AB} = 0$,所以上式对时间的导数,即两颗卫星的距离变率 $\dot{\rho}_{AB}$ 等于:

$$\dot{\rho}_{AB} = e_{AB} \cdot \dot{r}_{AB} \tag{7-47}$$

上式表明,距离变率 $\dot{\rho}_{AB}$ 是两颗卫星的速度向量差在其相对视线上的投影。见图7-2,角度 γ 为卫星速度差向量 $\dot{r}_{AB}$ 与向量 e_{AB} 之间的夹角,β 为卫星 B 速度向量 $\dot{r}_B = v_B$ 与向量 $\dot{r}_{AB} = v_A - v_B$ 之间的夹角,ε 为 v_B 与 e_{AB} 之夹角,且有 $\beta = \gamma + \varepsilon$。

由式(7-47)和向量数积公式有:

$$\dot{\rho}_{AB} = e_{AB} \cdot \dot{r}_{AB} = |e_{AB}||\dot{r}_{AB}| \cdot \cos\gamma = |\dot{r}_{AB}| \cdot \cos\gamma$$

得:

$$|\dot{r}_{AB}| = |\dot{x}_{AB}| = \dot{\rho}_{AB}/\cos\gamma \tag{7-48}$$

式(7-45)右边第一项可表示为:

$$\dot{r}_B \cdot \dot{r}_{AB} = |\dot{r}_B| \cdot |\dot{r}_{AB}| \cdot \cos\beta$$

将式(7-48)代入上式得:

$$\dot{r} \cdot \dot{r}_{AB} = |\dot{r}_B| \cdot \frac{\cos\beta}{\cos\gamma} \cdot \dot{\rho}_{AB} \tag{7-49}$$

由解析几何可知:

$$\cos\gamma = \frac{(r_{AB})_x(\dot{r}_{AB})_x + (r_{AB})_y(\dot{r}_{AB})_y + (r_{AB})_z(\dot{r}_{AB})_z}{|r_{AB}| \cdot |\dot{r}_{AB}|}$$
$$\cos\beta = \frac{(\dot{r}_B)_x(\dot{r}_{AB})_x + (\dot{r}_B)_y(\dot{r}_{AB})_y + (\dot{r}_B)_z(\dot{r}_{AB})_z}{|\dot{r}_B| \cdot |\dot{r}_{AB}|}$$
(7-50)

显然,式(7-45)右边第二项可表示为:

$$\frac{1}{2}|\dot{r}_{AB}|^2 = \frac{1}{2}\left(\frac{\dot{\rho}_{AB}}{\cos\gamma}\right)^2 \tag{7-51}$$

将式(7-49)和式(7-51)代入式(7-45),即可得到直接用 KBR 观测值 $\dot{\rho}_{AB}$ 表示的严密公式:

$$V_{AB} = V_A - V_B$$
$$-|\dot{r}_B| \cdot \frac{\dot{\rho}_{AB}}{\cos\gamma} \cdot \cos\beta + \frac{1}{2}\left(\frac{\dot{\rho}_{AB}}{\cos\gamma}\right)^2 - \overline{\omega}\left[(r_{i_x}\dot{r}_{i_y} - r_{i_y}\dot{r}_{i_x})\big|_A - (r_{i_x}\dot{r}_{i_y} - r_{i_y}\dot{r}_{i_x})\big|_B\right] - \Delta V_t - \Delta C_{AB} - E_{0_{AB}}$$
(7-52)

考虑到地球重力位等于正常重力位与扰动重力位之和,所以如果计算得到两颗卫星的正常重力位差 $U_{0_{AB}} = U_{0_A} - U_{0_B}$,则两颗卫星间的扰动位差 $T_{AB} = T_A - T_B$ 可表示为:

$$T_{AB} = (V_A - U_{0_A}) - (V_B - U_{0_B}) = (V_A - V_B) - (U_{0_A} - U_{0_B})$$

$$= |\dot{r}_B| \cdot \frac{\dot{\rho}}{\cos\gamma} \cdot \cos\beta + \frac{1}{2}\left(\frac{\dot{\rho}}{\cos\gamma}\right)^2 - \overline{\omega}\left[(r_{i_x}\dot{r}_{i_y} - r_{i_y}\dot{r}_{i_x})\Big|_A - (r_{i_x}\dot{r}_{i_y} - r_{i_y}\dot{r}_{i_x})\Big|_B\right] - \quad (7\text{-}53)$$

$$\Delta V_t - \Delta C_{AB} - U_{0_{AB}} - E_{0_{AB}}$$

从上面的数学模型可看出,利用卫星间距离变率、位置和速度向量的观测值可确定卫星间精确的扰动位之差,这些观测量可分别由 K 波段精确测距系统和 GPS 精密定轨得到。联合式(7-37)和式(7-53),可以建立沿卫星轨道时间序列的扰动位差与位系数的观测方程,接下来的问题就是研究如何建立这一观测方程系统的严密高效的最小二乘平差模型,主要涉及法方程系数矩阵的优化技术。由于 GRACE 基本数据采样间隔为 30s 或 60s,该平差系统可有很高的自由度(多余观测)。如按 30s 计,1 个月的数据量约为 86 400,90 阶的模型未知参数为 8 277,120 阶为 14 637,则自由度分别为 78 213 和 71 763。这是新一代卫星重力技术(CHAMP、GRACE)比传统技术(如 SLR)可获得更高精度重力场模型的主要优势所在。

(Jekeli,1999;Han,2003)给出的关于 T_{AB} 的观测方程是用 $|\dot{r}_B| \cdot \dot{\rho}_{AB} \approx \dot{r}_B \cdot \dot{r}_{AB} + \frac{1}{2}|\dot{r}_{AB}|^2$ 再加 4 项改正,即

$$T_{AB} = |\dot{r}_B^0| \cdot \delta\dot{\rho}_{AB} + V_1 + V_2 + V_3 + V_4 + \delta V_{R_{AB}} - \Delta C_{AB} - \delta V_t - \delta E_{0_{AB}} \quad (7\text{-}54)$$

式中,上标"0"表示参考重力场的计算值;"δ"表示相对于参考重力场的模型值与真值的残差,如 $\delta\dot{\rho}_{AB} = \dot{\rho}_{AB} - \dot{\rho}_{AB}^0$;$V_1$、$V_2$、$V_3$、$V_4$ 为改正项,其表达式为:

$$\begin{cases} V_1 = (\dot{r}_A^0 - |\dot{r}_B^0|e_{12})^T \cdot \delta\dot{r}_{AB} \\ V_2 = (\delta\dot{r}_B - |\dot{r}_B^0|\delta e_{12})^T \cdot \dot{r}_{AB}^0 \\ V_3 = \delta\dot{r}_B \cdot \delta\dot{r}_{AB} \\ V_4 = \frac{1}{2}|\delta\dot{r}_{AB}|^2 \end{cases} \quad (7\text{-}55)$$

Jekeli(1999)对这 4 项改正的量级作了数值模拟,取 2 阶参考重力场,卫星运行一周($\approx 6\ 000s$)的数据,得出 V_2 改正项最大且呈长波特征,量级为 $(+36 \sim -47)\text{m}^2/\text{s}^2$。显然,对每一观测值,计算这些比较复杂的改正项将增加不少工作量。

方程右边第六项 $\delta V_{R_{AB}}$ 表示两颗卫星的"位旋转"之差,它可利用两颗卫星速度和位置的线性组合求得,有(ibid):

$$\delta V_{R_{AB}} = \overline{\omega}\left\{\left[(r_{i_x}\dot{r}_{i_y} - r_{i_y}\dot{r}_{i_x})\Big|_A - (r_{i_x}\dot{r}_{i_y} - r_{i_y}\dot{r}_{i_x})\Big|_B\right] - \left[(r_{i_x}\dot{r}_{i_y} - r_{i_y}\dot{r}_{i_x})\Big|_A^0 - (r_{i_x}\dot{r}_{i_y} - r_{i_y}\dot{r}_{i_x})\Big|_B^0\right]\right\} \quad (7\text{-}56)$$

利用式(7-42)可由星载加速度计测得的非保守力计算两颗卫星耗散能之差 ΔC_{AB};最后两项分别为重力场潮汐位能和能量积分常数残差,对于两颗卫星的正常重力位差项,由于采用正常重力场作为参考重力场模型,故残差 $\delta U_{0_{AB}} = U_{0_{AB}} - U_{0_{AB}}^0 = 0$,此项消失。

7.2.3 卫星重力梯度

自 20 世纪 60 年代末以来,国内外学者对于利用卫星重力梯度观测值确定地球重力场

模型的解算方法进行了大量的研究。这些研究内容涵盖了卫星重力梯度测量的各个方面，主要包括如何利用梯度观测值恢复重力场；重力梯度仪观测值向下延拓到地球表面；利用卫星重力梯度恢复局部重力场的理论与方法；全张量重力梯度的球面谱特性；引力梯度张量在不同坐标系之间的转换关系；基于张量球谐函数对重力梯度张量场的特性分析等。自1999年GOCE任务正式启动以来，各国学者针对该任务进行了大量细致的研究，主要集中在利用卫星重力梯度数据求解重力场模型的理论与方法、GOCE任务的数据模拟、数据预处理的方法(粗差探测、观测值的检校等)、快速求解方法、极空白问题以及大型法方程求解方法等方面。这些在理论和实践方面大量深入细致的研究为GOCE计划的顺利实施打下了坚实的基础。

利用卫星重力观测数据恢复重力场的方法可分为两类：一类是建立在经典位理论基础上的重力边值问题解法，即物理大地测量学中研究的大地测量边值问题，现称"空域法"；另一类是建立在卫星动力学基础上的引力位的调和(球谐)分析法，将观测值视为时间的函数，或时间序列，现称"时域法"。解卫星重力的"空域法"，方法是选取一个与卫星轨道最接近的球面为边值界面，将卫星观测数据(卫星运动状态参数、卫星跟踪的时变几何参数、如距离、距离变率等)按相应的动力学模型"反演"为重力场参数(如由速度确定观测点的引力位值)，或由在卫星上直接观测的重力场量(如GOCE卫星上的重力梯度测量)，归算到球面边界上作为边值，再在解重力边值问题的框架下确定球外部地球重力场，其中解算方法又分两大类，即解析法和统计法，前者如斯托克斯积分公式、位系数积分公式等；后者如最小二乘(平差)和最小二乘配置法。由此确定的地球重力场模型在包含地球的最小球面外部空间都适用(收敛)，当联合了全球地面重力数据(如$1°×1°$格网平均重力异常)则适用于整个地球外部空间。空域法的基本含义是将重力观测量处理为空间位置的函数，不涉及时间变量。时域法是将重力场观测量或相关观测量处理为卫星运行中观测采样时刻的函数，但同时涉及采样时刻卫星的空间位置。就基本原理而论，具有一定采样周期的时序数据必可用一个傅立叶级数表达，是一个周期函数的傅立叶展开，并收敛到此函数，时间序列数据则是此级数的时序采样值，由此可计算级数展开的傅立叶系数。此思想用于确定地球重力场，最初出自著名的位函数考拉展开(Kaula, 1966)，将用球坐标(r, φ, λ)表示的扰动位球谐展开，用6个时变轨道根数($a, e, i, \omega, \Omega, M$)表示，目的是为了对轨道的引力位摄动作定量的频谱分析，区分为几个摄动周期，并对线性摄动模型估计各轨道根数摄动量级。最初的时域法就是基于此展开，将位系数按级(m)集总，称集总(lumped)系数(有多种不同定义，见(Sneeuw, 2000))，将扰动位函数改写表达为一傅立叶级数的形式，在文献中通常称此级数的系数为集总系数(ibid)，是关于位系数的线性组合。则第一步由采样值(观测值)作傅立叶分析，确定傅立叶展开的系数值；第二步以此系数作为"伪观测值"，解关于位系数的线性方程组得位系数的解。这种方法是将时间序列由时间域变换到谱(频)域，表达为不同频谱成分的叠加，再将傅立叶谱转换到球谐谱，球谐展开可视为一种广义傅立叶展开，两者存在谱的转换关系。此法现称时域法中的"频谱法"。一般意义上的时域法是将任何类型的与扰动位函数相关的卫星跟踪观测量看成一时间序列数据，一般这些数据还是卫星初始状态和除地球引力外其他力模型参数的函数，由此建立在一个时间区间(对应一个卫星轨道弧段)上的时序观测方程，此方程是基于牛顿第二定理(运动方程)导出的，其中包含卫星初始状态参数和状态变量，对时序观测方程应用最小二乘法求解位系数，或者还同时求解其他参数(如初始状态参数，除地球引力外的各种力模型参数)，这一解法现称时域法的"时间域"方法，即直接在时间域求解。Rummel et al.(1993)主要针对 GOCE 计划曾经对空域法和时域法以及每类方法的两类不同解法作了分析比较,结论是各有优缺点:空域法不依赖连续数据流,可处理数据空缺和跳跃问题,不依赖于轨道特性,但存在数据归算(至边值球面)误差。此外,不需考虑如何构造彩色测量噪声模型问题(此问题至今尚不清楚解决方法),其中的最小二乘法,估计解具有统计最优性(如无偏),而积分法可避免最小二乘解的混选效应,计算简单;时域法中轨道特性自然包含其中,易引入轨道误差,可将各类跟踪测量联合为一个模型,采样和测量噪声特性是模型的一部分,其中频域法易于引入一个标称轨道(偏心率 $e=0$ 和倾角 $i=90°$)作近似,使法方程矩阵成严格对角带。实际上,这两大类方法是互补的,但目前在实际应用上,对新一代卫星(CHAMP 和 GRACE)重力数据的处理,大都倾向于采用时域法,通常认为时域法不会丢失观测数据中的重力场信息,有利于保证获得高精度解,而对 GOCE 数据(SGG 数据),可考虑采用"空域法",因其不直接涉及轨道,计算模型相对简单易算。

卫星重力梯度测量的基本原理是利用一个卫星内一个或多个固定基线(大约 70cm)上的差分加速度计来测定三个互相垂直方向的重力张量的几个分量,即测出加速度计检验质量之间的空中三向重力加速度差值。测量到的信号反映了重力加速度分量的梯度,即重力位的二阶导数。

假定地球外部无质量,则地球外部引力位场是一个调和场,任意一点的引力位 V 满足 Laplace 方程,其在地球的球坐标系(r, θ, λ)中的形式为:

$$\Delta V = r^2 \frac{\partial^2 V}{\partial r^2} + 2r \frac{\partial V}{\partial r} + \frac{\partial^2 V}{\partial \theta^2} + \cot \frac{\partial V}{\partial \theta} + \frac{1}{\sin^2 \theta} \frac{\partial^2 V}{\partial \lambda^2} = 0 \quad (7-57)$$

采用分离变量法,可得到这个二阶齐次偏微分方程的一般解:

$$V(r, \theta, \lambda) = \frac{GM}{R} \sum_{n=0}^{\infty} \sum_{m=0}^{n} \left(\frac{R}{r}\right)^{n+1} (\overline{C}_{nm} \cos m\lambda + \overline{S}_{nm} \sin m\lambda) \overline{P}_{nm}(\cos \theta) \quad (7-58)$$

式中,GM 为地球地心引力常数(等于万有引力常数 G 和地球总质量 M 的乘积);R 为地球平均半径;r, θ, λ 分别为地心球坐标半径、地心余纬($\theta = 90° -$ 地心纬度 φ)、地心经度;n、m 为球谐展开的 n 阶、m 次;$\overline{C}_{nm}$、$\overline{S}_{nm}$ 为完全规格化球谐系数,即位系数;$\overline{P}_{nm}(\cos \theta)$ 为完全规格化 Legendre 缔合函数。

将式(7-58)表示成复数形式(Sneeuw,2000),有:

$$V(r, \theta, \lambda) = \frac{GM}{R} \sum_{n=0}^{\infty} \sum_{m=-n}^{n} \left(\frac{R}{r}\right)^{n+1} \overline{K}_{nm} \overline{P}_{nm}(\cos \theta) e^{im\lambda} \quad (7-59)$$

式中,

$$\overline{K}_{nm} = \begin{cases} (-1)^m (\overline{C}_{nm} - i\overline{S}_{nm}) / \sqrt{2}, & m > 0 \\ \overline{C}_{nm}, & m = 0 \\ (\overline{C}_{nm} + i\overline{S}_{nm}) / \sqrt{2}, & m < 0 \end{cases} \quad (7-60)$$

$$\overline{P}_{nm}(\cos \theta) = \begin{cases} N_{nm} P_{nm}(\cos \theta), & m \geq 0 \\ (-1)^m \overline{P}_{n,-m}(\cos \theta), & m < 0 \end{cases}, \quad N_{nm} = (-1)^m \sqrt{(2n+1) \frac{(n-m)!}{(n+m)!}}$$

$$(7-61)$$

调换方程(7-58)中 n、m 的求和次序,可得引力位的傅立叶级数表达式如下:

$$V(r,\theta,\lambda) = \sum_{m=0}^{\infty} \left[A_m^V(r,\theta)\cos m\lambda + B_m^V(r,\theta)\sin m\lambda \right] \tag{7-62}$$

式中,

$$\begin{cases} A_m^V(r,\theta) \\ B_m^V(r,\theta) \end{cases} = \sum_{n=m}^{\infty} H_{nm}^V(r,\theta) \begin{cases} \overline{C}_{nm} \\ \overline{S}_{nm} \end{cases}, \quad \begin{aligned} H_{nm}^V(r,\theta) &= \lambda_n \overline{P}_{nm}(\cos\theta) \\ \lambda_n &= \frac{GM}{R}\left(\frac{R}{r}\right)^{n+1} \end{aligned} \tag{7-63}$$

上式利用转换系数 $H_{nm}^V(r,\theta)$ 建立了傅立叶系数 $A_m^V(r,\theta)$、$B_m^V(r,\theta)$ 与引力位系数的关系。

引力位的线性函数、引力位一阶、二阶导数也可以表示成以下的级数形式:

$$f(r,\theta,\lambda) = \sum_{m=0}^{\infty} \left[A_m^f(r,\theta)\cos m\lambda + B_m^f(r,\theta)\sin m\lambda \right] \tag{7-64}$$

式中,

$$\begin{cases} A_m^f(r,\theta) \\ B_m^f(r,\theta) \end{cases} = \sum_{n=m}^{\infty} H_{nm}^f(r,\theta) \begin{cases} \overline{C}_{nm} \\ \overline{S}_{nm} \end{cases}$$

定义 $H_{lm}^f(r,\theta)$ 为傅立叶系数和引力位系数之间的转换系数,不同的引力位函数对应不同的傅立叶系数和转换系数,表 7-2(徐新禹,2007)给出了引力位对地心球坐标 (r,θ,λ) 的一阶、二阶偏导数对应的傅立叶系数和转换系数的形式。

表 7-2 引力位对地心球坐标的一阶、二阶偏导数对应的傅立叶系数和转换系数

引力位的导数	$H_{nm}^f(r,\theta)$	$A_m^f(r,\theta)$	$B_m^f(r,\theta)$
V_r	$-\lambda_n \dfrac{(n+1)}{r}\overline{P}_{nm}(\cos\theta)$	$\sum_{n=m}^{\infty} H_{nm}^f(r,\theta)\overline{C}_{nm}$	$\sum_{n=m}^{\infty} H_{nm}^f(r,\theta)\overline{S}_{nm}$
V_θ	$\lambda_n \overline{P}'_{nm}(\cos\theta)$	$\sum_{n=m}^{\infty} H_{nm}^f(r,\theta)\overline{C}_{nm}$	$\sum_{n=m}^{\infty} H_{nm}^f(r,\theta)\overline{S}_{nm}$
V_λ	$m\lambda_n \overline{P}_{nm}(\cos\theta)$	$\sum_{n=m}^{\infty} H_{nm}^f(r,\theta)\overline{S}_{nm}$	$-\sum_{n=m}^{\infty} H_{nm}^f(r,\theta)\overline{C}_{nm}$
V_{rr}	$\lambda_n \dfrac{(n+1)(n+2)}{r^2}\overline{P}_{nm}(\cos\theta)$	$\sum_{n=m}^{\infty} H_{nm}^f(r,\theta)\overline{C}_{nm}$	$\sum_{n=m}^{\infty} H_{nm}^f(r,\theta)\overline{S}_{nm}$
$V_{r\theta}$	$-\lambda_n \dfrac{(n+1)}{r}\overline{P}'_{nm}(\cos\theta)$	$\sum_{n=m}^{\infty} H_{nm}^f(r,\theta)\overline{C}_{nm}$	$\sum_{n=m}^{\infty} H_{nm}^f(r,\theta)\overline{S}_{nm}$
$V_{r\lambda}$	$-m\lambda_n \dfrac{(n+1)}{r}\overline{P}_{nm}(\cos\theta)$	$\sum_{n=m}^{\infty} H_{nm}^f(r,\theta)\overline{S}_{nm}$	$-\sum_{n=m}^{\infty} H_{nm}^f(r,\theta)\overline{C}_{nm}$
$V_{\theta\theta}$	$\lambda_n \overline{P}''_{nm}(\cos\theta)$	$\sum_{n=m}^{\infty} H_{nm}^f(r,\theta)\overline{C}_{nm}$	$\sum_{n=m}^{\infty} H_{nm}^f(r,\theta)\overline{S}_{nm}$
$V_{\theta\lambda}$	$m\lambda_n \overline{P}''_{nm}(\cos\theta)$	$\sum_{n=m}^{\infty} H_{nm}^f(r,\theta)\overline{S}_{nm}$	$-\sum_{n=m}^{\infty} H_{nm}^f(r,\theta)\overline{C}_{nm}$
$V_{\lambda\lambda}$	$m^2\lambda_n \overline{P}_{nm}(\cos\theta)$	$\sum_{n=m}^{\infty} H_{nm}^f(r,\theta)\overline{C}_{nm}$	$\sum_{n=m}^{\infty} H_{nm}^f(r,\theta)\overline{S}_{nm}$

表 7-2 中，

$$\begin{cases} \overline{P}'_{nm}(\cos\theta) = \dfrac{\mathrm{d}\overline{P}_{nm}(\cos\theta)}{\mathrm{d}\theta} \\ \overline{P}''_{nm}(\cos\theta) = \dfrac{\mathrm{d}^2\overline{P}_{nm}(\cos\theta)}{\mathrm{d}\theta^2} \end{cases} \tag{7-65}$$

分别表示缔合 Legendre 函数对地心余纬 θ 的一阶、二阶导数。

将地心球坐标系与局部指北坐标系下引力梯度张量(引力位的二阶偏导数)分别表示如下：

$$V_E = \begin{pmatrix} V_{rr} & V_{r\theta} & V_{r\theta} \\ V_{\theta r} & V_{\theta\theta} & V_{\theta\lambda} \\ V_{\lambda r} & V_{\lambda\theta} & V_{\lambda\lambda} \end{pmatrix} \tag{7-66}$$

$$V_N = \begin{pmatrix} V_{xx} & V_{xy} & V_{xz} \\ V_{yx} & V_{yy} & V_{yz} \\ V_{zx} & V_{zy} & V_{zz} \end{pmatrix} \tag{7-67}$$

可求得引力梯度张量在局部指北坐标系下用球坐标表示的形式：

$$\begin{cases} V_{xx} = \dfrac{1}{r}V_r + \dfrac{1}{r^2}V_{\theta\theta} \\ V_{xy} = \dfrac{1}{r^2\sin\theta}V_{\theta\lambda} - \dfrac{\cos\theta}{r^2\sin^2\theta}V_\lambda \\ V_{xz} = \dfrac{1}{r^2}V_\theta - \dfrac{1}{r}V_{r\theta} \\ V_{yy} = \dfrac{1}{r}V_r + \dfrac{\cot\theta}{r^2}V_\theta + \dfrac{1}{r^2\sin^2\theta}V_{\lambda\lambda} \\ V_{yz} = \dfrac{1}{r^2\sin\theta}V_\lambda - \dfrac{1}{r\sin\theta}V_{r\lambda} \\ V_{zz} = V_{rr} \end{cases} \tag{7-68}$$

根据引力梯度张量(V_{xx},V_{xy},V_{xz},V_{yy},V_{yz},V_{zz})在局部指北坐标系(x,y,z)与地心球坐标(r,θ,λ)之间转换关系式(7-68)，可推导出局部指北坐标系中引力梯度张量球谐级数展开式中傅立叶系数和转换系数的形式，如表 7-3 所示。从表 7-3 中可以看出，重力梯度张量某些分量对应的表达式中包含 Legendre 函数的一阶或二阶导数，且包含 arcsinθ 项，当 θ 较小时，不仅 V_{xy}、V_{yy}、V_{yz} 的计算会出现奇异，并且高阶 Legendre 函数的计算也会产生下溢问题，通常的做法是在表达式的左右两边都乘以 $\sin\theta$、$\cos\theta$ 或其函数，以避免 $\sin\theta$ 项出现在分母上，并根据 Legendre 函数与其一阶、二阶导数之间的相互关系，将一阶、二阶导数用 Legendre 函数代替。

表 7-3　局部指北坐标系中引力梯度张量的六个分量对应的傅立叶系数和转换系数

引力梯度张量	$H_{nm}^f(r,\theta)$	$A_m^f(r,\theta)$	$B_m^f(r,\theta)$
V_{xx}	$\dfrac{\lambda_n}{r^2}(\overline{P}''_{nm}(\cos\theta) - (n+1)\overline{P}_{nm}(\cos\theta))$	$\sum\limits_{n=m}^{\infty} H_{nm}^f(r,\theta)\overline{C}_{nm}$	$\sum\limits_{n=m}^{\infty} H_{nm}^f(r,\theta)\overline{S}_{nm}$
V_{xy}	$\dfrac{\lambda_n}{r^2} m\arcsin\theta(\overline{P}'_{nm}(\cos\theta) - \cot\theta\overline{P}_{nm}(\cos\theta))$	$\sum\limits_{n=m}^{\infty} H_{nm}^f(r,\theta)\overline{S}_{nm}$	$-\sum\limits_{n=m}^{\infty} H_{nm}^f(r,\theta)\overline{C}_{nm}$
V_{xz}	$\dfrac{\lambda_n}{r^2}(n+2)\overline{P}'_{nm}(\cos\theta)$	$\sum\limits_{n=m}^{\infty} H_{nm}^f(r,\theta)\overline{C}_{nm}$	$\sum\limits_{n=m}^{\infty} H_{nm}^f(r,\theta)\overline{S}_{nm}$
V_{yy}	$\dfrac{\lambda_n}{r^2}(\cot\theta\overline{P}'_{nm}(\cos\theta) - (n+1+m^2\sin^{-2}\theta)\overline{P}_{nm}(\cos\theta))$	$\sum\limits_{n=m}^{\infty} H_{nm}^f(r,\theta)\overline{C}_{nm}$	$\sum\limits_{n=m}^{\infty} H_{nm}^f(r,\theta)\overline{S}_{nm}$
V_{yz}	$\dfrac{\lambda_n}{r^2} m(n+2)\arcsin\theta\overline{P}_{nm}(\cos\theta)$	$\sum\limits_{n=m}^{\infty} H_{nm}^f(r,\theta)\overline{S}_{nm}$	$-\sum\limits_{n=m}^{\infty} H_{nm}^f(r,\theta)\overline{C}_{nm}$
V_{zz}	$\dfrac{\lambda_n}{r^2}(n+1)(n+2)\overline{P}_{nm}(\cos\theta)$	$\sum\limits_{n=m}^{\infty} H_{nm}^f(r,\theta)\overline{C}_{nm}$	$\sum\limits_{n=m}^{\infty} H_{nm}^f(r,\theta)\overline{S}_{nm}$

7.3　重力卫星与观测数据精化技术

新一代国际卫星重力计划可以认为由三个子计划组成并分三阶段实施,第一阶段执行 CHAMP 卫星计划(2000 年 7 月发射),实施高轨 GPS 跟踪测量低轨 CHAMP 卫星轨道反演地球重力位模型参数,是 HL-SST 模式的首次实现,并初步确认了星载加速度计测定非保守力的有效性,已发布的 CHAMP 卫星重力模型也已证实其精度和分辨率优于第二代以地面 SLR 跟踪技术为主的卫星重力模型,但目前的结果其精度尚未达到厘米级水平。第二阶段执行 GRACE 双星计划(2002 年 3 月发射),除保留 HL-SST 模式外,首次实现了全球覆盖的 LL-SST 模式,成功地实现了星间 K 波段精密微波测距及距离变率,并初步证实了设计精度。除恢复更高精度的静态地球重力场外,其最重要的贡献是能提供短至一天周期的时变地球重力场信息,并证实其中反映了海洋的非潮汐变化,这已超出了 GRACE 的预期能力,缩写 GRACE 意为"重力场恢复与气候实验",气候实验意味着重力场时变量测定的时间分辨率和精度水平,要能保证可提取地球水圈和大气圈动力过程产生的物质迁移在时变重力场中的响应信号,因此其时间分辨率要求达到气候甚至天气的变化周期;精度要求能分辨相当于大地水准面有 0.01mm 的变化,已有的 GRACE 时变重力场用于反演地表层水含量分布变化的研究结果,已初步证实了这一能力和应用前景。这一能力主要来自 KBR 精密星间测距以及加速度计对非保守力精密可靠的测定。第三个阶段执行 GOCE 计划(2009 年 3 月发射), GOCE 是第一个重力梯度测量卫星,通过星载梯度仪直接观测地球重力场参量,特别适合于测定高精度和高空间解析度静态重力场。GOCE 的主要目的是提供最新的具有高空间解析度和高精度的全球重力场和大地水准面模型。GOCE 卫星的重力观测数据除了在精度上高于 CHAMP 和 GRACE 外,还可满足重力场高频信号的要求,具有更高的空间分辨率,将对陆地重力测量和航空重力测量是强有力的支持。

7.3.1 CHAMP

由德国空间局(DLR)和德国地学研究中心(GFZ)负责实施的 CHAMP 计划是第一个真正用于重力场研究目的的卫星计划。CHAMP 卫星于 2000 年 7 月 15 日发射升空,其轨道高度为 418~470km,偏心率 $e=0.004$,倾角 $i=87.275°$。在飞行任务期间,基于高低卫星跟踪卫星等观测系统将以前所未有的精度观测地球重力场相关信息,主要用于测定地球重力场的中、长波位系数及其时间变化,同时进行 GPS 海洋和冰面散射测量(也称为 GPS 测高)试验,GPS 掩星全球大气与电离层环境探测等,由于其携带了高精度磁力计,可以描绘地球磁场的分布与变化。CHAMP 的科学目标是测定中长波地球重力场的静态部分和时间变化,测定全球磁场及其时间变化,探测大气与电离层环境。图 7-3 给出了 CHAMP 重力场测量的工作原理。

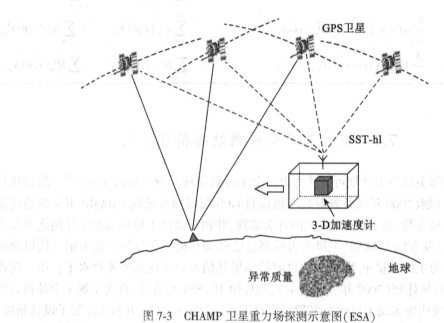

图 7-3 CHAMP 卫星重力场探测示意图(ESA)

CHAMP 计划的顺利实施使得人类首次可以连续不间断地在低轨平台上获取地球位场相关信息,这主要取决于 CHAMP 卫星的精密星载设备,其中用于重力场探测的主要星上设备是:(1)新一代的星载 GPS 接收机 TRSR-2,可实现 GPS 星座对 CHAMP 卫星轨道的连续跟踪;(2)高精度星载加速度计三轴六自由度静电悬浮加速度计,用于测量卫星所受的非保守力;(3)恒星敏感器,用于精密测定 CHAMP 卫星的姿态。下面给出它们的简单技术指标。

1.TRSR-2 GPS 接收机

TRSR-2 由美国 NASA 的 JPL 制造和提供,是联合星载加速度计确定 CHAMP 卫星高精度轨道的主要设备;其附加功能是利用无线电掩星原理探测大气,并进行 GPS 信号的海面散射测高实验。每秒发送一同步脉冲用于在轨运行精密计时,并产生自主导航信息,用于 CHAMP 卫星的姿态和轨道控制系统以及恒星敏感器,实现其轨道位置更新。接收机具有三种观测模式,即跟踪模式(缺省)、掩星模式和海面测高模式。

TRSR-2 接收机可同时接收最多 12 颗 GPS 卫星发射的 PRN L_1 和 L_2 频率的调制信号,

利用同时刻至少4颗不同卫星的伪距及各自的已知星历,可解得接收机的三维坐标及其时变量,由此得到一个导航解,解的精度取决于是否能取得接收机和卫星星座内部加密的P-码,经事后处理精度可达几米;若利用公开的较低精度的C/A-码,经事后处理精度为几十米。利用大数据量的精密载波相位跟踪数据以及GPS卫星和CHAMP卫星定轨联合全动态解算,顾及参考框架、动力和测量模型参数的改正,可获得CHAMP卫星高精度定轨结果,目前已可达到5cm左右。

TRSR-2的主要技术性能指标如下:
- POD双频测距和载波计数

间隔1s;

相位(无电离层延迟)小于0.2cm;

测距(无电离层延迟)小于30cm。

- 大气掩星双频载波相位测量和测距

相位(无电离层延迟)小于0.05cm;

测距(无电离层延迟)小于50cm。

- 边缘探测(Limb-sounding)观测量(大气散焦前)

L_1载波相位小于0.05cm(1s);

L_2载波相位小于0.15cm(1s)。

2.三轴六自由度静电悬浮加速度计

由卫星重力观测解算地球重力场时,非保守力如大气阻力、太阳辐射压力、卫星姿态调整推动力等是地球重力场信息的干扰信号,一起作用于卫星,因此卫星重力测量中的一个重要问题是如何将这些非重力对卫星运动的扰动精确地加以排除。星载加速度计通过对这一扰动进行量化测定可实现此目标。

由于重力探测对非保守力测定或估计的精度要求是:卫星径向或法向不低于$1.0×10^{-8}$ $m·s^{-2}$,切向不低于$1.0×10^{-9} m·s^{-2}$,当卫星轨道低于500km时,目前任何一种模型估计精度远不能达到此要求,因此,高精度的加速度计是解决非保守力影响的唯一途径,是低轨卫星重力探测最为关键的设备之一。安置在CHAMP卫星质心的静电悬浮加速度计(STAR Accelerometer)是由法国国家空间研究中心(CNES)提供,法国国家航天研究所(ONERA)最终完成制造,它是通过测量电容的变化来检测加速度的。如图7-4所示,其基本原理如下:一个检验质量悬浮在由三对相互垂直的电极组成的容器中,当卫星受到非保守力作用时,容器屏蔽了非保守力对检验质量的作用,检验质量在容器中以一定的加速度偏离中心位置后,相互垂直电极的电压就会发生不同程度的变化,通过自动对检验质量施加不同的静电作用力,使得检测质量重新回到中心位置,这个施加的静电作用力可由电极电压的变化规律得到,这样就可测定检测质量的加速度。

CHAMP卫星上的星载加速度计的主要性能指标如下:

- 加速度框架轴系正交性: $<2.5×10^{-5}$rad(约5弧秒)
- 测量带宽: $10^{-4} \sim 10^{-1}$Hz
- 线加速度:

范围: $±10^{-4} m·s^{-2}$

灵敏度: $<3×10^{-9} m·s^{-2}$(敏感轴Z和Y方向)

    $<3×10^{-8} m·s^{-2}$(弱敏感轴X方向)

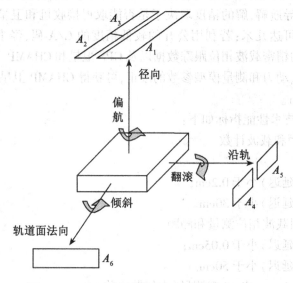

图7-4 三轴六自由度静电加速度计结构示意图

• 角加速度：

灵敏度：　　　　　　　　　$1×10^{-7}$ rad·s^{-2}（X轴），$5×10^{-7}$ rad·s^{-2}（Y、Z轴）

最大温度偏差系数：　　　$5×10^{-8}$ m·s^{-2}/℃（X轴），$1×10^{-8}$ m·s^{-2}/℃（Y、Z轴）

最大温度尺度因子系数：　$2×10^{-3}$ ℃$^{-1}$（X轴），$5×10^{-3}$ ℃$^{-1}$（Y、Z轴）

• 加速度计检测质量中心与卫星质心的最大偏差：<2mm。

3.恒星敏感器

CHAMP卫星的姿态测量是通过其上安置的两个恒星敏感器实现的。恒星敏感器又名高级星光罗盘(Advanced Stellar Compass,ASC)，其测量是基于像对的立体测图原理(过程倒置)，通过在卫星平台上安装恒星照相机组(一般两个)，并选择适当的恒星星座，采用高精度的恒星星历，能达到卫星测量系统对平台姿态测量的精度要求。恒星敏感器可实现姿态测量自动化，且姿态信息的误差不像惯性测量单元的陀螺方向误差随时间积累。恒星敏感器安装时，要求恒星敏感器姿态轴与加速度计敏感轴夹角(通常设计为平行)的标定精度为几弧秒。CHAMP上装有两套ASC系统，每一系统都由双镜头单元(CHU)组成，共用一个数据处理单元(DPU)，其中之一是装在卫星的前伸壁梁，是测磁光学部件的组成部分，和一个磁力计固连在一起，其相机镜头具有洁磁性，以改进其姿态解传输的可靠性。该ASC系统为向量磁场测量提供高精度姿态角信息；另一个ASC系统装于卫星顶部一个窗口，为固连于卫星的各种仪器提供高精度姿态角信息，并作为卫星姿态与轨道控制系统的传感器。这一ASC系统还为星载加速度计以及数字离子漂移计测量的三个分量提供姿态数据。

CHAMP卫星上的ASC主要设计指标如下：

• 姿态角测定精度：　　4″(弧秒)

• 视场：　　　　　　　18.4×13.4°

• 采样率：　　　　　　1Hz(标称)，0.5，2Hz

• CHU磁矩：　　　　　10^{-5} A/m^2

• 电源能耗：　　　　　8W

- CHU 重：　　　　　200g（不包括防护板）
- DPU 重：　　　　　800g
- CHU 尺寸：　　　　50×50×45mm³
- DPU 盒尺寸：　　　100×100×100mm³

CHAMP 任务的科学数据产品分为两大类：标准科学数据产品和特别科学数据产品。标准科学数据产品面向一般用户或用于一般科学研究，而特别科学用户产品则面向系统操作人员内部或限制级用户。两类产品都由三大部分组成：轨道和重力场处理系统（Oribit and Gravity Field System, OG）、地磁场和电场处理系统（Magnetic and Electric Field Processing System, ME）以及大气和电离层剖面系统（Atmospere/Ionospere Profiling SystemsAP/IP）。每个部分又分成四类：Level1、Level2、Level3、Level4。如图 7-5 所示。

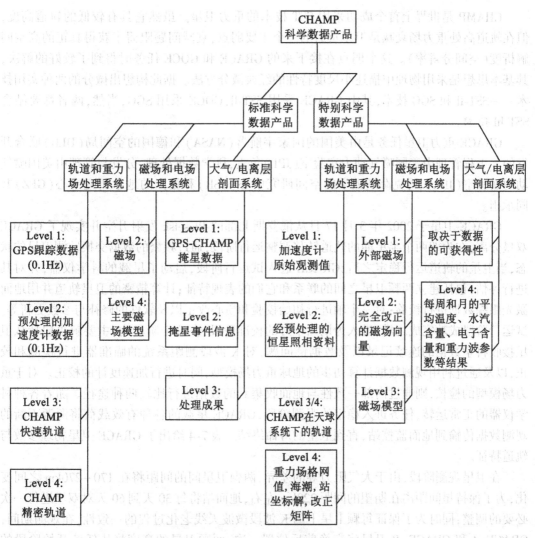

图 7-5　CHAMP 任务的数据分类框图

对于重力场研究目的，所需要的观测数据主要包括：

(1)精密轨道数据;
(2)三轴加速度计精密测定 CHAMP 卫星的非保守力数据;
(3)利用恒星敏感器确定卫星姿态的数据。

由于在解算重力场时,不同的方法涉及的数据处理流程不同,例如,利用动力学一步法解算,对于卫星轨道数据仅需要 GPS 接收机的观测,加速度计数据的校准参数也不单独求解,而与卫星轨道、重力场模型位系数等一并解算;但对于使用能量法求解,则卫星轨道需要纯运动学精密轨道,并且加速度计数据需要提前进行校准,但对于卫星观测数据在不同坐标系下的转换,则必须要求恒星敏感器的姿态数据,以实现坐标在空固系与地固系之间的转换。

7.3.2 GRACE

CHAMP 是世界上首个成功采用 SST 技术的重力卫星。虽然它具有较低的轨道高度,但在轨道高处重力场衰减是卫星重力的一个主要弱点,衰减问题阻碍了获得真正的高空间解析度(空间分辨率)。这个弱点在接下来的 GRACE 和 GOCE 任务时得到了较好的解决,其基本思想是采用物理中描述小尺度特性的经典微分方法。据此构想出微分的两种实用技术——SST-ll 和 SGG 技术,其中 GRACE 采用 SST-ll,GOCE 采用 SGG,当然,两者都要结合 SST-hl 技术。

GRACE 重力卫星任务是由美国的国家宇航署(NASA)和德国的空间局(DLR)联合开发的。工程管理由美国喷气动力实验室(JPL)负责,科学数据处理、分发与管理由美国喷气动力实验室(JPL)、得克萨斯大学的空间研究中心(CSR)和德国的地学研究中心(GFZ)共同承担。

GRACE 卫星于 2002 年 3 月 17 日从俄罗斯北部的 Plesetsk 发射升空并实现了 GRACE 双星分离,在为期两个半星期的轨道转移调整运行阶段,通过频繁的数据交换监测卫星的状态,当卫星的轨道运行稳定之后,GRACE 进入试运行阶段,启动了星载的科学仪器,并对其进行评估,包括建立两颗卫星之间的联系和它们的表现特征;计算精密的卫星轨道并用地面激光跟踪数据进行校验;对三个轴进行初始校验和质心改正以及软件的修补与参数更新等。试运行阶段成功完成之后,进入为期六个月的校准阶段,在这个阶段内,主要解决包括从卫星接收科学数据的连续记录以及数据链问题,对 K 波段测距系统的瞄准器进行检测和校正,以及通过利用观测数据计算初步的地球重力场模型,同时进行加速度计的校正。对于重力场模型的检核,则通过内部一致性与地面收集到的数据进行比较两种途径。随着各种科学仪器的正常运转,任务进入稳定的观测阶段,GRACE 星载的各种有效载荷将源源不断的观测数据传输到地面监控站,直到卫星的寿命终结。表 7-4 给出了 GRACE 卫星物理参数与轨道特征。

在卫星观测阶段,由于大气阻力等的差异,两颗卫星间的间距将在 170~270km 之间变化,为了保持星间距离在期望的间距 220km 左右,地面站将每 30 天到 60 天对双星进行一次必要的调整;同时为了保证每颗卫星上的 K 波段微波天线老化过程的一致性,在观测期间,GRACE A 和 GRACE B 卫星将交换前后位置一次,两颗卫星的高度将从任务开始阶段的 500km 下降到最终的 300km。图 7-6 给出了 GRACE 卫星重力场探测示意图。

表 7-4　GRACE 卫星物理参数与轨道特征

		GRACE A	GRACE B
物理参数	宽(mm)	1 942	
	长(mm)	3 123	
	高(mm)	720	
	质量(kg)	487	
	寿命(years)	5	
轨道特征	发射时间(s)	UTC 时间 2002 年 3 月 17 日 10:46:50.875	
	长半轴 a(km)	6 876.481 6	6 876.992 6
	偏心率 e(--)	0.000 409 89	0.000 497 87
	倾角 i(°)	89.025 446	89.024 592
	升交点赤经 Ω(°)	354.447 149	354.442 784
	近地点角距 ω(°)	302.414 244	316.073 923
	平近点角 M(°)	80.713 591	67.044 158

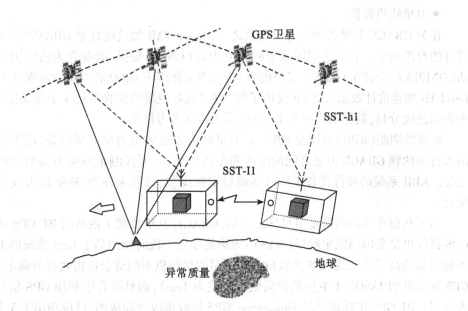

图 7-6　GRACE 卫星重力场探测示意图(ESA)

对于应用于地球重力场的探测,主要星上设备包括:
- 新一代的星载 GPS 接收机,可实现 GPS 星座对 GRACE 卫星轨道的连续跟踪;
- 高精度星载加速度计,用于精密测定卫星的非保守力影响;
- K 波段微波测距系统,用于两颗 GRACE 卫星之间的精密跟踪测距;
- 恒星敏感器,用于精密测量 GRACE 卫星的姿态。

利用这些仪器的观测结果,可以前所未有的精度测定中、长波地球重力场的静态部分,其中长波 5 000km 分辨率的大地水准面期望精度为 0.01mm,中波 500~5 000km 分辨率的大地水准面期望精度为 0.01~0.1mm;以 2~4 星期时间段观测数据测定地球重力场的时变量,测定大地水准面年变化的期望精度为 0.01mm/年到 0.001mm/年。

GRACE 科学数据产品分为四类:Level-0、Level-1A、Level-1B 和 Level-2。Level-0 数据是卫星在轨的原始观测数据,Level-1A 数据是对 Level-0 数据进行非破坏性处理所得到的结果,主要包括将二进制编码的测量结果转换到工程应用单位制,数据根据各自卫星接收机的钟加上时间标记,同时对数据增加编辑和质量控制标记,并重新统一数据输出格式。Level-1B 数据是通过处理 Level-1A 和 Level-0 数据而得到的。Level-1B 数据被标上了统一的正确时间,数据采样率也从前一级的高采样率降低,Level-1B 数据提供了计算地球平均重力场模型以及研究重力场时变所必需的所有输入数据,同时,它也被用于 GRACE 卫星精密轨道的确定。确定 GRACE 重力场模型的数据源即是 Level-1B 数据,它主要包括下面七类数据:

- 双频单通道测距数据
- 恒星敏感器数据
- 加速度计数据
- GPS 跟踪数据
- 卫星辅助管理数据
- 时间数据
- 卫星轨道数据

作为 GRACE 卫星关键的有效荷载之一,SuperSTAR 加速度计是 CHAMP 卫星任务加速度计的改进版本。它由法国国家空间研究中心(CNES)提供,研制者为法国国家航天研究所(ONERA),安置在 GRACE 卫星的质心上,测定作用于 GRACE 卫星的非保守力。GRACE Level-1B 加速度计数据 ACC1B 提供了每颗 GRACE 卫星的检验质量 3 个线加速度分量和 3 个角加速度分量,数据采样率为 1s,坐标系为科学参考框架。

K 波段测距(KBR)系统是 GRACE 卫星最为关键的重力场测量设备,用于精密测量自由飞行的两颗 GRACE 卫星之间的距离和距离变化,进而探测地球重力场的空间信息及其变化。KBR 系统的硬件设备主要包括超稳定振荡器、微波采样器、喇叭形天线和信号处理单元。

为了获得连续的高精度卫星状态向量,GRACE 卫星装载了最新的 BJ GPS 接收机。BJ GPS 接收机是美国国家宇航局(NASA)为满足今后一段时期内基于 GPS 系统的卫星定轨服务而研制的高质量星载 GPS 接收机。该类型的接收机不但适合精密轨道的确定(装载了 BJ GPS 接收机的 JASON-1 卫星的径向轨道误差为 1cm),而且适合于利用 GPS 信号遥测地球大气层。BJ GPS 接收机是从 Turburogue GPS 接收机改进而成的,已成功用于 5 个 JPL 的卫星任务。

GPS 精密轨道数据包括 JPL 公布的 GRACE Level-1B 的精密轨道数据 GNV1B,它是利用精密定轨软件 GIPSY 计算得到的,数据以天为单位,每天的结果利用前后两天临界的数据(6600s)进行平滑,数据采样率为 60s。利用 SLR 的观测对这两种数据作了外部精度评定,其中简化动力学轨道的精度高于 4cm,运动学轨道的精度低于 4cm(Švehla,2003)。

相比于 CHAMP 卫星,GRACE 计划采用物理中描述小尺度特性的经典微分方法,将两颗卫星之间的相对运动,即卫星间的距离及其变化用微波干涉仪极其精密地测量,其一阶微分便可得到重力加速度。由于引入了 K 波段测距系统,GRACE 卫星观测的结果无论是精度还是分辨率都远远高于 CHAMP。利用 GRACE 的相关重力场计算的数据,我们同样可以得到卫星高度处的扰动位,进而计算重力场的各相关参量。这里需要特别指出的是,K 波段数据是 GRACE 卫星计划成功实施的关键,其数据的使用将大大提高重力场恢复的精度和分辨率。

GRACE 采用 SST-ll 技术,同时发射两颗低轨道卫星在同一个轨道上,彼此相距 200km,一个"追踪"另一个。两者之间的相对运动即卫星间的距离变化用微波干涉仪极其精密地测量,用其一阶微分便可求得重力加速度。两个飞行器上的非保守力影响由加速度计测定。它所得到的静态和动态重力场的精度将比 CHAMP 高一个数量级。空间解析度(半波长)为 1 000~200km。GRACE 的目的是提供一个前所未有的新的地球重力场模型,由于 CHAMP 和 GRACE 具有不同的轨道高度和由此产生的不同的轨道扰动波谱,两个卫星可以互相取长补短,它们将给出一个高精度的重力观测的覆盖,以弥补地球上的重力观测空白区。

7.3.3 GOCE

GOCE 卫星是第一个进行卫星重力梯度观测的计划,已于 2009 年 3 月成功发射。GOCE 任务期设计为 2 年,考虑到卫星上能量供应、试运行以及梯度仪检校等,其中仅有 12 个月为真正的观测时间,分为两个阶段,每个阶段进行 6 个月连续观测,第一个测量任务期轨道高度 250km,后一个为 240km。GOCE 卫星及其主要载荷包括静电重力梯度仪 EGG、GPS-GLONASS 接收机、激光后向反射棱镜(Laser Rectro-Reflector,LRR)、姿态控制系统、恒星敏感器、标准辐射环境监测器(Standard Radiation Enviroment Monitor,SREM)等仪器。静电重力梯度仪 EGG 和卫星跟踪卫星装置(SST Instruments,SSTI)是 GOCE 卫星系统的两个核心装置。表 7-5 给出了 GOCE 卫星轨道和荷载的指标。

表 7-5　　　　　　　　　　　GOCE 卫星轨道及其荷载指标(ESA)

	参数	指标
轨　道	高　度	250km(前 6 个月) 240km(后 6 个月)
	倾　角	96.5°(太阳同步)
	偏心率	<0.001(近似圆形)
梯度仪	基线长度	0.5m
	梯度分量	$V_{xx}, V_{xz}, V_{yy}, V_{zz}$
	白噪声	$<5\text{mE}/\text{Hz}^{1/2}$　($0.005\text{Hz}<f<0.1\text{Hz}$)
	有色噪声	$1/f$　($f<10^{-3}\text{Hz}$)
	测量带宽(MBW)	$0.005\text{Hz}\sim 0.1\text{Hz}$
	采样率	1(s)
	检测质量定位误差	$6\times 10^{-8}\text{m Hz}^{-1/2}$
	绝对/相对比例因子	$10^{-3}/10^{-5}$
	绝对/相对定向	$10^{-3}\text{rad}/10^{-5}\text{ rad}$
GPS-GLONASS 接收机测量精度	Δx	$2\text{cm}/\sqrt{\text{Hz}}$
	Δy	$1\text{cm}/\sqrt{\text{Hz}}$
	Δz	$3\text{cm}/\sqrt{\text{Hz}}$

GOCE 的主要技术特点是装载有卫星重力梯度仪，同时采取 SST-hl 技术，利用 GPS 技术精密测定 GOCE 卫星轨道。基本原理是利用一个卫星内一个或多个固定基线（大约 70cm）上的差分加速度计来测定三个互相垂直方向的重力张量的几个分量，即测出加速度计检验质量之间的空中三向重力加速度差值。测量到的信号反映了重力加速度分量的梯度，即重力位的二阶导数（见图 7-7）。飞行器的非引力加速度（例如空气阻力）以同样的方式影响卫星内所有加速度计，取差分可以理想地被消除掉。为了能够使卫星尽量使用太阳光提供的能量，轨道被设计成太阳同步近似圆形轨道，倾角约 96.5°，因此在两极将有球半径约 6.5°的无观测值覆盖地区。从 GOCE 的测量原理可以看出四个重要特性：第一，利用 GPS 实现对卫星三维连续跟踪；第二，差分加速度计能够有效补偿非保守力作用；第三，卫星轨道较低，可感应到较强的重力场信号；第四，重力场的二阶梯度张量观测值可有效补偿重力场信号因高度上升而产生的衰减。因而 GOCE 计划恢复重力场的能力相对于其他卫星任务将会大大提高，尤其是中高频段，可望实现恢复厘米级大地水准面的目标。

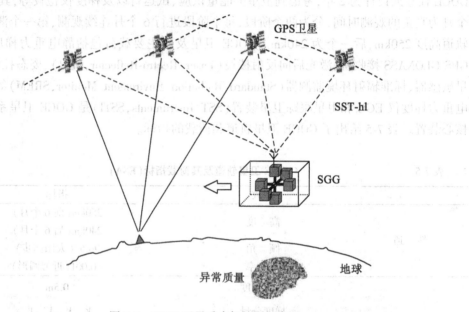

图 7-7　GOCE 卫星重力场探测示意图

在重力场确定的研究中，所涉及的 GOCE 重力数据主要包括：经过校验改正过的地固坐标系或卫星参考框架中的重力梯度观测数据；经改正过的 SST-hl 观测值和 GOCE 卫星在地固坐标系或惯性坐标系中的位置数据；卫星线性加速度和角加速度向量数据；卫星姿态轨道控制以及无阻力控制推进器的历史观测资料；卫星姿态、角速度和离心加速度数据。由于数据现未公开，其具体的数据格式、精度、类型等还未能知道，但求解地球重力场时，通常需要使用地面边界面上的重力观测值，这就需要将沿轨的引力梯度观测值归算到球面上，然后将其内插成格网点值。

GOCE 是第一个重力梯度测量卫星，特别适合于测定高精度和高空间解析度静态重力场——大地水准面和重力异常。GOCE 的主要目的是提供最新的具有高空间解析度和高精度的全球重力场和大地水准面模型（其球谐系数将达到 $n=200, m=200$，或者更高）。其空间解析度（半波长）将达到 200~80km，最短可达 65km。GOCE 卫星未来的重力观测数据除了在精度上高于 CHAMP 和 GRACE 外,还可满足重力场高频信号的要求,具有更高的空间分辨率,将对陆地重力测量和航空重力测量是强有力的支持。

上述 CHAMP、GRACE 和 GOCE 工作在不同波谱内。由于它们各自有不同的测量原理,所以就重力观测而言,它们是完全互补的。CHAMP 可以看成是一次概念证明,因为它是第一次非间断三维高低跟踪技术结合三维重力加速度测量。这个技术在精度和空间解析度上不会对现有重力场模型有多少改进,但是它将大大提高低阶球谐系数的精度,并使目前的模型更加可靠;GRACE 是第一个 SST-ll 卫星,它将使中长空间尺度的球谐系数精度提高约 3 个量级;而 GOCE 主要适合于静态重力场的确定,它的低轨道飞行和直接的重力场参量的测量,使得其适用于重力场模型全波段的高精度恢复。

7.3.4 卫星重力观测数据处理方法

1.加速度计数据校准

重力卫星的飞行高度比较低,因此必须要求更加精密的大气模型和地球辐射压等模型以消除非保守力的影响,但是目前的数学模型都不能很好地满足要求,用加速度计精密测定所有非保守力的合力是卫星重力技术的新发展,也是新一代重力卫星计划的重要特点。

但是需要注意的是,在卫星运行过程中,仪器设备的电气物理特性决定了仪器并不能长期保持完全正常的运行,加速度计数据是通过精密测定检测质量的微小运动导致的电容极板产生的反馈电压变化得到的,加速度计设计了一个检验质量电压参数 V_p (Proof Mass Voltage),在一定的时间范围内, V_p 可能偏离先验标称值域,意味着加速度计观测数据产生了一个偏差(主要部分)和可能的尺度因子变化,当某一时间区间内 V_p 超出标称值域,可利用 V_p 值的时间序列(来自 AHK1B),通过不同的数值方法计算这个时间段内加速度计数据的偏差和尺度因子。Level-1B 产品中的加速度计数据 ACC1B 因此隐含有一个系统的尺度因子和偏差,若将此数据应用到地球重力场确定,则必须首先对其进行校准。

在加速度计数据处理过程中,GRACE 数据中心公布了两个参数的初始估值,以用于确定更高精度的加速度计结果,经过校准的加速度计数据比 ACC1B 数据更与真实的非保守力接近。

因为仪器三个方向电气物理特性不同,并且不同的方向受力情况不同,因此每个方向都要求相应的校准参数,对于单独一个方向,有校准公式(Bettadpur,2003):

$$a_{\text{new}} = \text{bias} + \text{scale} \cdot a_{\text{ACC1B}} \tag{7-69}$$

需要注意的是,上述公式仅适用于线加速度计数据的校准。表 7-6 给出了 GRACE 数据中心公布的校准参数的初值,从表中可以看出,偏差估值并不是一个常数,而是时间的函数,可以通过一个简单的线性函数关系表示,但 GRACE-B 卫星的 Y 轴偏差更为复杂,必须利用一个二次函数才能估计,这些数据只能作为加速度校准参数的初值,而不能作为结果使用,为了获得更高精度的结果,必须对这些初值作进一步的改进。

如前文所述,能量守恒方法对于加速度计测得的非保守力加速度非常敏感,因此,能量守恒方法不仅可以用于地球重力场的确定,而且还是校准加速度计数据的一个强有力工具。

设非保守力附加项用 ΔC 表示,星载加速度计测得的非保守力加速度为 a,则造成的能量损失 ΔC 等于沿轨道积分加速度数据,有:

表 7-6　　GRACE 卫星加速度计校准参数初始估值

类型	方向(SRF)	GRACE A	GRACE B	附加注释
SCALES	X	0.961	0.947	±0.002
	Y	0.980	0.970	±0.020
	Z	0.940	0.920	±0.020
BIASES (nm/s/s)	X	$-1\,020-0.24(T-52\,365); T<52\,706$ $-1\,110-0.08(T-52\,700); T\geq 52\,706$	$-520-0.08(T-52\,400)$	
	Y	$26\,000+5.0(T-52\,400); T<52\,706$ $27\,800+1.7(T-52\,700); T\geq 52\,706$	$5\,940+10.5(T-52\,400)-0.01(T-52\,400)^2$	T: MJD
	Z	-500	-775	

$$\Delta C = \int_x a \mathrm{d}x = \int_{t_0}^{t} a \times \dot{r}\, \mathrm{d}t \tag{7-70}$$

由式(7-31)或(7-33),如果加速度计数据中含有误差,则最终导致能量积分的结果——扰动位中含有产生的对应偏差,因此如果利用已知的重力场模型得到的同一位置的扰动位,则利用两个扰动位的差别由式(7-31)和(7-70)联立即可确定比例因子和偏差的估值。对于时间序列的加速度计观测值 $a_i(i=1,\cdots,n)$,利用式(7-33)可以得到对应的扰动位观测值,若以某一时刻 t_0 为起点,则对于时间间隔为 Δt 的 $t_1,t_2,\cdots,t_n$ 时刻有离散化观测方程:

$$\begin{cases} T_1 = E_1 - U_1 - \overline{\omega}(r_{i_x}\dot{r}_{i_y} - r_{i_y}\dot{r}_{i_x})|_1 - V_{t_1} - (\dot{r}_1 \cdot a_1 \cdot \Delta t) - E_0 \\ T_2 = E_2 - U_2 - \overline{\omega}(r_{i_x}\dot{r}_{i_y} - r_{i_y}\dot{r}_{i_x})|_2 - V_{t_2} - (\dot{r}_1 \cdot a_1 \cdot \Delta t + \dot{r}_2 \cdot a_2 \cdot \Delta t) - E_0 \\ \cdots \\ T_n = E_n - U_n - \overline{\omega}(r_{i_x}\dot{r}_{i_y} - r_{i_y}\dot{r}_{i_x})|_n - V_{t_n} - (\dot{r}_1 \cdot a_1 \cdot \Delta t + \cdots + \dot{r}_n \cdot a_n \cdot \Delta t) - E_0 \end{cases} \tag{7-71}$$

其中,E_i 和 U_i 分别为动能和正常位。

除了上述方法外,类似于测高卫星的交叉点平差方法,由交叉点处上升弧段和下降弧段的扰动位不符值利用交叉点平差方法可以确定加速度计数据中的尺度因子和偏差。如果不考虑重力场的时变效应,则同一高度的卫星上升弧段与下降弧段交叉点的扰动位应该相等,但由于前述的加速度计数据中存在尺度因子和偏差,使得在交叉点上上升弧段和下降弧段的扰动位不一致。这是因为在表达能量守恒原理式中,用加速度计数据积分得到的非保守力能耗 ΔC 与实际不符,不能补偿动能的变化,导致在交叉点上上升和下降轨道对应的时间间隔中计算的非保守力能耗不能补偿同时间段内动能的变化,因此在交叉点上计算的两个扰动位观测值之差理论上应严格为零,其不符值则是由于加速度计数据误差(尺度差和偏差)使计算的非保守力耗散能不能满足能量守恒律规定的补偿值的残差。可以证明,此残差与加速度计的尺度和偏差参数呈线性关系。这就是利用交叉点不符值校正加速度计的基本原理。此方法的最大优点是完全避开了先验重力场模型的影响。这两种方法的具体实例计算见(王正涛,2005),在此略去。

2. KBR 数据精化

K 波段测距(KBR)系统是 GRACE 卫星最为关键的重力场测量设备,用于精密测量自由飞行的两颗 GRACE 卫星之间的距离和距离变化,进而探测地球重力场的空间信息及其变化。KBR 系统的硬件设备主要包括超稳定振荡器、微波采样器、喇叭形天线和信号处理单元。

超稳定振荡器(USO)为测距系统提供参考频率和计时工具。微波采样器的功能是将超稳定振荡器的参考频率增频变换到 24GHz(K 波段)和 32GHz(Ka 波段),将来自另一 GRACE 卫星的测距载波相位信号降频变换、放大并与参考载波相位信号进行混频处理(比较),从而完成星间测距。喇叭形天线用于两颗 GRACE 卫星之间载波相位信号的发射与接收。信号处理单元在整个 GRACE 卫星科学仪器维护与控制计算中心负责 K/Ka 波段测距的数字信号处理。

考虑到电离层改正和更高精度的相位测量,微波测距时,每颗 GRACE 卫星将向另一颗 GRACE 卫星同时发射两种频率(K/Ka)的载波相位信号,且两颗卫星的发射和接收频率因 Doppler 效应有一小的偏差(24GHz 频道偏移 0.5MHz,32GHz 频道偏移 0.67MHz)。当每颗卫星两个波段的 10Hz 相位变化采样数据被下载到地面数据接收站后,再经过每个波段相位观测的线性组合,并施加电离层改正后,就可得到卫星之间的距离变率。

GRACE Level-1B 提供的 K 波段测距数据 KBR1B 包括三类数据:有偏距离 BR(Biased Range)、距离变率 RR(Range Rate)和距离加速度 RA(Range Acceleration)。

有偏距离 BR 是 GRACE A 和 GRACE B 卫星各自天线相位中心的真实距离加上一个未知的偏差。对于相位变化观测的每一分段连续部分偏差是任意的,通常在过日分界线时发生改变。BR 数据中同时也包含有光时改正和几何改正,前者是由于 K 波段信号传播的时间而引起的距离变化,后者由于卫星姿态变化而导致距离的改正。

对于时间序列的相位观测,可以分别计算两颗卫星之间的不同频率 K 和 Ka 对应的有偏距离(Frank,2003):

$$\begin{cases} \Psi_K = [(\phi_{A.K} + \phi_{B.K})/(f_{A.K} + f_{B.K})] \cdot c \\ \Psi_{Ka} = [(\phi_{A.Ka} + \phi_{B.Ka})/(f_{A.Ka} + f_{B.Ka})] \cdot c \end{cases} \quad (7\text{-}72)$$

式中,ϕ 表示 GRACE 卫星的相位观测;f 表示卫星微波对应的频率;c 为光速。如果考虑电离层的影响,可以通过两种频率的距离一次差分消除,有:

$$BR = (\text{ion\_Ka} \cdot \Psi_{Ka}) - (\text{ion\_K} \cdot \Psi_K) \quad (7\text{-}73)$$

式中,$\text{ion\_Ka} = 16/7$,$\text{ion\_K} = 9/7$。

由于 GRACE 卫星的 GPS 接收机和 KBR 系统共用一个 USO,因此在数据后处理时,可以利用卫星的精密定轨来确定 KBR 测量的绝对时间标志。如果 GRACE 卫星位置确定精度可以达到 2cm,则可使卫星时钟相对于地面参考站的绝对时间精度达到 0.1ns。此外,利用 GPS 载波相位的精密相对定位技术可使两个 GRACE 卫星的时钟同步精度(相对精度)远高于绝对时钟精度,利用此项技术可在数据后处理中测定 GRACE 卫星的时钟漂移参数,进而提高微波测距的精度。前已提及,由于 K 波段信号从发射到接收需要传播时间,将引起观测到的 BR 转换成瞬时距离时产生一个偏差,即卫星在 K 波段信号从发射到接受这段时间内所飞行的距离,这项偏差称为光时改正 LTC(Light Time Correction),它可以由两个 GPS1B 数据文件中的 GRACE 卫星轨道位置和速度信息推得。

由于 GRACE A 和 B 卫星在飞行过程中不能时刻保持完美的视线对准,因此必须考虑因为卫星姿态的变化而没有及时调整相对视线定向造成的卫星间距离偏差,即几何改正 GC (Geometric Correction)。这项改正首先要利用恒星敏感器的定位信息,将天线相位中心偏移矢量旋转到惯性框架下,然后与两卫星间的视线矢量做点积得到偏差改正。

利用 KBR 系统得到 GRACE 双星间的有偏距离,则时序有偏距离对时间分别求一阶导数和二阶导数可以得到距离变率(RR)和距离加速度(RA)。同上所述的原因,距离变率和距离加速度同样需要各自的光时改正和几何改正,有(王正涛,2005):

$$\begin{cases} BR_{cor.} = BR + LTC\_BR + GC\_BR \\ RR_{cor.} = RR + LTC\_RR + GC\_RR \\ RA_{cor.} = RA + LTC\_RA + GC\_RA \end{cases} \quad (7-74)$$

除了上述的改正外,若要保证数据的高可靠性,还需要利用公布的数据质量标志 QF (Quality Flags)对数据进行筛选。在 KBR1B 数据中,每一个记录最后一项为质量标志项,共有 8 个质量标志位,同时,载波相位的频率信噪比 SNR 也提供了一种数据编辑的途径,编辑标准见表 7-7。

表 7-7　　　　　　　　　　**KBR 数据质量控制**

标志	定义	剔除
QF Bit 0	相位观测中断	QF Bit 0 = 1
QF Bit 1	外推的光时改正	QF Bit 1 = 1
QF Bit 2	利用惯性系模型姿态对天线相位中心改正	QF Bit 2 = 1
QF Bit 3	外推的钟差改正 >5s	QF Bit 3 = 1
QF Bit 4	外推的钟差改正 <5s	QF Bit 4 = 1
QF Bit 5	K 或 Ka 波段相位时间偏差导致数据改正	QF Bit 5 = 1
QF Bit 6	内插的数据 ≥5s	QF Bit 6 = 1
QF Bit 7	内插的数据 <5s	QF Bit 7 = 1
N_{SNR}	K 或 Ka 波段的信噪比	$N_{SNR} \leqslant 450$　0.1db·Hz

利用表 7-7 中的数据编辑标准可以剔除相位观测中断,利用模型改正以及通过内插或外推得到的数据,经过编辑后的数据可以保证更好的精度与可信度。需要注意的是,2003 年 5 月 8 日以前的 GRACE A 数据和 2003 年 2 月 3 日以前的 GRACE B 数据中都观测到了大小在 340 左右的信噪比值,但是这些信噪比值是错误的(Frank,2003),因此对应的 KBR 数据是有效的,而不应该剔除。

7.4　卫星重力测量的应用

7.4.1　大地测量学

高精度的地球重力场信息对固体地球物理、大地测量等都具有深远的影响。卫星重力任务的实施为消除陆地困难地区和近极地重力空白区提供了前所未有的条件。高精度的地球重力场信息可以应用于建立全球统一的高程基准、区域性测绘垂直基准的统一、远距离高程控制、陆海、海洋与岛屿高程的高精度连接。

地球重力场的特点是长波分量占优(>90%),地形和地壳的扰动质量产生的中短波分量相对偏小,短波(地形)影响尤小,大、中、小山区分别为米级、分米级和厘米级,个别情况例外。中、长波分量是重力场谱结构的主分量,是"骨架",从某种意义上说,精确确定重力场模型的中、长波分量,就是为模型提供了"牢固"和精密的框架,是基础。三个重力卫星任务的顺利实施确保了这个框架基础的成功构建。传统的地表重力场测量方法具有固有的局限性,其地位已经转变为作为空间方法的补充和校准或进行高精度局部重力场的确定。测高卫星和重力卫星技术可以提供全球的、均匀分布的、比较稠密的和高质量的重力测量数据。尽管重力卫星重力场观测系统不能满足所有地球科学对高精度、高分辨率重力场的要求,但是它对改善和提高现有地球重力场的精度起到了决定性的作用,尤其在中长波段。图7-8 给出了三个基本重力场参数(大地水准面、重力异常与重力梯度)之间的数学关联,及其在地面与卫星高度处之间的数学关联。

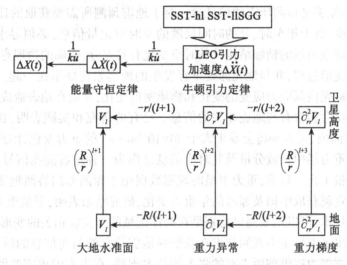

图 7-8　三个基本重力场参数的数学关联

利用卫星重力探测技术可以获得全球一致的高精度高分辨率的地球重力场与其时变参数。采用卫星跟踪卫星(高-低卫星跟踪方式和低-低卫星跟踪方式)及卫星重力梯度技术,能够获得波长在 100km 以上的精度优于 1cm 的全球大地水准面及相应的重力场参数及其时变参数,特别是长波成分(空间分辨率为 500～5 000km)的精度能达到 0.001～0.1mm,比目前最好的全球重力场精度要高出数十倍乃至数百倍(更长波长成分)之多。

确定全波段厘米级大地水准面是 21 世纪初期物理大地测量的主要目标之一。实现这一目标首先取决于在全球范围内测定重力和探测近地空间重力场信息的技术发展水平。传统重力探测技术获取全球均匀分布的高精度重力场信息的能力受到了限制,迫切需要新的技术突破。由于重力异常数据的缺乏,我国大陆仍有 10% 的重力空白区,且在这些地区进行地面重力测量具有相当大的难度,我国西部地区的大地水准面的精度大约在几十厘米,而利用航空重力测量或卫星数据来填补这些重力空白区将是可行的。

借助于卫星重力数据,可进一步提高西部地区、困难山区、海洋滩涂等重力空白区大地水准面的精度;卫星重力与海洋卫星测高相结合,可使海洋大地水准面精度提高到厘米级;卫星重力通过精确测定大地水准面的中长波分量,可以控制 GPS/水准方法大地水准面误差的积累,从而保证大地水准面、陆海大地水准面的有效拼接。研究表明,在采用移去-恢复法计算重力大地水准面时,利用高精度的卫星重力场作为参考重力场,有利于抑制积分区域外的误差影响从而提高大地水准面的求定精度。

7.4.2 地震学

地震是一种严重的自然灾害,随着人口密度增加和经济发展,地震灾害的损失已越来越严重,引起地处世界强震带的各国政府对此的极大关注。近年来,世界各地不断发生的灾害性地震造成了大量的人员伤亡和巨大经济损失。2008 年 5 月 12 日,中国汶川发生的 8.0 级大地震是新中国成立以来损失最大的一次,遇难失踪人数超 8.7 万,受伤人数达到 37 万多人,造成直接经济损失 8451 亿元,直接严重受灾地区 10 万 km^2。地震预报是当今世界一大科学难题,传统的以接触式测量为基础的地面观测技术存在着非均匀性、局域性和有限时效性等问题,不仅不能满足预测所需的信息量。对于地震预测所需要获取的比震源区大 1~2 数量级的空间尺度、数十年至时、分的时间尺度的全时空定量信息,必须寻求新的观测技术和手段。由于地球重力场的精细结构及其时空变化有着充分、明确的物理意义,反映着地球内部物质变化和变形过程,并与地壳深处孕育发生的地震紧密联系在一起。地震在地壳深处孕育发展造成地壳内部应力应变的变化和物质密度变化,从而在地表造成重力场变化,这些重力变化信息将会包含有与地震相关的信息。已有的研究和实践表明,在一次中强地震之前的 3~5 年时间内,重力场将会发生大于 $40×10^{-8}m·s^{-2}$ 的重力变化,因此重力观测获得的高精度的地球重力场中长波分量及其时变信息已作为一种地震前兆信号,被用于地震科学研究和预测预报工作。目前,重力卫星的观测数据用于探测苏门答腊地震同震及震后变形以及利用卫星资料获取中国及邻区的年重力变化,研究结果表明,卫星重力测量提供了一种独特的新测量技术,可以用来测量特别是在海洋区域的与主震相关的变形和震后过程,这些结果同时显示出了卫星重力观测技术在获取强地震孕育的前兆信息的巨大潜力,将为跨越式提高地震监测能力提供前所未有的强大的技术支持,在未来的地震监测预测工作中具有巨大的应用前景。

7.4.3 海洋学

海平面变化在全球气候变化中占有重要的地位,对人类社会和环境都有重要的影响,海平面上升将对人类的生存构成最直接的威胁。近百年来,由于温室气体的不断增加造成了全球性气温上升,导致海水受热膨胀、高山冰川融化、南极冰盖解体,引起全球平均海平面上升,过去 100 年全球平均海平面升高了 10~25cm,预计 21 世纪将再升 50cm 左右。这就要求人们对海平面的变化趋势以及造成全球海平面变化的原因进行深入的研究。因此,确定全球平均海平面变化,特别是确定全球工业化以来平均海平面加速变化的原因显得尤为重要,地球重力场及其时变信息将有助于人类对现今海平面变化机制的理解,并可能预测未来海平面的变化以及气候的变化。在海平面变化研究中,需要解决的一项关键的基础性研问题是如何从海平面变化观测资料中把由全球气候变暖导致的海水热膨胀和冰川融化河流入海、降水等水质量造成的海平面变化两者分离。由于利用重力卫星获得的时变重力场信息可用于确定海平面变化中海水质量重新分布的效应,即反演海水质量再分布引起的海平面变化。目前,联合卫星重力资料、卫星测高和海洋同化模式资料,定量研究海水质量变化、海水温度变化对全球平均海平面季节变化贡献已经取得了很大的进展。利用现有和未来的重力卫星观测结合卫星测高观测和海洋观测资料可以构建空间高分辨率的静态大地水准面以及高精度的动态大地水准面,分别给出全球以及区域海水质量迁移和热容效应对平均海平面变化的各自贡献,为研究近海区域和全球平均海平面长期变化的原因、发展气候数值模式、海洋资料同化等问题提供独立、有效的基础和检核信息。

绝对海洋面环流可以给出海洋的热和质量的平均传输量,是研究全球气候的重要因素之一。现今丰富的卫星测高资料可以精确求定全球平均海面高,如果有一个独立确定的海洋大地水准面,那就可以对海洋动态起伏和绝对表面环流进行估计。鉴于海面动力地形起伏的幅度(±1m)与目前大地水准面模型的精度(在大部分海洋环流尺度上只有几十厘米)接近,多年以来,海洋学界一直迫切需要一个高精度的地球重力场模型和大地水准面,用于海洋环流等方面的研究。目前,利用现有卫星重力的观测结果确定的径向海洋大地水准面形状在 100~200km 空间尺度上可以达到 2cm 的精度,卫星雷达测高在分辨率和精度上可以满足同样的要求以测定实际海洋平均海水面高,两者的差就是海洋静态时的海面地形,它可以直接被转换成海洋面环流,因此,由卫星重力提供的地球重力场信息也是稳态海洋环流探测的重要参考依据。

7.4.4 地球物理学

1. 冰盖学

对冰盖质量均衡机制的正确理解有助于研究全球海平面长期变化趋势,利用精细的重力场信息反演格陵兰岛和南极冰盖质量平衡,将导致对冰层质量流动和相关的动态特性以及长期海平面变化的更深刻的理解。岩床的几何形状是控制冰层质量流动的主要因素,利用现有和未来的重力卫星为我们提供的高空间分辨率的重力场模型将使得估计岩床几何形状成为可能,结合激光测高仪和 SAR 干涉仪进行格陵兰岛和南极冰盖表面速度的观测,同时提供这些冰层在海域地区的短空间尺度的地形,就可建立完整的冰层流动模型,提高我们对冰盖质量平衡及海平面变化的认识。

2. 陆地岩石圈变化

对于陆地岩石圈,近年来,人们感兴趣的是在过去几百万年内发生冰川和冰消作用的地方。最近一次冰川融化结束于大约 7000 年前。冰川融化减小了岩石圈的负荷,由于地球内部的滞后黏性响应,去掉负荷后的均衡过程至今仍在进行。地球对于这些冰川溶解的响应以及所关联的重力异常取决于地壳和地幔的流变性和岩石圈的厚度,冰川的消失使得地壳和地幔中的物质重新分布,冰川融化所产生的地球变形可以用黏弹性模型来解释。随着更高精度和更高分辨率的地球重力场信息和大地水准面信息的不断更新,由此得到的更好的地幔黏弹性模型使得冰后期回弹的研究有新的发展。

3. 监测陆地水储量变化

陆地水储量变化是未被有效观测、估计的主要地球物理信号之一。陆地水储量变化的准确估计对人类社会具有重大的政治、经济意义。作为全球和局域气候模型的关键边界条件之一,精确测量的水储量变化有助于提高气候模型的质量,进而改善气象预报的可靠性。精确测量的水储量变化还有深远的生态学和经济学意义,特别是在人口稠密和经济发达的地区,大尺度上的水储量变化测量有助于监测环境的变化,如干旱和洪涝等恶劣气候的发生并评估其后果。然而受观测技术的限制,缺乏必要、翔实的观测资料和数据,制约了人类对陆地水变化和冰川、冰盖融化等地球物理过程的认识和研究,这主要是因为反映陆地水储量大尺度时空变化的实际观测资料十分匮乏,传统的地基水文观测覆盖范围小,局限在观测台站附近10km以内的范围,遥感卫星也只能观测地表几个厘米厚度的土壤湿度,因此,在以往的研究中,只能依靠少量的观测结果结合相关物理规律进行定性或粗略的定量估计。由重力卫星提供的时变重力场首次实现了对全球陆地水质量变化的监测,其分辨率在月变化尺度上达到1cm等效水高。这朝着确定不同时间尺度的陆地水循环迈进了一大步。

4. 建立三维全球密度模型

就现代地球科学而言,一个三维全球密度模型是非常重要的,因为它有利于更好地解释地幔构造、均衡补偿等。地幔中密度不均匀性主要产生长周期重力异常,并推动地幔的流动,其结果是板块和地壳运动。所以,为了反演密度异常,有关的地球物理观测数据是必须的,如重力异常、板块运动、地壳形变等。这些数据都可以作为密度反演的重要边界条件。重力场的结构是地球质体密度分布的直接映象,重力测量数据是研究岩石圈及其深部构造和动力学的一种"样本",精细的重力异常分布和大地水准面起伏对于弄清当前岩石圈和地幔动力学研究中的一系列问题有很重要的作用。重力异常反映了地球岩石圈和地幔质量异常的结构,它与固体地球大尺度变化过程有关,从重力异常转变为质量异常是一个反演问题。利用地震学的地震波速异常三维结果也可以反演转变为质量密度异常,当然,这两种反演的过程并不容易,重力和地震层析成像数据联合反演的研究表明,两种数据的结合使用明显改进了地球内部的图像。另一方面,由重力卫星得到的比目前精度高一两个数量级的长周期重力异常,使地球内部的很多研究都将得到空前的加强,如在核幔边界和上地幔不连续处的构造和静态及动态质量补偿等。联合重力异常和三维地震波层析成像结果,同时考虑地表面位移和形变测量结果、地幔物质的物理化学特性的实验结果以及地壳和岩石圈的磁场异常,将非常有希望解决这一问题,反演一个三维全球密度模型是完全可能的,从而大大地增进对大陆岩石圈以及上地幔和岩石圈相互作用的理解。

在传统地球科学向现代地球科学迈进的进程中,卫星重力技术支撑的地球重力场及其精细结构不断为地震学、地球物理学、地球动力学和海洋学等相关地学学科的发展提供重要的基础信息,同时也伴随着这些学科的发展所获取的信息使得人类对于地球重力场的了解也更加深入和清晰。由于重力数据日益丰富,特别是以高动态GPS连续观测技术、加速度计测定非保守力技术为支撑的卫星重力技术提供了大量高质量的全球重力数据,极大地推动了相关地球重力场确定问题的研究。

参 考 文 献

[1] Bouman J, Koop R. Error Assessment of GOCE SGG Data Using Along Track Interpolation[J]. Advances in GEOSciences, 2003a, 1: 27-32.

[2] Bouman J, Koop R. Geodetic Methods for Calibration of GRACE and GOCE[J]. Space Science Reviews, 2003b, 108(1/2): 293-303.

[3] Bouman J, Koop R. Tscherning C C, et al. Calibration of GOCE SGG Data Using High-low SST, Terrestrial Gravity Data, and Global Gravity Field Models[J]. J. Geodesy, 2004,78 (1/2): 124-137.

[4] Canavan E R, Moody M V, Paik H J, et al. Predicted Performance of the Superconducting Gravity Gradiometer on the Space Shuttle[J]. Cryogenics, 1996, 36:795-804.

[5] Chen J L, Wilson C R, Famiglietti J S, et al. Spatial Sensitivity of the Gravity Recovery and Climate Experiment (GRACE) Time-variable Gravity Observations[J]. J. Geophys. Res.-Solid Earth, 2005,110(B8).

[6] CSR. http://www.csr.utexas.edu/grace/publications/press/anniversary07.html, 2007.

[7] Ditmar P, Kusche J. Computation of Spherical Harmonic Coefficients from Gravity Gradiometry Data to be Acquired by the GOCE Satellite: Regularization Issues[J]. Journal of Geodesy, 2003b, 77: 465-477.

[8] Ditmar P, Visser P, Klees R. On the Joint Inversion of SGG and SST Data from the GOCE Mission[J]. Advances in GEOSciences, 2003c, 1: 87-94.

[9] Drinkwater M R, Floberghagen R, Haagmans R, et al. GOCE: ESA's first Earth Explorer Core mission[J]. Earth Gravity Field from Space-from Sensors to Earth Sciences, 2003, 18:419-432.

[10] ESA. Gravity Field and Steady-State Ocean Circulation Mission. Report for Mission Selection of the Four Candidate Earth Explorer Missions. ESA Publications Division. ESA SP-1233 (1), 1999.

[11] ESA. Announcement of Opportunity: "Scientific Pre-processing, External Callibration and Validation of Level 1b Data Products for the GOCE Mission", 2003.

[12] Floberghagen R . GOCE Development Status[C]. Joint International GSTM and DFG SPP Symposium, GFZ Potsdam, 2007.

[13] Frommknecht B, Oberndorfer H, Flechtner F, et al. Integrated Sensor Analysis for GRACE-Development and Validation[J]. Advances in GEOSciences, 2003, 1:57-63.

[14] Han Shin-Chan. Efficient Global Gravity Field Determination from Satellite-to-Satellite Tracking(SST)[R]. Report 467, Dept.of Geodetic Science, The Ohio State University, Columbus, Ohio, 2003.

[15] Holota P. Boundary Value Problems and Invariants of the Gravitational Tensor in Satellite Gradiometry. Theory of Satellite of Geodesy and Gravity Field Determination[C]. Lecture Notes in Earth Sciences 25, Springer, Berlin, Heidelberg, New York, 1989.

[16] Ilk K H. Special Commission SC7, Gravity Field Determination by Satellite Gravity Gradiometry[OL]. http://www.geod.uni-bonn.de/SC7/sc7, 2001.

[17] Jekeli Ch. The Determination of Gravitational Potential Differences from Satellite-to-satellite Tracking[J]. Celestial Mechanics and Dynamical Astronomy, 1999, 75: 85-101.

[18] Kaula W M. Theory of Satellite Geodesy[M]. Waltham Massachusetts: Blaisdell Publishing Company, 1966.

[19] Kern M, Allesch M. Pre-processing[R]. DAPC Graz, Phase Ia, Final Report, WP Ia-3, Graz, 2003.

[20] Klees R, Koop R, Visser P, et al. Efficient Gravity Field Recovery from GOCE Gravity Gradient Observations[J]. J. Geodesy, 2000a, 74 (7/8):561-571.

[21] Klees R, Koop R, Visser P, et al. Data analysis for the GOCE Mission. Geodesy Beyond 2000: The Challenges of the First Decade, IAG Symposium, 2000b,121:68-74.

[22] Klees R, Koop R, Geemert R Van, et al. GOCE Gravity Field Recovery Using Massive Parallel Computing. Gravity, Geoid and Geodynamics 2000, IAG Symposium, 2002, 123: 109-116.

[23] Koop R, Visser P, Tschering C C. Aspects of GOCE Calibration[C]. Int GOCE User Workshop, ESTEC, European Space Agency, Noordwijk, 2001.

[24] Metzler B, Pail R. GOCE Data Processing: The Spherical Cap Regularization Approach Stud[J]. Geophys. Geod, 2005, 49: 441-462.

[25] Müller J. GOCE Gradient in Various Reference Frames and Their Accuracies[J]. Advances in Geosciences, 2003, 1: 33-38.

[26] Oberndorfer H, Dorobantu R, Gerlach C, et al. GOCE Sensor Combination and Error Analysis[J]. Bollettino di Geofisica Teorica ed Applicata, 1999, 40:303-307.

[27] Oberndorfer H, Müller J. GOCE Closed-loop Simulation[J]. Journal of Geodynamics, 2002a, 33(1/2): 53-63.

[28] Paik H J, Lumley J M. Superconducting Gravity Gradiometers on STEP and GEM[J]. Class. and Quantum Gruv.,1996, 13: 19-27.

[29] Pail R. In-orbit Calibration and Local Gravity Field Continuation Problem[R]. From Eötvös to mGal+. Final Report, 2002b.

[30] Pail R, Plank G. Assessment of Three Numerical Solution Strategies for Gravity Field Recovery from GOCE Satellite Gravity Gradiometry Implemented on a Parallel Platform [J]. J. Geodesy, 2002a, 76: 462-474.

[31] Pail R, Plank G. GOCE Gravity Field Processing Strategy[J]. Stud. Geophys. Geod, 2004, 48: 289-309.

[32] Pail R, Wermuth M. GOCE SGG and SST Quick-look Gravity Field Analysis[J]. Advances in GEOSciences, 2003, 1: 5-9.

[33] Preimesberger T, Pail R. GOCE Quick-look Gravity Solution: Application of the Semi-analytic Approach in the Case of Data Caps and Non-repeat Orbits[J]. Stud. Geophys. Geod, 2003, 47: 435-453.

[34] Reguzzoni M. From the Time-wise to Space-wise GOCE Observables[J]. Advances in GEOSciences, 2003, 1: 137-142.

[35] Reigber Ch, Schwintzer P, Stubenvoll R, et al. A High-resolution Global Gravity Field Model Combining Champ and GRACE Satellite Mission and Surface Gravity Data[J] EIGEN-CG01C, Solid Earth Abst, 2004, 24:16.

[36] Reigber Ch, Schmidt R, Flechtner F, et al. An Earth Gravity Field Model Complete to Degree and Order 150 from GRACE: EIGEN-GRACE02S[J]. Journal of Geodynamics, 2005b, 39 (1):1-10.

[37] Reigber C, Balmino G, Schwintzer P, et al. A High-Quality Global Gravity Field Model from CHAMP GPS Tracking Data and Accelerometry (EIGEN-1s)[J]. Geophysical Research Letter, 2002a, 29: 1692-1695.

[38] Reigber C, Jochmann H, Wunsch J, et al. Earth Gravity Field and Seasonal Variability from CHAMP. Earth Observation with CHAMP—Results from Three Years in Orbit[C]. Reigber C, Schwintzer P, Wickert J. Berlin: Springer Verlag, 2005a.

[39] Reigber C, Ltihr H, Schwintzer P. CHAMP Mission Status[J]. Advances Space Reseach, 2002c, 30(2): 129-134.

[40] Reigber C, Schwintzer P, Neumayer K H, et al. The CHAMP-Only Earth Gravity Field Model EIGEN-2[J]. Advances in Space Research, 2003, 31: 1883-1888.

[41] Rummel R, Gruber Th, Koop R. High Level processing Facility for GOCE: Products and Processing Strategy[C]. The 2nd International GOCE User Workshop "GOCE, The Geoid and Oceanography", ESA-ESRIN, Frascati, 2004.

[42] Sandwell D T, Smith W H F. Retracking ERS-1 Altimeter Waveform for Optimal Gravity Field Recovery[J]. Geophys.J.Int, 2005, 163: 79-89.

[43] Schrama E J O. Error Characteristics Estimated from Champ, GRACE and GOCE Derived Geoids and from Satellite Altimetry Derived Mean Dynamic Topography[J]. Space Science Reviews, 2003, 108 (1/2): 179-193.

[44] Shum C K, Jekeli J Ch, Kenyon S, et al. Validation of GOCE and GOCE/GRACE Data Products, Prelaunch Support and Science Studies[C]. Int GOCE User Workshop, ESTEC, European Space Agency, Noordwijk, 2001.

[45] Smit J, Koop R, Visser P, et al. GOCE End to End Performance Analysis. ESA/ESTEC Contract No. 12735/98/NL/GD, 2000.

[46] Sneeuw N. The Future of Satellite Gravimety[D]. Wuhan: Wuhan University, 2008.

[47] Sneeuw N, van den IJssel J, Koop R, et al. Validation of Fast Pre-mission Error Analysis of the GOCE Gradiometry Mission by a Full Gravity Field Recovery Simulation[J]. Journal of Geodynamics, 2002, 33 (1/2): 43-52.

[48] Sünkel H. From Eötvös to mGal[R]. Final Report, ESA/ESTEC contract No. 13392/98/NL/GD, 2000.

[49] Sünkel H. From Eötvös to mGal+[R]. Final Report, ESA/ESTEC contract No. 14287/00/NL/DC, 2002.

[50] Tapley B D, Chambers D P, Bettadpur S, et al. Large Scale Ocean Circulation from the GRACE GGM01 Geoid[J]. Geophysical Research Letter, 2003, 30: 1-6.

[51] Tapley B D, Ries J, Bettadpur S, et al. GGM02 an Improved Earth Gravity Field Model from GRACE[J]. Journal of Geodesy, 2005, 79: 467-478.

[52] Tapley B D, Bettadpur S, Watkins M, et al. The Gravity Recovery and Climate Experiment: Mission Overview and Early Results[J]. Geophysical Research Letter, 2004, 31: 9607-9610.

[53] Wahr J, Swenson S, Velicogna I. Accuracy of GRACE Mass Estimates[J]. Geophys. Res. Lett., 2006, 33, L06401, doi:10.1029/2005GL025305.

[54] 将虎,黄城. CHAMP 计划及其在地球科学中的应用[J]. 地球科学进展, 2001, 16 (03): 394-398.

[55] 李征航, 徐德宝, 董挹英, 等. 空间大地测量理论基础[M]. 武汉: 武汉测绘科技大

学出版社,1998.
[56] 罗佳. 利用卫星跟踪卫星确定地球重力场的理论和方法[D], 武汉:武汉大学, 2003.
[57] 宁津生. 跟踪世界发展动态致力地球重力场研究[J]. 武汉大学学报(信息科学版), 2001, 26 (6): 471-474.
[58] 王昆杰, 王跃虎, 李征航. 卫星大地测量[M]. 北京:测绘出版社, 1990.
[59] 王正涛. 卫星跟踪卫星测量确定地球重力场的理论和方法[D]. 武汉:武汉大学, 2005.
[60] 徐新禹, 李建成, 邹贤才, 等. GOCE卫星重力探测任务[J]. 大地测量与地球动力学, 2006, 26 (4):49-55.
[61] 沈云中. 应用CHAMP卫星星历精化地球重力场模型的研究[D]. 武汉:中国科学院测量与地球物理研究所.
[62] 徐新禹. 卫星重力梯度及卫星跟踪卫星数据确定地球重力场的研究[D], 武汉:武汉大学, 2007.
[63] 罗志才. 利用卫星重力梯度数据确定地球重力场的理论和方法[D]. 武汉:武汉测绘科技大学, 1996.

第8章 卫星导航定位及脉冲星导航定位

卫星导航定位是近半个世纪来发展最为迅速、应用最为广泛的空间大地测量方法和技术。目前，高精度的 GPS 静态测量的技术已接近甚至大体与 VLBI、SLR 等的精度相当，因而已成为 IERS 在建立和维持国际地球参考框架 ITRF、测定地球自转参数时的一种重要手段。此外，由于以 GPS 为代表的卫星定位技术具有测站间无需保持通视，可同时测定点的三维坐标，观测不受气象条件限制（全天候），精度高，仪器轻小，便于携带，价格较低等优点，因而在布设各级平面控制网中已得到了广泛的应用。随着高精度地确定（似）大地水准面技术的日益完善和普及推广，卫星定位技术在高程测定方面的作用也越来越大，基本取代经典大地测量的趋势已日趋明显。但考虑到各校已开设专门课程来加以介绍，相关的教材和专著也不少，因而在本书中只各用一节来分别介绍以子午卫星系统为代表的第一代卫星导航定位系统以及以 GPS 为代表的第二代卫星导航定位系统。此外，本章还对 DORIS 进行了专门介绍。

脉冲星导航定位是最近出现的一种导航定位技术。目前主要用于在太阳系中飞行的空间飞行器的导航定位，倘若将来的定位精度可达到米级，也可用于自主定轨。本章中也对其进行了简单介绍。

8.1 多普勒测量与子午卫星系统

第一代卫星导航定位系统可以以子午卫星系统（Transit）为代表。由于早期的空间技术尚不很发达，受卫星数量、卫星编码技术、卫星通信技术等因素的限制，所以第一代的卫星导航定位系统一般都采用多普勒定位的模式，以便能用一颗卫星来完成整个导航工作。采用这种工作模式的卫星导航系统还有前苏联的 CICADA 系统和法国的 DORIS 系统等。但 DORIS 较多地用于卫星定轨。

8.1.1 多普勒效应

当信号源 S 与信号接收处 R 间存在相对运动，从而导致径向运动速度 $D \neq 0$ 时，接收到的信号频率 f_R 就会发生变化，而与发射频率 f_s 不等。上述现象是由奥地利物理学家多普勒（Christian Dopplor, 1803~1853）于 1942 年首先发现的，故将这种现象称为多普勒效应。在日常生活中，我们也可以经常观测到这种现象，如当我们站在铁路边，若火车离我们越来越近时，火车所发出的汽笛声将变得越来越尖（频率变高）；反之，当火车经过我们身旁而逐渐远去时，汽笛声将变得越来越低沉（频率变低）。在战场上，老兵可以根据炮弹与空气摩擦所发出的呼啸声分辨出朝我们飞来的炮弹和越过头顶离我们远去的炮弹。下面我们用一种较为直观的方法来介绍产生多普勒效应的原因。

1. 信号源 S 与信号接收处 R 保持相对静止

如图 8-1(a) 所示，当信号源 S 与信号接收处 R 保持相对静止时（即径向速度 $\dot{D}=0$ 时），在 R 处所接收到的信号频率 f_R 将与信号发射频率 f_s 相同。设 S 与 R 间的距离为 D，信号源发出的是无线电信号，信号的传播速度为 c。那么从 S 处所发出的信号在经过 $\Delta t = \dfrac{D}{c}$ 的时间后将传播到 R 处，被 R 接收。在 Δt 的时间中，从信号源发出的无线电波的个数（周期数）为 $n = \Delta t \cdot f_s$。由于这些信号在同一介质中传播，所以这 n 个波将均匀地分布在距离 D 内，所以在 R 处所接收的信号的波长 λ_R 为：

$$\lambda_R = \frac{D}{n} = \frac{c \cdot \Delta t}{f_s \cdot \Delta t} = \frac{c}{f_s} = \lambda_s \tag{8-1}$$

因此，R 处所接收到的信号频率 $f_R = \dfrac{c}{\lambda_R} = f_s$。

2. 当 S 与 R 作相向运动

如图 8-1(b) 所示，当信号源 S 以速度 V 向 R 方向运动时，由于信号的传播速度只与传播介质有关而与信号源的运动速度无关，故该无线电信号仍然以光速 c 传播。该信号经 $\Delta t = \dfrac{D}{c}$ 后到达 R，在 Δt 的时间段内信号源总共发出 $n = \Delta t \cdot f_s$ 个波。由于信号传播的同时，信号源 S 也在向 R 方向运动，所以当第一个信号传播到 R 时，信号源也已向 R 方向运动了 $D' = V \cdot \Delta t$ 的距离，到达 S' 处。也就是说最后的信号是从 S' 处发出的，而 S' 离 R 的距离是 $c \cdot \Delta t - V \cdot \Delta t = (c-V) \cdot \Delta t$。因此，从信号源发出的 n 个波将均匀地分布在 $(c-V) \cdot \Delta t$ 的距离内。在 R 处接收到的信号的波长 λ_R 将变为：

$$\lambda_R = \frac{(c-V) \cdot \Delta t}{f_s \cdot \Delta t} = \frac{c-V}{f_s} \tag{8-2}$$

也就是说，R 处接收到的信号频率 f_R 将变成 $f_R = \dfrac{c}{\lambda_R} = \dfrac{c}{c-V} \cdot f_s$。

3. 当 S 与 R 作背向运动

如图 8-1(c) 所示，类似地，若 S 以速度 V 背向 R 运动时，这 n 个波将均匀地分布在 $(c+V) \cdot \Delta t$ 的距离内，所以接收到的信号波长 λ_R 将变为：

$$\lambda_R = \frac{(c+V) \cdot \Delta t}{f_s \cdot \Delta t} = \frac{c+V}{f_s} \tag{8-3}$$

信号接收频率 f_R 将变成 $f_R = \dfrac{c}{\lambda_R} = \dfrac{c}{C+V} \cdot f_s$。

4. S 与 R 之间作任意运动

若 S 以速度 V 朝任意方向运动时，我们可以把速度 V 分解为径向速度和横向速度两部分。其中径向速度会使 S 和 R 间的距离发生变化，从而使波长拉伸或压缩，最终影响信号的接收频率 f_s。若以图 8-1(d) 中的方式来定义 α 角，则有：

$$\lambda_\alpha = \frac{c \cdot \Delta t + V\cos\alpha \cdot \Delta t}{f_s \cdot \Delta t} = \frac{c + V\cos\alpha}{f_s} \tag{8-4}$$

于是 R 所接收到的信号频率将变为：

$$f_R = \frac{c}{c + V\cos\alpha} \cdot f_s \tag{8-5}$$

$N_{1,2}$，据式(8-11)有：

$$\Delta D_{1,2} = D_2 - D_1 = \lambda_s [N_{1,2} - (f_0 - f_s)(t_2 - t_1)] \tag{8-12}$$

式中，λ_s 为卫星发射信号的波长，$\lambda_s = \dfrac{c}{f_s}$。

由于式中的 λ_s、f_0、f_s、t_1、t_2 均为已知值，N 为多普勒测量中的观测值，故 $\Delta D_{1,2} = D_2 - D_1$，也已间接求得，我们也可将距离差 ΔD 看做是多普勒测量中的观测值。正因为如此，所以多普勒测量也被称为距离差测量。而 t_1 和 t_2 时刻卫星在空间的位置 $S_1(X_1,Y_1,Z_1)$ 和 $S_2(X_2,Y_2,Z_2)$ 则可据广播星历求得。根据几何学的知识(见图8-3)，此时用户(接收机)必位于以 S_1 和 S_2 为焦点的一个旋转双曲面上，该曲面上任何一点至 S_1 和 S_2 的距离差均等于 $\Delta D_{1,2}$。类似地，如果我们又求得了在 $[t_2,t_3]$ 时段内

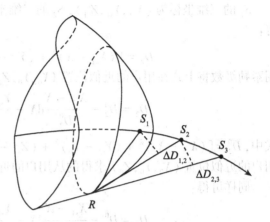

图 8-3　距离交会示意图

的多普勒计数 $N_{2,3}$，进而间接得求得了距离差 $\Delta D_{2,3} = D_3 - D_2$，则可以以 S_2 和 S_3 为焦点，根据距离差 $\Delta D_{2,3} = D_3 - D_2$ 作出第二个旋转双曲面，显然用户必定位于这两个旋转双曲面的交线上。同样，如果我们继续进行多普勒测量，测得多普勒计数 $N_{3,4}$，求得距离差 $\Delta D_{3,4} = D_4 - D_3$ 后就能以 S_3 和 S_4 为焦点作出第三个旋转双曲面，从而交出用户的位置。这就是多普勒定位的几何解释。当然，卫星一次通过时的轨道几乎是在一个平面上的，因此，用这种方法交出的用户坐标在垂直于轨道面的方向上会产生较大的误差，实际应用时还会采用其他一些措施来加以弥补。

2. 观测方程

令 $\Delta f = f_0 - f_s$，Δf 是接收机所产生的本振信号的频率 f_0 与卫星所发射的信号频率 f_s 之差，理论上应为一常数。例如：

$$\Delta f = f_{01} - f_{s1} = 400\text{MHz} - 399.968\text{MHz} = 0.032\text{MHz} = 32\,000.0\text{Hz}$$

$$\Delta f = f_{02} - f_{s2} = 150\text{MHz} - 149.988\text{MHz} = 0.012\text{MHz} = 12\,000.0\text{Hz}$$

但实际上由接收机所产生的本振信号的频率 f_0 与卫星所发出的信号频率 f_s 均有误差，从而使 Δf 的值与理论值不等：

$$\Delta f = \Delta f_0 + \mathrm{d}\Delta f \tag{8-13}$$

式中，Δf_0 为理论值，如对子午卫星系统的第一频率而言，Δf_0 应该为 32 000.0Hz，对第二频率而言，Δf_0 应为 12 000.0Hz；$\mathrm{d}\Delta f$ 称为频率偏移(简称频偏)，是标称值 Δf_0 的修正值，其值取决于接收机钟和卫星钟的误差。在子午卫星系统的数据处理中，某卫星在一次卫星通过中，一个频率的偏移值 $\mathrm{d}\Delta f$ 一般被视为是一个常数(需引入一个待定参数)。此时，式(8-12)可写为：

$$D_2 - D_1 = \lambda_s [N_{1,2} - \Delta f_0 (t_2 - t_1)] - \lambda_s (t_2 - t_1)\mathrm{d}\Delta f \tag{8-14}$$

设观测时用户的三维坐标为 (X,Y,Z)，近似坐标为 (X_0,Y_0,Z_0)，坐标改正数为 $(\mathrm{d}X, \mathrm{d}Y, \mathrm{d}Z)$，

$$X = X_0 + dX$$
$$Y = Y_0 + dY \tag{8-15}$$
$$Z = Z_0 + dZ$$

S_1 的三维坐标为 (X_{s1}, Y_{s1}, Z_{s1})，S_2 的三维坐标为 (X_{s2}, Y_{s2}, Z_{s2})，可据卫星星历求得，则有：

$$D_2 = [(X_{s2} - X)^2 + (Y_{s2} - Y)^2 + (Z_{s2} - Z)^2]^{\frac{1}{2}} \tag{8-16}$$

用泰勒级数将上式在用户的近似位置 (X_0, Y_0, Z_0) 处展开后可得：

$$D_2 = D_2^0 - \frac{X_{s2} - X}{D_2^0} dX - \frac{Y_{s2} - Y}{D_2^0} dY - \frac{Z_{s2} - Z}{D_2^0} dZ \tag{8-17}$$

式中，$D_2^0 = [(X_{s2} - X_0)^2 + (Y_{s2} - Y_0)^2 + (Z_{s2} - Z_0)^2]^{\frac{1}{2}}$，即根据 S_2 的坐标 (X_{s2}, Y_{s2}, Z_{s2}) 和用户的近似位置 (X_0, Y_0, Z_0) 求得的从用户的近似位置至卫星 S_2 的距离。

同样可得：

$$D_1 = D_1^0 - \frac{X_{s1} - X}{D_1^0} dX - \frac{Y_{s1} - Y}{D_1^0} dY - \frac{Z_{s1} - Z}{D_1^0} dZ \tag{8-18}$$

将式(8-17)和式(8-18)代入式(8-14)后可得：

$$\left(\frac{X_{s1} - X}{D_1^0} - \frac{X_{s2} - X}{D_2^0} \right) dX + \left(\frac{Y_{s1} - Y}{D_1^0} - \frac{Y_{s2} - Y}{D_2^0} \right) dY + \left(\frac{Z_{s1} - Z}{D_1^0} - \frac{Z_{s2} - Z}{D_2^0} \right) dZ$$
$$+ \lambda_S (t_2 - t_1) d\Delta f + (D_2^0 - D_1^0) - \lambda_S [N_{1,2} - \Delta f_0 (t_2 - t_1)] = 0 \tag{8-19}$$

令

$$\begin{cases} \dfrac{X_{s1} - X}{D_1^0} - \dfrac{X_{s2} - X}{D_2^0} = a_{11}, \dfrac{Y_{s1} - Y}{D_1^0} - \dfrac{Y_{s2} - Y}{D_2^0} = a_{12} \\ \dfrac{Z_{s1} - Z}{D_1^0} - \dfrac{Z_{s2} - Z}{D_2^0} = a_{13}, \lambda_S (t_2 - t_1) d\Delta f = a_{14} \\ D_2^0 - D_1^0 - \lambda_S [N_{1,2} - \Delta f_0 (t_2 - t_1)] = W_1 \end{cases} \tag{8-20}$$

最后可得多普勒测量的误差方程如下：

$$V_1 = a_{11} dX + a_{12} dY + a_{13} dZ + a_{14} d\Delta f + W_1 \tag{8-21}$$

3. 单点定位时的误差方程

式(8-21)中有 4 个未知参数 dX、dY、dZ 和 $d\Delta f$，因而至少需测得 4 个多普勒计数，列出 4 个观测方程才有可能解得这 4 个未知参数。当观测值多于 4 个时，可采用最小二乘法求出上述未知参数的最优估值。若某次卫星通过时共获得 m_i 个多普勒计数，则这次卫星通过的误差方程式可写为：

$$\begin{bmatrix} V_1 \\ V_2 \\ \vdots \\ V_{m_i} \end{bmatrix} = \begin{bmatrix} a_{11} & a_{12} & a_{13} & a_{14} \\ a_{21} & a_{22} & a_{23} & a_{24} \\ \vdots & \vdots & \vdots & \vdots \\ a_{m_i 1} & a_{m_i 2} & a_{m_i 3} & a_{m_i 4} \end{bmatrix} \begin{bmatrix} dX \\ dY \\ dZ \\ d\Delta f \end{bmatrix} + \begin{bmatrix} W_1 \\ W_2 \\ \vdots \\ W_{m_i} \end{bmatrix} \tag{8-22}$$

若在测站上共观测了 n 次卫星通过。第 i 次卫星通过中所获得的观测值个数为 m_i，总的误差方程式个数 $M = \sum_{i=1}^{n} m_i$。总误差方程式具有下列形式：

$$\begin{bmatrix} V_1 \\ V_2 \\ \vdots \\ V_m \end{bmatrix}_{M \times 1} = \begin{bmatrix} a_{11}^{(1)} & a_{12}^{(1)} & a_{13}^{(1)} & a_{14}^{(1)} & & & \\ a_{21}^{(1)} & a_{22}^{(1)} & a_{23}^{(1)} & a_{24}^{(1)} & & & \\ \vdots & \vdots & \vdots & \vdots & & & \\ a_{m11}^{(1)} & a_{m12}^{(1)} & a_{m13}^{(1)} & a_{m14}^{(1)} & & & \\ a_{11}^{(2)} & a_{12}^{(2)} & a_{13}^{(2)} & & a_{14}^{(2)} & & \\ a_{21}^{(2)} & a_{22}^{(2)} & a_{23}^{(2)} & & a_{24}^{(2)} & & \\ \vdots & \vdots & \vdots & & \vdots & & \\ a_{m21}^{(2)} & a_{m22}^{(2)} & a_{m23}^{(2)} & & a_{m24}^{(2)} & & \\ \vdots & \vdots & \vdots & & & \ddots & \\ a_{11}^{(n)} & a_{12}^{(n)} & a_{13}^{(n)} & & & & a_{14}^{(n)} \\ a_{21}^{(n)} & a_{22}^{(n)} & a_{23}^{(n)} & & & & a_{24}^{(n)} \\ \vdots & \vdots & \vdots & & & & \vdots \\ a_{mn1}^{(n)} & a_{mn2}^{(n)} & a_{mn3}^{(n)} & & & & a_{mn4}^{(n)} \end{bmatrix}_{M \times (3+n)} \times \begin{bmatrix} dX \\ dY \\ dZ \\ d\Delta f_1 \\ \vdots \\ d\Delta f_n \end{bmatrix}_{(3+n) \times 1} + \begin{bmatrix} W_1 \\ W_2 \\ \vdots \\ W_m \end{bmatrix}_{M \times 1}$$

（第1次卫星通过）
（第2次卫星通过）

(8-23)

8.1.4 子午卫星系统

1.概述

子午卫星系统(Transit)是由美国海军研制、组建、管理的第一代卫星导航定位系统,也称海军导航卫星系统(Navy Navigation Satellite System,NNSS)。该系统是采用多普勒测量来定轨和定位的。

1957年10月,前苏联成功地发射了第一颗人造地球卫星。约翰·霍普金斯大学的应用物理实验(Applied Physics Laboratory,APL)的吉尔博士和魏芬巴哈博士对该卫星发射的无线电信号的多普勒频移产生了浓厚的兴趣。他们的研究表明,利用地面跟踪站上的多普勒测量资料可以精确地确定卫星轨道。在APL工作的另两位科学家麦克卢尔博士和克什纳博士则指出,对一颗轨道已准确确定的卫星进行多普勒测量,可以确定用户的位置。他们的工作为子午卫星系统的诞生奠定了基础。而当时美国海军正寻找一种可对北极星潜艇中的惯性导航系统进行间断的精确的修正方法,故积极资助APL开展进一步的深入研究。1958年12月,在克什纳博士的领导下开展了三项研究工作:①研制卫星;②建立地球重力场模型以便能准确确定和预报卫星轨道;③研制多普勒接收机。1964年1月,子午卫星系统正式建成并投入军用。1967年7月,该系统解密供民用。此后用户数激增,最终达到9.5万个用户。而军方用户最多时只有650个,不足总数的1%。

2.系统的组成

子午卫星系统是由空间部分、地面控制部分和用户部分组成的。现将各部分的概况和作用介绍如下。

1)空间部分

(1)卫星

子午卫星星体的直径约50cm,重45~73kg。卫星上装有4个太阳能电池翼板,可为卫星提供所需的能量。卫星的一端安有30m长的稳定杆,顶端有一重为1.4g的重锤,这样在重力的作用下,发射天线就能总是朝向地球。卫星上还有一套接收装置,可接收来自地面注入站的卫星星历及有关命令,并将有关信息储存在存储器中。卫星上还有一台相当稳定的钟,可产生频率为 4.999 6MHz 的基准信号。该信号经倍频器分别倍频 30 倍和 80 倍后形成 149.988MHz 和 399.968MHz 的信号供卫星使用。

子午卫星可分为两类:一类是 1963 年设计的奥斯卡(OSCAR)卫星,另一类是 1979 年设计制造的诺瓦(NOVA)卫星,后者在信号强度、钟的稳定度、姿态控制精度等方面都有所改善,而且是一种无阻尼卫星,可消除由于大气阻力和光压力所造成的影响,故轨道较为稳定,星历的有效存储时间从原来的 16h 增加至 8 天。

(2)卫星星座

子午卫星系统在几乎是圆形的极轨道($i \approx 90°$)上运行。卫星离地面的高度约为 1 075km,运行周期约为 107min。卫星星座一般由 6 颗卫星组成。这 6 颗卫星理应均匀地分布在地球四周,即相邻卫星轨道面之间应相隔 30°。但由于各卫星轨道进动的大小和方向互不相同,这样经过一段时间后,各轨道间就变得疏密不一(见图 8-4)。位于中纬度地区的用户平均 1.5h 左右可观测到一颗卫星,但最不利时要等待 10h 左右才能进行观测。

2)地面控制系统

(1)卫星跟踪站

地面控制系统中共设立了 4 个卫星跟踪站(也称监测站)。它们分别位于加利福尼亚州的穆古角、夏威夷、明尼苏达州和缅因州。跟踪站

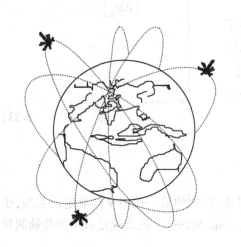

图 8-4 子午卫星星座

的坐标已精确测定,当子午卫星通过时,跟踪站就对它们进行多普勒测量,并将测得的数据传送给计算中心。

(2)计算中心

计算中心设在加州穆古角。计算中心根据各跟踪站最近 36h 的观测资料计算各卫星的轨道,并外推(预报)16h,然后按规定格式编码送往注入站。

(3)注入站

注入站分别设在穆古角和明尼苏达州。注入站接收并存储由计算中心送来的导航电文。每 12h 左右向卫星注入一次导航电文,电文长度为 16h(NOVA 卫星每天注入一次,电文长度为 8 天)。

(4)控制中心

控制中心也设在穆古角,负责协调和管理整个地面控制系统的工作。

(5)海军天文台

海军天文台负责进行时间对比,求出卫星钟的改正数和频率改正数。

综上所述,地面控制系统的主要功能为:对整个子午卫星系统进行维护和管理;确定并预报卫星轨道及频率改正数等参数,按规定格式编制成导航电文,并通过注入站定期播发给卫星,供卫星使用。

3)用户部分

用户部分是由作业人员和用户设备组成的。对导航用户而言,用户设备即指多普勒接收机,对测量用户而言,用户设备还应该包括进行事后数据处理的微机、读带机、气象仪器等。此处仅对接收机做简单介绍。

多普勒接收机通常由下列部分组成:

(1)天线及前置放大器:其作用为接收卫星信号并加以放大后送往接收单元;

(2)接收单元:这是接收机的核心部件。其作用主要有:①由接收机钟产生基准振荡信号,经倍频后形成400MHz和150MHz的信号,分别和接收到的卫星信号混频后形成差频信号,并对其进行积分,获得多普勒计数;②对导航电文进行解码,求得卫星轨道根数及相关信息(由14个固定参数和8个可变参数表示);

(3)微机或微处理器:其主要作用是:①通过诊断程序对接收机各部件进行自检核和管理,提供出错信息。②计算卫星在空间的位置以及用户的位置和运动速度等;

(4)输出设备:输出设备有纸带穿孔机(CMA-722B)、小型盒式磁带(MX-1502)等。

3.卫星星历

子午卫星的星历可分为广播星历和精密星历两类。

1)广播星历

如前所述,由计算中心根据布设在美国的4个跟踪站的多普勒观测资料求出各卫星的轨道并外推16h,然后通过注入站送往卫星,再由卫星公开播发给用户的卫星星历称为广播星历。由于广播星历是一种预报星历,加上跟踪站的数量少、分布范围小等原因,故精度较低(切向误差±17m,径向误差±26m,法向误差±8m)。但这种星历对于导航和实时处理用户有重要作用。

2)精密星历

美国国防制图局根据分布在全球的20个卫星跟踪站的观测资料计算而得的卫星轨道。由于这种星历是一种实测星历,且跟总站的数量和分布也大为改善,故精度较高(±2m)。需要说明的是,只有1~2颗子午卫星具有精密星历,精密星历的使用是受到严格控制的,一般难以获得。

4.定位方法

1)单点定位

在一个站上,用一台接收机对子午卫星进行多普勒观测,进而求得该站的地心坐标的方法称为单点定位。利用广播星历观测100次卫星通过,可获得精度3~5m的地心坐标。利用精密星历观测40次卫星通过,可获得精度为0.5~1m的地心坐标。

2)联测定位

在两测站上同时对子午卫星进行多普勒测量,进而求出这两站的相对位置的定位方法。在联测定位中,由于公共误差可得以消除,故可获得较好的定位精度。陈俊勇院士在参考文献[1]中给出的精度估算公式为:

$$m = (1.5^m + 4.4 \times 10^{-6} \times D)/\sqrt{n} \tag{8-24}$$

式中,D为两站间的距离;n为卫星通过次数。该估算公式的适用范围为$D<1\,500$km、卫星高度角在30°~60°之间,超出此范围时,估算精度将降低。

3)短弧法定位

在单点定位和联测定位中,都把卫星星历视为已知值而固定下来。在短弧法平差中,却将其视为未知参数,通过平差计算,同时求得精确的卫星轨道及测站坐标和其他参数。所以即使采用广播星历进行定位,也能获得精度较好的定位结果。一般来说,当测站间距为 200~1 000km 时,定位精度可达 0.5~1m。进行短弧平差时,只要求各测站的观测值位于同一短弧轨道上(即观测同一次卫星通过),而不像联测定位中必须要求观测值重合,故观测值的利用率较高。短弧法在建立多普勒网时被广泛使用。

8.1.5 现状与应用

(1)在 20 世纪 70 年代和 80 年代初,子午卫星多普勒测量曾被作为一种重要的卫星定位技术而广泛地被采用。美国、加拿大、欧洲各国都用此方法布设过卫星多普勒网,以检验、加强、改善天文大地网的精度,求定区域性的国家大地坐标与 WGS-72 地心坐标系之间的转换参数。还有些国家则采用该方法来布设国家控制网。我国曾于 1980 年布设了由 37 个点组成的全国多普勒网。该网的边长为 300~1 300km,平均边长为 700 多 km。点位精度估计为 1~2m。此外,石油部等还在西北等地布设了数千个多普勒点,在经济建设中发挥过重要作用。

(2)多普勒观测值在建立早期地球模型时也发挥过重要作用。如在建立 GEM5、GEM7、GEM9 地球模型时,分别用到了 27 万、33 万、48 万多个多普勒观测值。

子午卫星多普勒测量资料也被用于测定极移。1969 年,用天文方法测定极移时,精度为 $m_x = \pm 0.75\text{m}$,$m_y = \pm 0.59\text{m}$。加入多普勒测量资料后,1974 年,测定极移的精度提高为 $m_x = m_y = \pm 0.20\text{m}$。

(3)与子午卫星系统相比,全球定位系统 GPS 无论在精度还是定位速度方面都更有优势。故 GPS 投入运行后,便逐步取代了子午卫星系统。目前,子午卫星系统虽已关闭,但多普勒测量这种技术仍在继续使用。

一些卫星,如 SPOT2、Topex/Poseidon 等至今仍在采用多普勒测量(DORIS)的方法进行精密定轨。许多 GPS 接收机在提供测码伪距和载波相位测量观测值的同时,也向用户提供多普勒观测值,用以测定用户的三维运动速度和探测修复周跳等。

8.1.6 子午卫星系统的局限性

1.一次定位所需时间过长

这一缺点是由多普勒定位法的本质决定的。从图 8-3 可以看出,在采用距离差交会(双曲定位系统)的子午卫星系统中旋转双曲面的焦点 S_1、S_2、… 是由同一颗子午卫星在飞行过程中逐步形成的。为了保证必要的观测精度,这些焦点中、起、终端与地面测站之间的夹角不能过小。所以利用子午卫星多普勒测量进行导航时,一般均需观测一次卫星通过(最长为 18min)。这就会带来一系列问题,如:

(1)该系统只能为船舶等低动态用户进行导航,无法用于飞机、卫星、导弹等高动态用户导航。

(2)在导航定位过程中,船舶等载体还在运行,在一次卫星通过的时间内,其位置可变化 10km 左右。解算时,需依据船速将观测值归算至同一时刻。显然,测定船速的误差将影响定位精度。

(3)为减少一次导航定位所需的时间,只能采用低轨道卫星。因为从地面测站上所看到的低轨卫星的方向变化较高轨卫星要快,而且低轨卫星本身的运动速度比较快。如果将子午卫星发射至GPS卫星的高度,那么为了获得同样的几何图形,观测时间将增加6~7倍,达1~2h。这种系统显然是难以为用户所接受的。而低轨卫星会产生一系列特殊问题。如卫星受大气阻力的影响较大,其轨道难以精确测定和预报;由于每个跟踪站能观测的卫星轨道短,故需在全球布设大量卫星跟踪站,才有可能对卫星进行连续的跟踪。由于自然地理条件及政治方面的因素这一点是较难做到的,从而影响定轨精度。

这些问题是由多普勒定位方法本身引起的,很难解决。

2. 不是一个连续的导航定位系统

由于建立子午卫星系统的目的只是为惯导系统提供间断的修正,因而系统没有采用频分、码分、时分等多路接收技术,在某一时刻,接收机只能接收一颗子午卫星所发出的信号,故卫星星座中所包含的卫星数量不能太多。加之子午卫星采用的是极轨道,为防止在高纬度地区的视场中同时出现两颗卫星造成信号相互干扰的可能性,卫星数量一般不宜超过6颗。从而使中纬度地区两次卫星通过的时间间隔过长,平均为1.5~2h左右。如前所述,由于各种卫星的轨道进动的大小和方向不一,最终造成轨道面之间的间隔疏密不一。相邻轨道面过密时,会导致两颗卫星同时进入用户视场信号互相干扰的情况,控制中心不得不暂时关闭一颗卫星,让其停止工作。轨道面过疏时,用户的等待时间长达8~10h。由于子午卫星系统不是一种独立的导航定位系统,而只能为其他导航定位系统(如惯性导航定位系统)提供间断的修正,从而影响了它的使用范围。

正因为从导航的角度来讲,子午卫星系统存在上述两大缺陷,所以当该系统投入工作后不久,美国国防部即组织海陆空三军着手研制第二代导航系统——全球定位系统GPS。

此外,从测量的角度讲,子午卫星系统也存在着不少缺陷,主要有:

(1)所需时间长、作业效率偏低

由于两次卫星通过时间等待的时间较长,故作业效率偏低,真正工作的时间一般不足20%。为了获得对大地测量有意义的成果,一般需观测50~100次卫星通过,需一星期左右。

(2)精度偏低

利用子午卫星多普勒定位一般只能获得分米级至米级的定位精度,从而限制了它的应用范围。其主要原因是:

①由于卫星钟和接收机的钟频都不够稳定,而在长达10~18min的一次卫星通过中,只引入一个频偏参数 $d\Delta f$ 来表示这两台钟之间的频率差相对于理论值之偏差,但实际上,该值在这么长时间中是无法保持稳定不变的。研究结果表明,当钟的稳定度为 5×10^{-12} 时,上述误差会导致80~100cm的定位误差。

②在电离层延迟改正公式中,一般只顾及 f^2 项而略去了高阶项,由于当时的技术条件的限制,子午卫星所用的频率较低(400MHz和150MHz),在中等的太阳活动年份中,在地磁赤道附近高阶项的影响将大于1m。

③由于轨道低,地球重力场模型的误差和大气阻力摄动计算不准确对定位的影响1~2m。观测50~100次卫星通过后,才能削弱至分米级水平。但采用联测定位或短弧法时,此项误差的影响将小于A项的影响。

子午卫星系统在测量方面的缺陷也从另一个侧面说明了全球定位系统取代子午卫星系统的必要性。

8.2 DORIS 系统及其应用

8.2.1 前言

卫星多普勒定轨定位系统(Doppler Orbitography and Radiopositioning Integrated by Satellite, DORIS)是一种用多普勒测量方式进行卫星定轨和空间无线电定位的综合系统。20世纪80年代，美国和法国打算联合研制 Topex/Poseidon 卫星。T/P 卫星是一种海洋测高卫星，主要用于海洋学、气象学和地球重力场的研究。为了准确测定全球范围内的瞬时海平面，就要求 T/P 卫星具有下列功能：

(1) 用雷达测高仪准确测定从卫星至瞬时海平面间的垂直距离；
(2) 精确确定卫星轨道，以便能求得从地心至卫星的精确距离。

在为 T/P 卫星和遥感卫星 SPOT2 寻求合适的定轨方法时，法国国家空间研究中心在 SLR、GPS 等方法外提出了一种新的方法，并在法国国家地理研究所 IGN 和法国国家空间大地测量组 GRGS 的大力协助下研制组建了 DORIS 系统，实现了这种方法。

DORIS 也是一种多普勒测量系统。但与子午卫星系统相反，在 DORIS 系统中，无线电信号发射器是安放在地面跟踪站上的，多普勒接收机则放在卫星上。定轨工作既可在卫星上实时完成，以提供精度稍差的实时轨道信息，也可将观测值集中起来统一下传给地面计算中心(当卫星飞越该站上空时)，由地面站来进行数据处理，以生成精度较好的事后轨道。迄今为止，DORIS 系统曾先后在下列卫星中得以应用(见表 8-1)。

表 8-1   携带 DORIS 接收机的卫星

卫星	发射时间	卫星高度/km	其他定轨系统	接收机	定轨精度(径向 RMS)/cm
SPOT-2	1990 年 1 月	830	/	1G	3
Topex/Poseidon	1992 年 8 月	1330	SLR, GPS	1G	2
SPOT-3	1994 年	830	/	1G	3
SPOT-4	1998 年	830	/	1G	3
JASON	2001 年 12 月	1330	SLR, GPS	2GM	1
ENVISAT	2002 年 3 月	800	SLR	2G	2
SPOT-5	2002 年	830	/	2GM	3

表中，1G 表示第一代接收机，2G 表示第二代接收机，2GM 表示小型化的二代机。2GM 接收机的重量只有 1.5kg，体积仅为 1.5dm^3。

除了精密定轨以外，DORIS 还被广泛用于空间大地测量，如建立和维持地球参考框架(精确测定跟踪站的坐标及变化速度)；测定地壳变形及地球质心的运动、尺度的变化；测定地球定向参数 EOP；进行大气科学研究等。特别是成立国际 DORIS 服务 IDS 后，DORIS 与 VLBI、SLR、GPS 等一起成为全球大地测量观测系统(Global Geodetic Observing System,

GGOS)中的组成部分。

DORIS 系统的定轨定位精度之所以能远远高于子午卫星系统,其主要原因是:

(1)地球重力场模型的改进

DORIS 系统被用于高度为 800~1 300km 的低轨卫星的精密定轨。对位于这一区间的卫星来说,地球重力场模型的好坏是影响定轨精度的一个极其重要的因素。近 30 年来,由于海洋测高卫星 CHAMP 卫星,特别是 GRACE 卫星的高精度测量资料的应用,地球重力场模型的分辨率和精度都有了明显的提高。

(2)石英时标性能的提高

近年来,石英振荡器的性能有了明显的提高,由 C-MAC 公司研制的星载石英振荡器的指标如下:

- 短期稳定度优于 5.0×10^{-14};
- 中期稳定度优于 $5.0\times10^{-14}/\text{min}$;
- 长期稳定度:在工作期间,与标称频率之差不大于 2Hz。

(3)有一个数量多分布好的全球跟踪网

目前的 DORIS 卫星全球跟踪网是由均匀分布在全球的 70 多个地面站组成的,几乎能对低轨卫星进行连续的跟踪。跟踪网的几何图形也大大改善。

(4)观测精度的提高及定轨模型的完善

与子午卫星系统相比,DORIS 的观测精度有了大幅提高,而且接收机能同时对多个信号进行观测;DORIS 系统所用的 400MHz 和 2GHz 的信号频率也有助于大幅提高双频电离层延迟的改正精度。此外,对流层延迟改正、大气阻力摄动、光压摄动等模型以及定轨软件等也比以前有了显著的改进。

8.2.2 DORIS 的地面跟踪网

图 8-5 中给出的是至 2005 年 1 月为止 DORIS 的地面跟踪站的分布图。其中,圆点表示工作期限已超过 10 年的跟踪站,正方形表示工作期限为 5~10 年的地面站,菱形表示工作期限尚不足 5 年的地面跟踪站。其中超过 10 年的地面站共有 40 个,5~10 年的地面站共有 15 个,工作尚不到 5 年的地面站共有 16 个,共 71 站(至 2005 年 1 月)。当截止高度角为 12°时,低轨卫星的可观测弧段占总弧长的比例分别为:ENVISAT 卫星($H=800\text{km}$)87%;SPOT 卫星($H=830\text{km}$)88%;Topex/Poseidon 卫星($H=1\,330\text{km}$)98%。数量众多的地理分布良好的全球跟踪网的建立是 DORIS 系统取得成功的一个重要因素。

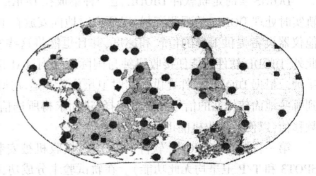

图 8-5 2005 年 1 月 DORIS 的地面跟踪网

在选择 DORIS 地面站时,特别是开始时,要考虑的一个重要条件是与 VLBI、SLR、GPS 等站并址。这样不但能为 DORIS 提供一个高精度的起始站坐标,而且对于建立和维持 ITRF 也是非常有益的。并址站上,DORIS 信标发射机与其他空间大地测量仪器间的大地联测是按照极其严格的联测规范进行的,大部分的联测误差都在 3mm 以内,详见表 8-2。

表 8-2　DORIS 并址站上的联测精度

类型	$\sigma<3\text{mm}$	$\sigma>3\text{mm}$	未联测
SLR	7	1	4
VLBI	7	0	4
GPS	32	5	4
总数	46	6	12

8.2.3　利用 DORIS 系统进行卫星定轨

考虑到 DORIS 系统主要用于海洋测高卫星的定轨，因此对轨道的径向误差的要求特别高，所以在下面的讨论中，我们也将讨论的重点放在径向误差上。

1. 事后精密定轨

DORIS 的事后精密星历是由法国国家空间研究中心的精密定轨队与美国 NASA 的哥达德空间飞行中心 GSFC 用不同的软件分别进行计算的。从表 8-1 可以看出，综合利用 SLR、GPS 等观测资料进行联合定轨时，轨道的径向误差约为 1~2cm。仅利用 DORIS 观测资料单独定轨时，其径向误差约为 3cm。目前正在研究进一步提高定轨精度的方法。例如，进一步改进大气阻力模型、光压模型；采用四维姿态控制和测定技术更好地确定天线相位中心；对各种不同的空间大地测量资料适当的加权等。

2. 实时定轨

DORIS 实时定轨软件 DIODE 是一种集成在 DORIS 接收机中的软件。这种软件可以在轨实时处理 DORIS 的观测资料，以便实时地向安放在卫星上的姿态和轨道控制系统以及其他仪器设备提供卫星的位置和速度，并且也能将这些实时信息安排在电文中向地面播发。此外，DIODE 软件还能使接收机钟与国际原子时 TAI 保持同步，使其成为一台高精度的卫星钟。根据 DIODE 软件提供的实时卫星位置和运动速度，可自动预报下一历元卫星可接收到哪些地面信标站的信号并进行选择，进而求得所选信标站所发出的无线电信号的多普勒频移值，以便使接收机能迅速捕获新信号。

第一台配备有 DIODE 软件的 DORIS 接收机被安装在 SPOT4 卫星上（此前的 SPOT2、SPOT3 和 T/P 卫星均无此功能）。在轨试验十分成功，6 年后，DIODE 软件仍能连续正常工作，定轨精度为几米，计算成果被用于 SPOT 影像的纠正，以及为安放在卫星上的美国海洋研究实验室的用于大气监测的 POAM3 仪器提供位置信息。

在此后的 Jason-1 卫星、SPOT5 卫星和 ENVISAT 卫星上都配备了 DIODE 软件。软件被用于实时定轨。规定的精度指标为：轨道的径向误差（RMS）为 ±30cm，三维的点位误差为 ±1.0m，但实测精度均已优于上述指标。此外，地面系统还利用实施轨道信息来生产科学资料（Operational Science Data Records），并在 3h 内分发给全球的海洋中心和气象中心。

Jason-1 卫星测高时，时标的精度规定不低于 100μs，但配备了 DIODE 软件后，其实际误差均在 5μs 内。配备了 DIODE 后，DORIS 系统的工作正常，可获得性保持在 99.8% 以上。

目前正在对 DORIS 系统进行修改和完善，以便未来的 Jason-2、Pleiades 及其他卫星可装备性能更优的 DORIS 系统。这些修改和完善工作大致集中在下列几方面：

（1）用J2000.0的参考框架作为轨道计算的惯性坐标系,以取代原来所用的Veis二维惯性坐标系;

（2）数据处理时,采用60阶60次的GRIM5-C1地球重力场模型,且顾及地球潮汐的影响;

（3）在数据处理中增强粗差的探测能力;

（4）DORIS接收机的通道数将从现有的2个增加至7个,以便能获取更多的观测资料,增强解的稳定性和精度;

（5）在DORIS卫星上,采用4个姿态监测和控制装置来代替简单的姿态模型,以便更好地确定从卫星质心至信号相位中心间的矢量。此外,由于更准确地测定了卫星姿态,也有助于提高大气阻力摄动和光压摄动改正的精度;

（6）新的测高数据中将包含卫星位置和姿态的信息。这些信息和储存在卫星上的数字高程模型信息将有助于卫星能连续跟踪感兴趣的区域,如内陆湖泊等,获得更详细精确的资料。

目前已有了四种不同版本的DOIDE软件可供使用。DOIDE软件所提供的实时定轨的工作模式具有很好的精度和可靠性。除了精度要求极高的一些科学应用领域外,DORIS接收机已能向卫星及地面系统提供极具吸引力的功能和产品。DORIS接收机有希望在更多的卫星上得到应用。而反过来,DORIS卫星数量的增多将进一步扩大它在空间大地测量领域中的应用范围和作用。

8.2.4 DORIS在空间大地测量方面的应用

1.建立和维持地球参考框架

如果我们不是像精密定轨中那样把地球跟踪站的坐标当做已知值,而是将它们也当做是一组待定参数,在自由网平差中与卫星轨道参数一起进行估计,就能精确求得这些站的坐标,进而求得它们的变化速度。用这种方法所求得的地面站的坐标和速度除了取决于观测值的精度、定轨模型的优劣(地球重力场模型、大气阻力模型、光压模型等),在很大程度上还取决于DORIS卫星的数量及各地面站所得的观测值的数量。表8-3中给出了定位精度与卫星数量间的关系。表8-3中的数据是利用1993年1月至2004年10月的实际观测资料求得的。从表中可以看出,采用ITRF2000参考框架比对时,精度较差。这是因为在ITRF中,某些地面站的站坐标变化速度的精度不够好,随着时间的推延,其站坐标的精度也逐渐变差。为此,DORIS建立了一个中间坐标系IGN04D02来进行比对,所获得的结果精度较好。

表8-3 1993年1月~2004年10月间DORIS 7天解(周解)的精度与卫星数之间的关系

DORIS 卫星数	实测数据量(周数)	ITRF2000参考框架			IGN04D02参考框架		
		N/mm	E/mm	H/mm	N/mm	E/mm	H/mm
1	1	40	41	42	33	31	40
2	167	27	32	31	26	30	26
3	321	25	29	27	23	26	21
4	4	22	20	26	19	20	16
5	120	18	16	23	14	15	13

更详细的统计结果表明,只利用一颗 DORIS 卫星来确定地面站的坐标时,其定位精度为 14～36mm。SPOT 卫星的定位精度最好,Topex/Poseidon 卫星的定位精度最差,因为 SPOT 卫星的轨道倾角为 98°,而 Topex/Poseidon 卫星的轨道倾角只有 66°。高纬度地区的测站所获得的 SPOT 卫星的观测资料多于 T/P 的资料。

如前所述,目前 DORIS 系统已在全球均匀地设立了 70 多个地面跟踪站,既可以组成一个独立的地球参考框架,也可以通过与 VLBI、SLR、GPS 的并址站来共同建立和维持一个国际地球参考框架(正如 IERS 所做的那样)。需要说明的是,长期以来,我们是采用下列方法来建立和维持地球参考框架的:给定某一历元一组地面站的三维坐标以及它们的年变化率。但这种做法存在一些缺点,如某些站的变化不是线性的,甚至变化是不连续的(如遇到地震等突发事件、天线高发生突然变化等),导致用户采用线性内插所获得的瞬时站坐标的精度下降。因而近来维持地球参考框架的做法有了一些变化,人们更倾向于直接给出一组站坐标的时间序列供用户使用。

2.测定地球定向参数

DORIS 也可被用于确定地球定向参数 EOP,特别是极移。与测定地面站的站坐标一样,测定极移的精度在很大程度上也与 DORIS 卫星的数量有关。表 8-4 中列出了从 1993 年 1 月至 2004 年 10 月间利用 DORIS 观测资料所求得的极移值的精度以及这些精度与卫星数之间的关系。从表中可以看出,在 1993～2004 年间,利用 DORIS 系统来测定极移,在卫星数量较多的情况下,可达毫角秒水平,已成为一种独立的资料来源。

表 8-4   DORIS 测定的极移值的精度与卫星数之间的关系

卫星数	资料数量(周数)	X_p/mas	Y_p/mas
1	1	2.03	1.53
2	167	2.18	1.65
3	341	1.94	1.40
4	4	1.87	0.95
5	20	1.64	0.91

3.地壳变形的监测

为了显示 DORIS 的 7 天解在大地测量和地球动力学方面的应用潜力,说明 DORIS 在地壳形变方面的监测能力,我们以 Fairbanks 站为例来予以说明。2002 年 11 月 3 日,阿拉斯加的 Denali 断层发生了 7.9 级大地震。震后位于地震区的 Fairbanks 站的坐标发生了变化。表 8-5 给出了用 GPS 定位技术所求得的站坐标变化量及用 DORIS 所求得的站坐标变化量。从表中可以看出,两种结果间相符较好,表明 DORIS 具有较好的地壳形变监测能力。

表 8-5   GPS 和 DORIS 求得的震后测站坐标的变化量(mm)

变形监测方法	纬度方向位移值	经度方向位移值	高程位移值
GPS	−53.5±4	+15.1±4	0
DORIS	−50±4	+20±7	0±5

8.2.5 大气探测及研究

与 GPS 等空间大地测量技术一样，DORIS 也可用于电离层研究和对流层研究。DORIS 的地面信标站用 401.25MHz 和 2036.25MHz 的频率发射无线电信号，这两个不同频率的信号经过电离层后先后到达卫星被 DORIS 接收机所接收。利用双频效应同样可设法消除电离层延迟，还能求得信号传播路径上的电子含量 TEC。利用这些信息可为单频雷达测高仪的测高数据提供电离层延迟改正。如安装在 Topex 卫星上的 Poseidon 测高仪就是一种单频测高仪，利用 DORIS 接收机所获得的双频定轨数据可设法为单频测高数据提供相应的电离层改正。由于 ENVISAT 卫星和 SPOT 卫星的高度只有 800~830km，因而利用这些卫星的双频 DORIS 观测资料只能测定在此高度以下的电离层的电子含量 TEC。此外，利用 DORIS 的双频观测资料也可用来探测如地震等地球物理运动对电离层的影响。

在 CONT02 会战期间，把利用 DORIS 资料所求得的天顶方向的对流层延迟值与并址站上用 VLBI 和 GPS 资料所求得的天顶方向的对流层延迟值进行比较后，证实了用 5 个 DORIS 卫星所求得的天顶方向的对流层延迟的精度可达 6~8mm（对应的 IPV 的精度为 1~1.2mm）。其精度还是相当好的。但遗憾的是，DORIS 的结果通常要在一个月后才能获得。因而这些结果对天气预报等应用来讲几乎无应用价值。但对全球气温和湿度的长期变化等研究工作来说仍具有一定的价值。

8.2.6 结论与展望

（1）DORIS 系统提供了一种独立的低轨卫星精密定轨技术。利用该方法进行精密定轨时，其径向误差为 ±3cm。与 SLR、GPS 等技术进行联合定轨时，径向误差为 1~2cm，可满足高精度的海洋测高的任务要求。在星载 DORIS 接收机中安装 DIODE 软件后，接收机便具有实时定轨功能，可向安装在卫星上的其他设备以及地面系统实时提供有关卫星的位置和速度等信息。实时定轨功能将进一步扩大 DORIS 在定轨领域的应用范围。

（2）长期以来，国际地球自转与参考系维持服务 IERS 一直利用 VLBI、SLR、GPS 和 DORIS 等独立的空间大地测量技术所获得的结果来建立和维持国际地球参考框架 ITRF，测定并公布 ITRS 与 ICRS 间的坐标转换参数。目前，用 DORIS 所测定的地面站坐标的精度为：单天解 20~30mm，7 天解 10~15mm。此外，DORIS 还能以亚毫角秒的精度来测定极移。上述精度在很大程度上取决于 DORIS 卫星的数量。卫星数量增加后，上述精度还有望进一步提高。DORIS 将与 VLBI、SLR、GPS 一样，成为全球大地测量系统 GGOS 中的独立一员。国际 DORIS 服务 IDS 的建立必将进一步推进上述工作。需要说明的是，DORIS 在导航和实时定位等领域仍无法得以应用。

（3）目前相关单位正在深入开展各项研究工作，以进一步提高 DORIS 的精度。如十多年来，DORIS 的定位结果与 ITRF 框架之间一直存在一个微小的、但十分明显的尺度误差。图 8-6 给出了 1993~2003 年间 DORIS 的结果与 ITRF2000 框架间的尺度比（平均为 -2.68ppb），而 ITRF2000 的尺度是由 VLBI 和 SLR 来提供的。目前，相关单位正从法国国家研究中心 CNES 所采用的定轨软件、数据预处理方法（电离层改正、天线相位中心改正、仪器的内部偏差及所采用的时间尺度等）进行仔细的检查。此外，从图 8-6 中也可以发现，DORIS 解的长期稳定性是十分好的。研究人员认为，这可能与 DORIS 所采用的两个信号频率有关，也与迄今为止一共只有两种 DORIS 天线不易出错这一事实有关（GPS 接收机和天线的品目繁多,容易出错)。深入开展这些研究,将有助于进一步提高 DORIS 的精度。

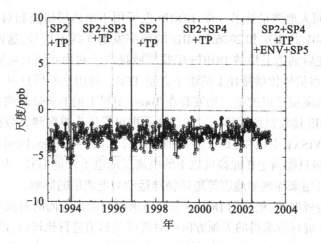

图 8-6　1993~2003 年间 DORIS 成果与 ITRF$_{2000}$ 间的尺度误差

8.3 以 GPS 为代表的第二代卫星导航定位系统

第二代卫星导航定位系统的典型代表是美国研制、组建、管理的全球定位系统 GPS,此外较著名的还有俄罗斯的 GLONASS 以及欧洲的 Galileo 和中国正在组建的北斗系统 COMPASS。其中,GPS、GLONASS、Galileo 都是全球卫星导航系统,COMPASS 初期只是区域性卫星导航系统,以后将扩充改组为全球系统。上述各种导航系统的具体结构、性能等虽然各不相同,但是导航定位的基本原理和方法都是类似的。考虑到各高校的相关专业都开设了有关 GPS 的课程,而且此类教材和参考书也很多,所以本节只是从不同的角度对二代卫星导航定位系统作一简单介绍,以保持教材本身的完整性,同时也希望对读者有所裨益。

8.3.1 二代系统与一代系统间的主要差别

1.用距离交会替代距离差交会

为了克服以子午卫星为代表的第一代卫星导航定位系统所存在的局限性,第二代卫星导航定位系统都弃用了多普勒定位模式而改用距离交会的模式。二代卫星系统利用测距码来测定从卫星至接收机间的距离的基本过程如下:在卫星钟的控制下,卫星于时间 t 发出某一结构的测距码。与此同时,接收机也在钟的控制下产生结构完全相同的测距码(称为复制码)。卫星发出的测距码经 Δt 时间的传播后到达接收机并被接收,由接收机产生的复制码经过时间延迟器延迟时间 τ 后与接收到的卫星信号进行对比。若两信号尚未对齐,就调整延迟时间,直至这两组信号完全对齐为止(根据这两组信号的自相关系数 R 来判断信号是否对齐)。此时,复制码的延迟时间 τ 就等于卫星信号的传播时间 Δt(卫星钟和接收机钟的误差需另行改正)。利用测距码测距不仅可以对十分微弱的卫星信号进行精确的量测,而且可以通过码分技术来区分和选择卫星信号。上述过程就是我们通常所说的搜索并锁定卫星信号的过程。这一过程大约需花费几十秒至几分钟的时间。一旦卫星信号被锁定,接收机中的码跟踪环路就能不断调整复制码的延迟时间,始终保持与接收到的卫星信号对齐。

除了由于某些特殊原因而导致信号失锁外,接收机一般均能保持对卫星的连续跟踪,此时伪距测量就变得十分简单:接收机只需按照用户事先设置的采样率,在规定历元读取复制码的延迟 τ 并乘上光速 c 后就能获得该历元的伪距观测值。而通过码相关技术等方法来重建载波,然后将其送到载波跟踪环路后又可获得载波相位观测值,这些工作都可以在极短的时间内完成,因而能满足导航和实时定位等用户的需要。

2. 能对多个卫星进行同步观测

第二代卫星导航定位系统的接收机一般都具有多个接收通道(如 8~12 个通道)。采用码分多址技术或频分多址技术后,每个接收通道可分别观测一个卫星信号。这样,接收机就能对视场中的全部卫星或多个卫星($\geqslant$4 个卫星)进行同步观测,然后根据距离观测值和卫星星历来确定每个观测历元接收机的三维坐标和接收机钟差。而不是像子午卫星系统那样,观测一次卫星通过(一般为 10min)只能确定一个参考时刻的接收机位置和频偏。

3. 二代系统均为连续的独立的导航定位系统

我们知道,组建子午卫星系统的目的就是能为惯性导航系统提供一种较为准确的、间断的修正。也就是说,从一开始它就没有打算成为一种连续的、独立的导航系统。第一代导航系统投入工作后,卫星导航定位的优点日益明显,人们发现在许多应用领域中它完全有可能取代其他导航定位技术而成为一种独立的(自然应该是连续的)导航定位系统。因此在研制组建二代系统时,其目的就有了很大的变化,或者说一开始其起点就很高。因此在卫星星座设计、卫星信号设计、定位方式及观测值选取等方面都与一代系统有了很大的变化。如为了保持系统能连续地为全球用户提供导航定位服务,在全球卫星导航定位系统的星座设计时就要求任意时刻在全球各地的用户的视场中至少有四颗导航卫星可供观测。因此星座中的卫星数量将大幅增加,一般为 24~30 颗左右,而且这些卫星一般都位于倾角为 55°~65°、离地面约 2 万 km 的圆形轨道上。因为在该倾角范围内的卫星轨道面进动较小(即轨道的升交点赤经的变化率较小)。卫星轨道过低时,卫星在视场中停留的时间很短,用户所跟踪的卫星将频繁的更换;轨道过高时,如采用同步卫星时,卫星信号强度将大幅降低(或者说对卫星的信号强度将提出更高的要求),此外,用户所观测的卫星较为固定(不像中轨卫星那样用户可观测到 20 多颗卫星),不易消除系统性的误差。从系统管理的角度讲,从地面站向卫星注入广播星历和其他命令也更为困难,需要布设更多的注入站。当然,同步卫星对于区域性导航定位以及数据通信来讲具有独特的优点。圆形轨道的优点是离地面的高度固定,用户接收机所接收到的信号强度变化较小,有利于信号的接收。因而各种二代系统普遍采用上述卫星星座。又例如一代导航系统的卫星信号只包含导航电文和载波两部分,其中载波被用于多普勒测量,导航电文被用来提供卫星星历及卫星的工作状态等相关信息。为了能以适当的精度快速而方便地测定从卫星到接收机的距离,二代系统的卫星信号中都增加了第三部分——测距码。而且通常都采用先把导航电文调制在测距码上,然后再把它们调制到载波上的方法。

除此之外,二代系统还作了许多改进,采用性能更好的原子频标取代了石英晶体频标;大大提高了载波的频率,有助于更好地消除电离层延迟;组织了国际 GNSS 服务等组织免费为用户提供高精度的卫星星历、卫星钟差及基准站坐标等,促进了卫星导航系统在精密定位领域中的应用。

8.3.2 第二代卫星导航定位系统的现状

考虑到各种相关教材已对第二代卫星导航系统的现状做过详细介绍，而且有些资料（如××卫星星座是由哪些卫星组成的）本身也在不断变化，适用期很短，需要时，读者也不难从网上查找到最新的资料，故我们不准备对这些资料做过多介绍，而尽量把注意力集中到更重要的方面上来。

1. GPS

1）GPS 现代化

卫星导航定位系统在军事和民用的各领域正发挥着越来越大的作用。其用户数量之多，使用方式之多样，应用领域之广泛，效用之大，在各种卫星应用领域中都是前所未有的。正因为如此，各有实力的国家和地区都在研制组建自己的卫星导航定位系统，以最大程度地获取军事利益、经济利益和政治利益。正是在这种背景下，美国于1999年提出了GPS 现代化的计划。该计划的主要目的是使GPS 能更好地满足美国及其盟国的军事需要；进一步扩展民用市场，以确保GPS 在卫星导航定位领域中的主导地位，并劝说他国放弃组建自己的卫星导航系统的计划。

GPS 现代化的主要内容包括：

（1）在Block ⅡR卫星的L_2载波上调制C/A码，在Block ⅡF卫星上增设$f=1\,176.45$MHz的民用频率，以便使未授权的用户也能较完善地消除电离层延迟，提高信号的冗余度，改善定位精度和可靠性。

（2）增强卫星信号的强度和抗干扰能力。

（3）增设新的军用测距码（M 码）与民用码分开，并具有更好的保密性和抗干扰能力。

（4）使用新技术，以阻止敌对方使用GPS 系统，但又要保证目标区域以外的民用用户能正常使用GPS（实施区域性的SA 的能力）。

（5）使军用的GPS 接收机具有更好的保护装置，特别是抗干扰能力和快速初始化的能力。

2）L-AⅡ 计划

利用GPS 进行导航和实时定位时的精度在很大程度上取决于所用的广播星历的精度。广播星历是主控站根据分布在全球的5 个监测站上采集到的P 码伪距观测值，通过卡尔曼滤波的方法来估计卫星的位置、速度、钟差、钟速、钟的加速度以及光压系数等参数，并根据这些参数来推估后续时刻的卫星位置和钟差等，最后对这些结果进行拟合得到相应的轨道参数，并按规定格式而生成的。

自从GPS 系统正式投入运行后，广播星历的精度逐步在得到提高。这主要得益于：

- 卫星的性能（特别是卫星钟的性能）在不断改进；
- 缩短了卫星的数据龄期；
- 监测站的坐标不断优化；
- 改进了卡尔曼滤波的方法。

但广播星历的精度仍然不是太好，一些专家估计为卫星的三维位置误差约为10m。为了进一步提高广播星历的精度，美国从1997 年开始实施精度改进计划L-AⅡ（Accuracy Improvement Initiative, Legacy），首期将NGA 的6 个GPS 卫星跟踪站所获得的观测资料添加到广播星历的定轨和预报计算中去。这样，广播星历实际上是依据11 个地面站的观测资料来确定的。根据我们的计算与对比,到 2001 年底,整个 GPS 卫星星座(即统计全部 GPS 卫星)的三维位置误差的 RMS 值已小于 5m,但其中 PRN 1、6、15、17、21、23 以及 24 等 7 颗卫星的误差超过 5m。在从 2002 年开始的第二期计划中又有 5 个站的观测资料被用于广播星历的计算和预报,这样,监测站的数量实际上已增加至 16 个站。使得所有的 GPS 卫星在任一时刻至少有一个地面站对其进行跟踪观测,消灭了空白弧度,大部分时间都有多个站在进行跟踪观测。此外,在实施 L-AII 计划时,还对卫星定轨及推估过程中所使用的动力学模型进行了改进,从而大大提高了广播星历的精度。

为了检验实施 L-AII 计划后广播星历的精度,我们曾以 IGS 的精密星历作标准,对 2002~2006 年 5 年内的广播星历的精度进行了检验。具体方法如下:利用广播星历每 15min 计算一组卫星的三维空间直坐标 X、Y、Z,并与 IGS 精密星历所给出的同一时刻的标准坐标进行比较,求得广播星历的坐标误差 dX、dY、dZ。然后再将它们转化为轨道的径向误差 dR、切向误差 dA 和法向误差 dC,进行分析比较。由于广播星历给出的是卫星天线相位中心的位置,而 IGS 精密星历给出的是卫星质心的位置,所以在比较前,还必须进行卫星天线相位中心偏差的改正。此外,从理论上讲,广播星历采用的是 WGS-84 坐标系,而 IGS 精密星历采用的是 ITRF 坐标框架。但考虑到 2002 年后 WGS-84 已经过多次优化,与 ITRF 的差异已非常微小,故计算时未予顾及这种误差。为了保证检验的可靠性,在计算和比较过程中对数据质量进行了严格的检验和控制,剔除了粗差和不可靠的资料。在整个计算过程中,广播星历文件都是从 SOPAC(Scripps Orbit and Permanent Array Center)网站下载的,精密星历文件都是从 CDDIS(Crustal Dynamics Data Information System)中心网站下载的。现将计算结果介绍如下,详细情况可参阅参考文献[10]。

(1)广播星历精度的日变化情况

轨道误差的三个分量 dR、dA、dC 在同一天中存在周期性的变化,其周期约为 12h,与卫星的运行周期相同。精度从几分米至几米不等。一般来讲,径向误差 dR 要比切向误差 dA 和法向误差 dC 小。

图 8-7 给出了两颗卫星的广播星历在一天中的误差状况。这些误差反映出在确定广播星历时所采用的动力学模型还存在一定的模型误差,在卡尔曼滤波中,某些过程噪声的取值可能还不是很恰当。此外,目前的广播星历采用每 2h 提供一组轨道参数,用这组参数求得的 2h 轨道弧是连续的,但不同的轨道弧之间存在明显的跳跃,这种不连续性可能会影响导航定位结果。

(2)广播星历精度的长期变化

为了分析,检验从 2002 年初至 2006 年底 5 年中广播星历精度的变化情况,我们以天为单位计算了由广播星历所给出的所有 GPS 卫星的三个轨道分量误差(dR,dA,dC)的日平均值及其均方根差。

$$日平均值:\text{mean}_k = \frac{\sum\sum dk_{ij}}{n}$$

$$均方根差:\text{RMS} = \sqrt{\frac{\sum\sum dk_{ij}^2}{n}}$$

(8-25)

式中,$k=1$ 表示径向误差 dR;$k=2$ 表示切向误差 dA;$k=3$ 表示法向误差 dC;i 为卫星序号;j 为历元;n 为有效的误差数量。

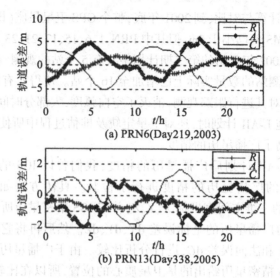

图 8-7 一天内由广播星历所给出的卫星轨道的误差变化情况

计算结果见图 8-8。从图中可以看出：

① 广播星历误差的日均值

• 轨道误差的三个分量的日平均值从总体上讲均趋近于零,但径向误差中似乎还含有一些小的偏差。

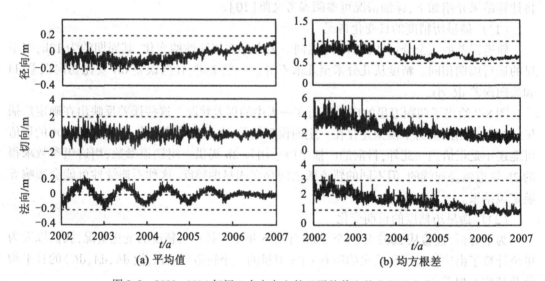

图 8-8 2002~2006 年间 3 个方向上的日平均值和均方根差变化

• 径向误差和法向误差的日平均值的绝对误差一般都在 0.2m 以内。切向误差的日平均值在 ±2m 内变化。

• 法向误差的日均值呈现出明显的周期性变化,周期为一年。

• 从总体上讲,随着时间的推移,轨道误差的日平均值越来越趋近于零,广播星历中的系统误差被消除的越来越好。径向误差的日平均值中仍含有约 0.1m 的系统差,可能与我们

292

在进行卫星天线相位中心偏差改正中的取值不够恰当有关(不同的机构给出的相位偏差是不同的)。

②广播星历误差的均方差

在2002年初至2006年底的5年中,轨道误差三个分量的日均方根差都有不同程度的减小:径向误差的日均方根差从0.8m左右减小为0.6m左右;切向误差的日均方根差从约3.8m减小为约1.8m;法向误差的日均方根差从2.3m左右减小为0.9m左右。

③广播星历的三维轨道误差

此外,我们还把卫星按年度分别计算了由广播星历所求得的轨道的三维轨道误差的年均方根差 σ。计算过程如下:首先用广播星历求出卫星 i 在 j 年的第 k 个历元的三维坐标 X_{ijk}、Y_{ijk}、Z_{ijk};并以IGS的精密星历为标准求得三维坐标误差 dX_{ijk}、dY_{ijk}、dZ_{ijk},进而求得三维点位误差 $dP_{ijk} = (dX_{ijk}^2 + dY_{ijk}^2 + dZ_{ijk}^2)^{\frac{1}{2}}$,最后按下式计算卫星 i 在 j 年的三维轨道误差的年均方根差:

$$\sigma_{ij} = \sqrt{\frac{\sum_{k=1}^{n} dP_{ijk}^2}{n}} \quad (8-26)$$

式中,n 为卫星 i 在 j 年内的有效历元总数。

计算结果见图8-9。从图中可以看出:

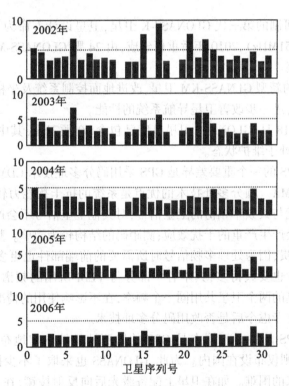

图8-9 2002~2006年间广播星历的三维轨道的年均方根差

①不同卫星的星历精度是不相同的。2002年,PRN 1、6、15、17、21、23、24 等七颗卫星的三维轨道误差年均方根差 σ 超过5m。这些卫星大多为Block II 和Block II A 型的老卫星,

工作期限都已达到10年左右。原子钟的稳定性及卫星工作性能均较差。此后,新发射的Block ⅡR、Block ⅡRM型卫星的轨道误差精度有明显的提高,除此以外,也与地面站的跟踪时段的长短等因素有关。

②随着时间的推移,广播星历的精度也在不断提高。到2006年,几乎所有卫星的三维轨道误差都降低至2m左右。这主要得益于卫星性能改进和L-AⅡ计划的实施。

上述情况可供我国建立COMPASS卫星导航系统时参考、借鉴。

2.其他卫星导航定位系统

1) GLONASS

全球导航卫星系统(Global Navigation Satellite System, GLONASS)是前苏联研制组建的第二代卫星导航定位系统,现由俄罗斯负责管理和维持。1996年,该系统建成并投入运行(星座由24颗卫星组成)。由于卫星寿命只有3年,此后便陆续报废。而俄方又处于经济衰退、财政困难时期,无法及时补充更新。2000年,卫星数已减至6颗,系统无法正常工作。此后,随着经济情况的好转,俄罗斯政府制订了"拯救GLONASS的补星计划",并着手对系统进行了现代化改造,其主要内容如下:

• 在2003年前发射GLONASS-M1卫星,卫星的工作寿命预计为5年,在轨重量为1 480kg。

• 2003年后发射GLONASS-M2卫星,设计寿命为7年,在轨重量为2 000kg,并增设第二民用频率。

• 2009年开始研制的第三代GLONASS-K卫星,卫星设计寿命为10年,并增设第三频率(1 201.74~1 208.51MHz),2010年后重新建成,由24颗GLONASS-M卫星及GLONASS-K卫星组成的卫星星座。

• 2015年发射的新型GLNASS-KM卫星,改进地面控制系统及坐标系统使其与ITRF相符,提高钟的稳定度,进一步改善卫星导航系统的性能。

至2009年2月18日,GLONASS卫星星座已包含20颗卫星,其中19颗卫星处于正常工作状态,一颗卫星处于维护状态。

GLONASS与GPS的一个重要差异是GPS采用码分多址技术CDMA,而GLONASS则采用频分多址技术FDMA。频分多址技术的优点是系统的抗干扰能力较强,敌对方发出的某一干扰信号只会干扰与其频率相仿的卫星信号,对其他卫星信号不会产生显著的干扰;不同卫星信号之间也不会产生严重的干扰效应;测距码的结构较为简单。频分多址的缺点是:接收机的体积大、价格贵,因为处理多频信号时所需要的前端部件也更多。此外,卫星导航系统所占用的频谱宽度也要大得多,其中有一部分与VLBI所用的频谱重叠,所以GLONASS决定将位于地球两侧的两个卫星共用同一个频率,在不影响使用的情况下,将所占用的频谱压缩一半。同时也在考虑今后是否改用码分多址技术。

GLONASS与GPS的另一不同点是GPS的监测站是较均匀地布设在全球范围内,而GLONASS的监测站则仅布设在国内。为此,GLONASS也采取了不少措施来消除或减轻国内布设监测网所带来的困难。如在卫星上配备激光后向反射棱镜,在共青城和基塔布设置激光测距站,通过SLR观测值(精度为1.5~2.0cm)来校正无线电测距的结果,以提高测距精度。如将卫星的高度降低至19 100km,相应的运行周期减少为11^h15^m,一天内,卫星运行2.125圈。而同一轨道上相邻两卫星之间正好相差0.125周,也就是说,一天后同一时间同一方向出现的是一颗相邻卫星,8天为一个周期。这种安排有助于对星座中的所有卫星较均匀地进行跟踪观测。

此外,由于俄罗斯地处高纬度地区,因此,GLONASS 的轨道倾角也提高了约 10°(从 GPS 的 55°增为 64.8°),以便整个导航系统在高纬度地区有更好的覆盖率。

2) Galileo

伽利略系统是欧盟欧洲空间局计划组建的一个民用卫星导航定位系统。考虑到相关教材和参考资料已对方案及组建计划做过不少介绍,且该系统尚处于试验期,今后还可能对方案和计划进行修改,故本章仅作简要介绍。

Galileo 卫星星座将由 30 颗卫星组成,分布在三个倾角为 56°的轨道上,每个轨道上均有 9 个工作卫星和 1 个备用卫星。卫星在高度为 23 612km 的几乎为圆形的轨道上运行。卫星的设计寿命为 15 年,重 625kg,配备 2 台铷原子钟和 2 台氢原子钟。由太阳能电池供电,$W=1.5$kW。

伽利略系统具有以下特点:

(1) 系统在研制、组建和管理过程中,军方均未直接参与,它是一个商业性质的民用卫星导航定位系统。民间用户会较少地受政治因素和军事因素的影响。

(2) 鉴于 GPS 在系统可靠性方面存在缺陷(用户在无任何先兆和警告的情况下可能面临系统失效、出错的情况),伽利略系统从系统结构设计方面进行了改进,以最大限度地保证系统的可靠性,及时向指定用户提供系统完备性信息。

(3) 采用了一些措施来提高精度,如卫星上采用了性能更好的原子钟;地面测站的数量达 30 个左右,数量更多,分布更好;在接收机中采用了噪声抑制技术等,因而用户有可能获得更好的导航定位精度。

此外,系统将提供 5 种服务:开放式服务(OS)、生命安全服务(SOL)、商业服务(CS)、公共特许服务(PRS)以及搜寻救援服务(SAR),其服务面及应用领域将更为宽广。

(4) 与 GPS 系统既保持相互独立,又相互兼容,具有互操作性。相互独立可以防止或减少两个系统同时出现故障的可能性。为此,Galileo 系统采用了独立的卫星星座和地面控制系统,采用了不同的信号设计方案和基本独立的信号频率。兼容性意味着两个系统都不会影响对方的独立工作,干扰对方的正常运行。互操作性是指可以方便地用一台接收机来同时使用两个导航系统进行工作,以提高信号的可用性、完好性及定位精度。

为了对 Galileo 系统的设计方案进行验证,欧盟于 2002 年实施了 GSTB-V1(Galileo System Test Bed Version-1)计划。对数据采集、数据预处理、卫星定轨、时间同步、完好性计算等进行了检验,导航电文的生成算法则是用 GPS 数据来进行验证的。2003 年启动 GSTB-V2 计划,并分别于 2005 年 12 月 28 日和 2008 年 4 月 27 日成功地发射了两颗实验卫星 GIOVE(Galileo In-Orbit Validation Elements)—A 和 B。GSTB-V2 计划的主要内容是验证卫星定轨和时间同步技术。参加实验的有分布于全球的 13 个监测站以及地面控制中心和数据处理中心。详细情况见参考文献[11]。

3) 北斗卫星导航系统

这是我国自行研制组建的卫星导航定位系统。第一代北斗导航系统是一种区域性的有源导航系统。空间部分由位于赤道上空的 3 颗地球静止卫星组成,其中 2 颗工作卫星分别位于东经 80°和 140°,一颗备用卫星位于东经 110.5°。由于只有 2 颗工作卫星,因而该导航系统也被称为双星导航系统。双星导航系统的优点是投资小,建设速度快;而且系统还具有一定的通信功能和授时功能;接收机开机后可快速定位等。其缺点是:由于采用的是主动式测距的方式,军事用户的隐蔽性差;整个系统的工作过于依赖中心站从而将影响战时的生存能力;整个系统的用户数受到限制;系统的技术水平较低,需依赖其他信息源才能确定用户的位置,无测速功能。

目前正在研制组建的第二代北斗导航系统仍然是一个区域性的卫星导航定位系统,能为包括中国领土、领海及部分周边地区在内的用户提供实时的三维导航和定位服务。卫星星座将由12颗卫星组成,包括地球静止卫星(GEO),位于倾斜轨道上的地球同步卫星(IG-SO)和中轨卫星(MEO)组成。已发射了试验卫星COMPASS-M1,正在进行定轨及确定卫星钟差的试验。二代系统预计在2012年建成。

第三代北斗导航系统将成为一个全球卫星导航定位系统,可能由30颗中轨卫星及5颗同步卫星组成,预计在2020年左右可投入使用。该系统也可称为二代二期的北斗系统。

届时将形成GPS、GLONASS、Galileo、COMPASS四大系统并存的局面,卫星总数将超过100个,用户的导航定位精度和可靠性等有望进一步提高。

8.3.3 国际 GNSS 服务 IGS

众所周知,GPS等卫星导航定位系统最初是用来为飞机、舰船、地面车辆等运载工具进行实时定位的,其典型的精度是数米至数十米。现在之所以能成为一种高精度的空间大地测量手段是与IGS的杰出工作分不开的。

IGS(International GPS Service for Geodynamics)原本是国际大地测量协会IAG为支持大地测量和地球动力学研究而于1993年组建的一个国际协作组织。此后由于服务领域的扩大和延伸,如提供天顶方向的对流层延迟参数为气象学研究和天气预报服务;提供全球格网点上的VTEC值为电离层延迟服务等,因而其名称改为International GPS Service,缩写仍为IGS。后来由于研究对象已从GPS系统扩展至GLONASS系统,今后也将会进一步扩展至Galileo等系统,故又将名称改为International GNSS Service,但缩写仍保持不变。在将GNSS变成一种重要的空间大地测量手段的过程中,IGS所起的作用主要体现在以下几个方面。

1. 提供精密星历和精密的卫星钟差

GPS从导航领域进入高精度定位领域时,必须要解决三个问题:

(1)提供高精度的距离观测值

我们知道,用于导航和低精度定位的测码伪距观测值的精度一般仅为数分米(精码测距)至数米(C/A码测距)。上述精度无法满足精密定位的要求。全球定位系统是通过重建载波技术来恢复载波并进而进行载波相位测量的。载波相位测量可达到mm级的精度。在准确探测和修复周跳、准确地确定整周模糊度的情况下,载波相位观测值可转化为同精度的距离观测值。这些工作主要是由相关的大地测量专家和接收机生产厂家来完成的,在IGS成立前已经实现。

(2)高精度的卫星星历和卫星钟差

精密星历曾是利用子午卫星系统进行大地定位时的一道难以逾越的门槛。一般用户基本上无法获得,所以只有采用联测定位、短弧法平差等方法来间接解决星历问题。IGS的成立从根本上解决了精密星历和精密钟差的问题,用户只需通过较为简单的数据处理后就可获得十分精确的定位结果,从而为利用GPS进行高精度定位创造了必要的条件。目前,IGS的综合精密星历的精度为3~5cm,可满足10^{-9}级精密定位的要求。高精度的卫星钟差则为高精度单点定位技术的出现铺平了道路。

(3)高精度的数学模型和计算软件

高精度的误差改正模型(如对流层延迟改正模型、电离层延迟改正模型、天线相位中心偏差的改正模型等)、基线向量解算和网平差的数学模型(如周跳的探测与修复方法、整周模糊度的确定等)及相应的计算软件是实现精密定位的另一个必要条件。IGS 集中了世界上第一流的 GPS 测量和数据处理方面的专家。他们通过不懈的努力,在不断解决上述问题的过程中,一步一步地把 IGS 的产品精度提高到今天的水平。

目前,GPS 定位技术已基本上取代常规定位技术成为世界各国在建立和维持国家大地控制网及进一步加密中的主要手段,在工程测量等领域也得到了广泛的应用。

2. 建立、维持地球参考框架,确定地球定向参数

至 2009 年 4 月 2 日为止,IGS 已在全球范围内较为均匀地建立了 422 个永久的基准站。利用这些站上的观测资料,IGS 就能在确定 GPS 卫星精密轨道的同时定期求解出这些站上的站点坐标和地球定向参数(极移、地球自转不均匀等参数),建立和维持地球参考框架。当然,为了避免各行其事,引起混乱,实际上是由 IERS 综合利用 VLBI、SLR、GPS、DORIS 等空间大地测量资料来建立和维持国际地球参考框架 ITRF,给出统一的精度更高的结果。与 VLBI、SLR、DORIS 相比,GPS 的基准站数量更多,地理分布也更好(如 VLBI、SLR 等技术的测站数为 50 个左右,而且大部分位于北半球,在南半球的测站很少),因而可以在统一的 ITRF 框架下起到补充和加密作用。这些资料对于研究板块内部的地质构造、地壳形变等是非常有用的。GPS 资料的弱点是仪器、天线的品目繁多,仪器常数不一,容易出错,从而影响成果的可靠性,因而在工作中应特别注意。

此外,由于测站多、地理分布好,所以 IGS 还能提供全球的电离层延迟格网图,以及天顶方向的对流层延迟等信息,为电离层检测和研究、气象研究和天气预报等部门提供服务。

8.4 脉冲星导航定位

8.4.1 前言

随着科学技术的发展以及地球上环境和资源问题的日益严重,人类在太阳系中开展各种科学探测的兴趣也越来越高。据不完全统计,在 20 世纪下半叶,仅美国一个国家就发射了一系列的空间飞行器,如水手号探测器系列、先驱号探测器系列、旅行者探测器系列、海盗号探测器系列等,先后对月球、水星、金星、木星、土星、火星、天王星、海王星等行星及它们的卫星开展了科学探测,探测器总数已达 20 多个。目前,新一轮的空间探测高潮又即将到来,我国也将加入此行列中来。由于路途遥远,这些航天器将在茫茫的太空中航行数年才能到达预定目标,而且在此期间,这些行星本身也在太阳系中高速运动,因此在太阳系中,为这些空间飞行器进行精确的导航定位就显得尤为重要。

此前,这项任务一直都是由深空大地测量网(简称深空网)来完成的。深空网则是由一系列布设在地球表面和人造卫星上的配备有测角仪器、测距仪器、测速仪器的深空站及相应的数据传输、数据处理站组成的。传统方法的主要缺点是:

(1)需要布设一个庞大的地面和空间系统来予以支持,投资大,建设速度慢;

(2)容易遭受攻击,系统的生存能力较差;

(3)当飞行器飞到太阳背后时,系统便无法工作。

脉冲星导航为我们提供了解决上述问题的新途径。在介绍脉冲星导航定位的原理和方法以前,我们将对相关的概念作一简要的回顾。

脉冲星是一种高速自转的中子星,其自转周期为数毫秒至数十秒不等。其中,自转周期小于10ms的脉冲星称为毫秒脉冲星,其自转周期特别稳定(稳定度可达 10^{-19} s/s),因而可被用来作为最精确的时钟。在超高温、超高压的极端物理条件下,脉冲星会沿着其磁轴方向,从两个磁极发出连续的电磁波信号束。信号束的张角一般在10°以内。由于信号束的方向与脉冲星的自转轴方向不一致,于是随着脉冲星的自转,从脉冲星发出的电磁波信号束也会沿着一个圆锥面在空间旋转。如果信号束正好扫过地球,那么地球上的观测者就可以周期性地接收到一组"脉冲"信号。脉冲星可以发射频率不等的电磁波信号,如微波信号、红外线信号、可见光信号、紫外线信号以及X射线和γ射线信号。目前适用的高精度脉冲信号接收器有两种:一是接收微波信号的射电望远镜,二是接收X射线的X射线接收器。利用射电望远镜来接收微波脉冲信号进行导航的优点是脉冲星数量多、可选择自转周期稳定、辐射信号强、空间分布好的射电脉冲星进行导航;其缺点是仪器体积大、重量重、只适宜于安装在地面以及空间站等大型空间飞行器上。用X射线接收器进行导航的缺点是目前搜索到的X射线脉冲星数量较少,可供选择的余地不大。但随着搜索工作的不断进行和仪器的灵敏度的提高,会有更多的X射线脉冲星被发现。X射线接收器的优点是仪器的体积小、重量轻、能耗少,适用于任何种类的空间飞行器。当前已成为脉冲星导航中的研究热点。

2004年,欧洲空间局完成了脉冲星导航的可行性研究计划。同年,美国国防部先进技术研究局(DARPA)启动了X射线脉冲星导航项目XNAV,计划在5年内完成该项目,实现在太阳系内±100m的定位精度,并希望最终能达到±10m的精度。2007年,中国科学院也启动了"脉冲星计时观测和导航应用研究"这一重要方向性研究项目。

8.4.2 必要的准备工作

在开展脉冲星导航前,必须利用布设在地面站上的射电望远镜和设置在卫星上的X射线接收机来完成下列工作。

1. 搜寻合适的脉冲星,并确定它们的位置

这是开展脉冲星导航的一个必要条件。实际上,世界各国也正在结合"建立脉冲星时"的项目在积极开展此项工作。这里所谓的合适的脉冲星是指周期十分稳定、信号强度好、容易接收、空间的地理位置分布好的那些脉冲星。然后利用长期积累下来的观测值,通过射电干涉测量等方法来精确确定它们的方位。

由于脉冲星导航是在太阳系质心坐标系中进行的,从理论上讲,首先要根据测站的坐标将成果归算到地心坐标系中去。但由于脉冲星离太阳系的距离一般为数千光年,因此,这项归算工作通常可省略。然后再将成果统一归算至太阳系质心坐标系上去,求出从太阳系质心至脉冲星的方位。根据一年中地球位于公转轨道上不同位置时所获得的成果,还可以估计出从太阳系质心至脉冲星的近似距离,供以后进行改正时使用。最后将上述成果建库供用户使用。

2. 建立各脉冲星的钟模型

目前,世界上有许多射电望远镜和X射线接收器都在长期进行脉冲星计时观测,不断测定脉冲信号的到达时间(Time of Arrival,TOA)。测定精度已可达到 $0.1\mu s$。在建立脉冲星钟模型前,同样需要把地面测站测得的TOA统一归算到太阳系的质心上去。

归算公式如下：

$$t = T + \Delta t_1 + \Delta t_2 + \Delta t_3 + \sum V_i \tag{8-27}$$

式中，t 为归算至太阳系质心的 TOA；T 为地面测站所测定的 TOA；Δt_1 为 TOA 测量时地面测站上的原子钟相对于国际原子时 TAI 的钟改正数，可通过高精度的时间比对获得；Δt_2 是把国际原子时 TAI 转换为地球时 TT，再把 TT 转换成太阳质心力学时 TDB 时的改正数；Δt_3 是由于脉冲星至地面监测站的距离与太阳系质心的距离不等而引入的一项时延改正数。由于脉冲星离我们的距离一般为几千光年，远远大于地球至太阳系质心的距离，因而 Δt_3 可近似表示为：

$$\Delta t_3 = \frac{P_0 \cdot r}{c} \tag{8-28}$$

式中，P_0 为太阳系质心至脉冲星方向上的单位矢量；r 为从太阳系质心之地面测站的矢量，$r = r_1 + R$，其中 r_1 为太阳系质心至地心的矢量，可以从 DE405 星表中查取；R 为地心至地面测站的矢量，为已知量；$P_0 \cdot r = r \cdot \cos\alpha$，即 r 在太阳系质心至脉冲星方向上的投影（见图8-10）；c 为光速；$\sum V_i$ 表示其余的一系列微小的改正项，包括为使公式(2-15)更为严格而引入的高阶改正项、脉冲信号经过星际介质而产生的色散延迟改正以及 Shapiro 延迟改正等。

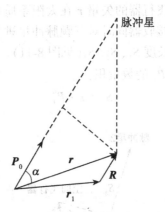

图 8-10 TOA 归算示意图

将大量的 TOA 观测值统一归算至太阳系质心后，即可利用它们来建立脉冲星的钟模型。该模型一般用一个泰勒级数来表示：

$$\Phi(t) = \Phi(t_0) + f(t - t_0) + \sum \frac{f^{(m)}(t - t_0)^{m+1}}{m+1} \tag{8-29}$$

式中，$\Phi(t_0)$ 为参考历元 t_0 时脉冲星的相位；f 为脉冲星的自转频率；$f^{(m)}$ 为 f 对时间的 m 阶导数，m 通常取 1、2、3。为了准确拟合出式(8-29)中的各待定参数 $\Phi(t_0)$、f、$f^{(1)}$、$f^{(2)}$、$f^{(3)}$，通常至少需要用 2~3 年的 TOA 观测资料。将大量的已归算至太阳系质心的 TOA 观测值代入式(8-29)求出各待定系数后，就可据此精确预估出脉冲信号到达太阳系质心的相位。用于导航的每颗脉冲星均需建立自己的钟模型，而且上述模型还需根据最近的观测资料不断进行更新，以便使模型更具现势性。最后将各脉冲星的钟模型输入数据库中，供用户使用。

3. 建立各脉冲星的脉冲轮廓图

由于各种因素的干扰,所以每次接收到的脉冲轮廓线也不尽相同,但在一个长时间内取平均后,其平均脉冲轮廓是十分稳定的。每个脉冲星的轮廓线都不相同,因而脉冲轮廓可以作为识别脉冲星的"身份证"。当然在选取合适的脉冲星时,也应注意尽可能选取脉冲轮廓有明显不同的那些脉冲星供导航时使用。最后将脉冲轮廓输入数据库中供用户使用。

一般来讲,有数十个合适的脉冲星就可满足导航的需要。由于 X 射线在穿越大气层时信号强度将迅速衰减,因而对 X 射线脉冲星的观测最好在卫星上进行。

8.4.3 脉冲星导航的基本原理

若安装在空间飞行器上的射电望远镜或 X 射线接收器能不断地对脉冲星进行 TOA 观测,就能用下式求出任一时刻 t_i 时的脉冲信号相位:

$$\Phi(t_i) = \Phi(t_{TOA}) + f(t - t_{TOA}) \tag{8-30}$$

上式实际上就是式(8-29)的一个近似公式,由于 t_i 与最近的脉冲信号到达时间 t_{TOA} 之间的时间间隔极短,因而只需顾及 $f(t - t_{TOA})$ 项而可略去其余高阶项。将上述相位与用式(8-29)预报出来的太阳系质心处的脉冲信号相位求差后,就能求得脉冲信号到达太阳系质心与到达空间飞行器的相位差和时间差(暂不考虑整周模糊度的问题)。将上述时间差乘上光速 c 后,即可得到从太阳系质心至脉冲星的距离与至空间飞行器的距离之差。而该距离差就是从太阳系质心至空间飞行器的矢量 r 在太阳系质心至脉冲星方向上的投影长度。如果空间飞行器上的脉冲信号接收器同时对三颗脉冲星进行了计时观测,就能同时求得矢量 r 在三个不同方向上的投影长度 S_1、S_2、S_3(见图 8-11)。而 S_1 即为矢量 r 与太阳系质心至脉冲星 1 方向上的单位矢量 P_1^0 的数量积:

$$S_1 = r \cdot P_1^0 \tag{8-31}$$

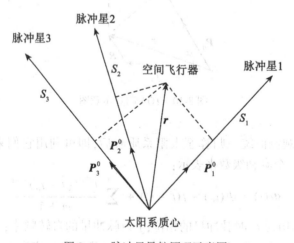

图 8-11　脉冲星导航原理示意图

设

$$\begin{cases} \boldsymbol{r} = (X,Y,Z)^{\mathrm{T}} \\ \boldsymbol{P}_1^0 = \begin{pmatrix} l_1 \\ m_1 \\ n_1 \end{pmatrix} = \begin{pmatrix} \cos\beta\cos\lambda \\ \cos\beta\sin\lambda \\ \sin\beta \end{pmatrix} \end{cases} \quad (8\text{-}32)$$

式中，l_1、m_1、n_1 为 $\boldsymbol{P}_1^0$ 在太阳系质心坐标系中的三个方向余弦；λ 和 β 为脉冲星在太阳系质心坐标系中的经度和纬度。将式(8-32)代入式(8-31)中可得：

$$S_1 = l_1 x + m_1 y + n_1 z$$

对脉冲星 2 和脉冲星 3 也可列出类似的方程，从而得到下列联立方程组：

$$\begin{cases} l_1 x + m_1 y + n_1 z = S_1 \\ l_2 x + m_2 y + n_2 z = S_2 \\ l_3 x + m_3 y + n_3 z = S_3 \end{cases} \quad (8\text{-}33)$$

解式(8-33)即可求得空间飞行器的位置向量 $\boldsymbol{r}$。若观测的脉冲星数量多于 3 颗，则可用最小二乘法求出 $\boldsymbol{r}$ 的最佳估值。

8.4.4 主要的误差改正项及观测方程

为了保证导航定位的精度，在脉冲星导航定位中还需进行下列改正：对几何上所作的近似进行修正、对信号在星际介质中传播时所产生的色散延迟进行的改正以及相对论改正等。下面分别予以介绍。

1. 对几何上所作的近似进行的修正

将地面测站上所测定的脉冲信号到达时间归算至太阳系质心时所用的公式(8-28)及导航定位中所用的公式(8-31)中，在几何关系上都作了近似。这种近似将导致一定的误差，必须予以改正。

在图 8-12 中，P 为脉冲星，B 为太阳系质心，O 为地面测站或空间飞行器。设脉冲星至太阳系质心的距离为 R，太阳系质心至观测站间的距离为 r。从 B 点向 OP 做垂线交于 A 点，在先前的计算公式中，我们都认为由于脉冲星离我们距离很远，因此可以近似地认为从测站 O 到脉冲星 P 间的距离 PO 与太阳系质心 B 至脉冲星间的距离 BP 之差等于 AO。以 P 点为圆心，以 R 为半径做一圆弧，与 OP 交于 C 点。严格地讲，PO 与 PB 之间的距离差应该为 CO，而不是 AO。

$$CO = AO - AC \quad (8\text{-}34)$$

也就是说，在前面所求得的近似的距离差 AO 中还需加上一个改正数"$-AC$"才能得到正确

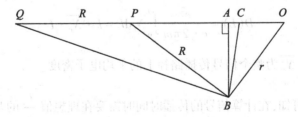

图 8-12　几何改正示意图

的距离差 CO。下面我们来求改正数"$-AC$"。

将 CP 延长至 Q，并使 $QP=CP=R$。由于 B 点位于以 P 为圆心以 R 为半径的圆周上，且 QC 为该圆的直径。故 $\angle QBC=90°$。由于 $\triangle BAC$ 与 $\triangle QBC$ 是相似三角形，故 $\dfrac{AC}{BC}=\dfrac{BC}{2R}$，

$$-AC = \frac{-BC^2}{2R} \approx \frac{-AB^2}{2R} = \frac{(\boldsymbol{\rho}^0 \cdot \boldsymbol{r})^2 - (\boldsymbol{r})^2}{2R} \tag{8-35}$$

式中，$\boldsymbol{r}=\overrightarrow{OB}$；$\boldsymbol{\rho}^0$ 为 OP 方向上的单位矢量，$\boldsymbol{\rho}^0 \cdot \boldsymbol{r} = AO$。

$|-AC|$ 的极大值为 $\dfrac{r^2}{2R}$，设某脉冲星至太阳系质心的距离 $R=2000$ 光年，

对地球来讲：　　　$r \approx 1.5$ 亿 km，$|-AC|_{\max} \approx 1.2$ km

对土星来讲：　　　$r \approx 14.3$ 亿 km，$|-AC|_{\max} \approx 108$ km

对海王星来讲：$r \approx 45$ 亿 km，$|-AC|_{\max} \approx 1\,070$ km

因此，对于地球上的用户以及进行行星探测的空间飞行器来讲，上述改正是必须顾及的，否则将影响定位结果的正确性。但在式(8-35)中，将 $BC \approx AB$ 是允许的，由此造成的误差不足 1mm。

2. 传播介质延迟改正

由脉冲星发出的信号将在星际介质中传播，最后到达观测者。星际介质是一种等离子体，其振荡频率为：

$$f_e = \sqrt{\frac{n_e e^2}{\pi m}} \tag{8-36}$$

式中，n_e 为等离子体中的电子密度；e 为电子的电量；m 为电子的质量。从脉冲星发出的频率为 f 的信号在星际介质中的传播群速度 V_G 为：

$$V_G = c \cdot \sqrt{1 - \frac{f_e^2}{f^2}} \tag{8-37}$$

所以该信号从脉冲星传播到观测者所经历的实际时间为：

$$t = \int_0^L \frac{\mathrm{d}L}{V_G} = \frac{1}{c}\int_0^L \left(1-\frac{f_e^2}{f^2}\right)^{-\frac{1}{2}} \mathrm{d}L = \frac{1}{c}\int_0^L \left(1+\frac{f_e^2}{2f^2}\right)\mathrm{d}L = \frac{L}{c} + \frac{1}{c}\int_0^L \left(\frac{n_e e^2}{2f^2 \pi m}\right)\mathrm{d}L \tag{8-38}$$

$$= \frac{L}{c} + \frac{e^2}{c \cdot 2\pi m f^2}\int_0^L N_e \mathrm{d}L = \frac{L}{c} + \frac{D(L)}{f^2}$$

式中，

$$D(L) = \frac{e^2}{c \cdot 2\pi m}\int_0^L N_e \mathrm{d}L = k \cdot \overline{N_e} \cdot L \tag{8-39}$$

其中，$k = \dfrac{e^2}{c \cdot 2\pi m}$；$\overline{N_e}$ 为整个信号传播路径上的平均电子密度。

从上面的讨论可知，在计算信号的传播时间时需要在理想值 $\dfrac{L}{c}$ 的基础上加上传播介质延迟改正 $\dfrac{D(L)}{f^2}$。

3. 相对论改正

脉冲信号通过太阳附近时,受到太阳引力势的作用,其传播路径会产生弯曲,传播速度也会发生变化,从而产生时间延迟,需进行改正。其计算公式如下:

$$\delta t_G = \frac{2GM}{c^3} \ln\left(\frac{r_0 + \boldsymbol{n}\cdot\boldsymbol{r}_0}{r_0 - \boldsymbol{n}\cdot\boldsymbol{r}_0}\right) \tag{8-40}$$

上式中只给出了一个主项,精确的改正公式见参考文献。同时也应考虑大行星引力场的影响。据文献报道,由于太阳所造成的此项影响可达 $120\mu s$,而质量最大的行星——木星所产生的影响也可达 $0.2\mu s$,相应于 $60m$ 的距离误差,因此在高精度导航中也应顾及。

4. 观测方程

如果在历元 t,我们用第 i 个脉冲星的星钟模型式(8-30)求得了空间探测器上的脉冲信号的相位 Φ_i^O,又用式(8-29)求得了在太阳系质心 B 处脉冲信号的相位 Φ_i^B,同时顾及上述的主要误差改正项后,就可得观测方程:

$$\boldsymbol{\rho}_i^o \cdot \boldsymbol{r} = \frac{c}{f_i}(\Phi_i^O - \Phi_i^B) + \frac{c}{f_i}n + \frac{r^2 - (\boldsymbol{r}\cdot\boldsymbol{\rho}_i^o)^2}{2R} + c\frac{D(r)}{f_i^2} + c\delta t_G \tag{8-41}$$

式中,等号左边的 r 为空间探测器在太阳系质心坐标中的位置向量,为待定参数;等号右边在计算微小的改正数时也需用到 r,可用近似值代入,必要时也可进行迭代计算;n 为整周模糊度。

8.4.5 整周模糊度的确定

若安置在空间飞行器中的 X 射线接收器只能给出不足一周的脉冲信号的相位,则脉冲星导航中自然也会出现整周模糊度的问题。但由于脉冲信号的周期一般长达数毫秒,甚至数十毫秒($1ms$ 相当于约 $300km$ 的距离),因而确定整周模糊度相对来讲是比较容易的。如果在空间探测器中配备一台惯导系统能给出精度为数十公里的近似坐标,就能解决模糊度确定问题。而该惯导系统又能用脉冲星导航的结果定期进行改正,以避免误差的累积,两次校正期间则可用惯导系统来解决脉冲星导航中的整周模糊度问题。当然,如果采用适当的预报方法给出的结果也可满足要求,则更为方便。此外,为解决模糊度问题,也可考虑引入几个周期较长的脉冲星来进行导航,其结果仅用于确定周期较短的脉冲星的模糊度问题,而最终结果则仍用周期短精度高的脉冲星来提供。这些周期较长的脉冲星相当于 GPS 测量中的"超宽巷"组合观测值只起到中间过渡作用。最后,如有必要时,也可采用 GPS 数据处理中的各种方法来确定整周模糊度。

目前,脉冲星导航定位尚处于理论研究和试验阶段。希望最终能成为在太阳系中进行星际旅行的空间探测器进行导航定位的一种实用方法,精度指标为 $100m$。倘若今后能将导航定位精度提高至 $10m$,也有可能用于卫星的自主导航。

参 考 文 献

[1] 陈俊勇.卫星多普勒定位[M].北京:测绘出版社,1982.
[2] 王昆杰,王进虎,李征航.卫星大地测量学[M].北京:测绘出版社,1990.
[3] 胡明城,鲁福.现代大地测量学[M].北京:测绘出版社,1993.
[4] 李征航,魏二虎.空间定位技术及其应用(讲义)[M].武汉:武汉大学教材出版社,2008.
[5] 蒋达西,丁光君.DORIS 定位原理及其误差影响的推导[J].人造卫星观测与研究,1997(2).

[6] Willis P, Bar-Sever Y E, Tavernier G. DORIOS as a Potential Part of a Global Geodetic Observing System[J]. Jounal of Geodynamics, 2005, 40.

[7] Barlier F.The DORIS System:a Fully Operational Tracking System to Get Orbit Determination at Centimeter Accuracy in Support of Earth Observations[J]. Geoscience, 2005, 337.

[8] Willis P, Tayles C, Sever Y B. DORIS from Orbit Determination for Altimater Mission to Geodesy[J]. Geoscience, 2006, 338.

[9] 李征航,黄劲松.GPS 测量与数据处理[M].武汉:武汉大学出版社,2005.

[10] 李征航,丁文武,李昭.GPS 广播星历的轨道精度分析[J].大地测量与地球动力学,2007(1).

[11] 耿涛.基于区域基准站的导航卫星实时精密定轨理论与试验应用[D].武汉:武汉大学,2009.

[12] 王磊.北斗导航定位系统海上定位及舰船姿态测量方法研究[D].大连:海军大连舰艇学院,2007.

[13] 杨廷高,仲崇霞.毫秒脉冲星计时观测进展[J].天文学进展,2005(1).

[14] 杨廷高,南仁东等.脉冲星在空间飞行器定位中的应用[J].天文学进展,2007(3).

[15] 费保俊.相对论在现代导航定位中的应用[M].长沙:国防科技大学出版社,2007.